住房城乡建设部土建类学科专业"十三五"规划教材
全国住房和城乡建设职业教育教学指导委员会工程管理类专业指导委员会规划推荐教材

精选建筑施工图实训图集

魏珊珊　主　编
夏清东　主　审

U0291541

中国建筑工业出版社

图书在版编目（CIP）数据

精选建筑施工图实训图集/魏珊珊主编. —北京：中国建筑工业出版社，2018.7

住房城乡建设部土建类学科专业"十三五"规划教材　全国住房和城乡建设职业教育教学指导委员会工程管理类专业指导委员会规划推荐教材

ISBN 978-7-112-22312-1

Ⅰ. ①精…　Ⅱ. ①魏…　Ⅲ. ①建筑制图-识图-高等职业教育-教材　Ⅳ. ①TU204.21

中国版本图书馆 CIP 数据核字（2018）第 123598 号

本图集共包括五部分内容：1 施工图识读基础知识、2 某小型砖混结构仓库工程、3 某小型网球馆工程、4 某小学教学楼工程、5 某高层住宅楼工程。以上工程的选取本着由易到难、包容多样的原则选取。在建筑的结构形式上，也涵盖了常见的工程结构形式（砖混结构、框架结构、剪力墙结构、钢结构）。本图集还包含作者用 Revit 及 Sketch Up 软件制作的建筑模型，供读者学习使用。读者可登陆中国建筑工业出版社 www.cabp.com.cn，输入书名或征订号，点选图书，点击"配套资源"即可下载。

本图集可作为高等职业教育工程造价、建设工程管理、工程监理、建筑设计技术、给水排水工程、电气工程以及房地产经营与评估等专业的教学、实训用图集。也可作为相关专业工作人员的参考用书。

责任编辑：张　晶　吴越恺

责任校对：张　颖

住房城乡建设部土建类学科专业"十三五"规划教材

全国住房和城乡建设职业教育教学指导委员会工程管理类专业指导委员会规划推荐教材

精选建筑施工图实训图集

魏珊珊　主　编

夏清东　主　审

*

中国建筑工业出版社出版、发行（北京海淀三里河路 9 号）

各地新华书店、建筑书店经销

霸州市顺浩图文科技发展有限公司制版

廊坊市海涛印刷有限公司印刷

*

开本：880×1230 毫米　横 1/8　印张：25¼　字数：1096 千字

2018 年 9 月第一版　2018 年 9 月第一次印刷

定价：**58.00** 元（附网络下载）

ISBN 978-7-112-22312-1

（32201）

教材编审委员会名单

主　任： 胡兴福

副主任： 黄志良　贺海宏　银　花　郭　鸿

秘　书： 袁建新

委　员：（按姓氏笔画排序）

王　斌　王立霞　文桂萍　田恒久　华　均

刘小庆　齐景华　孙　刚　吴耀伟　何隆权

陈安生　陈俊峰　郑惠虹　胡六星　侯洪涛

夏清东　郭起剑　黄春蕾　程　媛

序　言

全国住房和城乡建设职业教育教学指导委员会工程管理类专业指导委员会（以下简称工程管理专指委），是受教育部委托，由住房城乡建设部组建和管理的专家组织。其主要工作职责是在教育部、住房城乡建设部、全国住房和城乡建设职业教育教学指导委员会的领导下，负责工程管理类专业的研究、指导、咨询和服务工作。按照培养高素质技术技能人才的要求，研究和开发高职高专工程管理类专业教学标准，持续开发"工学结合"及理论与实践紧密结合的特色教材。

高职高专工程管理类各专业教材自2001年开发以来，经过"示范性高职院校建设"、"骨干院校建设"等标志性的专业建设历程和普通高等教育"十一五"国家级规划教材、"十二五"国家级规划教材、教育部普通高等教育精品教材的建设经历，已经形成了有特色的教材体系。

根据住房和城乡建设部人事司《全国住房和城乡职业教育教学指导委员会关于召开高等职业教育土木建筑大类专业"十三五"规划教材选题评审会议的通知》（建人专函〔2016〕3号）的要求，2016年7月，工程管理专指委组织专家组对规划教材进行了细致地研讨和遴选。2017年7月，工程管理专指委组织召开住房城乡建设部土建类学科专业"十三五"规划教材主编工作会议，专指委主任、委员、各位主编教师和中国建筑工业出版社编辑参会，共同研讨并优化了教材编写大纲、配套数字化教学资源建设等方面内容。这次会议为"十三五"规划教材建设打下了坚实的基础。

近年来，随着国家推广建筑产业信息化、推广装配式建筑等政策出台，工程管理类专业的人才培养、知识结构等都需要更新和补充。工程管理专指委制定完成的教学基本要求，为本系列教材的编写提供了指导和依据，使工程管理类专业教材在培养高素质人才的过程中更加具有针对性和实用性。

本系列教材内容根据行业最新法律法规和相关规范标准编写，在保证内容先进性的同时，也配套了部分数字化教学资源，方便教师教学和学生学习。本轮教材的编写，继承了工程管理专指委一贯坚持的"给学生最新的理论知识、指导学生按最新的方法完成实践任务"的指导思想，让该系列教材为我国的高职工程管理类专业的人才培养贡献我们的智慧和力量。

全国住房和城乡建设职业教育教学指导委员会
工程管理类专业指导委员会
2017 年 8 月

前　言

　　本图集是针对高等职业教育工程造价、建设工程管理、工程监理、建筑设计技术、给水排水工程、电气工程以及房地产经营与评估等专业进行工程识图、预算练习及施工图预算专业实训而选编的配套施工图。为保证工程识图及施工图预算的系统性和完整性，本图集由简入繁、由易到难，突出工程类高职高专多个专业的实践性教学环节的共性。着重培养学生的识图能力、审图能力和施工图预算能力。

　　本图集在结构编排与图纸取舍方面有以下特点：

　　1. 工程实例的代表性

　　本图集选择了单层砌体结构、多层框架结构、网架结构和高层剪力墙等四种具有代表性的典型工程案例，图集中的施工图体现了新规范、新工艺、新技术。

　　2. 图纸内容的完整性

　　本图集提供的四套图纸，均包括实际施工所需要的全部建筑施工图、结构施工图、给水排水施工图、采暖与空调施工图、电气施工图。提供的图纸完整地反映了所选典型工程的全部内容，在组织教学时任课老师有充分选择空间，有效解决了以往施工图集图纸不全的问题。

　　3. 识图教学的规律性

　　本图集施工图按照由简到繁的顺序编排，教学内容由易到难，符合工程识图和专业教学的规律性，可满足工程类多个专业的教学需求。

　　本图集编写成员分工为：第1章由深圳职业技术学院夏清东编写；第2章由深圳职业技术学院魏珊珊、黄河勘测规划设计有限公司冯兰婷编写；第3章～第5章由深圳职业技术学院魏珊珊编写。

　　本图集由深圳职业技术学院魏珊珊统稿，对第2章至第5章图纸进行全面编排。在本图集编写过程中，得到了多所设计单位的大力支持，在此向图纸的设计者表示衷心的感谢。

　　由于种种原因，本图集的图纸难免会有错漏之处，敬请使用者批评指正，使图集能进一步完善。为此，编写者深表谢意！

编　者

目　录

1 施工图识读基础知识

1.1 施工图制图规定简介

图线宽度规定：粗实线、粗虚线、粗点划线——b；中实线、中虚线、中点划线——0.5b；细实线、细虚线、细点划线——0.35b；折断线、波浪线——0.35b。b 可为 0.18、0.25、0.35、0.5、0.7、1.0、1.4、2.0mm。

1.1.1 符号

1. 剖面剖切符号（图 1-1）

①剖面图的剖切符号由剖切位置线及剖视方向线组成，用粗实线绘制。②剖切符号的编号采用阿拉伯数字，按由左至右、由下至上连续编排，并注写在剖视方向线的端部。③转折的剖切位置线，在转角的外侧加注与该符号相同的编号。

2. 断（截）面剖切符号（图 1-1、图 1-2）

①断（截）面的剖切符号用剖切位置线表示，粗实线绘制。②断（截）面剖切符号的编号用阿拉伯数字表示，写在剖切位置线旁，编号所在侧为剖视方向。③剖面图或断面图如与被剖切图不在同一张图内时，在剖切位置线的另一侧注明其所在图纸号，或在图上集中说明。

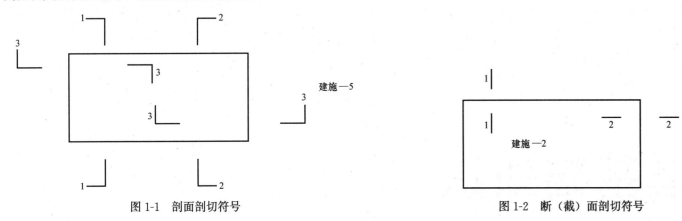

图 1-1　剖面剖切符号　　　　图 1-2　断（截）面剖切符号

3. 索引符号

①索引出的详图如与被索引的图同在一张图纸内，索引符号的上半圆中用阿拉伯数字注明该详图的编号，下半圆中间画一段水平细实线（图 1-3a）。②索引出的详图如与被索引的图不在同一张图纸内，索引符号下半圆中用阿拉伯数字注明该详图所在图纸的图纸号（图 1-3b）。③索引出的详图如采用标准图，在索引符号水平直径的延长线上加注该标准图册的编号（图 1-3c）。④索引符号用于索引剖面详图时，在被剖切的部位绘剖切位置线，以引出线引出索引符号，引出线所在侧为剖视方向（图 1-4）。

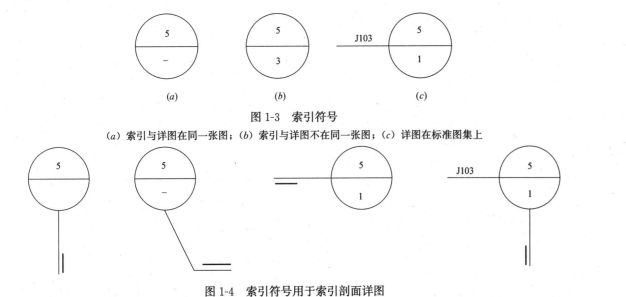

图 1-3　索引符号
(a) 索引与详图在同一张图；(b) 索引与详图不在同一张图；(c) 详图在标准图集上

图 1-4　索引符号用于索引剖面详图

4. 详图符号

①详图的位置和编号用详图符号表示。②详图与索引在一张图时，在详图符号内用阿拉伯数字注明详图编号。③详图与索引不在同一张图时，上半圆注详图编号，下半圆注被索引图纸号（图 1-5）。

图 1-5　详图符号
(a) 详图与被索引图同在一张图纸内；(b) 详图与被索引图不在一张图纸内

5. 其他符号

①对称符号（图 1-6a）。②连接符号（图 1-6b）。③指北针（图 1-6c）。

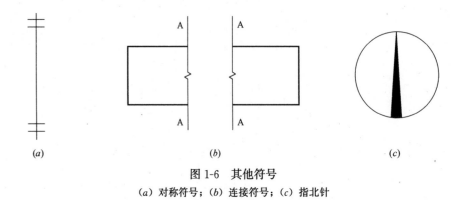

图 1-6　其他符号
(a) 对称符号；(b) 连接符号；(c) 指北针

1.1.2 定位轴线

1. 一般规定

①定位轴线用细点划线绘制。②平面图上定位轴线编号常在图的下方与左侧，横向用阿拉伯数字从左至右顺序编写；竖向用大写拉丁字母从下至上顺序编写（图 1-7）。

2. 附加轴线

①用分数表示。②两根轴线之间的附加轴线，分母表示前一轴线编号，分子表示附加轴线编号，用阿拉伯数字顺序编写。③1 轴线或 A 轴线之前的附加轴线，分母 01、0A 分别表示位于 1 轴线或 A 轴线之前的轴线。④一个详图适用几根定位轴线时，同时注明各有关轴线的编号（图 1-7）。

3. 一个详图适用几根定位轴线时，同时注明各有关轴线的编号（图 1-8）。

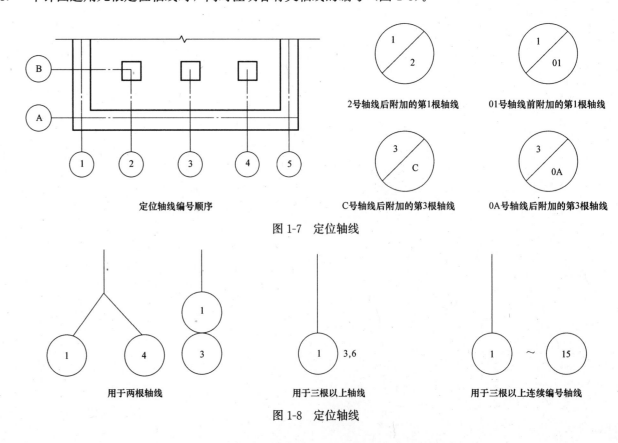

定位轴线编号顺序

2号轴线后附加的第1根轴线　01号轴线前附加的第1根轴线

C号轴线后附加的第3根轴线　0A号轴线后附加的第3根轴线

图 1-7　定位轴线

用于两根轴线　用于三根以上轴线　用于三根以上连续编号轴线

图 1-8　定位轴线

1.1.3　建筑施工图制图主要规定

1. 线型

①粗实线：平面、剖面、详图中被剖切主要建筑构造的轮廓线；立面图的外轮廓线；构配件详图中的外轮廓线。②中虚线：建筑构造及构件不可见轮廓线；平面图中起重机轮廓线；拟扩建建筑物轮廓线。

2. 比例

①平、立、剖面图：1∶50、1∶100、1∶200。②局部放大图：1∶10、1∶20、1∶50。③配件及构造详图：1∶5、1∶1、1∶2、1∶10、1∶20、1∶50。

3. 平面图

①按直接正投影法绘制。②在建筑物的门窗洞口处水平剖切俯视（屋顶应为屋面以上俯视），图内包括剖切面及投影方向，高窗、通气孔、槽、地沟、起重机等不可见部分虚线表示。③平面较大的建筑物采用分区法绘制平面图，并绘有组合示意图。

4. 立面图

①按直接正投影法绘制。②平面形状曲折、圆形、多边形建筑物绘制成展开立面图时，图名后加"展开"二字。③简单的对称式建筑物或构配件，立面图可绘制一半，并在对称轴线处画对称符号。④有定位轴线的建筑物，根据两端定位轴线号编注立面图名称（如：①～⑨、Ⓐ～Ⓕ立面图）、无定位轴线的建筑物，按平面图各面的方向确定名称。

5. 剖面图

①按直接正投影法绘制。②图内包括剖切面和投影方向可见的建筑构造、构配件及必要的尺寸、标高。

6. 尺寸标注

楼地面、地下层地面、楼梯、阳台、平台、台阶等处的高度尺寸及标高：①平面图及详图注写完成面标高。②立、剖面图及详图注写完成面的标高及高度方向的尺寸。③其余部位注写毛面尺寸及标高。

1.1.4　结构施工图制图主要规定

1. 线型

①粗实线：螺栓、钢筋；结构平面图中单线构件及钢、木支撑线。②中实线：结构平面图及详图中剖到或可见墙身轮廓线、钢木构件轮廓线。③细实线：钢筋混凝土构件轮廓线、基础平面图中基础轮廓线。④粗虚线：不可见螺栓、钢筋线；结构平面图中不可见单线构件及钢、木支撑线。⑤中虚线：结构平面图中不可见墙身轮廓线及钢、木构件轮廓线。⑥细虚线：基础平面图中管沟轮廓线、不可见钢筋混凝土构件轮廓线。

2. 比例

①结构平面图与基础平面图：1∶50、1∶100、1∶200。②圈梁、管沟平面图：1∶200、1∶500。③详图：1∶10、1∶20、1∶50。

3. 绘图

①结构图用直接正投影法绘制。②在结构平面布置图上，构件常用轮廓线表示，如单线能表示清楚时，也用单线表示。③结构平面图上的剖、断面详图的编号顺序按下列规定编排：外墙按顺时针方向从左下角开始编、内横墙从左到右编、内纵墙从上到下编。

4. 常用构件代号（表1-1）

常用结构构件代码　　　　　　　　表1-1

序号	1	2	3	4	5	6	7	8	9	10	11	12	13	14	15	16	17	18	19	20
名称	板	屋面板	空心板	槽形板	折板	密肋板	楼梯板	盖板	檐口板	墙板	天沟板	梁	屋面梁	吊车梁	圈梁	过梁	连系梁	基础梁	楼梯梁	檩条
代号	B	WB	KB	CB	ZB	MB	TB	GB	YB	QB	TGB	L	WL	DL	QL	GL	LL	JL	TL	LT
序号	21	22	23	24	25	26	27	28	29	30	31	32	33	34	35	36	37	38	39	40
名称	屋架	托架	天窗架	框架	刚架	支架	柱	基础	设备基础	桩	柱间支撑	垂直支撑	水平支撑	梯	雨篷	阳台	梁垫	预埋件	钢筋网	钢筋骨架
代号	WJ	TJ	CJ	KJ	GJ	ZJ	Z	J	SJ	ZH	ZC	CC	SC	T	YP	YT	LD	M	W	G

注：结构图中的代号为名称中关键字的汉语拼音首写字母。

1.1.5　给水排水施工图制图主要规定

1. 线型

①粗实线：新建各种给水排水管道线。②中虚线：给水排水设备、构件的可见轮廓线；厂区（小区）给水排水管道图中新建筑物、构筑物的可见轮廓线，原有给水排水管道线。③厂区（小区）给水排水管道图中原有建筑物、构筑物的可见轮廓线。④粗虚线：拟建各种给水排水管道线。⑤中虚线：给水排水设备、构件的不可见轮廓线；厂区（小区）给水排水管道图中新建筑物、构筑物的不可见轮廓线。

2. 比例

①泵房平剖面图：1∶100、1∶60、1∶50、1∶40、1∶30。②室内给水排水平面图：1∶300、1∶200、1∶100、1∶50。③给水排水系统图：1∶200、1∶100、1∶50。④部件、零件详图：1∶50、1∶40、1∶30、1∶20、1∶10、1∶5、1∶1、2∶1。

3. 标高

①沟道（明沟、暗沟、管沟）和管道标注起讫点、转角点、连接点、变坡点、交叉点标高：沟道标注沟内底标高；压力管道标注管中心标高；室内外重力管道标注管内底标高；室内架空重力管道可标注管中心标高，但图中应说明。②室内管道一般标注相对标高，室外管道一般标注绝对标高，当无绝对标高资料时，也可标注相对标高。

4. 管径

①管径以毫米为单位。②低压流体输送用镀锌焊接钢管、不镀锌焊接钢管、铸铁管、硬聚氯乙烯管、聚丙烯管等，管径以公称直径DN表示，如$DN15$、$DN50$。③陶陶瓷管、混凝土管、钢筋混凝土管、陶土管（缸瓦管）等，管径以内径d表示，如$d380$、$d230$。④焊接钢管（直缝或螺旋缝电焊钢管）、无缝钢管等，用外径×壁厚表示，如$D108$（外径）×4（壁厚）。

5. 编号

①给水排水附属构筑物（阀门井、检查井、水表井、化粪池等）的编号用构筑物代号后加阿拉伯数字表示，构筑物代号采用汉语拼音字头。②给水阀门井的编号顺序从水源到用户，从干管到支管再到用户。③排水检查井的编号顺序从上游到下游，先干管后支管。

1.1.6　采暖、通风与空调施工图制图主要规定

1. 线型

①粗实线：采暖供热、供气干管、立管；风管及部件轮廓线；系统图中的管线；非标准部件的外轮廓线。②中实线：散热器及散热器连接管线；采暖、通风、空调设备的轮廓线；风管的法兰盘线。③细实线：平剖面图中土建轮廓线；材料图例线。④粗虚线：采暖回水管、凝结水管线；平剖面图中非金属风道的内表面轮廓线。⑤中虚线：风管被遮挡部分轮廓线。⑥细虚线：原有风管轮廓线；采暖地沟；工艺设备被遮挡部分轮廓线。

2. 比例

①总平面图：1∶500、1∶1000。②总图中管道断面图：1∶50、1∶100、1∶200。③平、剖面图及放大图：1∶20、1∶50、1∶100。④详图：1∶1、1∶2、1∶5、1∶10、1∶20。

3. 绘图

①采暖通风平、剖面图用直接正投影法绘制。②采暖通风系统图以轴测投影法绘制。

4. 采暖图管径

①管径以毫米为单位。②焊接钢管用公称直径DN表示，如$DN15$、$DN32$。③无缝钢管用外径和壁厚表示，如$D114×5$。

5. 采暖图编号

①立管表示法Ⓛn，其中L表示立管，n表示编号，用阿拉伯数字表示。②入口表示法Ⓡn，其中R表示入口，n表示编号。

6. 采暖平面图

①柱式散热器只标注数量。②圆翼形散热器标注根数、排数，如：3（每排根数）×5（排数）。③光管散热器标注管径、长度、排数，如：$D108$（管径，mm）×3000（管长，mm）×5（排数）。④串片式散热器标注长度、排数，如：1.0（长度，m）×5（排数）。

7. 通风、空调图

①平面图按本层平顶以下俯视绘制。②剖面图是反映系统全貌的部位直立剖切，剖视方向为向上、向左。③平、剖面图中的风管用双线绘制，风管法兰盘用单线绘制。④通风、空调系统编号为系统名称的汉语拼音字头加阿拉伯数字，如：送风系统为S—1、2、3。

1.1.7　电气施工图制图主要规定

1. 线型

①实线：简图主要内容用线，可见轮廓线，可见导线。②虚线：辅助线，屏蔽线，机械连接线，不可见轮廓线，不可见导线，计划扩展用内容线。

2. 比例

①系统图、电路图等常用符号绘制，一般不按比例。②位置图常用比例：1∶10、1∶20、1∶50、1∶100、1∶200、1∶500。

3. 绘图一般规定

①连接线或导线采用：水平布置、垂直布置、斜交叉线。②单线表示法：一组导线中若导线两端处于不同位置时，在实际位置标以相同的标记；多根导线汇入用单线表示的线组时，汇接处用斜线表示；单线表示多根导线时，表明导线根数。③当电路水平布置时，项目代号标在符号的上方；垂直布置时标在符号左方。④当连接线水平布置时，端子代号标注在线的上方；垂直布置时标在线的左方。

1.1.8 公路施工图制图主要规定

1. 路线平面图

①方位：用坐标网和指北针表示。②比例：山岭重丘区1：2000，微丘区和平原区1：5000。③地物如河流、农田、房屋、桥梁、铁路等用图例表示。④地形用等高线表示。

2. 路线纵断面图

①水平方向表示长度，垂直方向表示高程。②竖向绘图比例大于横向绘图比例，一般扩大10倍。③图中不规则细折线表示设计中心线处的纵向地面线。④图中粗实线为公路中线的纵向设计线。

3. 路基横断面图

①地面线用细实线表示，设计线用粗实线表示，公路的超高、加宽在图中反映。②每张路基横断面上布设角标，注明图纸序号及总张数。③一般用中粗点划线表示征地界线。

1.2 施工图的组成

1.2.1 房屋建筑施工图

房屋建筑施工图包括总平面图、建筑施工图、结构施工图、设备施工图。

1. 总平面图主要由：总平面布置图、竖向设计图、土方工程图、管道综合图、绿化布置图、详图等组成。

2. 建筑施工图主要由：平面图、立面图、剖面图、地沟平面图、详图等组成。

3. 结构施工图主要由：基础平面图、基础详图、结构布置图、钢筋混凝土构件详图、钢结构详图、木结构详图、节点构造详图等组成。

4. 设备施工图按专业不同分为给水排水施工图、电气施工图、采暖通风施工图等。

（1）给水排水施工图分为室外给水排水施工图和室内给水排水施工图。室外给水排水施工图包括：总平面图、管道纵断面图、取水工程总平面图、取水头部（取水口）平剖面及详图、取水泵房平剖面及详图、其他构筑物平剖面及详图、输水管线图、给水净化处理站总平面图及高程系统图、各净化构筑物平剖面及详图、水泵房平剖面图、水塔、水池配管及详图、循环水构筑物的平剖面及系统图、污水处理站的平面和高程系统图等。室内给水排水图包括：平面图、系统图、局部设施图、详图等。

（2）电气施工图包括：供电总平面图、变配电所图、电力图、电气照明图（照明平面图、照明系统图、照明控制图、照明安装图）、自动控制与自动调节图、建筑物防雷保护图等。

（3）采暖通风施工图分为平面图、剖面图、系统图及原理图。平面图包括：采暖平面图、通风除尘平面图、空调平面图、冷冻机房平面图、空调机房平面图。剖面图包括：通风除尘和空调剖面图、空调机房剖面图、冷冻机房剖面图。系统图包括：采暖管道系统图、通风空调和防尘管道系统图、空调冷热媒管道系统图；原理图主要有空调系统控制原理图等。

1.2.2 路桥施工图

路桥施工图包括公路路线工程图、涵洞工程图、桥梁工程图、道班房工程图。

1. 公路路线工程图主要由：路线平面图、路线纵断面图、路基横断面图等组成。

2. 涵洞工程图主要由：平面图、立面图、剖面图、详图等组成。

3. 桥梁工程图主要由：桥位平面图、桥位地质纵断面图、总体布置图、上下部结构构造图、构件结构图、详图等组成。

4. 道班房工程图主要由：平面图、立面图、剖面图、详图等组成。

1.3 施工图识读概述

1.3.1 总平面图识读

1. 目录与设计说明

目录一般先列新绘制图纸，后列选用的标准图、通用图或重复利用图。设计说明一般写在图纸上，如重复利用某一专门的施工图纸及其说明时，注有编制单位名称和编制日期。

2. 总平面布置图

读图侧重点：①城市坐标网、场地建筑坐标网、坐标值。②场地四周的城市坐标和场地建筑坐标。③建筑物、构筑物定位的场地建筑坐标、名称、室内标高及层数。④拆除旧建筑的范围边界、相邻单位的有关建筑物、构筑物的使用性质，耐火等级及层数。⑤道路、铁路和明沟等的控制点（起点、转折点、终点等）的场地建筑坐标和标高、坡向、平面线要素等。⑥指北针、风玫瑰。⑦建筑物、构筑物所使用的名称编号表。⑧说明：如尺寸单位、比例、城市坐标系统和高程系统的名称、城市坐标网与场地建筑坐标网的相互关系、补充图例、设计依据等。

3. 竖向设计图

读图侧重点：①地形等高线和地物。②场地建筑坐标网、坐标值。③场地外围的道路、铁路、河渠或地面的关键性标高。④建筑物、构筑物的名称（或编号）、室内外设计标高（包括铁路专用线设计标高）。⑤道路、铁路、明沟的起点、变坡点、转折点和终点等的设计标高、纵坡度、纵坡距、纵坡向、平曲线要素、竖曲线半径、关键性坐标，道路的单面坡或双面坡。⑥挡土墙、护坡或土坎等构筑物的坡顶和坡脚的设计标高。⑦用高距为0.1～0.5m的设计等高线表示的设计地面起伏状况。⑧指北针。⑨说明：如尺寸单位、比例、高程系统的名称、补充图例等。

4. 土方工程图

读图侧重点：①地形等高线、原有的主要地形、地物。②场地建筑坐标网、坐标值。③场地四周的城市坐标和场地建筑坐标。④设计的主要建筑物、构筑物。⑤高距为0.25～1.00m的设计等高线。⑥20m×20m或40m×40m方格网，各方格点的原地面标高、设计标高、填挖高度、填区和挖区间的分界线、各方格土方量、总土方量。⑦土方工程平衡表。⑧指北针。⑨说明：如尺寸单位、比例、补充图例、坐标和高程系统名称、弃土和取土地点、运距、施工要求等。

5. 管道综合图

读图侧重点：①管道总平面布置。②场地四周的建筑坐标。③各管线的平面布置。④场外管线接入点的位置及其城市和场地建筑坐标。⑤指北针。⑥说明：尺寸单位、比例、图例、施工要求。

6. 绿化布置图

读图侧重点：①绿化总平面布置。②场地四周的场地建筑坐标。③植物种类及名称、行距和株距尺寸、群栽位置范围、各类植物数量。④建筑小品和美化设施的位置、设计标高、指北针。⑤说明：尺寸、比例、图例、施工要求等。

7. 详图

读图侧重点：①道路标准横断面。②路面结构。③混凝土路面分格。④铁路路基标准横断面。⑤小桥涵。⑥挡土墙、护坡、建筑小品。

1.3.2 建筑施工图识读

1. 目录与设计说明（首页）

目录识读侧重点：图纸的张数、编号、每张图纸上包含的内容。

设计说明（首页）识读侧重点：设计依据、设计规模和建筑面积、相对标高与总平面图绝对标高的关系、用料说明、特殊要求的做法说明、采用新材料、新技术的做法说明、门窗表。

2. 平面图

平面图分为各楼层平面图和屋面平面图。

楼层平面图识读侧重点：①墙、柱、垛、门窗位置及编号，门的开启方向，房间名称或编号，轴线编号。②柱距（开间）、跨度（进深）尺寸，墙体厚度，柱和墩断面尺寸。③轴线间尺寸、门窗洞口尺寸、分段尺寸、外包总尺寸。④伸缩缝、沉降缝、抗震缝位置及尺寸。⑤卫生器具、水池、台、厨、柜、隔断位置。⑥电梯、楼梯位置及上下方向示意和主要尺寸。⑦地下室、平台、阁楼、人孔、墙上留洞位置尺寸与标高，重要设备位置尺寸与标高。⑧阳台、雨篷、踏步、坡道、散水、通风道、管线竖井、烟囱、垃圾道、消防梯、雨水管位置及尺寸。⑨室内外地面标高、设计标高、楼层标高，剖切线及编号，平面图上节点详图或详图索引。⑩夹层平面图、高窗平面图、吊顶、留洞等局部放大平面图。

屋面平面图识读侧重点：墙檐口、檐沟、屋面坡度及坡向、水落口、屋脊（分水线）、变形缝、楼梯间、水箱间、电梯间、天窗、屋面上人孔、室外消防梯、详图索引号等。

3. 立面图

读图侧重点：①建筑物两端及分段轴线编号。②女儿墙顶、檐口、柱、伸缩缝、沉降缝、防震缝、室外楼梯、消防梯、阳台、栏杆、台阶、雨篷、花台、腰线、勒脚、留洞、门、窗、门头、雨水管、装饰构件、抹灰分格线等。③门窗典型示范具体形式与分格。④各部分构造、装饰节点详图索引、用料名称或符号。

4. 剖面图

读图侧重点：①墙、柱、轴线、轴线编号。②室外地面、底层地面、各层楼板、吊顶、屋架、屋顶各组成层次、出屋面烟囱、天窗、挡风板、消防梯、檐口、女儿墙、门、窗、楼梯、台阶、坡道、散水、防潮层、平台、阳台、雨篷、留洞、墙裙、踢脚板、雨水管及其他装修等。③门、窗、洞口高度、层间高度、总高度等。④底层地面标高，各层楼面及楼梯平台标高，屋面檐口、女儿墙顶、烟囱顶标高，高出屋面的水箱间、楼梯间、电梯机房顶部标高，室外地面标高，底层以下地下各层标高。⑤节点构造详图索引号。

5. 详图
读图侧重点：局部构造、艺术装饰处理等的详细做法。

1.3.3 结构施工图识读

1. 目录与设计说明（首页）
目录识读侧重点：图纸的张数、编号、每张图纸上包含的内容。
设计说明（首页）识读侧重点：①所选用结构材料的品种、规格、型号、强度等级，某些构件的特殊要求。②地基土概况，对不良地基的处理措施和基础施工要求。③采用的标准构件图集。④施工注意事项，如施工缝的设置、特殊构件的拆模时间、运输、安装要求等。

2. 基础平面图
读图侧重点：①承重墙位置、柱网布置、基坑平面尺寸及标高，纵横轴线关系、基础和基础梁布置及编号、基础平面尺寸及标高。②基础的预留孔洞位置、尺寸、标高。③桩基的桩位平面布置及桩承台平面尺寸。④有关的连接节点详图。⑤说明：如基础埋置在地基土中的位置及地基土处理措施等。

3. 基础详图
读图侧重点：①条形基础的剖面（包括配筋、防潮层、地圈梁、垫层等）、基础各部分尺寸、标高及轴线关系。②独立基础的平面及剖面（包括配筋、基础梁等）、基础的标高、尺寸及轴线关系。③桩基的承台梁或承台板钢筋混凝土结构、桩基位置、桩详图、桩插入承台的构造等。④筏形基础的钢筋混凝土梁板详图及承重墙、柱位置。⑤箱形基础的钢筋混凝土墙的平面、剖面、立面及其配筋。⑥说明：基础材料、防潮层做法、杯口填缝材料等。

4. 结构布置图
多（高）层建筑结构布置图分为各层结构平面布置图及屋面结构平面布置图。
各层结构平面布置图识读侧重点：①轴线网及墙、柱、梁等位置、编号。②预制板的跨度方向、板号、数量、预留孔洞位置及其尺寸。③现浇板的板号、板厚、预留孔洞位置及其尺寸，钢筋平面布置、板面标高。④圈梁平面布置、标高、过梁的位置及其编号。
屋面结构平面布置图识读侧重点：除各层结构平面布置图内容外，还有屋面结构坡度、坡向、屋脊及檐口处的结构标高等。
单层工业厂房结构布置图分为构件布置图及屋面结构布置图。
构件布置图识读侧重点：柱网轴线、柱、墙、吊车梁、连系梁、基础梁、过梁、柱间支撑等的布置、构件标高，详图索引号，有关说明等。
屋面结构布置图识读侧重点：柱网轴线、屋面承重结构的位置及编号、预留孔洞的位置、节点详图索引号、有关说明等。

5. 钢筋混凝土构件详图
现浇构件详图识读侧重点：①纵剖面：长度、轴线号、标高及配筋情况、梁和板的支承情况。②横剖面：轴线号、断面尺寸及配筋。③复杂构件的模板图（含模板尺寸、预埋件位置、必要的标高等）。④配筋：纵剖面表示的钢筋形式、箍筋直径及间距；横剖面表示的钢筋直径、数量及断面尺寸。
预制构件详图识读侧重点：预留孔洞，预埋件的位置、尺寸和编号。

6. 节点构造详图
读图侧重点：连接材料，附加钢筋，预埋件的规格、型号、数量、连接方法，相关尺寸与轴线关系等。

1.3.4 给水排水施工图识读

1. 室内给水排水施工图
（1）平面图识读侧重点：①底层及标准层主要轴线编号、用水点位置及编号、给水排水管道平面布置、水管位置及编号、底层给水排水管道进出口与轴线位置尺寸和标高。②热交换器站、开水间、卫生间、给水排水设备及管道较多地方的局部放大平面图。③各层平面卫生设备、生产工艺用水设备位置和给水排水管道平面布置图。
（2）系统图识读侧重点：管道走向、管径、坡度、管长、进出口（起点、末点）、标高、各系统编号、各楼层卫生设备和工艺用水设备的连接点位置和标高。室内外标高差及相当于室内底层地面的绝对标高。

（3）局部设施图识读侧重点：建筑物内的提升、调节或小型局部给水排水处理设施。
（4）详图识读侧重点：管道附件、设备、仪表及特殊配件。

2. 室外给水排水施工图
（1）平面图识读侧重点：①房屋中的给水引入管、污水排出管、雨水连接管的位置。②给水排水的各种管道、水表、检查井、化粪池等附属设施。③管道管径、检查井的编号、标高及相关尺寸等。
（2）纵剖面图识读侧重点：排水管道的纵向尺寸、坡度、埋深、检查井的位置、深度，各种交叉管道的空间位置。

1.3.5 暖通空调施工图识读

1. 设计说明（首页）
读图侧重点：①采暖总耗热量及空调冷热负荷、耗热、耗电、耗水等指标。②热媒参数及系统总阻力、散热器型号。③空调室内外参数、精度。④制冷设计参数。⑤空气洁净室的净化级别。⑥隔热、防腐、材料选用等。⑦图例、设备汇总表。

2. 平面图
暖通空调平面图包括采暖平面图，通风、除尘平面图，空调平面图，冷冻机房平面图，空调机房平面图。
读图侧重点：①采暖平面图：采暖管道、散热器和其他采暖设备、采暖部件的平面布置、散热器数量、干管管径、设备型号规格等。②通风、除尘平面图：管道、阀门、风口等平面布置，风管及风口尺寸、各种设备的定位尺寸、设备部件的名称规格等。③冷冻机房平面图：制冷设备的位置及基础尺寸、冷媒循环管道与冷却水的走向及排水沟的位置、管道的阀门等。④空调机房平面图：风管、冷热媒管道、阀门、消音器等平面位置、管径、断面尺寸、管道及各种设备的定位尺寸等。

3. 剖面图
暖通空调剖面图包括通风、除尘和空调剖面图，空调机房、冷冻机房剖面图。
读图侧重点：①通风、除尘和空调剖面图：管道、设备、零部件的位置，管径、截面尺寸、标高，进排风口形式、尺寸及标高、空气流向、设备中心标高、风管出屋面的高度、风帽标高、拉索固定等。②空调机房、冷冻机房剖面图：通风机、电动机、加热器、冷却器、消音器、风口及各种阀门部件的竖向位置及尺寸，制冷设备的竖向位置及尺寸，设备中心基础表面、水池、水面线与管道标高，汽水管坡度及坡向。

4. 系统图
读图侧重点：管道的管径、坡度、坡向及有关标高，各种阀门、减压器、加热器、冷却器、测量孔、检查口、风口、风帽等部件的位置。

5. 原理图
读图侧重点：空调系统控制点与测点的联系、控制方案及控制点参数，空调和控制系统的所有设备轮廓、空气处理过程的走向，仪表及控制元件型号。

1.3.6 电气施工图识读

1. 平面图
读图侧重点：①配电箱、灯具、开关、插座、线路等的平面布置。②线路走向、引入线规格。③说明：电源电压、引入方式，导线选型和敷设方式，照明器具安装高度，接地或接零。④照明器具、材料表。

2. 系统图
读图侧重点：配电箱、开关、熔断器、导线型号规格、保护管管径和敷设方法、照明器具名称等。

1.3.7 路桥施工图识读

1. 公路路线工程图
（1）路线平面图识读侧重点：控制点、坐标网、比例，路线所处区域的地形、地物分布情况，路线在平面的走向，曲线的设置情况及平曲线要素，路线与公路、铁路、河流交叉的位置，路线在平面图中的总体布置情况。
（2）路线纵断面图识读侧重点：①水平、垂直采用的比例与水准点位置。②路线纵向的地势起伏情况及土质分布。③坡度和坡长。④路线填、挖情况。⑤竖曲线的位置及竖曲线要素。⑥路线纵向其他工程构造物的分布情况。⑦竖曲线与平曲线的配合关系。
（3）路基横断面图识读侧重点：各中心桩处横向地面起伏、设计路基横断面情况及两者间的相互关系。

2. 涵洞工程图
读图侧重点：基础、洞身、洞口的构造。

5

3. 桥梁工程图

读图侧重点：①桥梁种类、主要技术指标、施工措施及注意事项、比例等。②桥梁的位置、水文、地质状况。③桥梁类型、孔数、跨径、墩台数、总长、总高、河床断面及地质情况、桥的宽度、人行道的尺寸和主梁断面形式。④建筑材料、工程数量、钢筋明细表及说明、详细构造。

1.4 施工图常用图例、钢筋代号与保护层厚度

1.4.1 总平面图例（表1-2）

总平面图常用图例 表1-2

序号	名称	图例	说明	序号	名称	图例	说明
1	新建建筑物		1. 粗实线绘制 2. ▲表示出口 3. 右上角数字表示层数	13	填挖边坡		边坡较长时，可在一端或两端局部表示，下边线为虚线时表示填方
2	原有建筑物		细实线绘制	14	护坡		同填挖边坡
3	计划扩建的预留地或建筑物		中虚线绘制	15	室内标高	51.00(±0.000)	
4	拆除的建筑物		细实线绘制	16	室外标高	▼ 151.00	室外标高也可用等高线表示
5	建筑物下面的通道			17	新建道路		R9 表示转弯半径9m，151.00 为路面中心标高，0.5 为0.5%纵向坡度，101.00 为变坡点间距离
6	围墙及大门		上图表示实体性围墙，下图表示通透性围墙，若仅表示围墙则不画大门	18	原有道路		
7	挡土墙		被挡的土在突出的一侧	19	计划扩建道路		
8	坐标	X112.00 Y314.00 / A121.00 B239.00	1. 上图表示测量坐标 2. 下图表示施工坐标	20	拆除道路		
9	方格网交叉点标高	-0.60 21.32 / 21.92	21.32 为原地面标高，21.92 为设计标高，-0.60 为施工标高，-为挖方（+为填方）	21	桥梁		1. 上图为公路桥 2. 下图为铁路桥 3. 用于旱桥时应注明
10	雨水井			22	落叶、针叶树		
11	烟囱		实线为烟囱下部直径，虚线为基础，必要时可注写烟囱高度与上、下口直径	23	常绿阔叶灌木		
12	填方区、挖方区、未整平区及零点线		"+"表示填方区，"-"表示挖方区，中间为未整平区，点划线为零点线	24	草坪		

1.4.2 建筑施工图图例（表1-3）

建筑施工图常用图例 表1-3

序号	名称	图例	说明	序号	名称	图例	说明
1	楼梯		1. 上图为底层楼梯平面，中间为中间层楼梯平面，下图为顶层楼梯平面 2. 楼梯及栏杆扶手的形式和楼梯段踏步按实际情况绘制	12	单扇门（包括平开或单面弹簧）		1. 门的名称代号用M 2. 图例中剖面图左为外、右为内，平面图下为外上为内 3. 立面图中开启方向线交角的一侧为安装合页的一侧，实线为外开、虚线为内开 4. 平面图上门线应90°或45°开启，开启弧线应绘出 5. 立面图上的开启线在一般设计中可不表示，在详图及室内设计图中应表示 6. 立面形式应按实际情况绘出
2	坡道		1. 上图为长坡道 2. 中间和下图为门口坡道	13	双扇门（包括平开或单面弹簧）		
3	平面高差		1. 适用于高差小于100mm的两个地面或楼面相连接处 2. 50表示高差	14	对开折叠门		
4	检查孔		1. 左图为可见检查孔 2. 右图为不可见检查孔	15	墙外单扇推拉门		
5	孔洞			16	墙外双扇推拉门		
6	坑槽			17	单扇双面弹簧门		
7	墙预留洞	宽×高或φ 底(顶或中心)标高	1. 以洞中心或洞边定位 2. 宜以涂色区别墙体和留洞位置	18	双扇双面弹簧门		
8	墙预留槽	底(顶或中心)标高		19	单层固定窗		1. 窗的名称代号用C表示 2. 立面图中的斜线表示窗的开启方向，实线为外开，虚线为内开；开启方向线交角的一侧为安装合页的一侧，一般在设计图中不表示 3. 图例中剖面图左为外，右为内，平面图下为外，上为内 4. 平面图和剖面图上的线仅说明开关方式，在设计中不需表示 5. 窗的立面形式应按实际情况绘出 6. 小比例绘制时，平、剖面的窗线可用单粗线表示
9	烟道		1. 阴影部分可以涂色代替 2. 烟道(通风道)与墙体同一材料，其相接处墙身线应断开	20	单层外开平开窗		
10	通风道			21	双层内外开平开窗		
11	空门洞		h 为门洞高度	22	推拉窗		

6

序号	名称	图例	说明	序号	名称	图例	说明
23	单层外开上悬窗		1. 窗的名称代号用C表示 2. 立面图中的斜线表示窗的开启方向，实线为外开，虚线为内开；开启方向线交角的一侧为安装合页的一侧，一般在设计图中不表示 3. 图例中剖面图左为外，右为内，平面图下为外，上为内 4. 平面图和剖面图上的线仅说明开关方式，在设计中不需表示 5. 窗的立面形式应按实际情况绘出 6. 小比例绘图时，平、剖面的窗线可用单粗线表示	26	电梯		1. 电梯应注明类型 2. 门和平衡锤的位置按实际情况绘制
24	单层中悬窗			27	梁式起重机	Gn=t，S=m	1. 上图表示立面（或剖面），下图表示平面 2. Gn——起重机起重量，以吨(t)表示 3. S——起重机跨度或臂长，以米（m）计算
25	高窗			28	桥式起重机	Gn=t，S=m	

1.4.3 结构施工图图例

常用钢筋图例见表1-4。

常用钢筋图例 表1-4

序号	名称	图例	说明	序号	名称	图例	说明
1	钢筋横断面	●		5	带丝扣的钢筋端部		
2	无弯钩的钢筋端部		下方图表示长短两根钢筋投影重叠时，可在短钢筋端部用45°短划线表示	6	无弯钩的钢筋搭接		
3	带半圆弯钩的钢筋端部			7	带半圆弯钩的钢筋搭接		
4	带直钩的钢筋端部			8	带直钩的钢筋搭接		
				9	套管接头（花篮螺栓）		

常用钢筋代号见表1-5。

常用钢筋代号 表1-5

序号	钢筋名称	代号	序号	钢筋名称	代号	序号	钢筋名称	代号
1	Ⅰ级钢筋 HPB300(Q300)	Φ	3	Ⅲ级钢筋 HRB400 (20MnSiV,20MnSib,20MnTi)	Φ	5	冷拔低碳钢丝	Φ^b
2	Ⅱ级钢筋 HRB335(20MnSi)	Φ	4	Ⅳ级钢筋 RRB400(K20MnSi等)	Φ^R	6	冷拉Ⅳ级钢筋	Φ^L

钢筋混凝土构件钢筋保护层厚度见表1-6。

钢筋混凝土构件钢筋的保护层厚度 表1-6

环境条件	构件类型	混凝土强度等级			环境条件	构件类型	混凝土强度等级		
		≤C20	C25及C30	≥C35			≤C20	C25及C30	≥C35
室内正常环境	板、墙、壳	15	15	15	露天或室内高温环境	板、墙、壳	35	25	15
	梁和柱	25	25	25		梁和柱	45	35	25

1.4.4 给水排水施工图图例

阀门及给水配件图例见表1-7。

序号	名称	图例	序号	名称	图例
1	闸阀		19	止回阀	
2	角阀		20	消声止回阀	
3	三通阀		21	蝶阀	
4	四通阀		22	弹簧安全阀	
5	截止阀		23	平衡锤安全阀	
6	电动阀		24	自动放气阀	平面　系统
7	液动阀		25	浮球阀	平面　系统
8	气动阀		26	延时自闭冲洗阀	
9	减压阀		27	吸水喇叭口	
10	旋塞阀	平面　系统	28	疏水器	
11	底阀		29	放水龙头	平面　系统
12	球阀		30	皮带龙头	平面　系统
13	隔膜阀		31	洒水(栓)龙头	
14	气开隔膜阀		32	化验龙头	
15	气闭隔膜阀		33	肘式龙头	
16	温度调节阀		34	脚踏龙头	
17	压力调节阀		35	混合水龙头	
18	电磁阀		36	旋转水龙头	

1.4.5 供暖施工图图例

供暖配件图例见表 1-8。

配件图例　　表 1-8

序号	名称	图例	序号	名称	图例
1	补偿器		8	水泵	
2	套管补偿器		9	活接头	
3	方形补偿器		10	法兰	
4	弧形补偿器		11	法兰盖	
5	波纹管补偿器		12	丝堵	或
6	球形补偿器		13	可曲挠橡胶软接头	
7	自动放气阀		14	金属软管	

序号	名称	图例	序号	名称	图例	备注
15	绝热管		22	除污器（过滤器）		左为立式除污器，中为卧式除污器，右为Y型过滤器
16	保护套管		23	节流孔板、减压孔板		在不致引起误解时，可用右面方法表示
17	伴热管		24	散热器及手动放气阀	15　15　15	左为平面图画法，中为剖面图画法，右为系统图画法
18	固定支架		25	散热器及控制阀	15　15　15　15	左为平面图画法，右为剖面图画法
19	流向	或	26	疏水阀		在不致引起误解时，可用右面方法表示，也称疏水器
20	坡度及坡向	i=0.003	27	变径管（异径管）		左为同心异径管，右为偏心异径管
21	集气管排气装置		28	减压阀	或	左图小三角为高压，右图右侧为高压端

1.4.6 通风施工图图例

风道、阀门及附件图例见表 1-9。

风道、阀门及附件图例　　表 1-9

序号	名称	图例	序号	名称	图例
1	砌筑风烟道		8	软接头	或
2	其他风烟道		9	软管	
3	消声器消声弯头		10	风口	或
4	插线板		11	百叶窗	
5	蝶阀		12	轴流风机	或
6	风管止回阀		13	离心风机	
7	三通调节阀		14	检查孔测量孔	检　测

序号	名称	图例	序号	名称	图例	备注
15	板式换热器		22	天圆地方		左接矩形风管，右接圆形风管
16	电加热器		23	对开多叶调节器		左为手动，右为电动
17	加湿器		24	防火阀		表示70℃动作的常开阀
18	挡水板		25	排烟阀	280℃	左为280℃动作常闭阀 右为280℃动作常开阀
19	窗式空调器		26	气流方向		左为通用表示法；中表示送风；右表示回风
20	分体空调器		27	空气过滤器		左为粗效；中为中效；右为高效
21	风机盘管		28	减振器		左为平面图 右为剖面图

1.4.7 电气施工图图例

室内电气照明常用图例见表1-10。

室内电气照明常用图例 表1-10

序号	线型	名称	序号	线型	名称
1		单相插座	15		单极开关
2		单相插座(暗装)	16		单极开关暗装
3		带接地插孔单相插座	17		双极开关
4		带接地插孔单相插座(暗装)	18		双极开关暗装
5		带接地插孔三相插座	19		三极开关
6		带接地插孔三相插座(暗装)	20		三极开关暗装
7		具有单极开关的插座	21		单极拉线开关
8		带防溅盒的单相插座	22		延时开关
9		配电箱	23		单极双控开关
10		熔断器的一般符号	24		双极双控开关
11		灯的一般符号	25		带防溅盒的单极开关
12		荧光灯(图示为三管)	26		风扇的一般符号
13		天棚灯	27		向上配线
14		壁灯	28		向下配线

1.4.8 路桥施工图图例

路线施工图常用图例见表1-11。

路线施工图常用图例 表1-11

序号	名称	图例	序号	名称	图例
1	房屋		13	管理机构	
2	铁路		14	防护网	
3	大车路		15	防护栏	
4	小路		16	隔离墩	
5	堤坝		17	水库鱼塘	塘
6	水沟		18	高压电力线	
7	河流		19	低压电力线	
8	渡船		20	草地	
9	涵洞		21	水稻田	
10	桥梁		22	旱地	
11	隧道		23	菜地	
12	养护机构		24	果树	

2　某小型砖混结构仓库工程

2.1 建筑施工图

建筑设计说明

1. 工程概况
1.1 工程名称：××村水库大坝工程2号渣场戊类仓库。
1.2 建设单位：××村水库管局。
1.3 建设地点：××村水库管理区。
1.4 主要功能：储藏。
1.5 工程技术经济指标

工程等级	二类	建筑分类	水工建筑
设计合理使用年限	50 年	建筑基底面积	413.58m²
总建筑面积	413.58m²	建筑高度	4.60m
结构类型	砖混结构	基础形式	独立基础
屋面防水等级	Ⅰ级	抗震设防烈度	7 度
场地类别	Ⅱ级	防雷级别	设置

2. 设计依据
2.1 我单位与建设单位签订的设计合同。
2.2 建设单位认可的设计方案。
2.3 甲方提供的《岩土工程勘察报告》。
2.4 国家、地方及行业现行建筑设计规范及标准：
《工程建设标准强制性条文》（房屋建筑部分，2013 年版）
《民用建筑设计通则》 GB 50352—2005
《建筑设计防火规范》 GB 50016—2014
2.5 其他相关专业提供的设计资料。
3. 建筑物定位、设计标高及单位
3.1 本工程定位由建设单位根据观测场位置进行相对位置定位，建筑室内外高差300mm。
3.2 图中所注标高除注明者外各楼层标高为建筑完成面标高，屋面标高为结构标高。
3.3 本工程标高和总平面图尺寸以 m 计，其余尺寸以 mm 计。所有建筑构、配件尺寸均不含粉刷厚度。
4. 设计范围
本次设计范围为建筑主体的设计。
5. 墙体工程
5.1 墙体的基础部分、钢筋混凝土墙、柱子、梁的尺寸、定位及做法详结构专业设计图纸。
5.2 除图中注明外，砌体墙材料及厚度见下表。

名称	使用部位	墙体材料	厚度(mm)
外墙	标高±0.000 以上	烧结煤矸砖	240
内墙	室内隔墙	烧结煤矸砖	240

5.3 墙体预留洞尺寸及定位见各专业图纸，预留洞过梁详见结施；墙体留洞待管道设备安装完毕后，用C20细石混凝土填实。
5.4 墙体防潮：防潮层设于−0.060处，做法为20厚1∶2水泥砂浆内加6％复合无机盐防水剂。地面有高差处，垂直面也要做防潮处理（迎水面刷1.5厚聚氨酯防水涂料），当此处为钢筋混凝土梁时，可不做防潮层。
5.5 不同墙、柱面结合处在粉刷时加铺400宽小眼钢丝网一层。
6. 防水工程
6.1 防水材料应选用国家有关部门认可的优质产品，施工严格遵照施工规程及有关材料说明书操作。
6.2 防水（渗）部位：外墙外侧、屋面等。

6.3 防水（渗）措施：a.外墙外侧：地面和外墙设防潮层（详建筑材料做法表）；b.屋面防水（渗）：建筑防水（详建筑材料做法表）。
6.4 所有檐口、雨篷、窗台、外门窗顶部等挑出部位均需做滴水线，做法参12YJ3-1⑰。
7. 楼地面工程
7.1 各部位楼地面做法详见室内装修表。
7.2 设备管线等部位楼板留洞应待安装完毕后，用C20细石混凝土堵洞密实，管道穿楼板处防水做法参12YJ11④或12YJ11⑤。
7.3 楼地面构造交接处和地坪高度变化处，除图中另有注明者外均位于齐平门扇开启处，即楼面较低一侧。
8. 屋面工程
8.1 屋面工程的设计和施工均应执行《屋面工程技术规范》GB 50345—2012。
8.2 本工程的屋面防水等级为Ⅰ级，有组织排水屋顶，其构造做法如下：屋1（不上人屋面）：12YJ1-142 页 屋108-1F1。
8.3 屋面做法及屋面节点索引见"屋顶平面图"，雨篷等见"各层平面图"及有关标注。
8.4 各种管道出屋面防水做法参见12YJ5-2⑪。
9. 门窗工程
9.1 根据《建筑外门窗气密、水密、抗风压性能分级及检测方法》GB/T 7106—2008外窗气密性等级4级，空气声计权隔声量达Ⅳ级水平，抗风压性能、水密性≥3级。
9.2 外窗为塑钢单框中空玻璃窗（6+12A+6mm）。
9.3 本工程所注门窗的尺寸均为洞口尺寸，立面为外视立面，门窗加工尺寸要根据装修面厚度由生产予以调整。
9.4 外墙门窗立樘居所在墙中，内门窗立樘除图中另有注明者外，双向平开门立樘墙中，单向平开门立樘与开启方向墙面平；无门扇门洞的高度均至梁底；接钢筋混凝土墙或柱的门垛不超过100mm的为素混凝土构造，详结施。
9.5 门窗玻璃的选用应遵照《建筑玻璃应用技术规程》JGJ 113—2009 有关规定，面积大于 1.5m² 的门窗玻璃或玻璃底边离最终装修面小于 0.5m 的落地门窗应采用安全玻璃；室内玻璃隔断和玻璃屏风应采用 12mm 厚钢化玻璃；易遭受撞击、冲击而造成人体伤害的其他部位应采用不小于 5mm 厚的钢化玻璃。
9.6 玻璃门窗、隔断、栏板等部位安全玻璃的使用应遵照《建筑安全玻璃管理规定》执行。
9.7 所有外门窗均加纱扇，底层外窗加设防盗网，建设单位自行选定。
10. 外装修工程
10.1 本工程外立面装修用材及色彩详见立面图或墙身详图，外墙装修做法详见装修做法表。
10.2 外装修选用的各项材料均由施工单位提供样板。大面积施工前，先由建设单位确认，才可进行下一步施工，并把样板封样，据此验收。
10.3 防止外墙、外窗雨水和冰雪水融化侵入室内，按照《建筑外墙防水工程技术规程》JGJ/T 235—2011 的要求在保温层和墙体基层之间做 8mm 普通防水水泥砂浆，砂浆防水层设分格缝，水平分格缝宜于窗口上沿或下沿齐平，垂直缝间距不大于 6m，与门、窗两边线对齐，分格缝宽 8mm，缝内用密封材料做密封处理。门窗框与墙体之间缝隙采用聚氨酯泡沫填充，外墙防水层应延伸至门窗框，防水层与门、窗框间预留凹槽，并嵌密封材料，门窗上楣的外口、雨篷外口下沿均做滴水线，外窗台设 5％的外排水坡度，雨篷与外交接处的防水层应连接。
11. 内装修工程
11.1 本次设计只含一般室内装饰设计，详见装修表。

土建设计楼面及墙面仅做至20厚1∶2水泥砂浆基本面。
室内高级装饰设计应符合防火设计规范及不影响各设备的正常使用。
11.2 内墙面阳角处、楼梯边梁及门窗洞口处均先粉出1∶2水泥砂浆护角，每边 40，门窗洞口粉到洞顶，内墙阳角粉到1800mm高处。
11.3 内装修选用的各项材料均由施工单位提供样板，并由建设单位确认后，才可进行下一步施工；管道安装穿墙部位用细石混凝土填实再用建筑油膏嵌缝以降低震动与噪声。
12. 油漆
12.1 所有预埋木构件和木砖均需做防腐处理，严禁采用沥青类、煤焦油类的防腐剂处理。
12.2 各项油漆均由施工单位制作样板，经认可后进行封样，并据此进行验收。
13. 防火设计
13.1 本建筑总建筑面积 413.58m²，共 1 层，为一个防火分区。
13.2 楼板、墙体预留洞、安装管道缝隙，在暂不启用或安装完毕时均应用C20混凝土填实。所有隔墙应砌至梁板底部，且不应留有缝隙。
13.3 室内二次装修应按现行《建筑内部装修设计防火规范》GB 50222—2017 的有关规定执行。
14. 环保、隔声及室内环境污染控制
14.1 环境保护及污染防治设施应与主体工程遵循：同时设计、同时施工、同时使用的原则。
14.2 总体规划采取了有利于环保和控污的措施。
14.3 各种污染物（如废气烟气、废水污水、垃圾、噪声、油污、各类建筑材料所含放射性和非放射性污染物含量等）均应采取有效措施控制和防治并应符合国家相关规范环保"三同时"原则。
14.4 尽量采用可回收再利用的建筑材料，不使用焦油类、石棉类产品和材料。
14.5 建筑设计充分利用地形地貌，尽量不破坏基地原有的环境。
14.6 其他未尽事宜以《室内装饰装修材料有害物质限量》为准。
14.7 水、暖、电、气穿过楼板和墙体时，孔洞周边应采取密封隔声措施。
15. 室外工程
15.1 凡紧临建筑外墙外侧无硬质铺地、台阶、花池处，设900 宽硬化散水，做法详 12YJ9-1-95-3。
15.2 台阶、坡道等做法详见建筑一层平面图。
15.3 室外工程所包括的道路、竖向、硬铺地等设计另详。

工程名称	某小型砖混结构仓库
图纸内容	建筑设计说明
图纸编号	建施-01

16. 施工中注意事项

16.1 本工程构造柱的位置及尺寸以结构专业图纸为准。

16.2 本设计图纸中工程做法及做法大样仅注明建筑材料之构造层次，施工单位除按照设计图纸及说明进行施工外，还必须严格按照设计图纸中所引注的标准设计图集相关图纸图相互对照，仔细核对，确认无误后方可施工，不得事后在混凝土墙、梁上穿墙打洞。按照国家现行建筑安装工程验收相关规范及工程质量检验评定标准进行施工。

16.3 施工过程中发现设计图纸中存在的问题或施工中出现的问题，以及建设单位提出的局部修改，按照国家规定均应由设计单位负责解释或出具设计变更通知单，未经设计单位同意，不得单方面修改设计图纸进行施工。

17. 选用的标准图集

17.1 国标、2012版的中南标建筑配件图集合订本。

17.2 河南省工程建设标准设计图集合订本 DBJT 19-07-2012。

装修及构造做法表

	部位	做法名称	用料做法索引号	适用部位
地面	地1	地砖地面	12YJ1 地201	居住部分
	地2	水泥砂浆地面(防潮)	12YJ1 地101 FC	储藏室
	地3	地砖防水地面	12YJ1 地201 F	厨房 卫生间
屋面	屋1	不上人屋面	12YJ1 屋108-1F1	防水层：4.0厚SBS改性沥青防水卷材
内墙	内墙1	乳胶漆墙面	12YJ1 内墙3 涂304	除厨房、卫生间外其他房间
	内墙2	釉面砖墙面	12YJ1 内墙6	厨房 卫生间
顶棚	顶1	乳胶漆顶棚	12YJ1 顶5 涂304	仓库
	顶2	铝合金方板吊顶	12YJ7-3-58页、60页	卫生间、厨房
	顶3	矿棉板顶棚	12YJ1 棚11	卧室、客厅
踢脚	踢1	面砖踢脚	12YJ1 踢3-C	同相应地面面层
外墙	外墙1	白色涂料	12YJ1-117页-外墙7-A	见立面图
	外墙2	暗红色劈开砖	12YJ1-117页-外墙11-A	见立面图

说明：1. 外装修选用的各项材料均由施工单位提供样板，由建设单位确认，才可进行下一步施工。
　　　2. 楼地面及内墙面的面层甲方可以根据情况自行调整，需精装修部位可由甲方委托二次设计。

图纸目录

图号	图别	图纸内容	规格
		＜封面＞	
01	建施	建筑设计说明	A2
02	建施	建筑设计说明 总平面图 装修及构造做法表 门窗表 图纸目录	A2
03	建施	一层平面图	A2
04	建施	屋顶平面图	A2
05	建施	立面、剖面及大样图	A2

门窗表

类型	设计编号	洞口尺寸(mm)	数量	选用标准图集及编号	备注
普通门	M1021	1000×2100	1	成品防盗门	专业厂家制作
	M1521	1500×2100	3	成品防盗门	专业厂家制作
	0921	900×2100	2	成品木夹板门	专业厂家制作
	0821	800×2100	2	成品木夹板门	卫生间门下应设进风固定百叶
卷帘门	JM3024	3000×2400	3	12YJ10-56页-JM-3024	
普通窗	C1815	1800×1500	16	详本图	单框中空玻璃塑钢窗，推拉窗
	C1215	1200×1500	2	详本图	单框中空玻璃塑钢窗，推拉窗

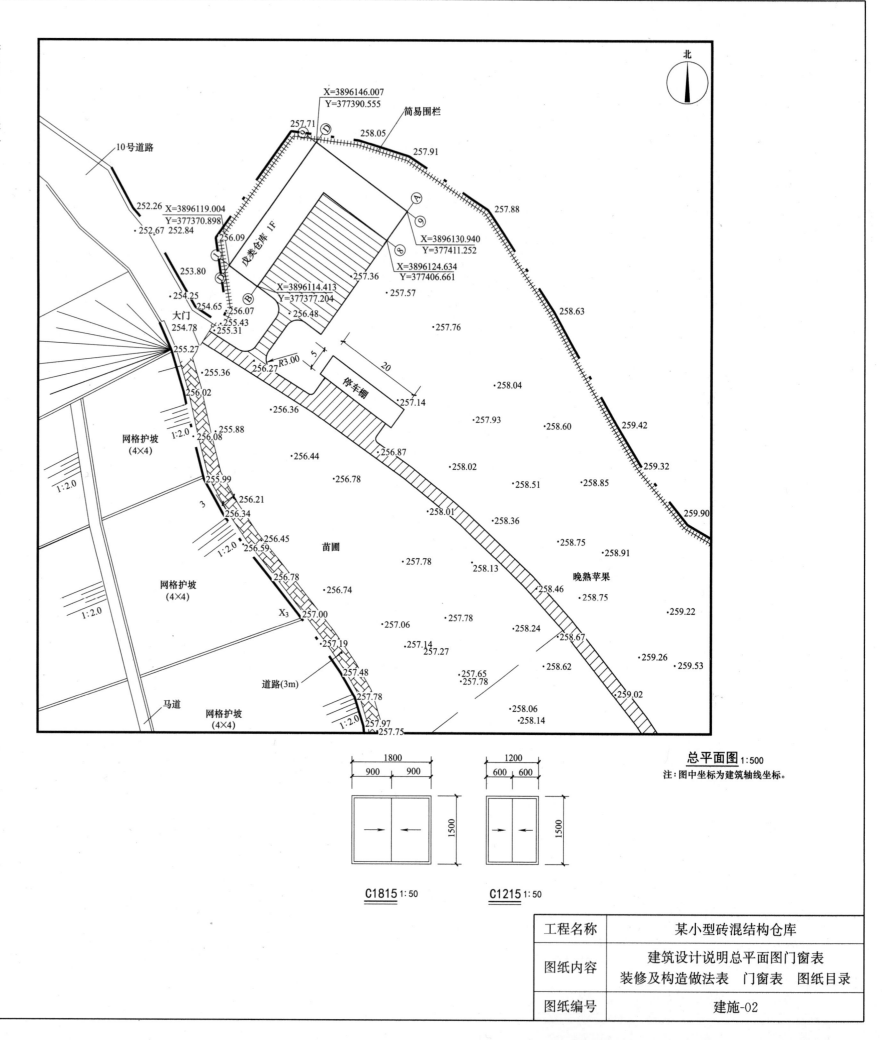

总平面图 1:500
注：图中坐标为建筑轴线坐标。

C1815 1:50　　C1215 1:50

工程名称	某小型砖混结构仓库
图纸内容	建筑设计说明总平面图门窗表 装修及构造做法表　门窗表　图纸目录
图纸编号	建施-02

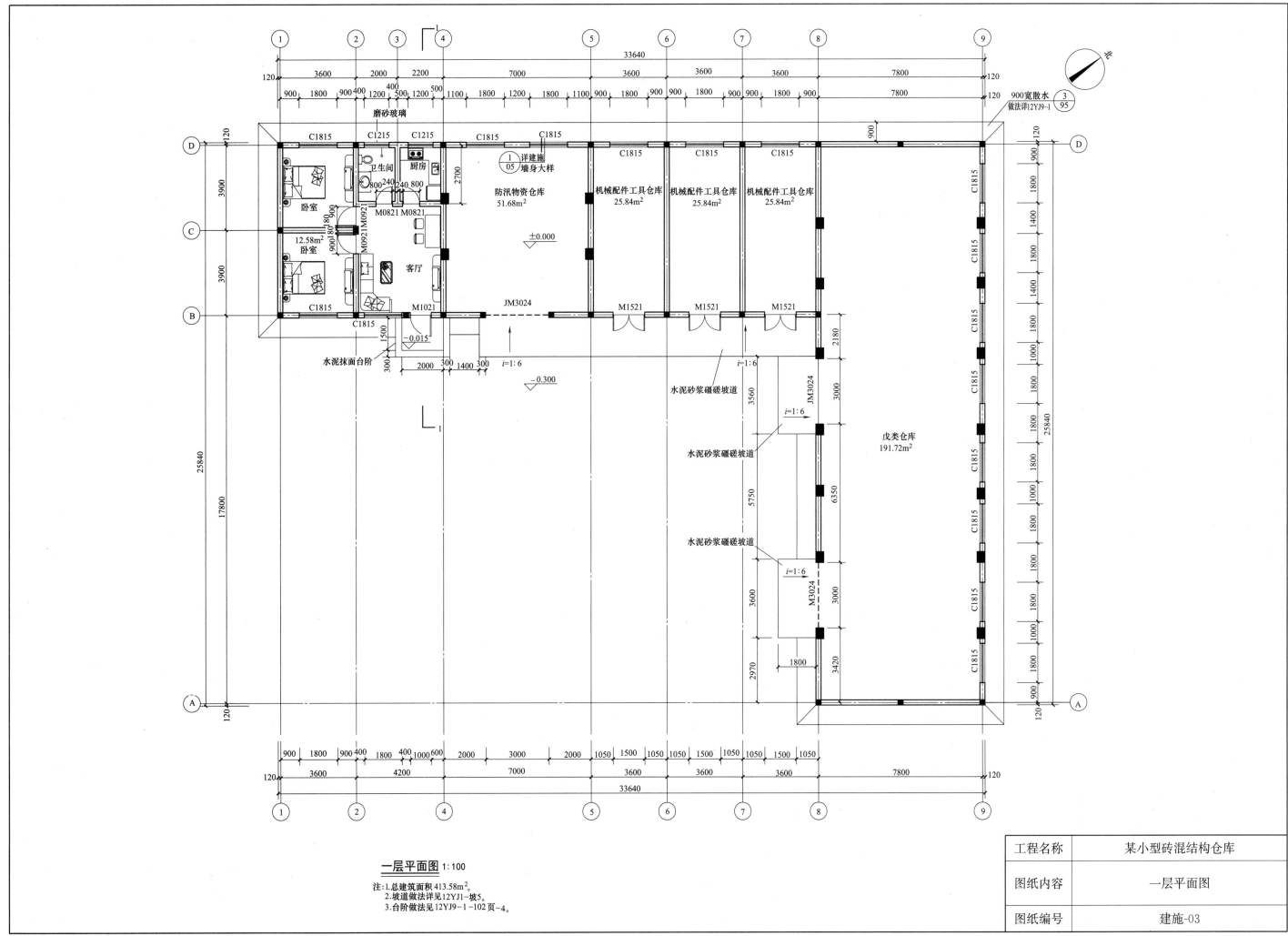

一层平面图 1:100

注：1.总建筑面积413.58m²。
　　2.坡道做法详见12YJ1-坡5。
　　3.台阶做法见12YJ9-1-102页-4。

工程名称	某小型砖混结构仓库
图纸内容	一层平面图
图纸编号	建施-03

13

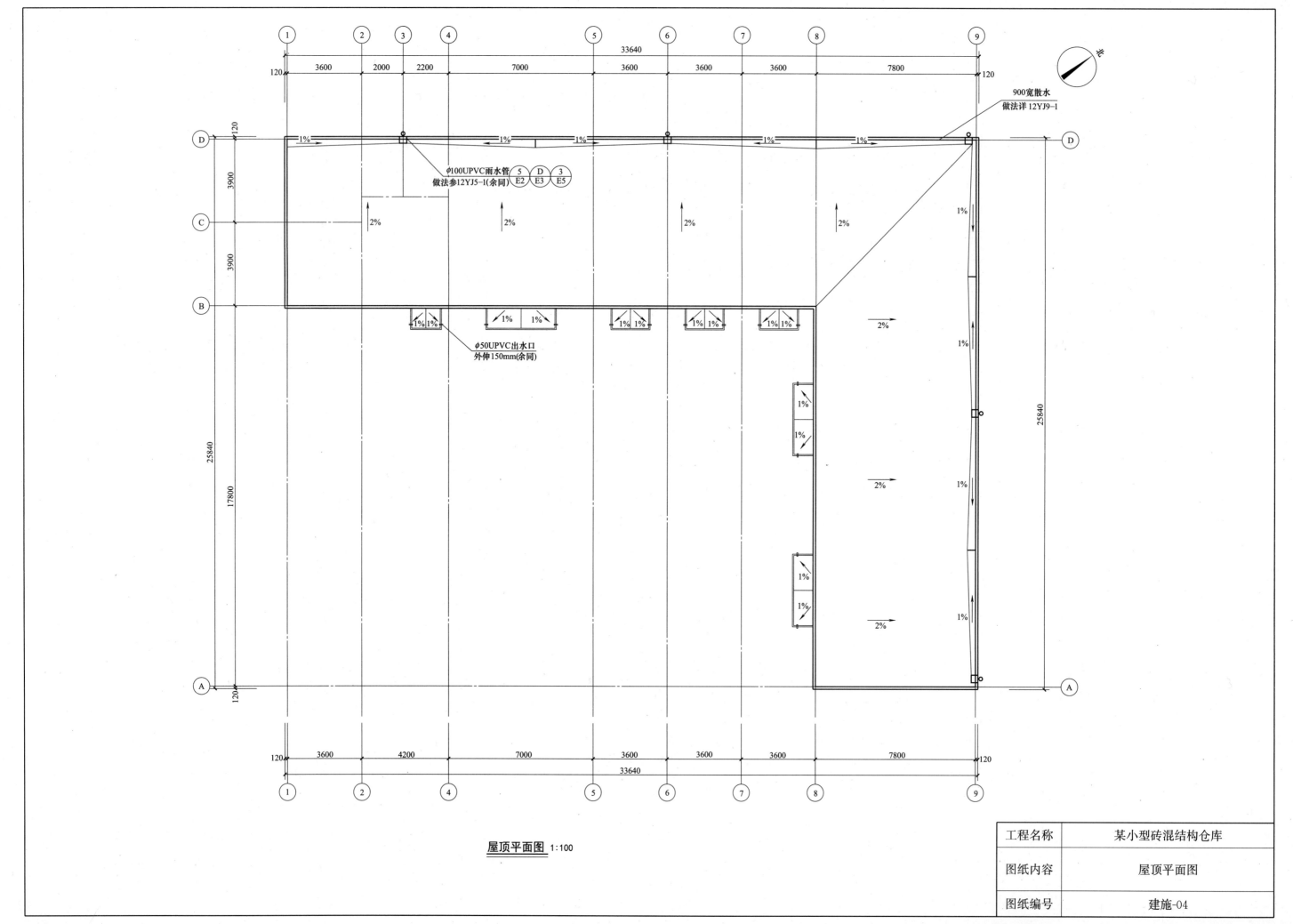

屋顶平面图 1:100

工程名称	某小型砖混结构仓库
图纸内容	屋顶平面图
图纸编号	建施-04

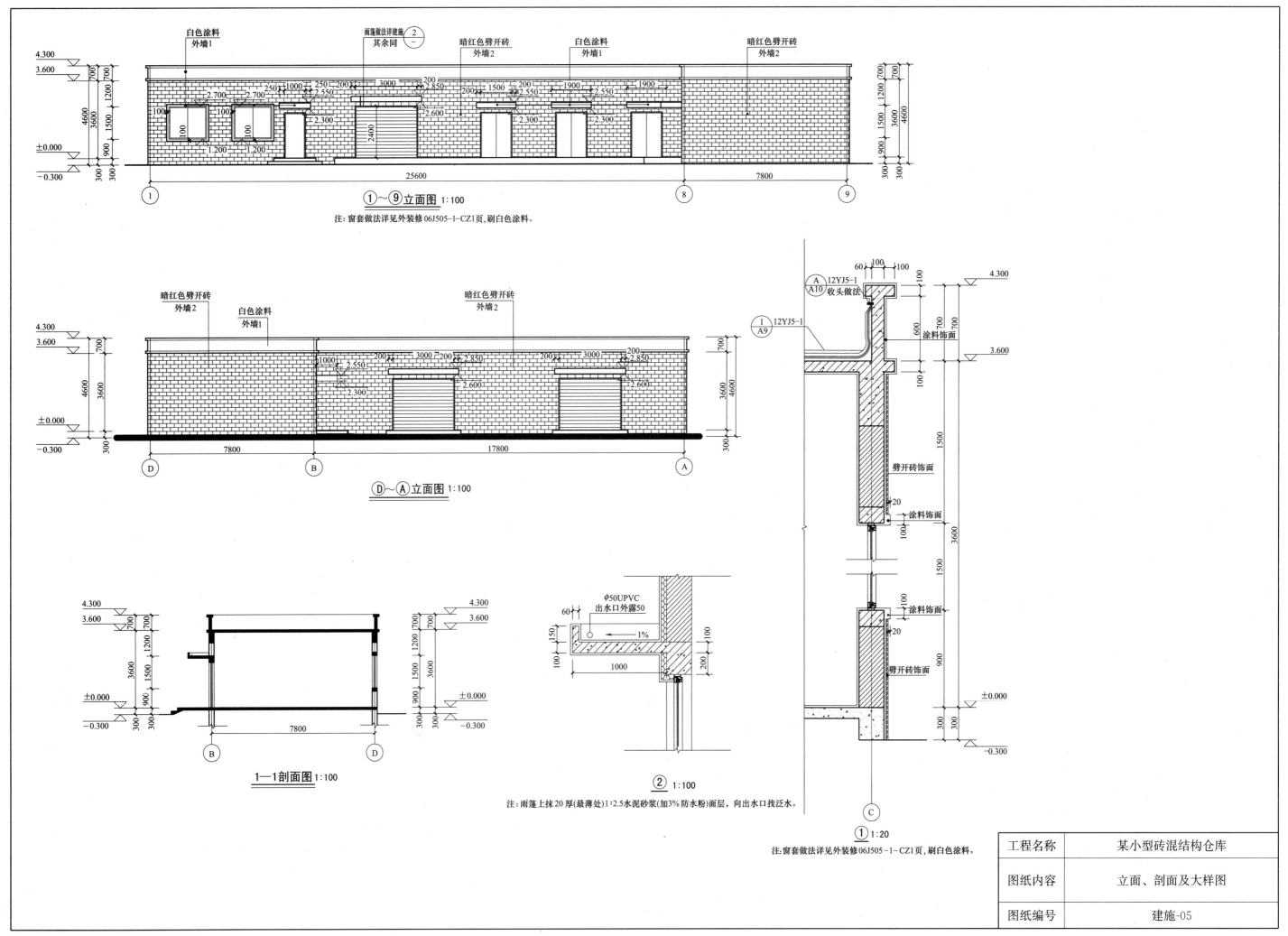

① ~ ⑨ 立面图 1:100

注：窗套做法详见外装修06J505-1-CZ1页，刷白色涂料。

⑩ ~ ④ 立面图 1:100

1—1剖面图 1:100

② 1:100

注：雨篷上抹20厚(最薄处)1:2.5水泥砂浆(加3%防水粉)面层，向出水口找泛水。

① 1:20

注：窗套做法详见外装修06J505-1-CZ1页，刷白色涂料。

工程名称	某小型砖混结构仓库
图纸内容	立面、剖面及大样图
图纸编号	建施-05

2.2 结构施工图

结构设计总说明

一、工程概况和总则

1. 本工程位于河口村水库管理区，建筑主要功能为仓库。地上一层，室内外高差 300mm，建筑物高度（室外地面起算）4.200m。
2. 上部结构体系：砌体结构。
3. 本工程在设计考虑的环境类别的结构设计使用年限为 50 年。
4. 计量单位（除注明外）：1）长度：mm；2）角度：度；3）标高：m；4）强度：N/mm²。
5. 本建筑物应按建筑图中注明的使用功能，未经技术鉴定或设计许可，不得改变结构的用途和使用环境。
6. 凡预留洞、预埋件应严格按照结构图并配合其他工种图纸进行施工，未经结构专业许可，严禁擅自留洞或事后凿洞。
7. 本工程砌体施工质量控制等级为 B 级及以上等级。
8. 结构施工图中除特别注明外，均以本总说明为准。
9. 本总说明未详尽处，请遵照现行国家有关规范与规程规定施工。

二、设计依据

1. 本工程施工图按甲方认可的方案设计。
2. 采用中华人民共和国现行国家标准规范和规程进行设计，主要有：
《建筑结构荷载规范》GB 50009—2012；　　《混凝土结构设计规范》GB 50010—2010；
《建筑抗震设计规范》GB 50011—2010；　　《建筑地基基础设计规范》GB 50007—2011；
《砌体结构设计规范》GB 50003—2011；　　《建筑结构可靠度设计统一标准》GB 50068—2001；
《砌体结构工程施工质量验收规范》GB 50203—2010；　　国家其他规范、设计条例、规定。
3. 甲方提供的《岩土工程勘察报告》。
4. 本工程的混凝土结构的环境类别：室内正常环境为一类，室内潮湿、露天及与水土直接接触部分为二 a。砌体结构的环境类别：正常居住的内部干燥环境为 1 类，潮湿的室内或室外环境为 2 类。
5. 建筑抗震设防类别为丙类，建筑结构安全等级为二级，所在地区的抗震设防烈度小于 6 度，抗震构造措施参照 6 度区执行；场地类别：Ⅱ类；特征周期值：0.45s。
6. 50 年一遇的基本风压：0.40kN/m²；基本雪压：0.45kN/m²；地面粗糙度：B 类。
7. 楼面和屋面活荷载：按《建筑结构荷载规范》GB 50009—2012 取值，具体数值（标准值）如下表所示；施工荷载：楼面 2.0kN/m²；栏杆顶部水平荷载：1.0kN/m；楼层房间应按照建筑图中注明内容使用，未经设计单位同意，不得任意更改使用用途，不得在楼层梁和板上增设建筑图中未标注的隔墙。

楼屋面用途	住宅阳台、卫生间	楼梯	不上人屋面	其他房间
活荷载（kN/m²）	2.5	2.0	0.5	2.0

8. 本建筑物耐火等级为二级，相应各类主要构件的耐火极限，所要求的最小构件尺寸及保护层最小厚度应符合《建筑设计防火规范》GB 50016—2014 的要求。

三、地基基础

1. 本工程地基基础设计等级为丙级。
2. 地质构成：勘探深度范围内从上到下场地地质构成如下：1）耕土；2）粉质黏土；3）粉质黏土；4）粉质黏土；本工程基础持力层为第 2 层粉质黏土，$f_{ak}=120$kPa。
3. 水文概况：本场地勘察期间地下水位埋深 3.40～4.20m。场地地下水抗浮设计水位绝对高程为 87.60m。

四、材料选用及要求

1. 混凝土：（1）基础垫层：100 厚 C15 素混凝土垫层。
（2）墙下条形基础、电梯井壁：C30。
（3）梁、板、构造柱、楼梯等除结构施工图中特别注明者外均采用 C25。
（4）结构混凝土耐久性的基本要求见下表。

环境类别	最大水胶比	最低强度等级	最大氯离子含量（%）	最大碱含量（kg/m³）
一	0.60	C20	0.30	不限制
二 a	0.55	C25	0.20	3.0

2. 钢材

（1）Φ表示 HPB300 钢筋（$f_y=270$N/mm²）；Φ表示 HRB400 钢筋（$f_y=360$N/mm²）。钢筋混凝土结构及预应力混凝土结构所用钢筋，钢丝，钢绞线应符合《混凝土结构工程施工质量验收规范》GB 50204—2015 及国家有关其他规范。
（2）受力预埋件的锚筋应采用 HPB300 级或 HRB400 级钢筋，严禁采用冷加工钢筋。吊环应采用 HPB300 钢筋制作，严禁使用冷加工钢筋，吊环埋入混凝土的深度不应小于 30d，并应焊接或绑扎在钢筋骨架上。
（3）施工中任何钢筋的替换，均应经设计单位同意后，方可替换。
（4）钢筋的连接纵向受拉钢筋的最小锚固长度详国标 16G101-1 图集 53 页。
（5）钢筋的搭接长度：
梁、柱纵向钢筋搭接长度为 l_{lE}；板中纵向钢筋搭接长度为 l_{li}；搭接长度应根据搭接区段内搭接接头面积百分率按下表施工。搭接区段长度为 1.3 倍搭接长度。任何情况下搭接长度不得小于 300。同一连接区段内钢筋搭接接头面积百分率，梁、板不大于 25%，柱不大于 50%。

同一连接区段内钢筋搭接接头面积百分率（%）	$l_{lE}=\zeta l_{aE}$	$l_l=\zeta l_a$	
	≤25	50	100
搭接长度修正系数 ζ	1.2	1.4	1.6

（6）钢筋的接头：混凝土结构中受力钢筋的连接接头宜设置在构件受力较小的部位，柱、梁、基础的钢筋连接形式、接头位置及接头面积百分率的要求详见国标图集 16G101-1 及 16G101-3 的相关节点。
（7）纵向受力的普通钢筋及预应力钢筋，其混凝土保护层厚度（钢筋外边缘至混凝土表面的距离）不应小于钢筋的公称直径，最外层钢筋的保护层厚度应符合下表规定：

纵向受力钢筋混凝土保护层最小厚度（mm）

环境类别	板墙壳	梁柱
一类环境	15	20
二类环境　　a	20	25

注：基础中纵向受力钢筋的保护层厚度 40mm。

（8）焊条：HPB300 钢筋采用 E43××，HRB400 钢筋采用 E50××型，当不同强度钢筋连接时，可采用与低强度钢材相适应的焊接材料钢筋焊接质量应符合《钢筋焊接及验收规程》JGJ 18—2012 的要求。
（9）所有外露铁件应均应除锈涂红丹两道，刷防锈漆两度（颜色另定）。
（10）钢筋技术指标应符合《混凝土结构设计规范》GB 50010—2010 要求，其强度标准值应具有≥95% 的保证率。
3. 砌体（±0.000 以下或防潮层以下的砌体、潮湿房间的墙体，采用不小于 MU15 烧结页岩多孔砖、M10 水泥砂浆）。

层次	1 层以下	
项目	烧结煤矸石砖	混合砂浆
强度等级	≥MU10	M5

注：±0.000 以下孔洞应用不低于 M10 水泥砂浆预先灌实。

五、构造及施工要求

1. 基槽及土方：
（1）施工期间应采取有效的防排水措施，减少雨水渗入土体。
（2）采用机械开挖基槽时，须保持坑底土体原状结构，根据土体情况和挖土机械类型，应保留 200～300mm 土层由人工挖除铲平。
（3）基槽开挖时，如遇异常情况应通知勘察及设计单位及时处理。
（4）基槽开挖后应通知设计及勘察单位验槽，基槽开挖经验收后，应立即对基槽进行封闭，防止水浸和暴晒破坏基槽土原状结构，并应及时施工。
（5）填方土料不得使用淤泥、耕土、冻土、膨胀性土及有机质含量大于 5% 的土，土料按设计要求验收合格后方可填入。
（6）基础底面以下回填土压实系数不小于 0.97；地坪垫层以下及基础底面标高以上回填土压实系数不小于 0.94。

工程名称	某小型砖混结构仓库
图纸内容	结构设计总说明（1）
图纸编号	结施-01

2. 梁柱

(1) 主次梁交叉处，在主梁上次梁两侧各附加 3 根箍筋，附加箍筋的形状及肢数均与梁内箍筋相同，间距 50（构造详图 1）。

(2) 当主次梁高度相同时，次梁下部钢筋应置于主梁下部钢筋之上。

(3) 跨度≥4m 的梁均应按跨度的 0.3‰起拱，悬臂构件均应按跨度的 0.6‰起拱，且起拱高度不小于 20mm。

(4) 当梁宽与柱宽相同时，梁外侧纵向钢筋应稍微弯折，置于柱主筋的内侧。

3. 板

(1) 板内下部钢筋应伸至梁中心线。且不小于 5 倍钢筋直径，现浇楼板或屋面板伸入纵、横墙内的长度，不应小于 120mm。

(2) 双向板的底部钢筋，短跨钢筋在下排，长跨钢筋在上排。

(3) 板内分布筋图中未注明的均为 φ8@250。

(4) 现浇板内钢筋遇长边或直径≤300 洞口时应绕过，不得截断，洞口边长大于 300 小于 1000（构造详图 2）。

(5) 当板面高差＞30mm 时，钢筋应在支座处断开并各自锚固（构造详图 3）。

(6) 上下水管道及设备孔洞必须按各专业施工图要求预留，不得后凿。

(7) 现浇板内电气埋管应置于板的中部，当板内电气埋管处板面没有钢筋时，应增设 φ6@200 钢筋于板面。

(8) 各露天现浇混凝土板内埋塑料电线管时，管的混凝土保护层不应小于 30mm。

(9) 建筑物外沿阳角的楼（屋面）板，其板面应配置附加斜向构造钢筋，钢筋平行于该板的角平分线，长度为 $0.5L_0$（L_0 为板的短向跨度）且不小于 1300（构造详图 4）。

(10) 悬挑板阴阳角的楼应配置附加斜向构造钢筋（构造详图 5）。

(11) 板配筋图中，板面筋的表示方法构造详图 6。

(12) 刀把板配筋按国标图集 05G109-3 26 页 4.2.3 条施工，附加筋采用 3Φ14。

(13) 除平面标注外，墙下未设梁处对应位置板底设 2Φ12 钢筋，并应锚入两侧梁墙内。

4. 砌体工程

(1) 构造柱的位置见各层结构平面图；构造柱沿房屋全高对正贯通，构造柱纵筋应穿过各层圈梁；要求先砌砖墙，后浇柱，构造柱与墙的连接处砌成马牙搓，并沿柱高预埋 2φ6@500 水平钢筋和 φ4 分布短筋平面内点焊组成的拉结网片或 φ4 点焊网片，每边伸入墙内的长度每边不少于 1.0m，底部 1/3 楼层上述拉结钢筋网片应沿墙体水平通长设置。构造柱纵筋的锚固和搭接、箍筋在圈梁上下的加密范围等构造要求详见省标 11YG001-1 第 13～18 页。

(2) 墙体转角处和纵横墙交接处无构造柱时，应沿墙高每隔 500mm 设 2φ6 水平拉结钢筋，每边伸入墙内不小于 1m。

(3) 后砌隔墙与墙、梁、柱的拉结构造参见省标 11YG001-1 第 58 页。

(4) 房屋底层和檐口标高处设置圈梁一道，其余楼层层层在所有纵横墙上设置圈梁，并于楼屋面板现浇。未设置圈梁的楼板嵌入墙内的长度不应小于 120mm，并沿墙长配置不少于 2φ10 的纵向钢筋。圈梁截面及配筋见结构平面图。

(5) 顶层楼梯间墙体应沿墙高每隔 500mm 设 2φ6 通长钢筋和 φ4 分布短筋平面内点焊组成的拉结网片；突出屋面的楼梯间，构造柱应伸到顶部，并与顶部圈梁连接，所有墙体应沿墙高每隔 500mm 设 2φ6 通长钢筋和 φ4 分布短筋平面内点焊组成的拉结网片。

(6) 楼梯间及门厅内阴角处的大梁支承长度不应小于 500mm，并应与圈梁连接。

(7) 底层及顶层的砌体墙在窗台标高处设置沿纵横墙通长的水平现浇钢筋混凝土带，截面为墙厚×60，纵向钢筋 2φ10，横向分布筋 φ6@200。

(8) 构造柱做法详见 11YG001-1 第 7～12 页，构造柱钢筋下端插入基础底部，上端锚入屋顶圈梁内，另构造柱边砌体长度小于 180mm 时，可用同级别素混凝土整浇在一起。构造柱的箍筋端部应做 135°弯钩，弯钩的平直长度不应小于 60mm。

(9) 当圈梁为洞口切断时，应在洞顶设置一道不小于被切断的圈梁断面和配筋的钢筋混凝土附加圈梁，其配筋尚应满足过梁的要求，其搭接长度应不小于 1000mm。

(10) 当墙垛＜1000mm 时，则墙体拉结筋伸入墙内长度等于墙垛长，且末端弯直钩。

(11) 未特殊注明的墙体压顶截面高度为 100mm，宽度参建施，配筋：2Φ10、φ6@200。

(12) 房屋墙体门窗洞口处防裂措施采用 11YG001-1 第 44～46 页。

(13) 砌体墙中的门、窗及设备预留孔洞顶需过梁。过梁除圈梁兼过梁外，统一按设计要求处理。当洞边为混凝土柱时，须在过梁标高处的柱内预埋过梁钢筋，待施工过梁钢筋时，将过梁底筋及架立筋与之焊接；过梁两端各伸入支座砌体内的长度≥墙厚且≥240mm。

(14) 墙体上的洞口、管道、沟槽应在砌筑时正确留出或预埋；在宽度小于 500mm 的承重小墙及壁柱内不得埋设竖向管线；墙体中不得设水平行穿暗管或预留水平沟槽；严禁擅自留洞、事后凿洞和在墙上开凿水平沟槽；墙中竖管宜预埋，当无法预埋时，可按 11YG001-1 第 5 页做法。嵌入墙中的电表箱、消火栓洞口上均设置过梁。

六、其他

1. 本工程结构计算采用中国建研院编制的 PKPM（2018 版）网络版系列软件。

2. 凡预留洞、预埋件或吊钩等应严格按照结构图并配合其他工种图纸进行施工，严禁擅自留洞、留设水平槽或事后凿洞。

3. 构造柱、混凝土基础等兼作防雷接地时，其有关纵筋必须焊接，双面焊缝长度 $L≥5d$，具体要求详电施图。

4. 采用的标准图集主要有：

《混凝土结构施工图平面整体表示方法制图规则和构造详图》（国标）16G101-1

《混凝土结构施工图平面整体表示方法制图规则和构造详图》（国标）16G101-2

《混凝土结构施工图平面整体表示方法制图规则和构造详图》（国标）16G101-3

《11 系列结构标准设计图集》（省标）DBJT 19-01-2012

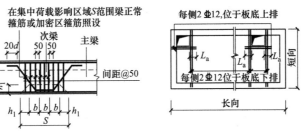

图1 附加箍筋吊筋构造

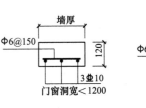

图2 楼板孔洞加强筋

洞口尺寸＞300×300且＜1000×1000

图8 门窗洞口钢筋混凝土过梁图

注：过梁两端各伸入支座砌体内的长度≥墙厚且≥240。

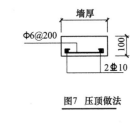

图7 压顶做法

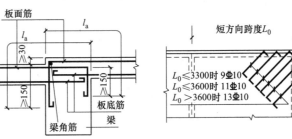

图3 板面高低差处板面钢筋锚固

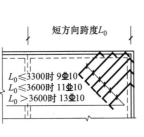

图4 板阳角附加斜向钢筋

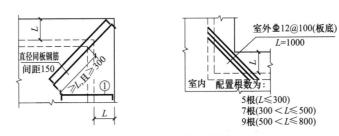

图5 悬挑板阴阳角附加斜向钢筋做法

图6 板配筋表示方法

图纸目录

序号	图 名	图 号	图纸规格
1	结构设计总说明(1)	结施01	A2
2	结构设计总说明(2)	结施02	A2
3	基础平面布置图	结施03	A2
4	3.870结构平面布置图	结施04	A2
5	3.870梁，柱平面布置图	结施05	A2

工程名称	某小型砖混结构仓库
图纸内容	结构设计总说明（2）
图纸编号	结施-02

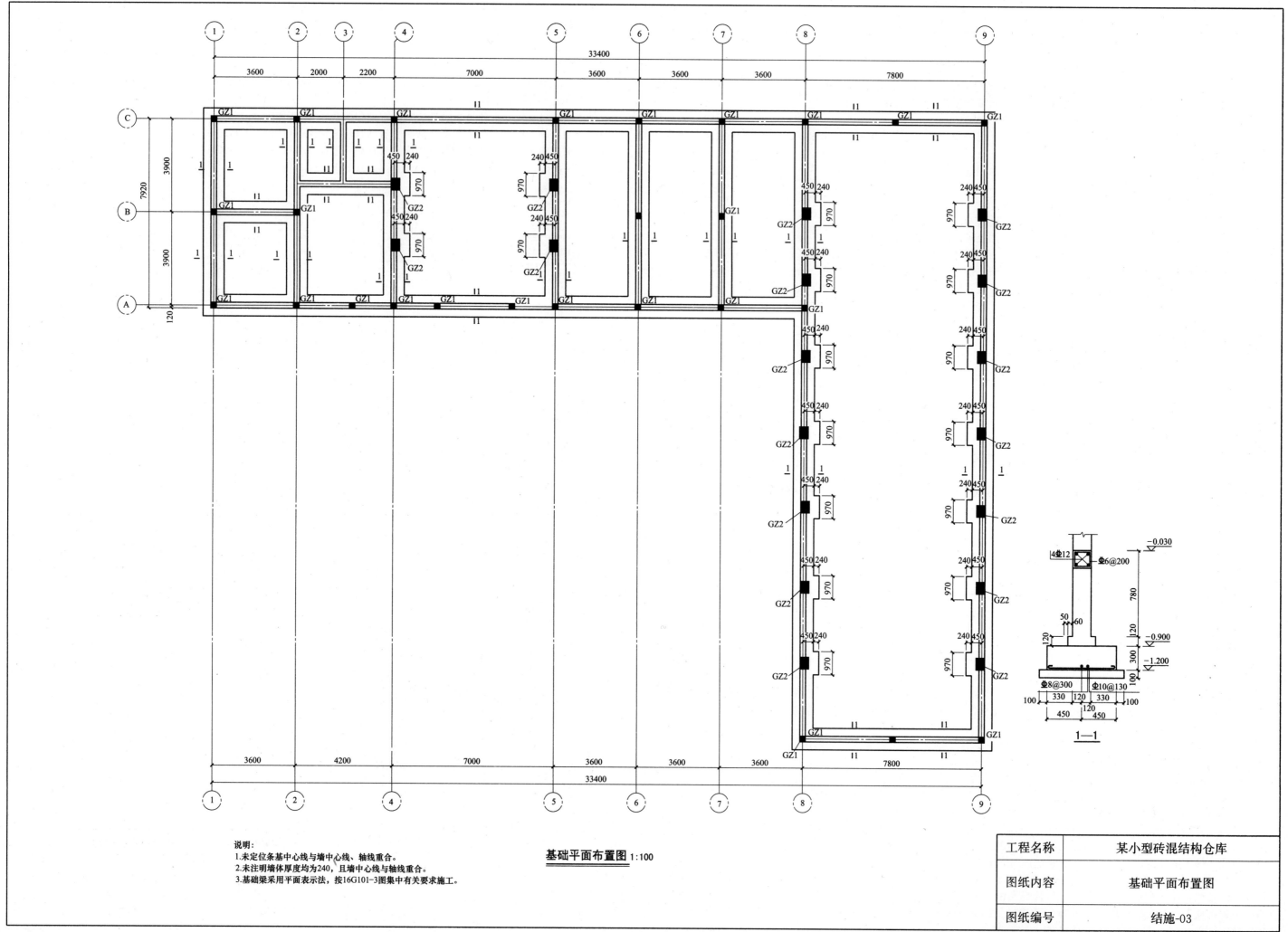

说明:
1.未定位条基中心线与墙中心线、轴线重合。
2.未注明墙体厚度均为240,且墙中心线与轴线重合。
3.基础梁采用平面表示法,按16G101-3图集中有关要求施工。

基础平面布置图 1:100

工程名称	某小型砖混结构仓库
图纸内容	基础平面布置图
图纸编号	结施-03

18

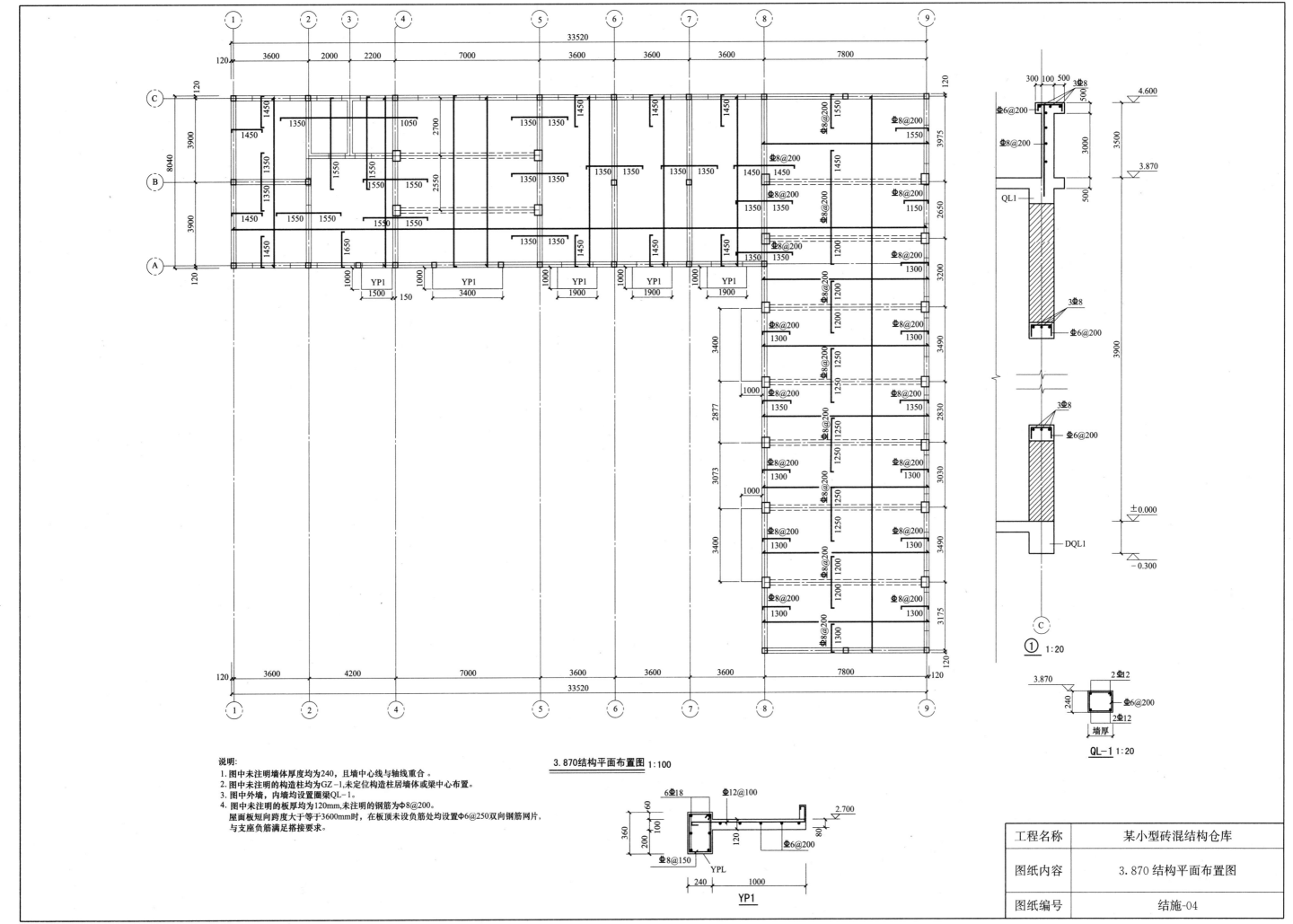

说明:
1. 图中未注明墙体厚度均为240,且墙中心线与轴线重合。
2. 图中未注明的构造柱均为GZ-1,未定位构造柱居墙体或梁中心布置。
3. 图中外墙,内墙均设置圈梁QL-1。
4. 图中未注明的板厚均为120mm,未注明的钢筋为Φ8@200。
   屋面板短向跨度大于等于3600mm时,在板顶未设负筋处均设置Φ6@250双向钢筋网片,
   与支座负筋满足搭接要求。

3.870结构平面布置图 1:100

工程名称	某小型砖混结构仓库
图纸内容	3.870 结构平面布置图
图纸编号	结施-04

19

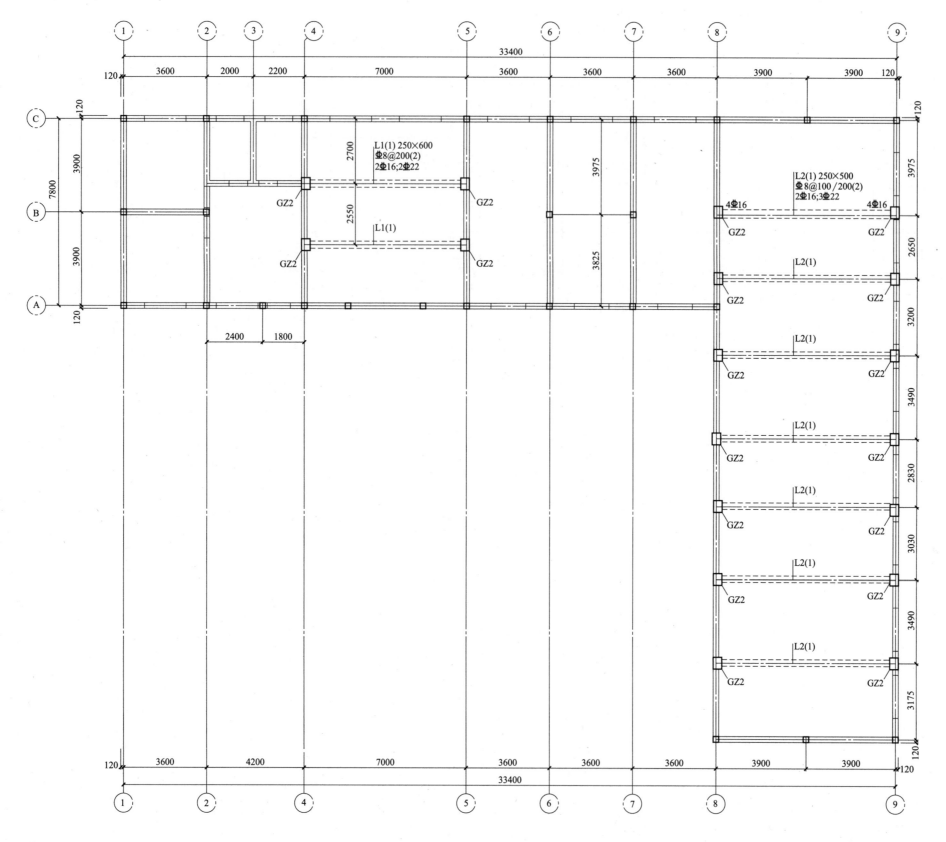

L1(1) 250×600
Φ8@200(2)
2Φ16;2Φ22

L2(1) 250×500
Φ8@100/200(2)
2Φ16;3Φ22

4Φ16
4Φ16

GZ2

L2(1)

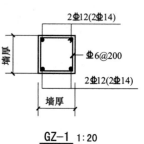

2Φ12(2Φ14)
Φ6@200
墙厚
墙厚
2Φ12(2Φ14)

GZ-1 1:20

注：括号内配筋用于外墙。

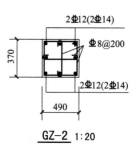

2Φ12(2Φ14)
Φ8@200
370
2Φ12(2Φ14)
490

GZ-2 1:20

说明:
1.未注明梁中心线均为轴线居中或与墙柱边平齐,未注明梁顶标高均为该梁所在的楼层结构标高。
2.梁混凝土强度等级为C30。
3.未注明的构造柱均为GZ-1。

3.870梁、柱平面布置图 1:100

工程名称	某小型砖混结构仓库
图纸内容	3.870梁、柱平面布置图
图纸编号	结施-05

20

2.3 电气施工图

电气设计说明

一、设计依据

1. 建筑概况：本工程为2号渣场仓库。

地上一层，层高3.9m，建筑主体高度为4.9m，总建筑面积为413.58m²。结构形式为砖混结构，独立基础。

2. 建筑、结构、给水排水、暖通等专业提供的设计资料。

3. 建设单位提供的设计任务书及相关设计要求。

4. 中华人民共和国现行主要规程规范及设计标准：

《民用建筑电气设计规范》	JGJ 16—2008
《建筑设计防火规范》	GB 50016—2014
《建筑物防雷设计规范》	GB 50057—2010
《建筑照明设计标准》	GB 50034—2013

二、设计范围

本次电气设计的主要内容包括：供配电系统、电气照明系统、建筑物防雷和接地系统等。

三、供配电系统

1. 本建筑为仓库，其照明等为三级负荷。

2. 楼内电气负荷及容量：安装容量16.0kW，计算容量16.0kW。

3. 所有低压电源均由箱变采用三相四芯铠装电缆引接至照明配电箱，接地形式采用TN-C-S系统，电源线路进楼处采用-40×4镀锌扁钢进行重复接地。

4. 普通照明、空调及一般插座均由不同的回路供电，除挂机空调插座外，所有插座回路均设漏电断路器保护。

四、线路敷设及设备安装

1. 线路敷设：室外强电干线均采用铠装绝缘电缆直接埋地敷设，埋深为室外地坪下0.8m，进楼后穿厚壁电线管敷设；楼内强电干线支线均穿阻燃硬质塑料管沿墙、楼板或地面暗敷设。

2. 设备安装：除平面图中特殊注明外，设备均为靠墙、靠门框或居中均匀布置，其安装方式及安装高度均参见"主要设备材料图例表"。

3. 图中照明线路除已注明根数的外，灯具和插座回路均为3根线；其中BV-2.5线路的穿管规格分别为：2~3根穿PVC16，4~5根穿PVC20。

4. 图中配电箱尺寸应与成套厂配合后确定，并据此确定暗装箱所需预留洞。

5. 与卫生间无关的线缆导管不得进入和穿过卫生间。卫生间的线缆导管不应敷设在0、1区内，并不宜敷设在2区内。

五、建筑物防雷和接地系统

1. 本建筑的年预计雷击次数N=0.088次/年，根据《建筑物防雷设计规范》GB 50057—2010，本建筑应属于第三类防雷建筑物，采用屋面接闪网、防雷引下线、均压环和自然接地网组成建筑物防雷和接地系统。

2. 本楼防雷装置采用屋顶接闪带和屋面暗装接闪网形成接闪网，屋顶接闪带采用φ10镀锌圆钢，支高0.15m，支持卡子间距1.0m。固定转角处0.5m。凡突出屋面的金属构件、金属通风管等均与接闪带可靠焊接。

3. 利用建筑物柱子内两根以上φ14主筋通长焊接作为引下线，引下线间距不大于25m。所有外墙引下线在室外地面下1m处引出40×4热镀锌扁钢。

4. 接地系统为建筑物独立基础内两根主筋或40×4热镀锌扁钢通长焊接形成的基础接地网。本楼接地系统应与毗邻建筑物的接地网可靠连接，形成统一的基础接地网。

5. 引下线上端与接闪带焊接，下端与接地极焊接。建筑物四角引下线在室外地面上0.5m处设测试卡子。

6. 室外防雷接地凡焊接处均应刷沥青防腐。

7. 本楼采用强弱电联合接地系统，接地电阻应不大于1欧姆，实测不满足要求时，应增设人工接地极或采取其他降阻措施。配电箱外壳等正常情况下不带电的金属构件均应与防雷接地系统做可靠的电气连接。

8. 本工程采用总等电位联结，总等电位板由紫铜板制成，应将建筑物内保护干线、设备进线总管等进行联结，总等电位联结线采用BV-25穿PVC32，总等电位联结均采用等电位卡子，禁止在金属管道上焊接。

9. 有淋浴的卫生间应采用局部等电位联结，从适当地方引出两根大于φ16结构钢筋至局部等电位箱(LEB)该箱底边离地0.3m嵌墙暗装将卫生间内所有金属管道、金属构件接至；具体做法参见国标《等电位联结安装》02D501-2。

六、电气节能措施

1. 合理选定供电半径：将变电所设置在负荷中心，可以减少低压线路长度，降低线路损耗。

2. 合理设置无功功率补偿：在低压配电室装设补偿电容器，灯具自带补偿装置，功率因数补偿到0.9以上，减少无功功率损耗。

3. 合理选择变压器：选择高效低能耗变压器，力求变压器的实际负荷接近设计的最佳负荷，提高变压器的技术经济效益，减少变压器空载和负载损耗。

4. 选用高效节能光源：选用具有较高反射比和射腐的高效率灯具，优先选用开启式直接照明灯具。公共用房主要照明采用三基色荧光灯，并采用节能型电感镇流器或电子镇流器。

5. 实行多项分级计量。

6. 照明功率密度值应满足《建筑照明设计标准》GB 50034—2013规定。

主要房间或场所	功率密度值(W/m²)		照度值(lx)		显色指示(Ra)	
	标准值	设计值	标准值	设计值	标准值	设计值
居室、厨房、卫生间	6	5	100	100	80	＞80
仓库	2.5	25	50	50	60	＞60
卧室	6	5	75	75	80	＞80
餐厅	6	5	150	150	80	＞80

七、其他内容

1. 所有电气隐蔽工程、预留洞及预埋件等均应与土建密切配合；电气安装应与水暖专业密切配合，协调作业；遇有相冲突等各类问题，应及早提出，协商解决。

2. 其他未尽事宜参见国家现行规范、规定、规程和标准图有关部分。

电气设计图纸目录

序号	图号	名 称
01	电施-01	电气设计说明 目录 主要设备材料表
02	电施-02	一层照明平面布置图 一层插座平面布置图
03	电施-03	屋顶防雷平面布置图 配电箱接线图
04	电施-04	接地平面布置图 测试点做法示意图

"国标"国家建筑标准设计-电气部分

"图集"建筑电气安装工程图集

主要设备材料图例表

序号	图例	名称	规格	高度	备注
18	J	工厂灯		(自选)50W	
17	LEB	局部等电位联结端子箱	250×100×100	嵌墙 0.3m	02D501-2-23
16	MEB	总等电位联结端子箱	300×200×120	嵌墙 0.3m	02D501-2-23
15		三极带开关防溅插座	250V-16A	嵌墙 2.3m	(电热水器用)
14		二三极防溅插座	250V-10A	嵌墙 2.0m	油烟机用
13		三极带开关防溅插座	250V-10A	嵌墙 1.5m	(安全型)(洗衣机用)
12		二三极防溅插座	250V-10A	嵌墙 1.5m	(安全型)
11		二三极插座	250V-10A	嵌墙 0.3m	(安全型)
10		三极空调插座	250V-16A	嵌墙 2.0m	
9		双联单控跷板开关	250V-16A	嵌墙 1.3m	
8		单联单控跷板开关	250V-16A	嵌墙 1.3m	
7		浴霸		(住户自理)	
6		浴霸开关		嵌墙 1.3m	(浴霸配套)
5		节能吸顶灯	J32W	吸顶	
4		防水吸顶灯	1×40W	吸顶	
3		节能型双螺旋白炽灯	1×40W	吸顶	
2		空调断路器箱	(见系统图)	嵌墙 1.4m	距地0.3m做接线盒
1		照明配电箱	(见系统图)	嵌墙 1.6m	

工程名称	某小型砖混结构仓库
图纸内容	电气设计说明 电气设计图纸 目录 主要设备材料图例表
图纸编号	电施-01

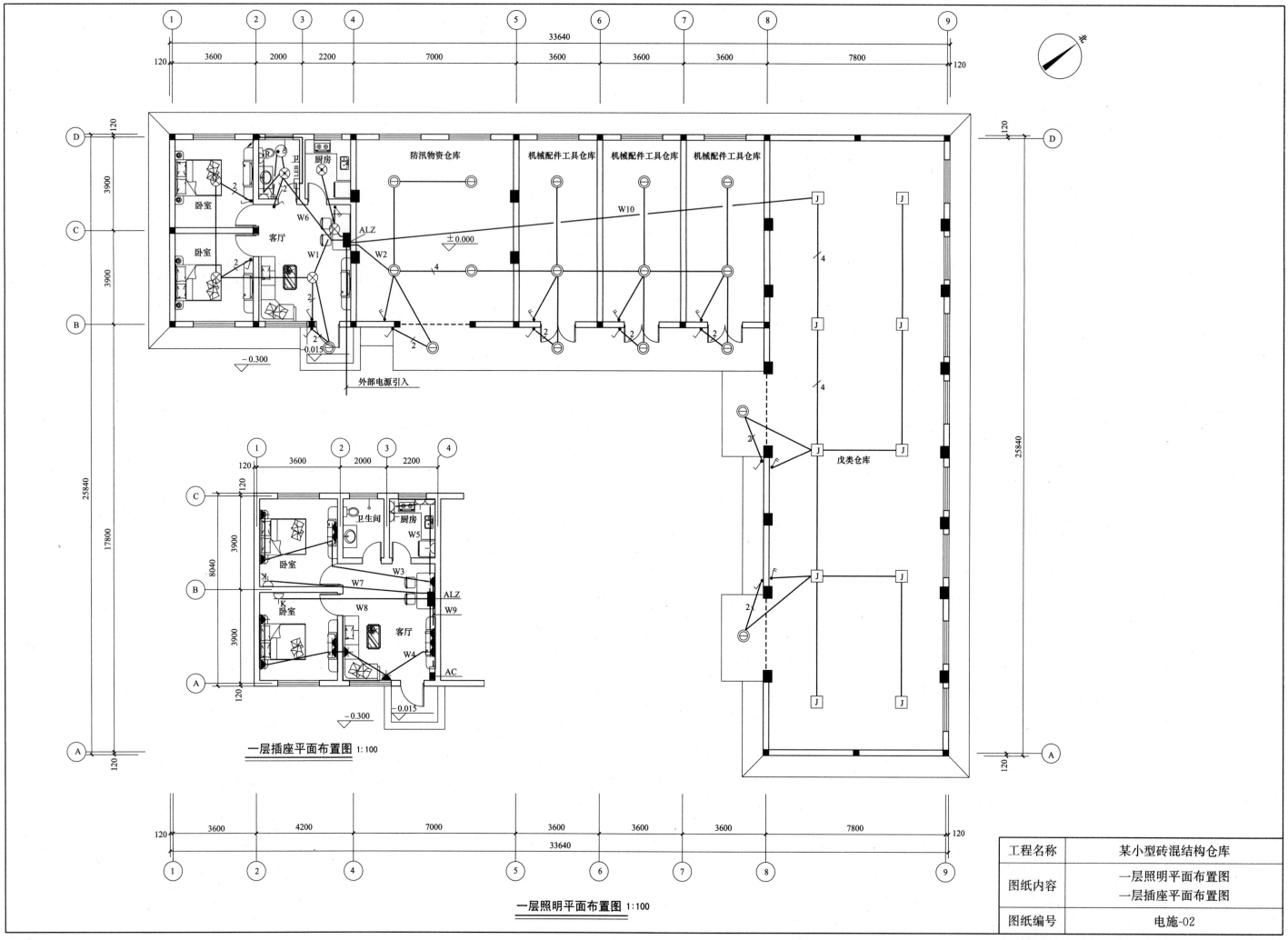

防汛物资仓库　　机械配件工具仓库　机械配件工具仓库　机械配件工具仓库

卧室
客厅
卧室

厨房
卫生间

W6
ALZ
W1　W2
±0.000
W10

−0.300
−0.015
外部电源引入

戊类仓库

一层插座平面布置图 1:100

卧室
卫生间
厨房
卧室
客厅

W3
W5
W7
W9
W8
W4
ALZ
AC
K

−0.300
−0.015

一层照明平面布置图 1:100

33640
120 3600 2000 2200 7000 3600 3600 3600 7800 120

25840
17800

3600 4200 7000 3600 3600 3600 7800
33640

工程名称	某小型砖混结构仓库
图纸内容	一层照明平面布置图 一层插座平面布置图
图纸编号	电施-02

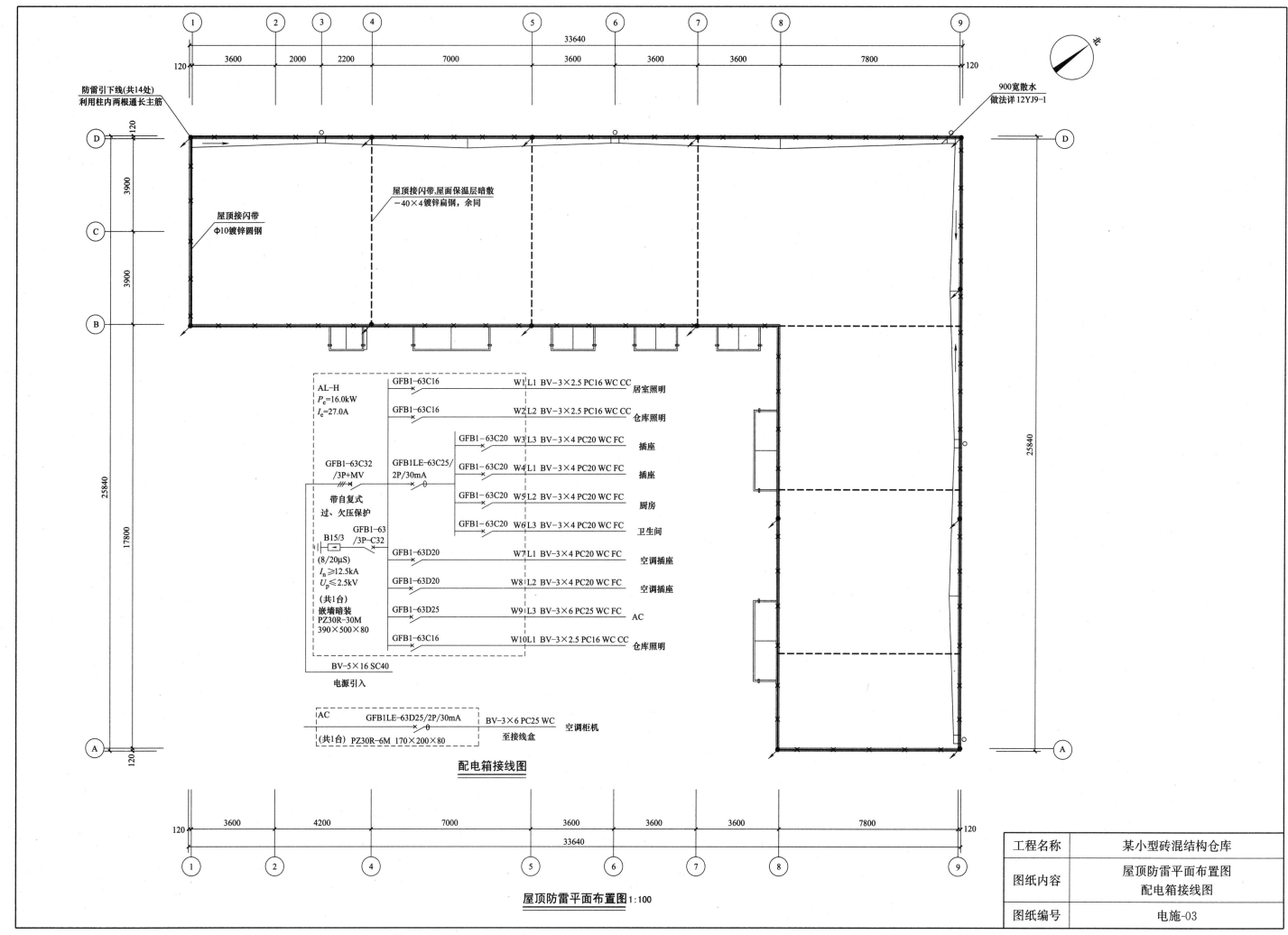

屋顶防雷平面布置图1:100

配电箱接线图

工程名称	某小型砖混结构仓库
图纸内容	屋顶防雷平面布置图 配电箱接线图
图纸编号	电施-03

23

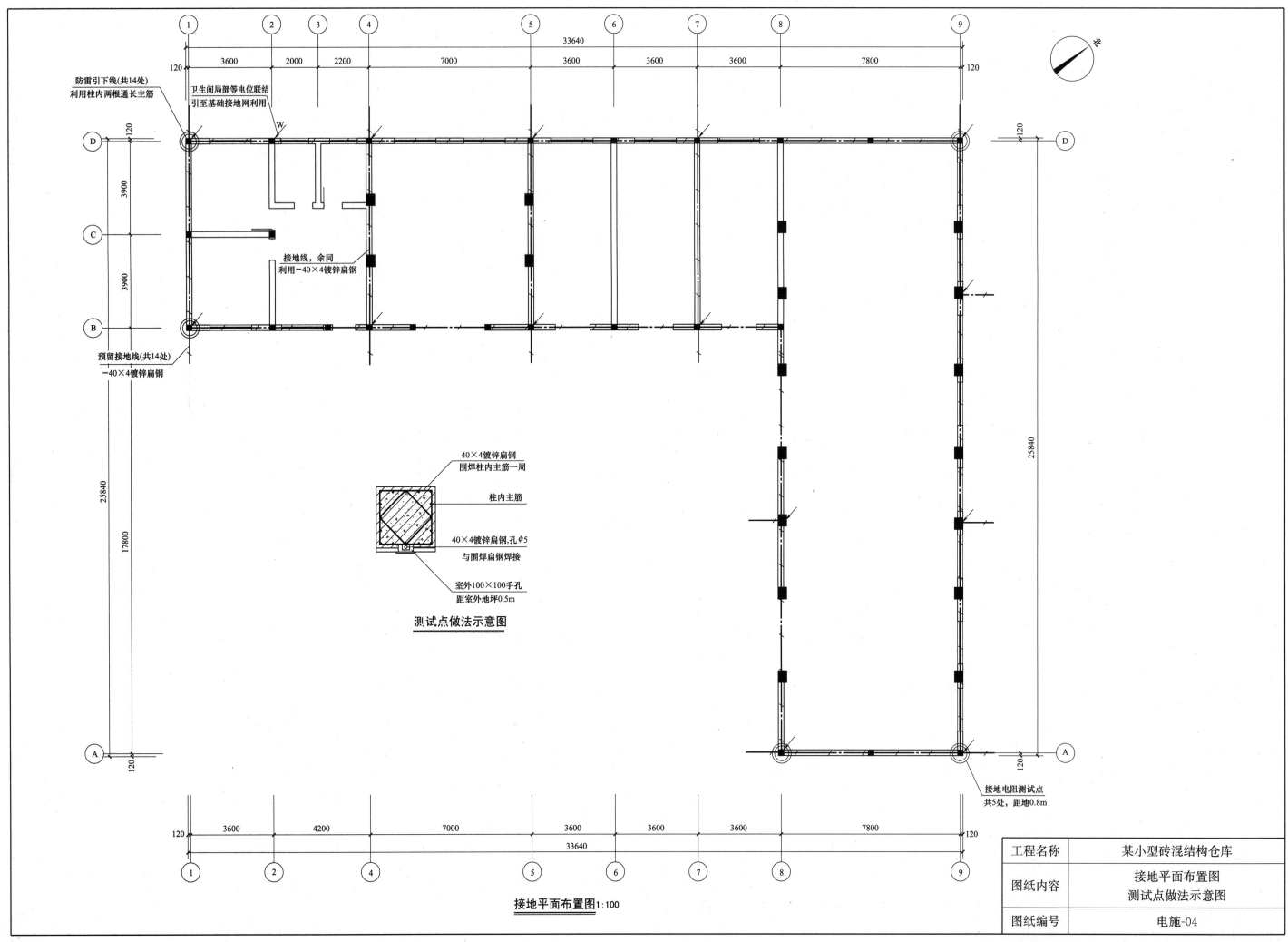

防雷引下线(共14处)
利用柱内两根通长主筋

卫生间局部等电位联结
引至基础接地网利用

接地线，余同
利用—40×4镀锌扁钢

预留接地线(共14处)
—40×4镀锌扁钢

33640

3600 2000 2200 7000 3600 3600 3600 7800

120   120

D   D

3900

C

3900

25840

B

17800

25840

A   A

120   120

北

测试点做法示意图

40×4镀锌扁钢
围焊柱内主筋一周

柱内主筋

40×4镀锌扁钢,孔φ5
与围焊扁钢焊接

室外100×100手孔
距室外地坪0.5m

接地电阻测试点
共5处,距地0.8m

120 3600 4200 7000 3600 3600 3600 7800 120

33640

接地平面布置图 1:100

工程名称	某小型砖混结构仓库
图纸内容	接地平面布置图 测试点做法示意图
图纸编号	电施-04

24

2.4 给水排水施工图

给水排水设计说明

一、设计依据
1. 建设单位提供的本工程有关资料和设计任务书。
2. 建筑和有关专业提供的作业图和有关资料。
3. 国家现行规范、标准
《建筑设计防火规范》GB 50016—2014
《建筑给水排水设计规范》GB 50015—2003（2009 年版）
《建筑灭火器配置设计规范》GB 50140—2005

二、设计范围
本项工程设计包括建筑以内的给水、排水管道系统。

三、管道系统
本工程设有生活给水、生活排水系统，管道进出口位置根据现场情况进行调整。
1. 生活给水系统：水表均设置室外水表井内。
1）水源：由景区水源直接供水。
2）最高日用水量为 2.5m³/d。
2. 生活污水系统：最高日排水量为 2.25m³/d。
1）本卫生间污、废水采用合流制，经室外化粪池处理后排至市政污水管道。
2）化粪池的位置由总图专业另行设计。
3. 手提灭火器配置
根据《建筑灭火器配置设计规范》GB 50140—2005 规定本建筑属轻危险级，故配置基准为 1A。每具灭火器剂充装量为 2kg，灭火器选用 MF/ABC2 手提磷酸铵盐干粉灭火器。

施工说明

一、管材和接口
1. 生活给水管道
给水管采用冷水 PP-R 管 S5 系列，热熔连接。

管径	De20	De25	De32	De40	De50	De63	De75
冷水管壁厚(mm)	2.3	2.3	2.9	3.7	4.6	5.8	6.8

2. 排水管道
排水管采用 UPVC 塑料管，粘接。

二、阀门及附件：
1. 阀门
给水管 $DN > 50mm$ 采用铜闸阀阀门，其余采用铜球阀（或铜截止阀）。工作压力 1.0MPa。
2. 附件
1）地漏采用防干涸地漏，水封深度不小于 50mm。地漏箅子表面应低于该处表面 5~10mm。
2）清扫口表面与地面平。
3）全部给水配件均采用节水型产品，不得采用淘汰产品。

三、卫生洁具
1. 本工程所用卫生洁具均采用陶瓷制品，颜色及型号由业主确定。
2. 卫生器具及其五金配件应选用建设认可的低噪声节水型产品。

四、管道敷设
1. 管道穿楼板时，应设套管，套管内径比管道大两号，下面与楼板下平，上面比楼板面高 50mm，管间隙用阻燃密实材料和防水油膏填实。管道与套管之间用不燃烧材料将空隙填塞密实。

2. 排水立管穿楼板时应预留孔洞，管道安装完后将孔洞严密捣实，立管周围应高出楼板设计标高 10~20mm 的阻水圈。
3. 管道穿钢筋混凝土墙、梁和楼板时，应根据图中所注管道标高、位置配合土建工种预留孔洞或预埋套管，管道穿地下室外墙应预埋刚性防水套管，详见 02S404。
4. 管道坡度：排水支管均为 0.026。排水横干管 De50，$i = 3.5\%$；De110，$i = 0.4\%$，De160，$i = 0.3\%$给水管按 0.002 的坡度坡向立管或泄水装置。
5. 管道支架
1）管道支架或管卡应固定在楼板上或承重结构上。
2）管道水平安装支架间距，按《建筑给水排水及采暖工程施工质量验收规范》GB 50242—2002 规定施工。
3）排水管上的吊钩或卡箍应固定在承重结构上，固定件间距：横管不得大于 2m，立管不得大于 3m，层高小于等于 4m，立管中部可安一个固定件。
4）排水立管检查口距地面或楼板面 1.00m。
6. 管道连接
1）污水横管与横管的连接，不得采用正三通和正四通。
2）排水立管与排出横管连接采用两个 45°弯头，且立管底部弯管处应设支墩。
3）排水立管偏置时，应采用乙字管或 2 个 45°弯头。排水横管水流转角小于 135°时必须设清扫口。
7. 其他
1）阀门安装时应将手柄留在易于操作处。
2）暗装管道均应在阀门及检查口处设检修口。

五、防腐及油漆
1. 在涂刷底漆前，应清除表面的灰尘，污垢，锈斑，焊渣等物。
2. 管道支架除锈后刷樟丹二道，灰色调和漆二道。
3. 埋地钢管除锈后，刷冷底子油两遍，沥青漆两遍。

六、管道调压（各种管道根据系统进行水压试验）
1. 冷水管应以 1.5 倍的工作压力，给水管不小于 1.0MPa 的试验压力作水压试验。试压方法按《建筑给水排水及采暖工程施工质量验收规范》GB 50242—2002 的规定执行。
2. 生活污水管注水高度高于底层卫生器具上边缘，满水 15 分钟水面下降后，再灌满观察 5 分钟液面不下降，管道及接口无渗漏为合格。污水立管及横干管，还应按《建筑给水排水及采暖工程施工质量验收规范》GB 50242—2002 做通球试验。
3. 水压试验的试验压力表应位于系统或试验部分的最低部位。

七、管道冲洗
1. 给水管道在系统运行前必须进行冲洗，要求以不小于 1.5m/s 的流速进行冲洗，并符合《建筑给水排水及采暖工程施工质量验收规范》GB 50242—2002 中第 4.2.3 条的规定。
2. 排水管道冲洗以管道畅通为合格。

八、其他
1. 图中所注尺寸除管长、标高以 m 计外，其余以 mm 计。
2. 本图所注管道标高：给水管指管中心；污水、废水等重力流管道和无水流的通气管指管内底。
3. 本设计施工说明与图纸具有同等效力，二者有矛盾时，业主及施工单位应及时提出，并由设计单位解释为准。
4. 施工中应与土建公司和其他专业公司密切合作，合理安排施工进度，及时预留孔洞及预埋套管，以防碰撞和返工。
5. 除本设计说明外，施工中还应遵守《建筑给水排水及采暖工程施工及质量验收规范》GB 50242—2002 及《给水排水构筑物工程施工及验收规范》GB 50141—2008。

图纸目录

图号	图纸名称
01	给水排水设计说明 图纸目录
02	一层给水排水平面图 卫生间排水系统图

图例

图例	名称	图例	名称
—·—·—	生活给水管		防倒流止回阀
-------	生活污水管		闸阀
	地漏		截止阀（球阀）
	清扫口		止回阀
	角阀		存水弯
JL	给水立管		水龙头
WL	污水立管		洗脸盆
	立管检查口		小便器
↑	通气帽		蹲式大便器
▲	手提式灭火器		拖布池
	水表		坐便器

主要材料表

名称	规格及型号	单位	数量	备注
坐便	甲方自定	个	2	安装见 09S304-69
洗脸盆	594×480	个	2	安装见 09S304-62
地漏	DN50	个	4	
蹲便	甲方自定	个	6	
小便器	自定义节水型	个	5	安装见 09S304-98
污水池	自定义节水型	个	2	
磷酸铵盐干粉灭火器	MF/ABC2	个	4	
旋翼式冷水表	自定义节水型	套	2	包括水表和阀门（水表井内）
清扫口	DN50	个	3	
球阀	Q11W-10C			
闸阀	Z45T-10			

选用标准图集目录

图名	图集号	备注
建筑给水薄壁不锈钢管管道工程技术规程	CECS153:2003	国标
建筑给水排水薄壁不锈钢管连接技术规程	CECS277:2010	国标
室内管道支架及吊架	03S402	国标
管道和设备保温、防结露及电伴热	03S401	国标
卫生设备安装	09S304	国标
防水套管	02S404	国标
建筑排水设备附件选用安装	04S301	国标
钢制管件	02S403	国标
建筑排水用柔性接口铸铁管安装	04S409	国标
常用小型仪表及特种阀门全用安装	01SS105	国标
建筑给水塑料管道工程技术规程	CJJ/T 98—2014	国标
建筑给水塑料管道安装	11S405	国标
建筑给水金属管道安装——薄壁不锈钢管	04S407-2	国标

工程名称	某小型砖混结构仓库
图纸内容	给水排水设计说明 图纸目录
图纸编号	水施-01

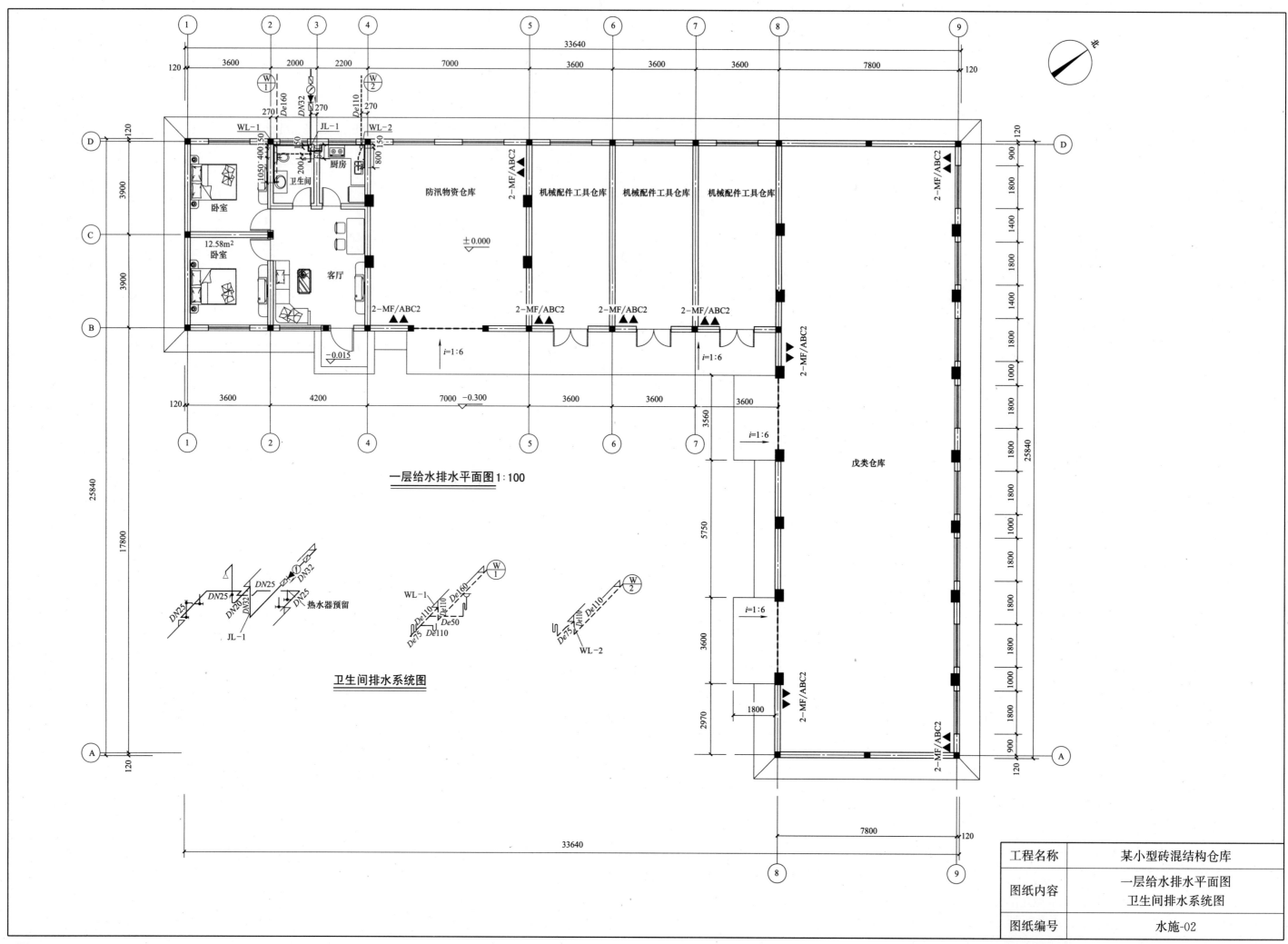

一层给水排水平面图 1:100

卫生间排水系统图

工程名称	某小型砖混结构仓库
图纸内容	一层给水排水平面图 卫生间排水系统图
图纸编号	水施-02

26

3 某小型网球馆工程

3.1 建筑施工图

建筑设计说明

一、设计依据

1. 本工程设计依据建设单位设计要求；

2. 设计标准：

1)《建筑制图标准》GB/T 50104—2010

2)《建筑设计防火规范》GB 50016—2014

3)《体育馆建筑设计规范》JGJ 31—2003

4)《建筑设计资料集 7，10》等国家有关规范及条文。

二、工程概况

工程名称：某小型网球场改造。

建筑单位：某建设管理局。

设计阶段：建筑施工图设计。

结构形式：单层钢结构。

建筑屋面防水等级：二级。

抗震设防烈度：7 度。

使用年限：钢结构主体使用年限 50 年，围护结构使用年限 30 年。

消防设计：建筑物耐火等级为三级，总面积 876m²，设一个防火分区，两对外出入口，满足规范要求。

三、尺寸标注

图中尺寸除标高以米为单位外，其余均以毫米为单位计算。图中标高一律为相对标高。

四、设计标高

本建筑物室内地面设计标高±0.000 参见总平图，现场定。

五、用料说明

1. 地面做法

室内地面做法详参建施 ①/06 及 05YJ1 地 5。

地面构造说明：提供场地，机械压实，密实度 92%，场地坡度 0.5%，基层表面要求平整，当用三米直尺量度地面时不得有超过 4mm 误差。

2. 墙面部分

1)围护墙 1.200m 以下为 240mm 厚砖砌体，采用 M5 混和砂浆砌筑 MU7.5 机制砖，内墙水泥沙浆抹灰，外墙暗红色瓷砖贴面。

2)墙基防潮层 20 厚，1:2.5 水泥砂浆掺 5%防水剂，位置在−0.06m 处。

3)围护墙 1.20m 以上为 100mm 厚灰白色 JYJB-Qa1000 型夹芯板。

3. 屋面部分

1)屋面采用 100mm 厚海蓝色 JXB42-333-1000 型夹芯板。

2)雨水管为 Φ100PVC 管，雨水斗为雨水管配套雨水斗。

3)屋面采用双坡有组织排水。

4. 门窗部分

1)所有外窗均为钢窗，门均为夹芯板门。窗玻璃为 5 厚平板玻璃。本图仅提供立面分格形式，窗料规格、尺寸、预埋件及玻璃厚度由专业厂家根据当地区的风压及风洞试验进行验算确定。门窗制作安装均应满足相关规范、规定要求。幕墙应由专业厂家制作，其制作安装均应满足相关规范、规定要求。室内应根据网球比赛需要设置金属防护网。

2)雨篷采用双层夹芯板，夹芯板型号同墙面板。

5. 油漆部分

5.1 彩钢板及构件无需油漆饰面。

5.2 轻钢结构梁、柱均采用防火涂料刷面，耐火极限柱不小于 2h，梁 1h。在制作前钢材表面应进行抛丸除锈处理，除锈质量等级要求达到《涂覆涂料前钢材表面处理》GB/T 8923—2013 中规定的 Sa2.5 级标准。钢材经除锈处理后应立即在工厂喷涂环氧富锌底漆 50μm，环氧云铁中间漆 2 道，120μm，氯化橡胶面漆 1 道，45μm，构件运到现场后补涂氯化橡胶面漆一道 45μm，喷涂应严格按照《钢结构工程施工质量验收规范》GB 50205—2001 的有关规定执行，漆膜总厚度应达到 260μm，寿命＞30 年。

6. 室外部分

1)散水，详 05YJ9-1 ④/52，水泥砂浆散水宽 800mm。

2)坡道，详 05YJ9-1 ③/53，尺寸详见平面。

六、彩钢板施工要点

1)彩板在现场堆放、安装时，应注意防止划伤彩板表面涂层。屋面板上禁止放置重物，现场安装人员在屋面行走时，应避免屋面板变形。

2)屋面板及墙面板搭接部位板缝建设通长密封胶带。

3)屋面板、异型包边板等其长度以现场实测尺寸为准。彩板安装时应先在钢结构檩条上放线定位，保证彩板同屋面脊线的垂直度，避免安装误差的积累。

4)屋面外露间隙均以建筑密封胶密封，外露自攻钉、拉铆钉处用硅酮密封胶密封，确保屋面不漏雨。

5)为防天沟返水，必须使用与屋面板配套的堵头。

七、其他

1)外墙所有檐口、压顶、雨篷、窗台、线脚等挑出部分均需做泛水。并要求平直，整齐光洁。

2)围护墙及屋面所用的材料、色彩在订货前需经设计、建设、施工三方面共同协商确定。

3)门口踏步及斜坡与道路路面衔接处，施工时应与道路面同高。

4)所有建筑结构的沟坑、预留孔洞、预埋件等均应与有关工种图纸密切配合施工。

5)自攻螺钉、拉铆钉用于屋面时设于波峰；用于墙面时设于波谷。

6)自攻螺钉所配密封橡胶盖垫必须齐全、防水可靠；拉铆钉外露钉头应涂密封胶。

7)凡设计图纸中说明与本施工说明不符合者，一律以设计图纸为准。

8)本工程除图中说明以外，未注明的均按国家现行施工规范及规程进行施工。

八、本工程应按国家颁布的现行规范、规程、标准、规定及本工程图纸说明、选用的图集及说明进行施工、安装和验收。本工程采用的建筑材料及设备应符合国家有关法规、技术标准规定的质量要求，经检验合格后方可使用，颜色须经建设单位同意方可实施。

九、施工、安装的工程质量应达到国家《建设安装工程质量检验评定标准》规定的标准，并提出准确齐备的技术资料档案，工程交付使用后应按颁布规定实施保修维护。

十、施工图设计文件交付施工后，任何单位和个人未经设计单位同意不得擅自修改。如果发现设计文件有错误、遗漏、交代不清或与现场实际情况不符合确需修改时，应通知设计单位并按设计单位提出的设计修改通知或技术核定单施工。

十一、凡未尽事宜均按国家现行有关施工操作规程办理，发现问题请及时与建设单位及设计单位联系，以便及时解决。

图纸目录

序号	图纸名称	图别	图号	备注
1	建筑设计说明及图纸目录	建施	1/5	A1
2	一层平面图	建施	2/5	A1
3	立面图及剖面图	建施	3/5	A1
4	屋顶平面图	建施	4/5	A1
5	节点详图	建施	5/5	A1

工程名称	某小型网球馆
图纸内容	建筑设计说明及图纸目录
图纸编号	建施 01

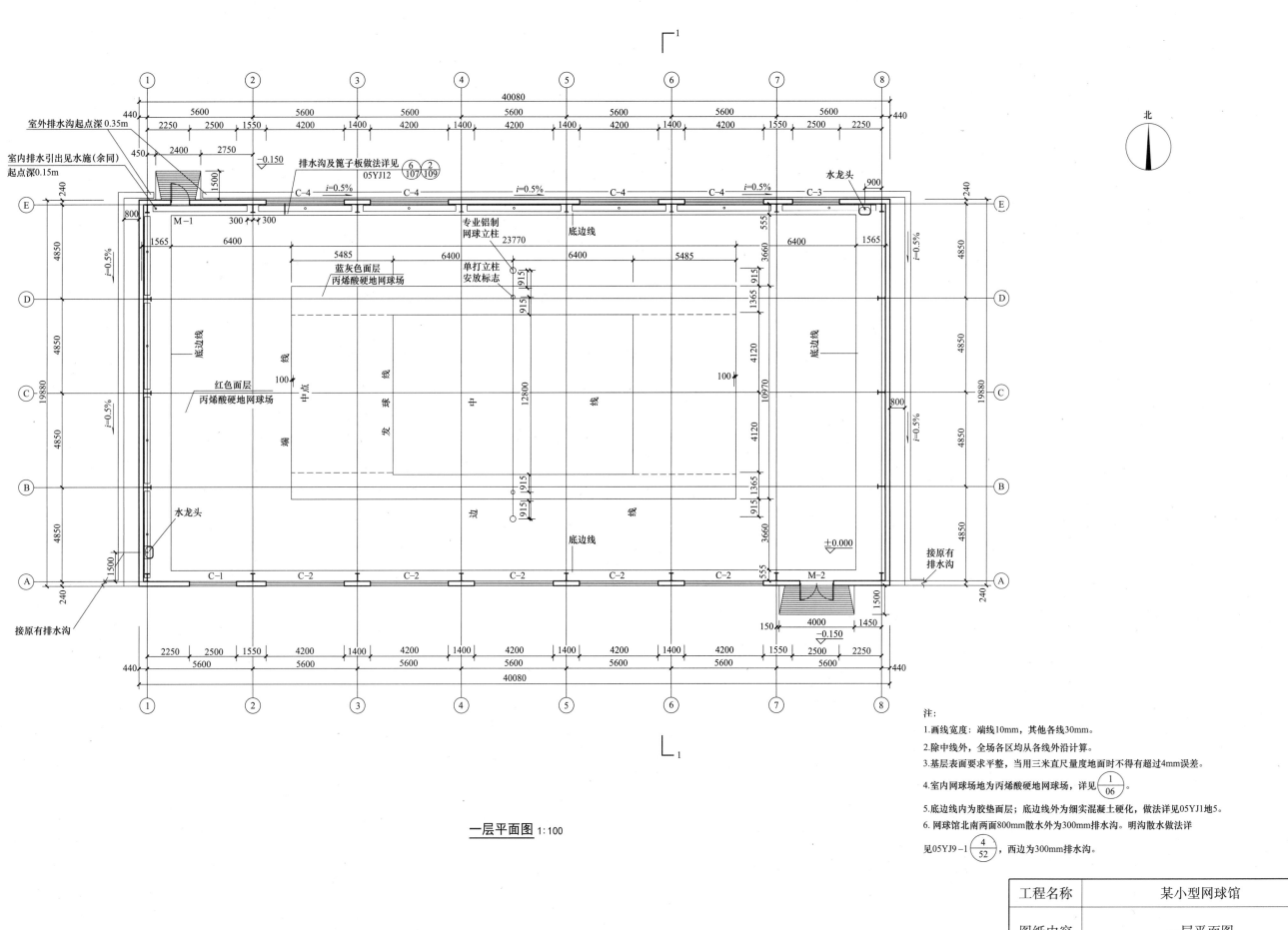

北

室外排水沟起点深 0.35m
室内排水引出见水施(余同)
起点深 0.15m
排水沟及箅子板做法详见
05YJ12 (6/107) (2/109)

40080

5600 5600 5600 5600 5600 5600 5600

2250 2500 1550 4200 1400 4200 1400 4200 1400 4200 1400 4200 1550 2500 2250 440

水龙头
900

C-4 i=0.5% C-4 i=0.5% C-4 C-4 i=0.5% C-3

M-1
300 300

专业铝制
网球立柱
23770

底边线

蓝灰色面层
丙烯酸硬地网球场

单打立柱
安放标志

底边线

红色面层
丙烯酸硬地网球场

发球线
中点
边线
中线
底边线
端线
发球线
边线

水龙头

接原有排水沟

12800 10970

4120 4120

915 915 915 915 1365 3660

1365 3660

3660 555 915 1365 10970

±0.000

C-1 C-2 C-2 C-2 C-2 C-2 C-2 M-2

接原有排水沟

150 4000 1450
-0.150

2250 2500 1550 4200 1400 4200 1400 4200 1400 4200 1400 4200 1550 2500 2250
5600 5600 5600 5600 5600 5600 5600
440 440

40080

19880

4850 4850 4850 4850 19880

i=0.5% i=0.5% i=0.5%

一层平面图 1:100

注:
1.画线宽度:端线10mm,其他各线30mm。
2.除中线外,全场各区均从各线外沿计算。
3.基层表面要求平整,当用三米直尺量度地面时不得有超过4mm误差。
4.室内网球场地为丙烯酸硬地网球场,详见 (1/06)。
5.底边线内为胶垫面层;底边线外为细实混凝土硬化,做法详见05YJ1地5。
6.网球馆北南两面800mm散水外为300mm排水沟。明沟散水做法详
见05YJ9-1 (4/52),西边为300mm排水沟。

工程名称	某小型网球馆
图纸内容	一层平面图
图纸编号	建施 02

29

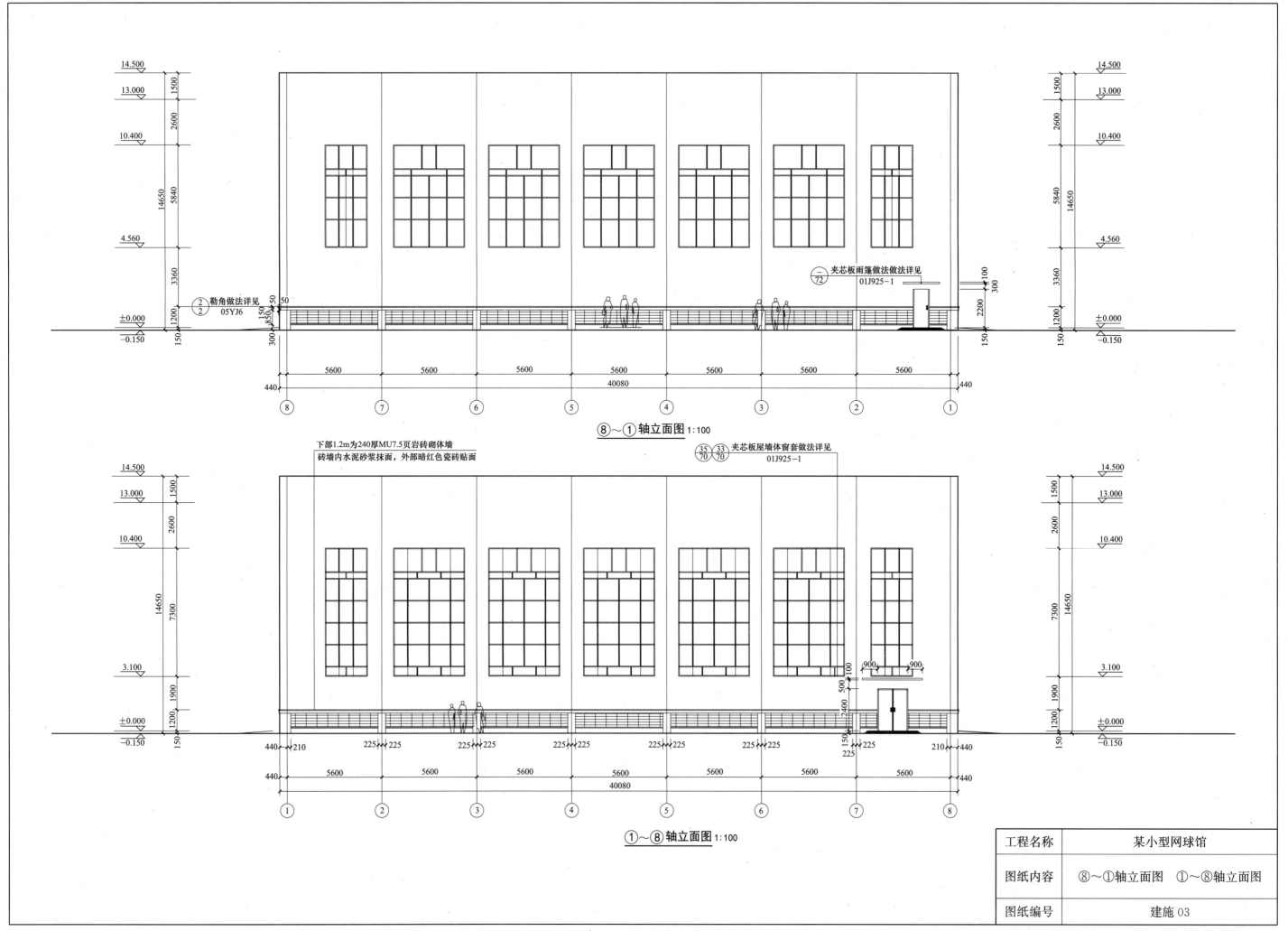

勒角做法详见
2/2 05YJ6

夹芯板雨篷做法做法详见
一/72 01J925-1

⑧~①轴立面图 1:100

下部1.2m为240厚MU7.5页岩砖砌体墙
砖墙内水泥砂浆抹面，外部暗红色瓷砖贴面

夹芯板屋墙体窗套做法详见
35/70 33/70 01J925-1

①~⑧轴立面图 1:100

工程名称	某小型网球馆
图纸内容	⑧~①轴立面图　①~⑧轴立面图
图纸编号	建施03

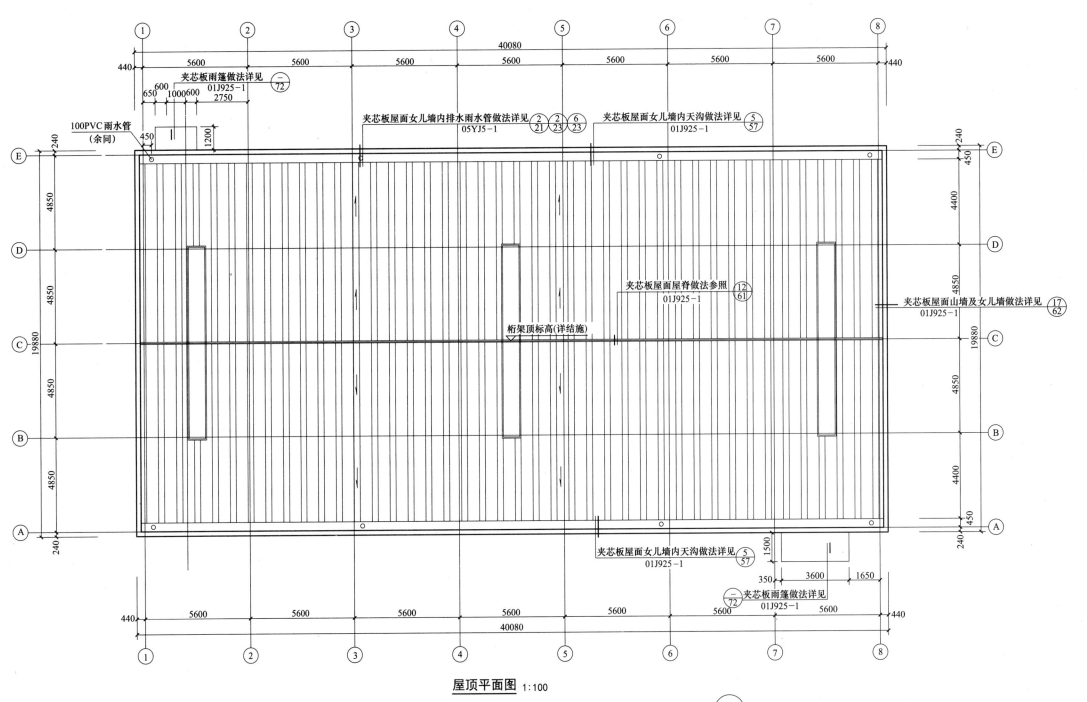

屋顶平面图 1:100

注：三个采光带尺寸为1m×10m，跨部居中，做法详见01J925-1 $\dfrac{-}{64}$。

图中标注：

夹芯板雨篷做法详见 $\dfrac{-}{72}$ 01J925-1

100PVC雨水管（余同）

夹芯板屋面女儿墙内排水雨水管做法详见 $\dfrac{2}{21}\dfrac{2}{23}\dfrac{6}{23}$ 05YJ5-1

夹芯板屋面女儿墙内天沟做法详见 $\dfrac{5}{57}$ 01J925-1

夹芯板屋面屋脊做法参照 $\dfrac{12}{61}$ 01J925-1

夹芯板屋面山墙及女儿墙做法详见 $\dfrac{17}{62}$ 01J925-1

桁架顶标高(详结施)

夹芯板屋面女儿墙内天沟做法详见 $\dfrac{5}{57}$ 01J925-1

夹芯板雨篷做法详见 $\dfrac{-}{72}$ 01J925-1

工程名称	某小型网球馆
图纸内容	屋顶平面图
图纸编号	建施04

31

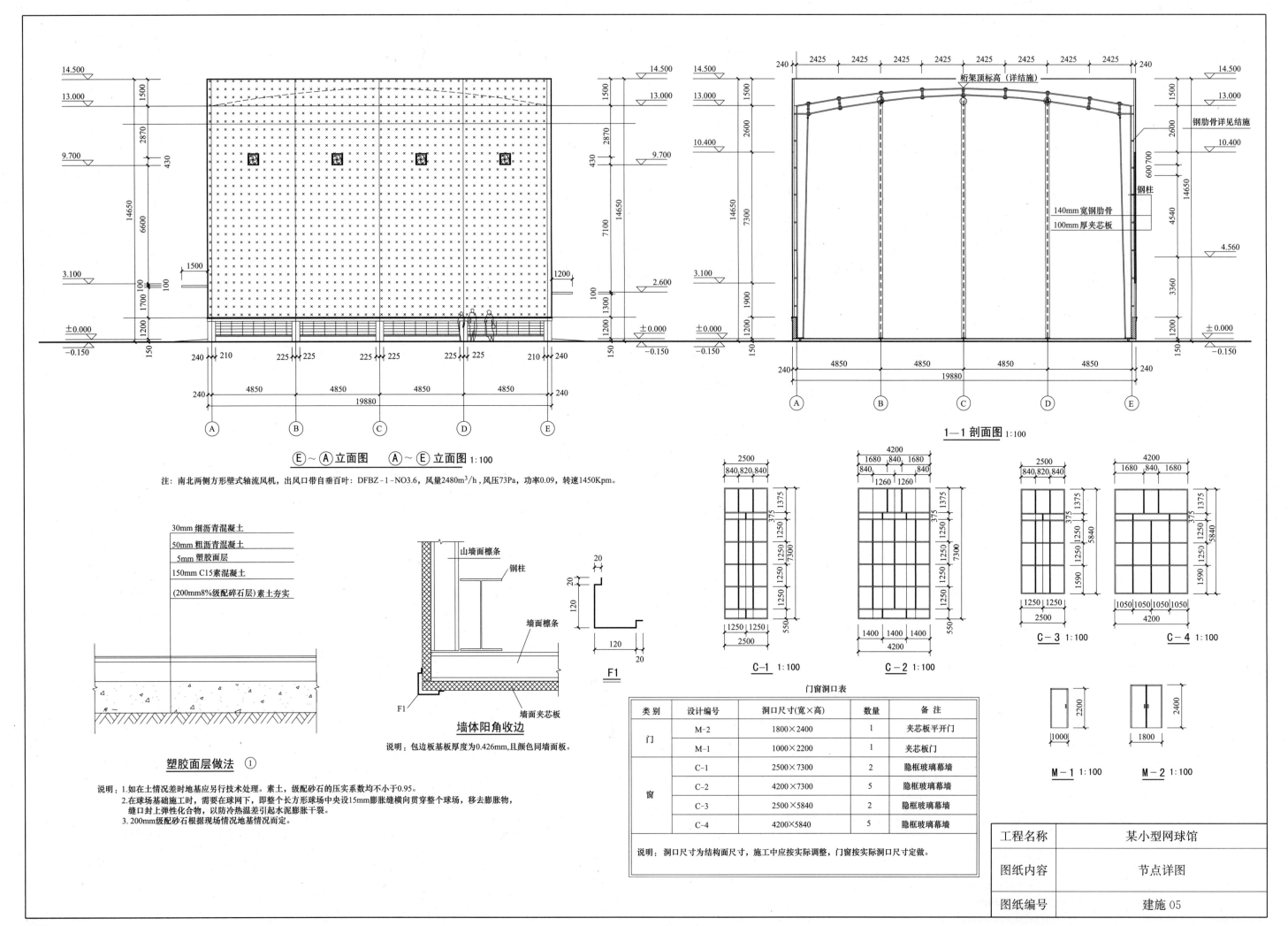

⑤~Ⓐ 立面图　Ⓐ~⑤ 立面图 1:100

注: 南北两侧方形壁式轴流风机, 出风口带自垂百叶: DFBZ-1-NO3.6, 风量2480m³/h, 风压73Pa, 功率0.09, 转速1450Kpm。

1—1 剖面图 1:100

桁架顶标高（详结施）

钢肋骨详见结施

140mm宽钢肋骨
100mm厚夹芯板

钢柱

塑胶面层做法 ①

30mm 细沥青混凝土
50mm 粗沥青混凝土
5mm 塑胶面层
150mm C15素混凝土
(200mm8%级配碎石层)素土夯实

说明: 1.如在土情况差时地基应另行技术处理。素土, 级配砂石的压实系数均不小于0.95。
2.在球场基础施工时, 需要在球网下, 即整个长方形球场中央设15mm膨胀缝横向贯穿整个球场, 移去膨胀物, 缝口封上弹性化合物, 以防冷热温差引起水泥膨胀干裂。
3.200mm级配砂石根据现场情况地基情况而定。

墙体阳角收边

山墙面檩条
钢柱
墙面檩条

F1

F1
墙体夹芯板

说明: 包边板基板厚度为0.426mm, 且颜色同墙面板。

C-1 1:100

C-2 1:100

C-3 1:100

C-4 1:100

M-1 1:100

M-2 1:100

门窗洞口表

类别	设计编号	洞口尺寸(宽×高)	数量	备 注
门	M-2	1800×2400	1	夹芯板平开门
	M-1	1000×2200	1	夹芯板门
窗	C-1	2500×7300	2	隐框玻璃幕墙
	C-2	4200×7300	5	隐框玻璃幕墙
	C-3	2500×5840	2	隐框玻璃幕墙
	C-4	4200×5840	5	隐框玻璃幕墙

说明: 洞口尺寸为结构面尺寸, 施工中应按实际调整, 门窗按实际洞口尺寸定做。

工程名称	某小型网球馆
图纸内容	节点详图
图纸编号	建施05

32

3.2 结构施工图

钢结构设计说明

1. 设计依据

1.1 本工程施工图按建设方提供的资料及要求进行设计。

1.2 国家现行建筑结构设计规范、规程。

1.3 钢结构设计、制作、安装、验收应遵循下列规范、规程:

1.3.1 《建筑结构荷载规范》GB 50009—2012

1.3.2 《建筑抗震设计规范》GB 50011—2010

1.3.3 《钢结构设计规范》GB 50017—2003

1.3.4 《门式刚架轻型房屋钢结构技术规程》CECS102: 2003

1.3.5 《冷弯薄壁型钢结构技术规范》GB 50018—2002

1.3.6 《钢结构工程施工质量验收规范》GB 50205—2001

1.3.7 《钢结构高强度螺栓连接技术规程》JG/T 82—2011

1.3.8 《涂装前钢材表面锈蚀等级和除锈等级》GB/T 8923—2013

2.
本说明为本工程钢结构部分说明,基础及钢筋混凝土部分详基础设计说明。

3. 主要设计条件

3.1 按重要性分类,本工程结构安全等级为二级

3.2 本工程主体结构设计使用年限为 50 年

3.3 本地区 50 年一遇的基本风压值为 0.40kN/m²,地面粗糙度为 B 类。

刚架、檩条、墙梁及围护结构体型系数按《门式刚架轻型房屋钢结构技术规范》CECS102—2003。

3.4 本工程建筑抗震设防类别为丙类。抗震设防烈度为 7 度;设计基本加速度为 0.10g;所在场地设计地震分组为第一组。

3.5 屋面荷载标准值

3.5.1 屋面恒荷载(含檩条自重): 0.30kN/m²。

3.5.2 活荷载: 0.30kN/m²(刚架);0.50kN/m²(檩条)。

3.5.3 檩条吊挂荷载: 0.05kN/m²。

3.5.4 屋面雪荷载: 0.40kN/m²。

4.
本施工图中标高均为相对标高,室内±0.000 对应绝对标高为老楼室内地面。

本工程所有结构施工图中标注的尺寸除标高以米(m)为单位外,其他尺寸均以毫米(mm)为单位。所有尺寸均以标注为准,不得以比例尺量取图中尺寸。

5. 结构概况

本工程为单跨单层钢结构门式刚架结构,跨度为 21m;柱距为 5.7m;屋面采用 100mm 厚海蓝色 950 型聚氨酯瓦楞夹芯板,面板基板厚 0.476mm。

墙面标高 1.2m 以下采用 240mm 厚砌体墙,标高 1.2m 以上为采用双层彩钢板 100mm 厚灰白色 950 型聚氨酯光面夹芯板。

6. 材料

6.1 本工程钢结构材料应遵循下列材料规范:

6.1.1 《碳素结构钢》GB/T 700—2006

6.1.2 《低合金高强度结构钢》GB/T 1591—2008

6.1.3 《钢结构用扭剪型高强度螺栓连接副》GB/T 3632—2008

6.1.4 《熔化焊用钢丝》GB/T 14957—1994

6.1.5 《埋弧焊用非合金钢及细晶粒钢实心焊丝、药芯焊丝和焊丝-焊剂组合分类要求》GB/T 5293—2018

6.1.6 《埋弧焊用热强钢实心焊丝、药芯焊丝-焊剂组合分类要求》GB/T 12470—2018

6.1.7 《非合金钢及细晶粒钢焊条》GB/T 5117—2012

6.1.8 《热强钢焊条》GB/T 5118—2012

6.1.9 《钢结构防火涂料应用技术规范》CECS24: 90

6.2 本工程所采用的钢材除满足国家材料规范要求外,地震区尚应满足下列要求:

6.2.1 钢材的屈服强度实测值与抗拉强度实测值的比值不应大于 0.85;

6.2.2 钢材应有明显的屈服台阶,且伸长率不应小于 20%;

6.2.3 钢材应有良好的焊接性和合格的冲击韧性。

6.3 本工程刚架、抗风柱、框架梁采用 Q345B 钢,其余未注明的均为 Q235B。

6.4 本工程屋面檩条墙梁采用 Q235B 冷弯薄壁 Z 钢,隔撑、柱间支撑、屋面横向水平支撑材质均采用 Q235B、拉条采用圆钢,撑杆采用圆钢外套圆管。

6.5 除图中特殊注明外,所有结构加劲板,连接板厚度均为 8mm。

6.6 高强螺栓、螺母和垫圈采用《优质碳素结构钢》GB 699—2015 中规定的钢材制作;其热处理、制作和技术要求应符合《钢结构用高强度大六角头螺栓》GB/T 1228—2016 的规定,本工程刚架构件现场连接采用 10.9 级扭剪型高强螺栓。高强螺栓结合面不得涂漆,采用喷砂处理法,摩擦面抗滑移系数不小于 0.30。

6.7 檩条与檩托、隔撑,隔撑与刚架斜梁、系杆与梁柱等次要连接采用普通螺栓,普通螺栓应符合现行国家标准《六角头螺栓-C 级》GB 5780—2016 的规定。基础锚栓采用 Q235B。

6.8 屋面彩钢板

6.8.1 钢板镀层:冷轧彩钢板经连续热浸镀铝锌处理,其镀铝锌量为 150g/m²(双面)。

6.8.2 零配件:

1) 固定屋,墙面钢板自攻螺丝应经镀锌处理,螺丝之帽盖用尼龙头覆盖,且钻尾能够自行钻孔固定在钢结构上。

2) 止水胶泥:应使用中性止水胶泥(硅胶)。

6.9 本工程所有钢构件规格、型号未经本院同意严禁任意替换。

7. 钢结构制作与加工

7.1 钢结构构件制作时,应按照《钢结构工程施工质量验收规范》GB 50205—2001 进行制作。

7.2 所有钢构件在制作前均按 1:1 放施工大样,复核无误后方可下料。

7.3 钢材加工前应进行校正,使之平整,以免影响制作精度。

7.4 除地脚锚栓外,钢结构构件上螺栓钻孔直径比螺栓直径大于 1.0~2.0mm。

7.5 檩条与墙梁:采用 M12 普通螺栓将檩条及墙梁固定于檩托板。

7.6 焊接

7.6.1 焊接时应选择合理的焊接工艺及焊接顺序,以减小钢结构中产生的焊接应力和焊接变形。

7.6.2 组合 H 型钢的腹板与翼缘的焊接应采用自动埋弧焊机焊,且四道连续焊缝应双面满焊,不得单面焊接。

7.6.3 组合 H 型钢因焊接产生的变形应以机械或火焰矫正调直,具体做法应符合 GB 50205—2001 的相关规定。

7.6.4 Q345 与 Q345 钢之间焊接应采用 E50 型焊条。Q235 与 Q235 钢间及 Q345 与 Q235 钢之间焊接应采用 E43 型焊条。

7.6.5 构件角焊缝厚度范围见表 1。

7.6.6 焊缝质量等级:端板与柱、梁翼缘和腹板的连接焊缝为全熔透坡口焊,质量等级为二级,其他为三级。

7.6.7 图中未注明的焊缝高度均为 6mm。

8. 钢构件的运输、检验、堆放

8.1 在运输及操作过程中应采取措施防止构件变形和损坏。

8.2 结构安装前应对称件进行全面检查:如构件的数量、长度、垂直度,安装接头处螺栓孔之间的尺寸是否符合设计要求等。

8.3 构件堆放场地应事先平整实,并做好四周排水。

8.4 构件堆放时,应先放置枕木垫平,不宜直接将构件放置于地面上。

8.5 檩条卸货后,如因其他原因未及时安装,应用防水雨布覆盖,以防止檩条出现"白化"现象。

9. 钢结构安装

9.1 柱脚及基础锚栓

9.1.1 应在混凝土短柱上用墨线及经纬仪将各柱中心线弹出,用水准仪将标高引测到锚栓上。

9.1.2 基础底板,锚栓尺寸经复验符合 GB 50205—2001 要求且基础混凝土强度等级达到设计强度等级的 75%后方可进行钢柱安装。

9.1.3 钢柱地脚螺栓采用螺母可调平方案,钢柱脚应设置钢抗剪件,详见施工。待刚架、支撑等配件安装就位,结构形成空间单元且经检测、校核几何尺寸确认无误后,应对柱底板和基础(或混凝土短柱)顶面间的空隙采用 C35 微膨胀自流性细石混凝土或专用灌浆料填实,可采用压力灌浆,应确保密实。

9.2 钢结构安装

9.2.1 刚架安装顺序:应先安装靠近山墙的有柱间支撑的两榀刚架,而后安装其他刚架。

9.2.2 头两榀刚架安装完毕后,应在两榀刚架间将水平系杆、檩条与柱间支撑,屋面水平支撑,隔撑全部装好,安装完成后利用柱间支撑及屋面水平支撑调整构件间的垂直度及水平度;待调整正确后方可锁定支撑。而后安装其他刚架。

9.2.3 除头两榀刚架外,其余榀的檩条、墙梁、隔撑的螺栓均应校准后再行拧紧。

9.2.4 钢柱吊装、钢柱吊至基础短柱顶面后,采用经纬仪进行校正。

9.2.5 刚架屋面斜梁组装:斜梁跨度较大,在地面组装时应尽量采用立拼,以防斜梁侧向变形。

9.2.6 钢柱与屋面斜梁的接头,应在空中对接,预先将加工好的铝合金挂梯放于梁上以便空中穿孔。

9.2.7 檩条的安装应待刚架主结构调整定位后进行,檩条安装后应用拉杆调整平直度。

9.2.8 结构吊(安)装时,应采取有效措施,确保结构的稳定,并防止产生过大变形。

9.2.9 结构安装完成后,应详细检查运输,安装过程中涂层的擦伤,并补刷油漆,对所有的连接螺栓应逐一检查,以防漏拧或松动。

9.2.10 不得利用已安装就位的构件起吊其他重物,不得在构件上加焊非设计要求的其他物件。

9.3 高强螺栓施工

9.3.1 钢构件加工时,在钢构件高强螺栓结合部位表面除锈,喷砂后立即贴上胶带密封,待钢构件吊装拼接时用铲刀将胶带铲除干净。

9.3.2 对于在现场发现的因加工误差而无法进行施工的构件螺栓孔,不得采用锤击螺栓强行穿入或用气割扩孔,应与设计单位及相关部门协商处理。

9.3.3 高强螺栓拧紧顺序应由中间向两端逐步交错成 Z 字形拧紧,拧紧完成后,应检查尾长是否符合要求。

10. 钢结构涂装

10.1 除锈:除镀锌构件外,制作前钢构件表面均应进行喷砂(抛丸)除锈处理,不得用手工除锈代替,除锈质量等级应达到国标《锻压机械 精度检验通则》GB/T 10923—2009 中 Sa2.5 级标准。

10.2 防腐涂层:

底漆二遍,红丹防锈漆,涂层厚度 65~80μm;面漆二遍,灰色醇酸调和漆(也可由防火漆兼作,其中一遍应于安装完后在工地涂刷),涂层每层厚度 60~80μm;防腐涂层干膜总厚度不小于 125μm。

10.3 下列情况免涂油漆:

10.3.1 埋于混凝土中。

10.3.2 与混凝土接触面。

10.3.3 将焊接的位置。

10.3.4 螺栓连接范围内,构件接触面。

11. 钢结构防火工程

11.1 本工程建筑耐火等级为二级。

11.2 钢结构梁、柱及檩条均采用薄涂型防腐防火涂料刷面。且所选用的钢结构防火涂料与防锈硅油漆(涂料)之间应进行相容性试验。试验合格后方可使用。防火涂面厚度应满足建筑耐火极限要求。

12. 钢结构维护

钢结构使用过程中,应根据材料特性(如涂装材料使用年限、结构使用环境条件等)定期对结构进行必要维护(如对钢结构重新进行涂装,更换损坏构件等),以确保使用过程中的结构安全。

13.

13.1 本设计未考虑雨季施工,雨季施工时应采取相应的施工技术措施。

13.2 未尽事宜应按照现行施工及验收规范、规程的有关规定进行施工

13.3 本设计经吊车厂家核定上部标高后方可进行施工。

角焊缝的最小焊角尺寸 h_f(mm)

较厚焊件的厚度	手工焊接 (h_f)	埋弧焊接 (h_f)
≤4	4	3
5~7	4	3
8~11	5	4
12~16	6	5
17~21	7	6
22~26	7	6
27~36	8	7

角焊缝的最大焊角尺寸 h_f(mm)

较薄焊件的厚度	最小焊角尺寸 h_f	最大焊角尺寸 h_f
≤4	4	5
5~7	5	6
8~11	6	7
12~16	8	10
17~21	10	12
22~26	12	14
27~36	14	17

表 1
角焊缝厚度

图纸目录

序号	图 纸 名 称
1	钢结构设计说明
2	基础平面布置图
3	预埋锚栓布置图
4	屋面平面布置图
5	Ⓐ~Ⓑ轴柱间支撑布置图
6	①~⑧轴柱间联系杆布置图
7	Ⓐ轴墙梁布置图Ⓑ轴墙梁布置图
8	①~⑧轴墙梁布置图
9	屋顶檩条平面布置图
10	GJ-1
	GJ-2

工程名称	某小型网球馆
图纸内容	钢结构设计说明
图纸编号	结施 01

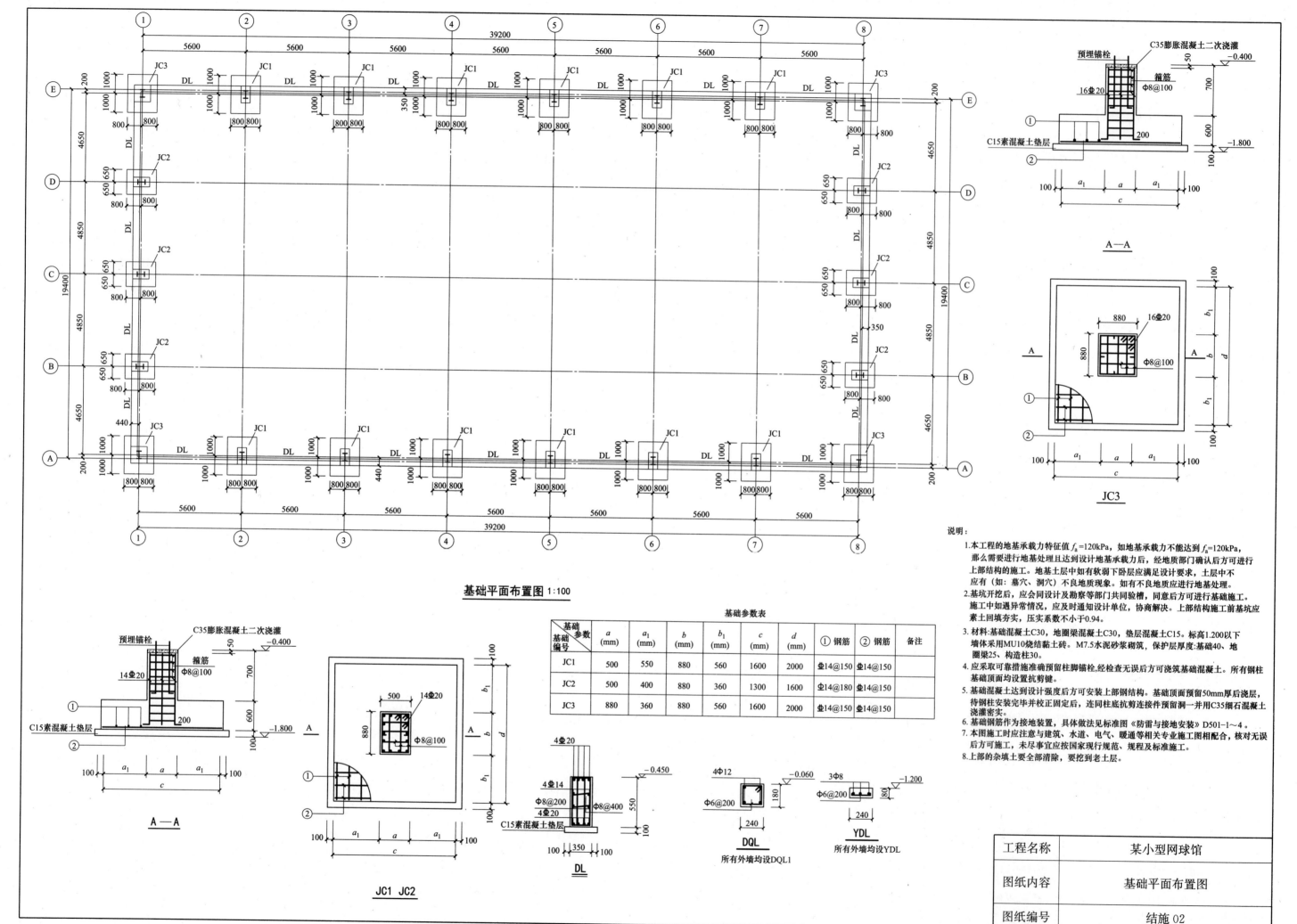

基础平面布置图 1:100

基础参数表

基础参数 基础编号	a (mm)	a_1 (mm)	b (mm)	b_1 (mm)	c (mm)	d (mm)	① 钢筋	② 钢筋	备注
JC1	500	550	880	560	1600	2000	Φ14@150	Φ14@150	
JC2	500	400	880	360	1300	1600	Φ14@180	Φ14@150	
JC3	880	360	880	560	1600	2000	Φ14@150	Φ14@150	

A—A

JC3

JC1 JC2

DL

DQL
所有外墙均设DQL1

YDL
所有外墙均设YDL

说明：
1. 本工程的地基承载力特征值 f_a=120kPa，如地基承载力不能达到 f_a=120kPa，那么需要进行地基处理且达到设计地基承载力后，经地质部门确认后方可进行上部结构的施工。地基土层中如有软弱下卧层应满足设计要求，土层中不应有（如：墓穴、洞穴）不良地质现象。如有不良地质应进行地基处理。
2. 基坑开挖后，应会同设计及勘察等部门共同验槽，同意后方可进行基础施工。施工中如遇异常情况，应及时通知设计单位，协商解决。上部结构施工前基坑应素填土回填夯实，压实系数不小于0.94。
3. 材料：基础混凝土C30，地圈梁混凝土C30，垫层混凝土C15。标高1.200以下墙体采用MU10烧结黏土砖。M7.5水泥砂浆砌筑，保护层厚度：基础40、地圈梁25、构造柱30。
4. 应采取可靠措施准确预留柱脚锚栓，经检查无误后方可浇筑基础混凝土。所有钢柱基础顶面均设置抗剪键。
5. 基础混凝土达到设计强度后方可安装上部结构。基础顶面预留50mm厚后浇层，待钢柱安装完毕并校正固定后，连同柱底抗剪连接件预留洞一并用C35细石混凝土浇灌密实。
6. 基础钢筋作为接地装置，具体做法见标准图《防雷与接地安装》D501-1～4。
7. 本图施工时应注意与建筑、水道、电气、暖通等相关专业施工图相配合，核对无误后方可施工，未尽事宜应按国家现行规范、规程及标准施工。
8. 上部的杂填土要全部清除，要挖到老土层。

工程名称	某小型网球馆
图纸内容	基础平面布置图
图纸编号	结施 02

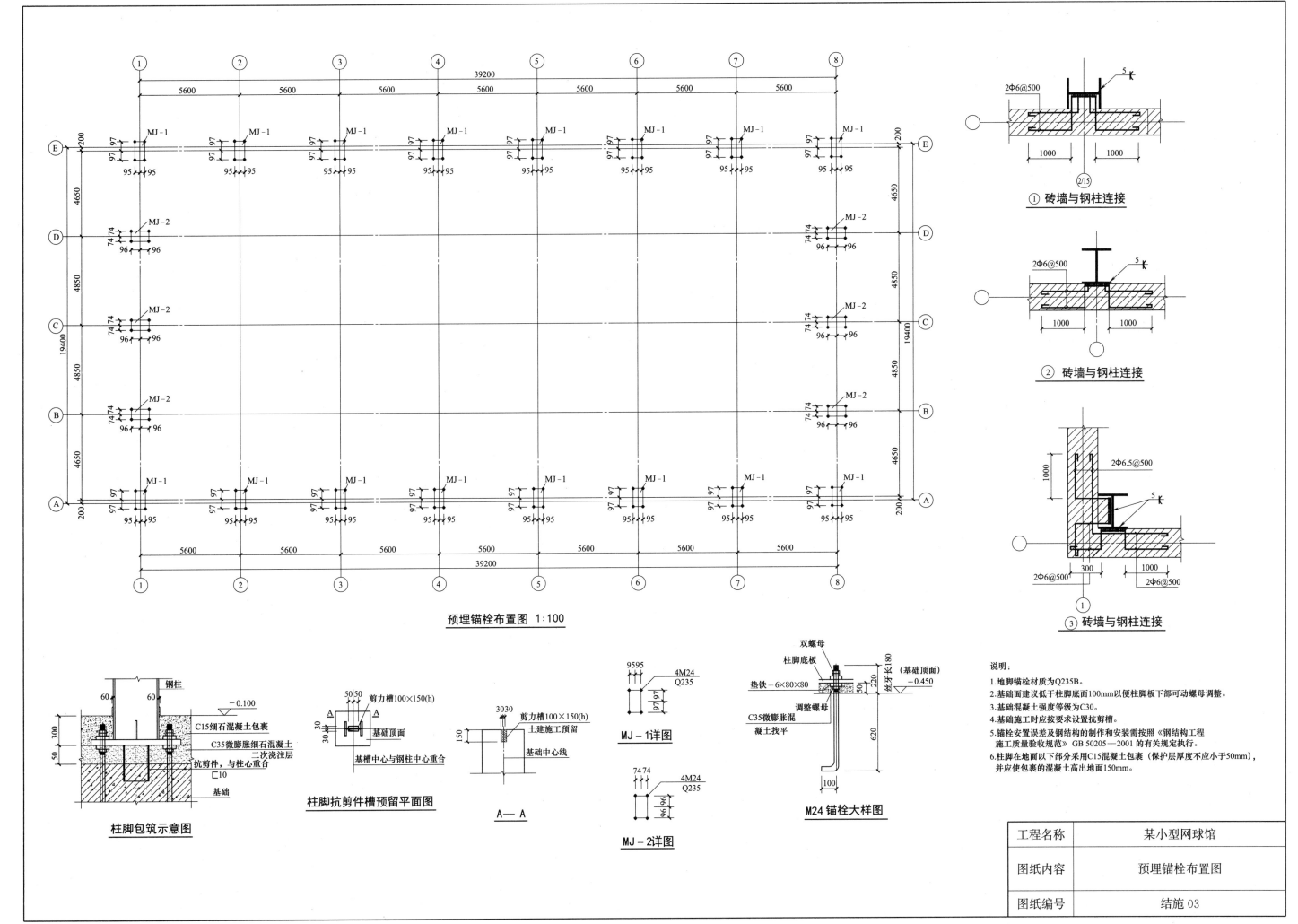

预埋锚栓布置图 1:100

① 砖墙与钢柱连接

② 砖墙与钢柱连接

③ 砖墙与钢柱连接

柱脚包筑示意图

柱脚抗剪件槽预留平面图

A—A

MJ-1详图

MJ-2详图

M24锚栓大样图

说明：
1.地脚锚栓材质为Q235B。
2.基础面建议低于柱脚底面100mm以便柱脚板下部可动螺母调整。
3.基础混凝土强度等级为C30。
4.基础施工时应按要求设置抗剪槽。
5.锚栓安置误差及钢结构的制作和安装需按照《钢结构工程施工质量验收规范》GB 50205—2001的有关规定执行。
6.柱脚在地面以下部分采用C15混凝土包裹（保护层厚度不应小于50mm），并应使包裹的混凝土高出地面150mm。

工程名称	某小型网球馆
图纸内容	预埋锚栓布置图
图纸编号	结施03

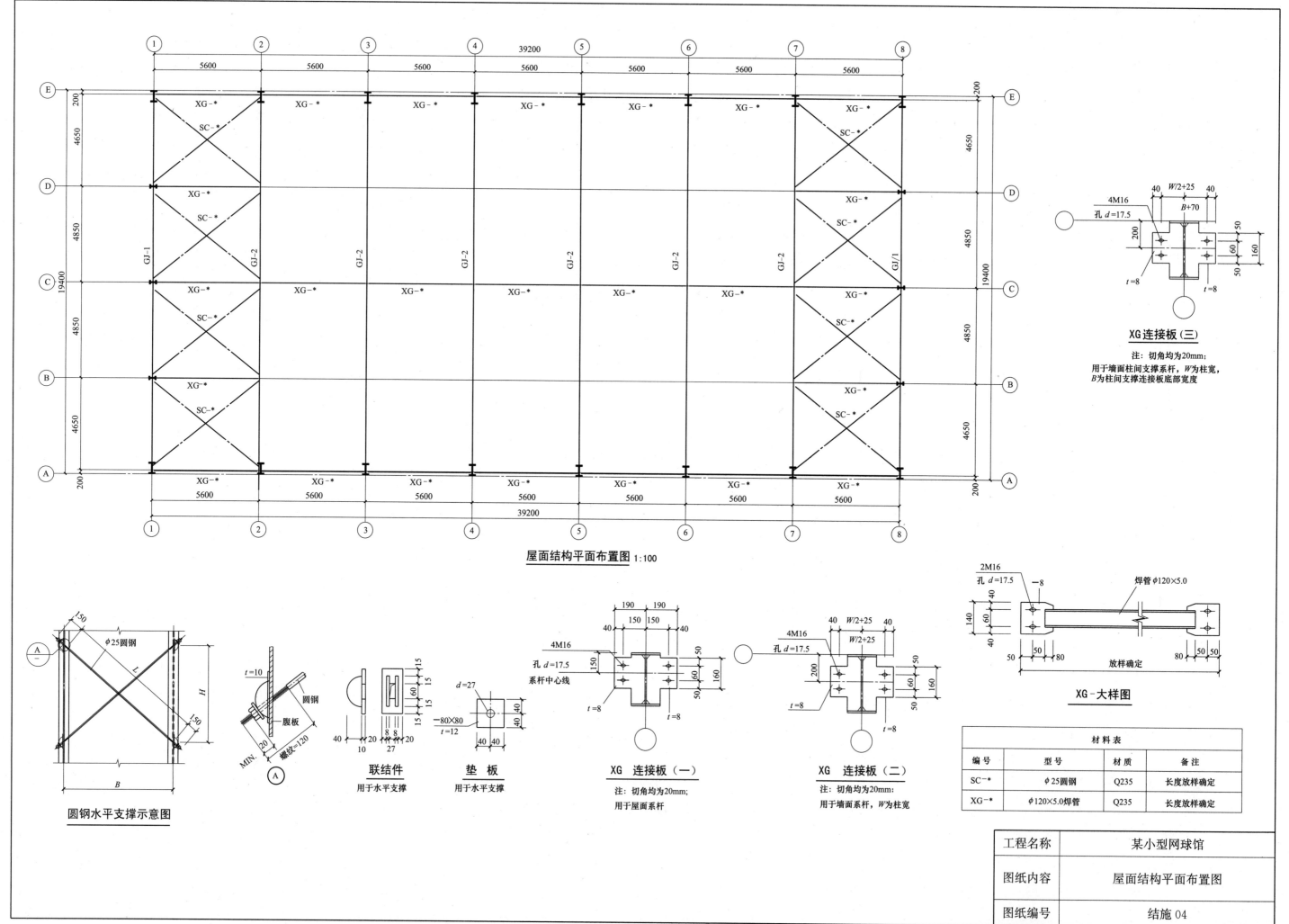

屋面结构平面布置图 1:100

圆钢水平支撑示意图

联结件
用于水平支撑

垫板
用于水平支撑

XG 连接板（一）
注：切角均为20mm；
用于屋面系杆

XG 连接板（二）
注：切角均为20mm；
用于墙面系杆，W为柱宽

XG 连接板（三）
注：切角均为20mm；
用于墙面柱间支撑系杆，W为柱宽，
B为柱间支撑连接板底部宽度

XG-大样图

材料表			
编号	型号	材质	备注
SC-*	φ25圆钢	Q235	长度放样确定
XG-*	φ120×5.0焊管	Q235	长度放样确定

工程名称	某小型网球馆
图纸内容	屋面结构平面布置图
图纸编号	结施 04

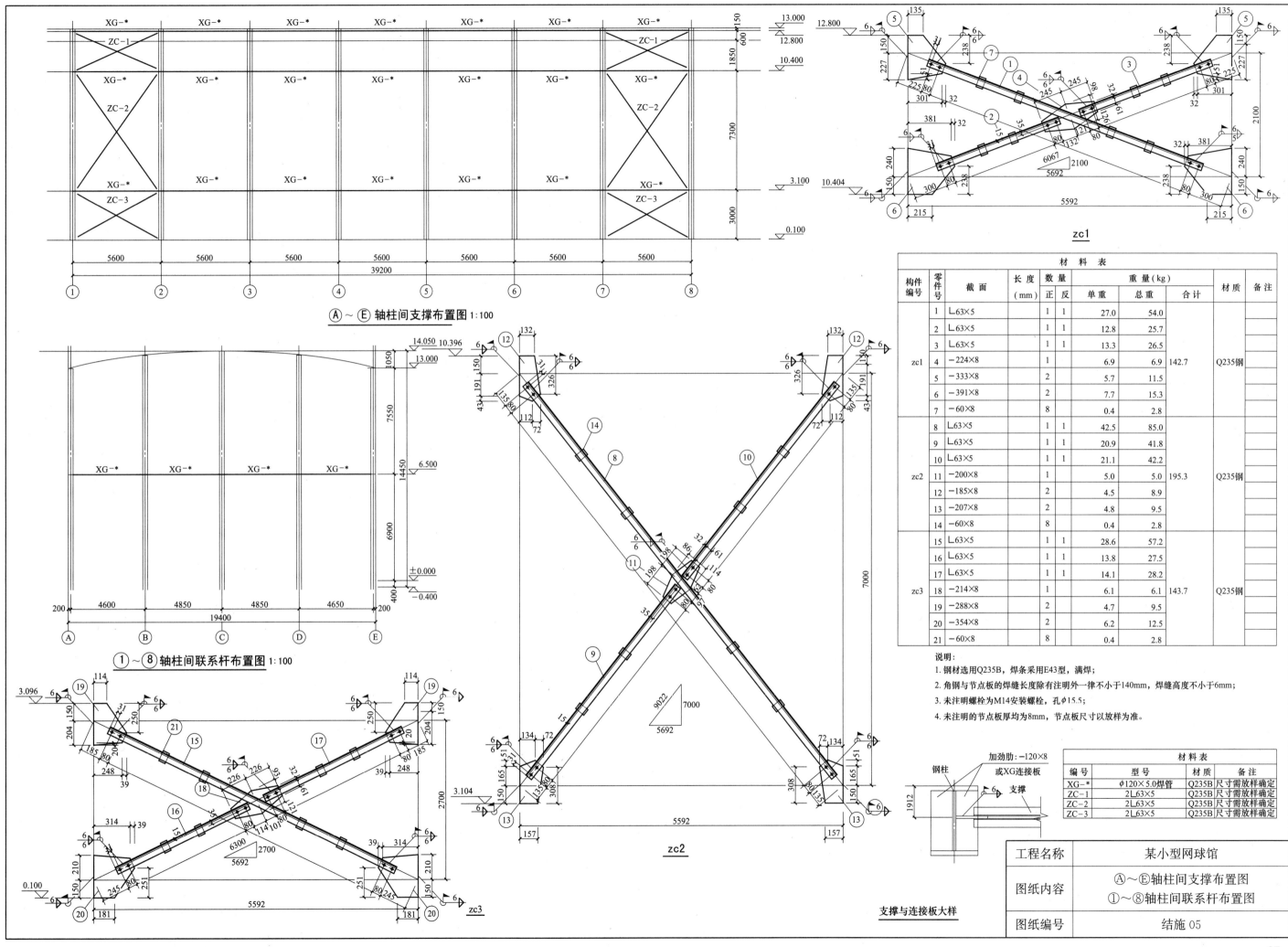

Ⓐ～Ⓔ轴柱间支撑布置图 1:100

①～⑧轴柱间联系杆布置图 1:100

zc1

zc2

zc3

支撑与连接板大样

材 料 表

构件编号	零件号	截面	长度(mm)	数量 正 反		重量(kg) 单重	总重	合计	材质	备注
zc1	1	∟63×5		1	1	27.0	54.0	142.7	Q235钢	
	2	∟63×5		1	1	12.8	25.7			
	3	∟63×5		1	1	13.3	26.5			
	4	−224×8		1		6.9	6.9			
	5	−333×8		2		5.7	11.5			
	6	−391×8		2		7.7	15.3			
	7	−60×8		8		0.4	2.8			
zc2	8	∟63×5		1	1	42.5	85.0	195.3	Q235钢	
	9	∟63×5		1	1	20.9	41.8			
	10	∟63×5		1	1	21.1	42.2			
	11	−200×8		1		5.0	5.0			
	12	−185×8		2		4.5	8.9			
	13	−207×8		2		4.8	9.5			
	14	−60×8		8		0.4	2.8			
zc3	15	∟63×5		1	1	28.6	57.2	143.7	Q235钢	
	16	∟63×5		1	1	13.8	27.5			
	17	∟63×5		1	1	14.1	28.2			
	18	−214×8		1		6.1	6.1			
	19	−288×8		2		4.7	9.5			
	20	−354×8		2		6.2	12.5			
	21	−60×8		8		0.4	2.8			

说明:
1. 钢材选用Q235B,焊条采用E43型,满焊;
2. 角钢与节点板的焊缝长度除有注明外一律不小于140mm,焊缝高度不小于6mm;
3. 未注明螺栓为M14安装螺栓,孔φ15.5;
4. 未注明的节点板厚均为8mm,节点板尺寸以放样为准。

编号	型号	材质	备注
XG-*	φ120×5.0焊管	Q235B	尺寸需放样确定
ZC-1	2∟63×5	Q235B	尺寸需放样确定
ZC-2	2∟63×5	Q235B	尺寸需放样确定
ZC-3	2∟63×5	Q235B	尺寸需放样确定

工程名称	某小型网球馆
图纸内容	Ⓐ～Ⓔ轴柱间支撑布置图 ①～⑧轴柱间联系杆布置图
图纸编号	结施05

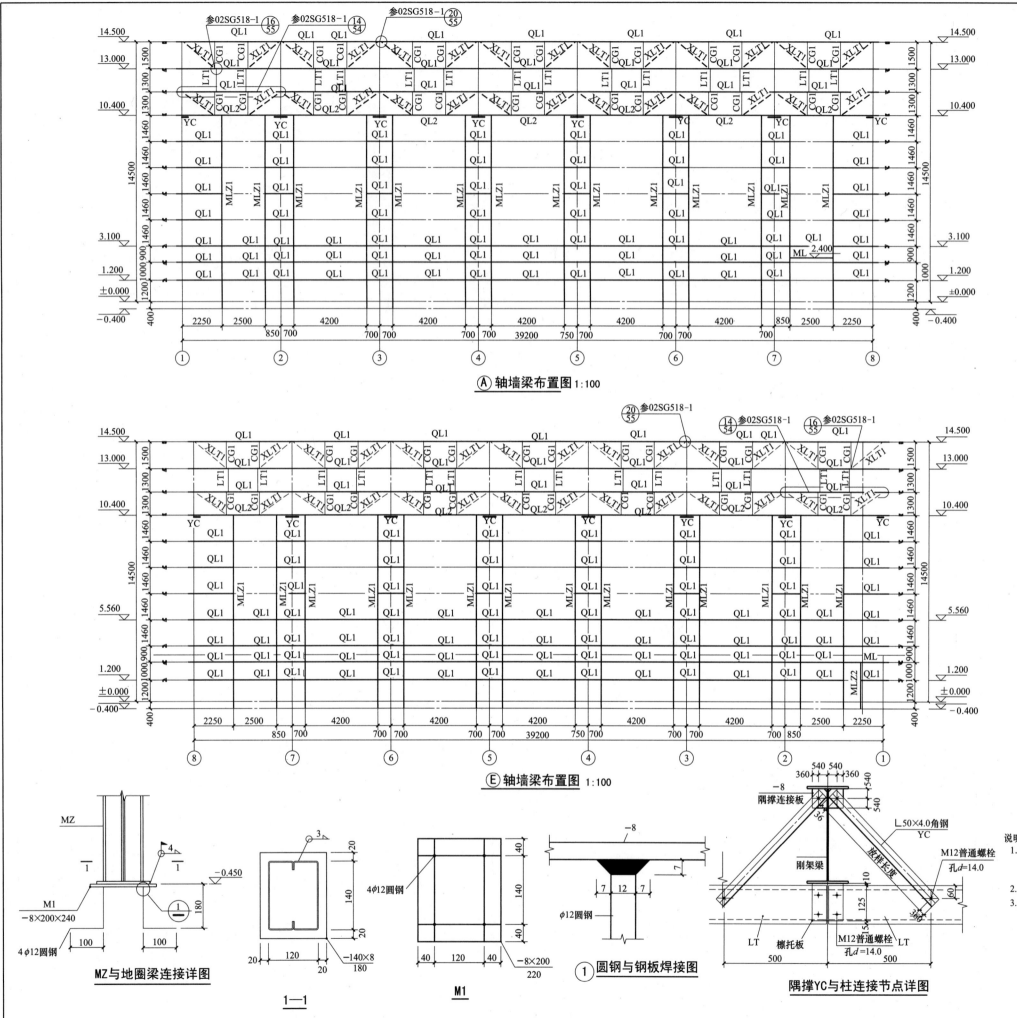

Ⓐ轴墙梁布置图 1:100

Ⓔ轴墙梁布置图 1:100

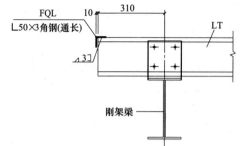

屋面通长角钢节点详图

MLZ与QL连接详图

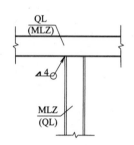

MLZ与ML、QL连接详图

MZ与地圈梁连接详图

1—1

M1

① 圆钢与钢板焊接图

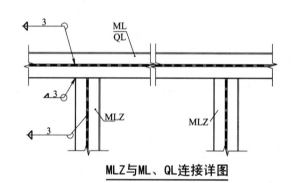

隔撑YC与柱连接节点详图

材料表

编号	型号	材质	备注
QL-1	C140×60×20×3.0	Q235B	
QL-2	2C140×60×20×3.0	Q235B	
MLZ1	2C140×60×20×3.0	Q235B	
MLZ2	2C140×60×20×3.0	Q235B	
ML	2C140×60×20×3.0	Q235B	
LAT1	Φ14(M12)	Q235B	
XLT1	Φ14(M12)	Q235B	
YC-*	L50×4.0	Q235B	
CG1	Φ14(M12)+Φ32×2.5	Q235B	

说明:
1. 墙上设有门及雨篷处,本设计仅示意门的大小及位置,雨篷位置详见建施相应图纸,门楣及雨篷由钢结构施工单位根据经设计院审核认可的大门生产厂家的安装图纸进行施工,本图门楣仅供参考,墙檩可因此做相应调整。
2. 拉条端部螺母下设—50×50×5垫板。
3. 墙梁施工前应结合厂家玻璃幕墙图进行施工。

工程名称	某小型网球馆
图纸内容	Ⓐ轴墙梁布置图 Ⓔ轴墙梁布置图
图纸编号	结施06

38

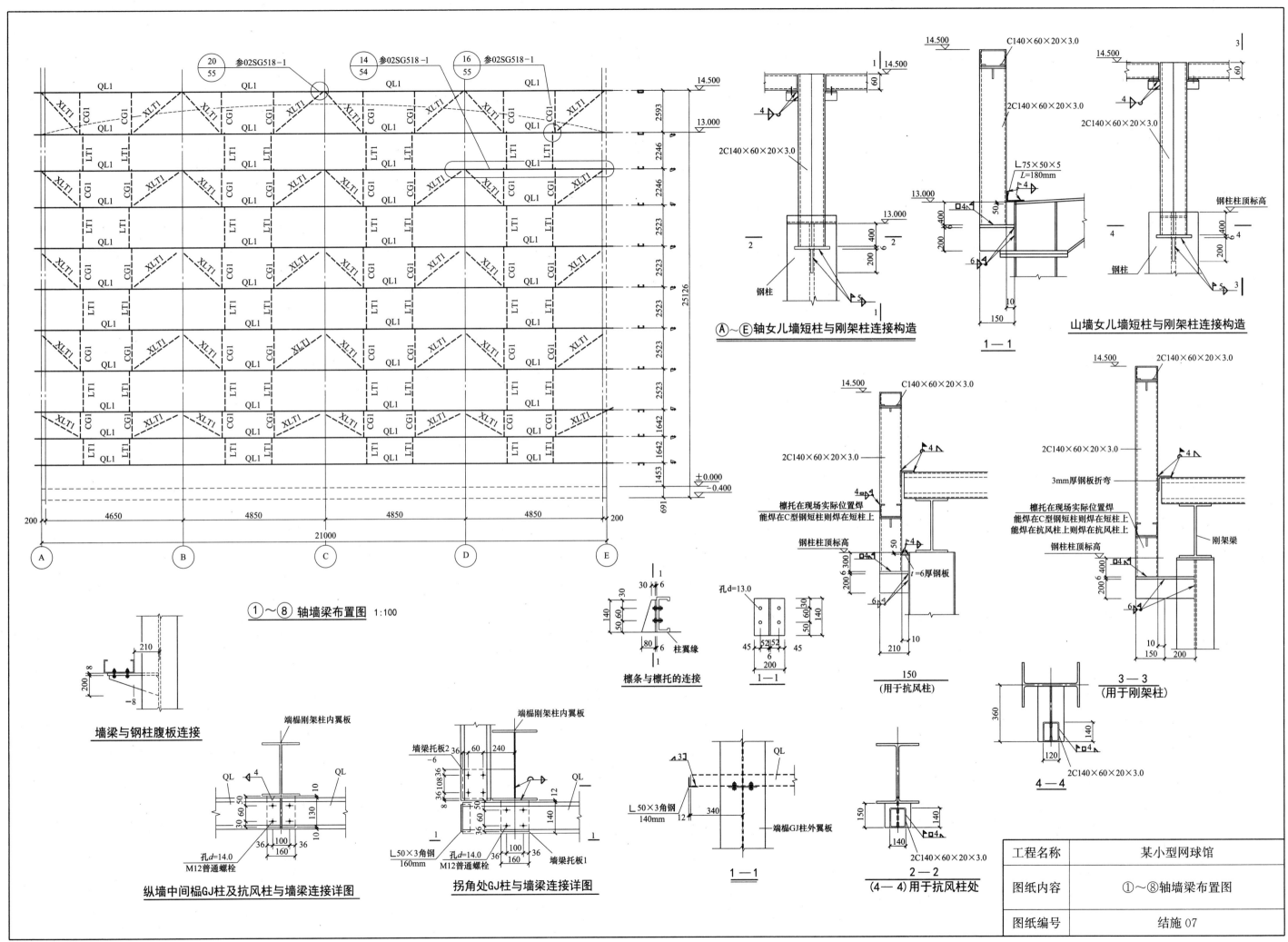

①～⑧轴墙梁布置图 1:100

墙梁与钢柱腹板连接

檩条与檩托的连接

1—1

⑧～Ⓔ轴女儿墙短柱与刚架柱连接构造

1—1

山墙女儿墙短柱与刚架柱连接构造

（用于抗风柱）

3—3（用于刚架柱）

4—4

纵墙中间榀GJ柱及抗风柱与墙梁连接详图

拐角处GJ柱与墙梁连接详图

1—1

2—2（4—4)用于抗风柱处

工程名称	某小型网球馆
图纸内容	①～⑧轴墙梁布置图
图纸编号	结施07

39

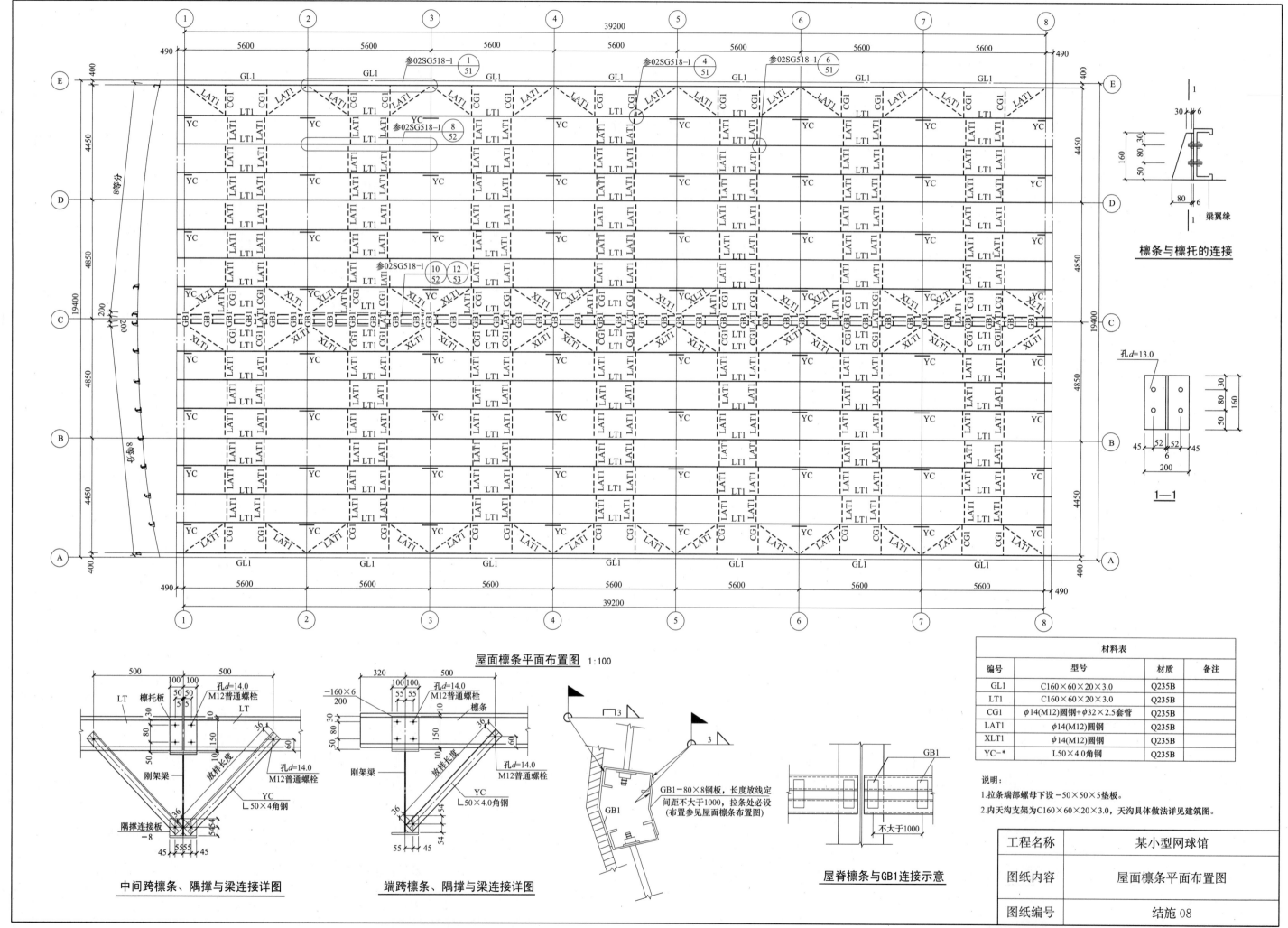

屋面檩条平面布置图 1:100

檩条与檩托的连接

1—1

中间跨檩条、隔撑与梁连接详图

端跨檩条、隔撑与梁连接详图

屋脊檩条与GB1连接示意

材料表			
编号	型号	材质	备注
GL1	C160×60×20×3.0	Q235B	
LT1	C160×60×20×3.0	Q235B	
CG1	φ14(M12)圆钢+φ32×2.5套管	Q235B	
LAT1	φ14(M12)圆钢	Q235B	
XLT1	φ14(M12)圆钢	Q235B	
YC-*	L50×4.0角钢	Q235B	

说明：
1.拉条端部螺母下设−50×50×5垫板。
2.内天沟支架为C160×60×20×3.0,天沟具体做法详见建筑图。

工程名称	某小型网球馆
图纸内容	屋面檩条平面布置图
图纸编号	结施08

40

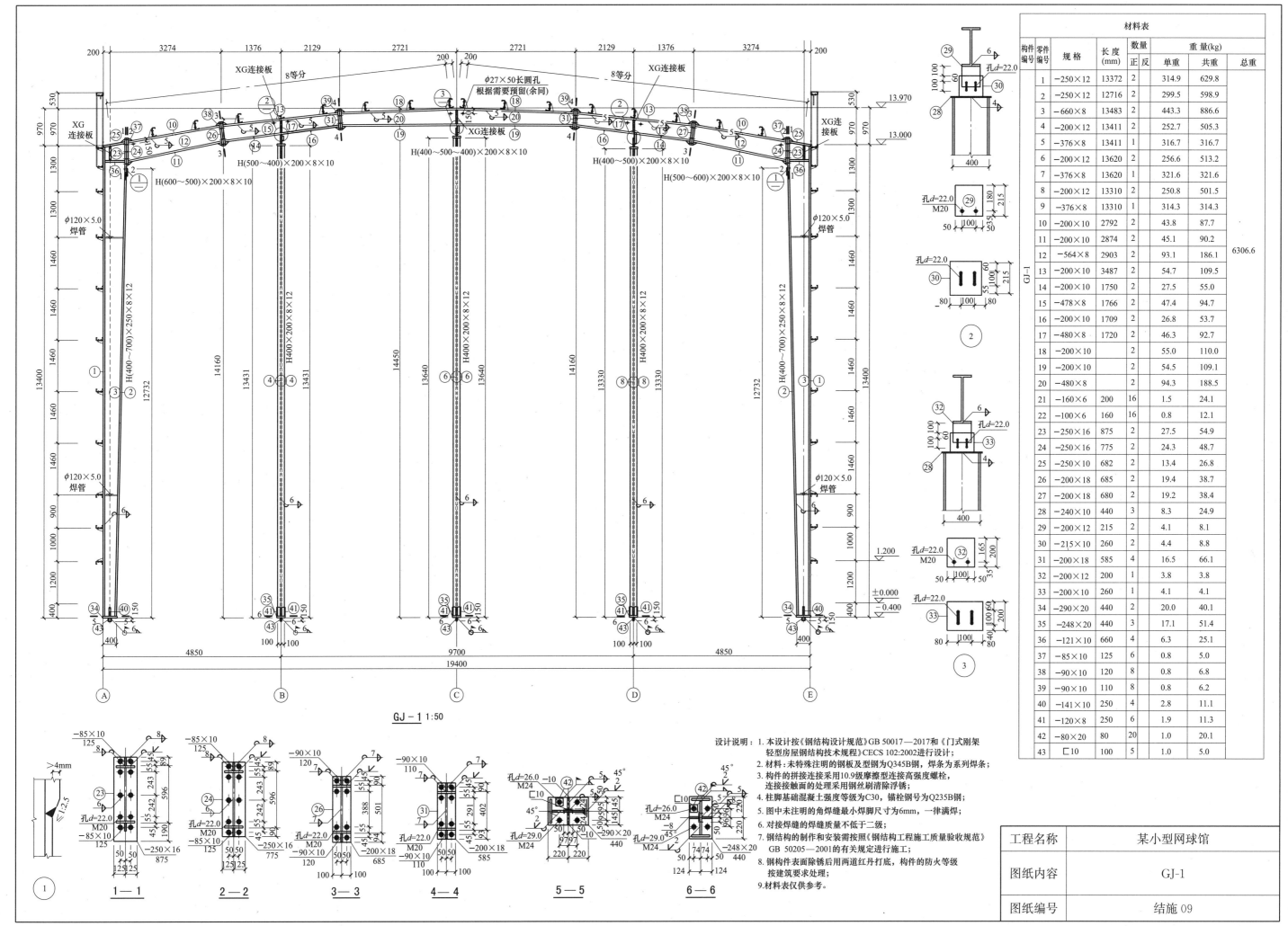

材料表

构件编号	零件编号	规格	长度(mm)	数量 正 反	重量(kg) 单重	重量(kg) 共重	总重
	1	−250×12	13372	2	314.9	629.8	
	2	−250×12	12716	2	299.5	598.9	
	3	−660×8	13483	2	443.3	886.6	
	4	−200×12	13411	2	252.7	505.3	
	5	−376×8	13411	1	316.7	316.7	
	6	−200×12	13620	2	256.6	513.2	
	7	−376×8	13620	1	321.6	321.6	
	8	−200×12	13310	2	250.8	501.5	
	9	−376×8	13310	1	314.3	314.3	
	10	−200×10	2792	2	43.8	87.7	
	11	−200×8	2874	2	45.1	90.2	
	12	−564×8	2903	2	93.1	186.1	
	13	−200×10	3487	2	54.7	109.5	
	14	−200×10	1750	2	27.5	55.0	
GJ-1	15	−478×8	1766	2	47.4	94.7	6306.6
	16	−200×10	1709	2	26.8	53.7	
	17	−480×8	1720	2	46.3	92.7	
	18	−200×10		2	55.0	110.0	
	19	−200×10		2	54.5	109.1	
	20	−480×8		2	94.3	188.5	
	21	−160×6	200	16	1.5	24.1	
	22	−100×6	160	16	0.8	12.1	
	23	−250×16	875	2	27.5	54.9	
	24	−250×16	775	2	24.3	48.7	
	25	−250×10	682	2	13.4	26.8	
	26	−200×18	685	2	19.4	38.7	
	27	−200×18	680	2	19.2	38.4	
	28	−240×10	440	2	8.3	24.9	
	29	−200×12	215	2	4.1	8.1	
	30	−215×10	260	2	4.4	8.8	
	31	−200×18	585	4	16.5	66.1	
	32	−200×12	200	1	3.8	3.8	
	33	−200×10	260	1	4.1	4.1	
	34	−290×20	440	2	20.0	40.1	
	35	−248×20	440	3	17.1	51.4	
	36	−121×10	660	4	6.3	25.1	
	37	−85×10	125	6	0.8	5.0	
	38	−90×10	120	8	0.8	6.8	
	39	−90×10	110	8	0.8	6.2	
	40	−141×10	250	2	2.8	11.1	
	41	−120×8	250	6	1.9	11.3	
	42	−80×20	80	20	1.0	20.1	
	43	□10	100	5	1.0	5.0	

GJ-1 1:50

设计说明：1. 本设计按《钢结构设计规范》GB 50017—2017和《门式刚架轻型房屋钢结构技术规程》CECS 102:2002进行设计；
2. 材料：未特殊注明的钢板及型钢材为Q345B钢，焊条为系列焊条；
3. 构件的拼接连接采用10.9级摩擦型连接高强度螺栓，连接接触面的处理采用钢丝刷清除浮锈；
4. 柱脚基础混凝土强度等级为C30，锚栓钢号为Q235B钢；
5. 图中未注明的角焊缝最小焊脚尺寸为6mm，一律满焊；
6. 对接焊缝的焊缝质量不低于二级；
7. 钢结构的制作和安装需按照《钢结构工程施工质量验收规范》GB 50205—2001的有关规定进行施工；
8. 钢构件表面除锈后用两道红丹打底，构件的防火等级按建筑要求处理；
9. 材料表仅供参考。

工程名称	某小型网球馆
图纸内容	GJ-1
图纸编号	结施 09

41

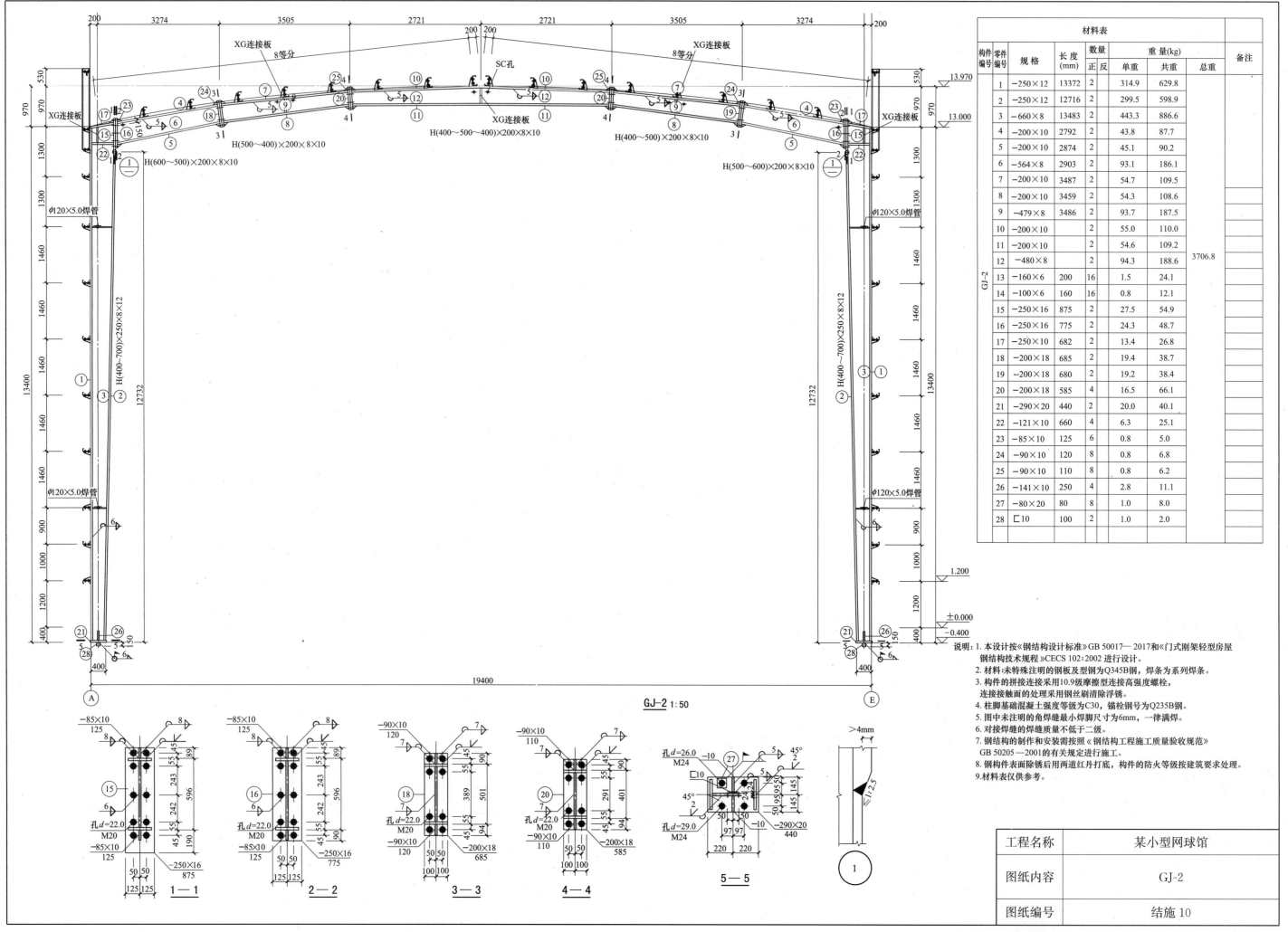

材料表							
构件编号	零件编号	规格	长度(mm)	数量	重量(kg)		备注
				正 反	单重	共重	总重
GJ-2	1	−250×12	13372	2	314.9	629.8	3706.8
	2	−250×12	12716	2	299.5	598.9	
	3	−660×8	13483	2	443.3	886.6	
	4	−200×10	2792	2	43.8	87.7	
	5	−200×10	2874	2	45.1	90.2	
	6	−564×8	2903	2	93.1	186.1	
	7	−200×10	3487	2	54.7	109.5	
	8	−200×10	3459	2	54.3	108.6	
	9	−479×8	3486	2	93.7	187.5	
	10	−200×10	3486	2	55.0	110.0	
	11	−200×10		2	54.6	109.2	
	12	−480×8		2	94.3	188.6	
	13	−160×6	200	16	1.5	24.1	
	14	−100×6	160	16	0.8	12.1	
	15	−250×16	875	2	27.5	54.9	
	16	−250×16	775	2	24.3	48.7	
	17	−250×10	682	2	13.4	26.8	
	18	−200×18	685	2	19.4	38.7	
	19	−200×18	680	2	19.2	38.4	
	20	−200×18	585	4	16.5	66.1	
	21	−290×20	440	2	20.0	40.1	
	22	−121×10	660	4	6.3	25.1	
	23	−85×10	125	6	0.8	5.0	
	24	−90×10	120	8	0.8	6.8	
	25	−90×10	110	8	0.8	6.2	
	26	−141×10	250	4	2.8	11.1	
	27	−80×20	80	8	1.0	8.0	
	28	⊏10	100	2	1.0	2.0	

说明:
1. 本设计按《钢结构设计标准》GB 50017—2017和《门式刚架轻型房屋钢结构技术规程》CECS 102:2002进行设计。
2. 材料:未特殊注明的钢板及型钢为Q345B钢,焊条为系列焊条。
3. 构件的拼接连接采用10.9级摩擦型连接高强度螺栓,连接接触面的处理采用钢丝刷清除浮锈。
4. 柱脚基础混凝土强度等级为C30,锚栓钢号为Q235B钢。
5. 图中未注明的角焊缝最小焊脚尺寸为6mm,一律满焊。
6. 对接焊缝的焊缝质量不低于二级。
7. 钢结构的制作和安装需按照《钢结构工程施工质量验收规范》GB 50205—2001的有关规定进行施工。
8. 钢构件表面除锈后用两道红丹打底,构件的防火等级按建筑要求处理。
9. 材料表仅供参考。

GJ-2 1:50

1—1 2—2 3—3 4—4 5—5

工程名称	某小型网球馆
图纸内容	GJ-2
图纸编号	结施10

42

3.3 电气施工图

电气设计说明

一、设计依据
1. 本工程作为比赛用室内网球场地，属于公共建筑。
2. 建设单位的设计任务书，设计要求等。
3. 有关专业提供技术资料及要求。
4. 有关国家规范、规定、规则等。
《民用建筑电气设计规范》JGJ 16—2008
《建筑照明设计标准》GB 50034—2013
《建筑物防雷设计规范》GB 50057—2010

二、设计内容
1. 照明系统。
2. 防雷接地系统。
3. 照明的供电系统。

三、照明的系统及接线
1. 电源：引自低压配电室，电压 380V/220V，三相五线制引入。用电力电缆埋地引至 AL-Z 总配电箱。
2. 由供电干线引上至顶部灯具的分支线采用 BV-3×4 的绝缘导线。
3. 所有的场地照明灯具均设单灯补偿，补偿后的功率因素达到 0.9。
4. 光源采用金卤灯，随灯配整流器、单灯功率补偿等相应的附件。安装时灯具供货商须提供相应的技术服务。
5. 安装高度：配电箱嵌墙底距地 0.5m，带锁具防护措施。
6. 照明功率密度值应满足《建筑照明设计标准》GB 50034—2013 规定，场地照度达到 750lx。

四、防雷接地系统
1. 本建筑屋属三类防雷建筑，采用钢屋面的金属体作避雷网，钢柱作为防雷引下线。
2. 接地体：利用建筑物的桩基，底板钢筋作接地体，作为本建筑物的防雷接地，保护接地共用接地体，接地电阻要求不大于 4 欧，当实测不满足要求时，应增加人工接地装置。
3. 进入建筑物的各种金属管道等金属均应与接地装置连接。
4. 施工时必须严格遵循《民用建筑电气设计规范》JGJ 16—2008 相关规定，具体做法详见电气国标图集 99D501-1《建筑物防雷设施安装》。

五、其他
1. 电器安装要求在施工过程中会同土建一起做好预留、预埋等工作以满足专业要求。
2. 所有电气隐蔽工程应与土建密切配合，遇有问题及早提出协商解决。
3. 图中未详尽处应参照国家有关标准、规定、规范及《电气安装工程图册》施工或协商解决。

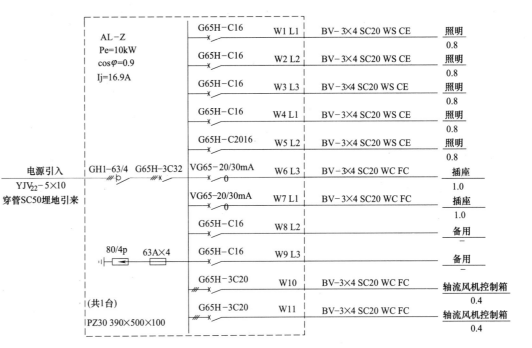

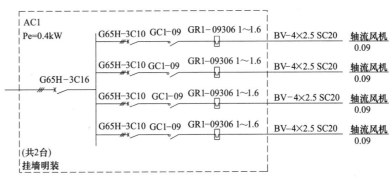

主要设备材料表

序号	图例	名称	型号及规格	单位	数量	备注
1		照明配电箱	参见系统图	台	1	底边距地0.5m
2		泛光灯	自选，1×400	套	10	顶装,灯具厂商提供技术支持
3		单相二二孔合全安全插座	嵌墙，250V,10A	套	12	距地0.3m
4		轴流风机控制箱		台	2	底边距地0.5m

电气设计图纸目录

序号	图号	图名	数量
01	电施-01	电气设计说明 图纸目录 主要设备材料表	1
02	电施-02	照明平面布置图 接地平面布置图	1

工程名称	某小型网球馆
图纸内容	电气设计说明 电气设计图纸目录 主要设备材料表
图纸编号	电施 01

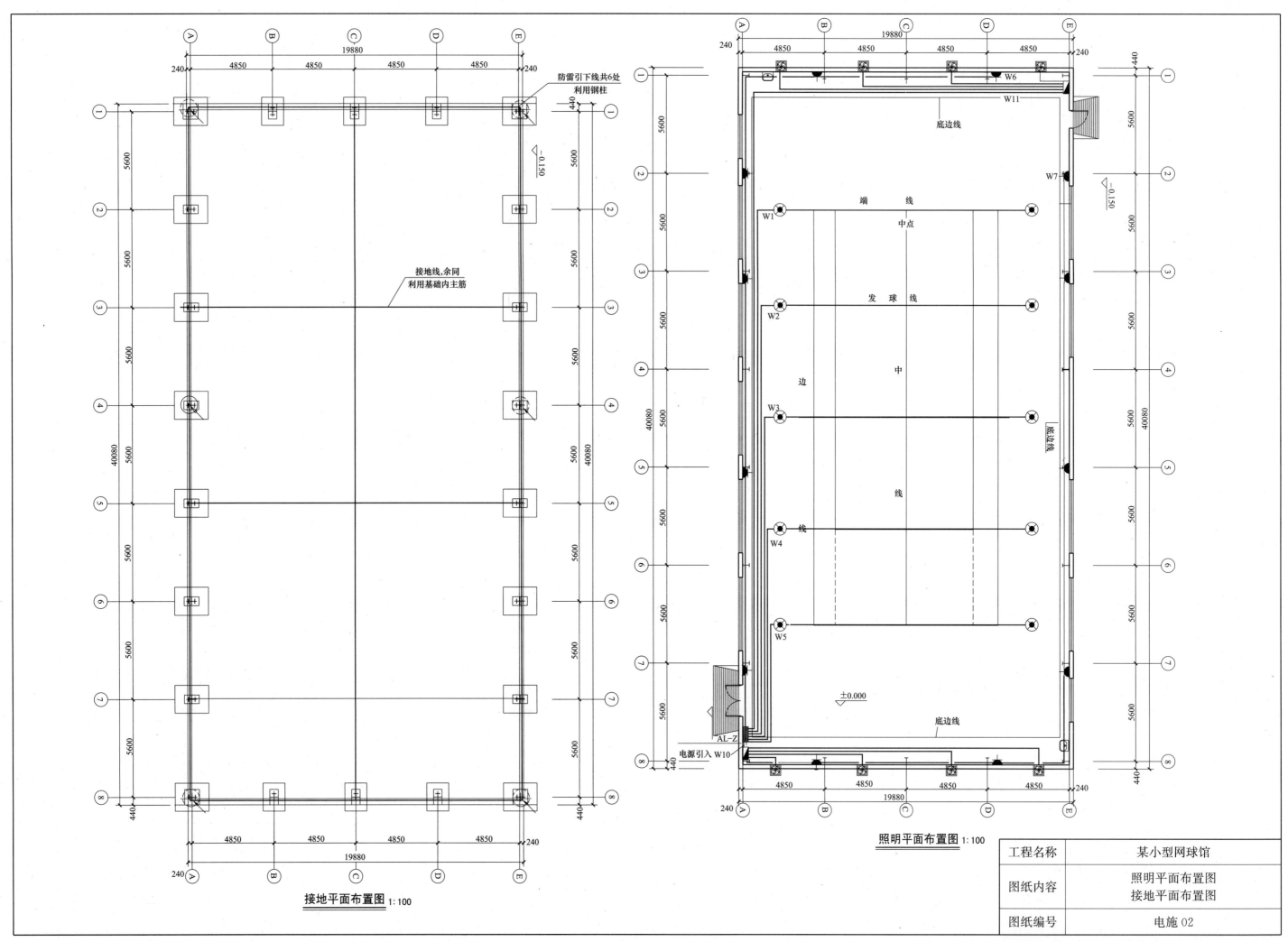

接地平面布置图 1:100

照明平面布置图 1:100

工程名称	某小型网球馆
图纸内容	照明平面布置图 接地平面布置图
图纸编号	电施02

3.4 给水排水施工图

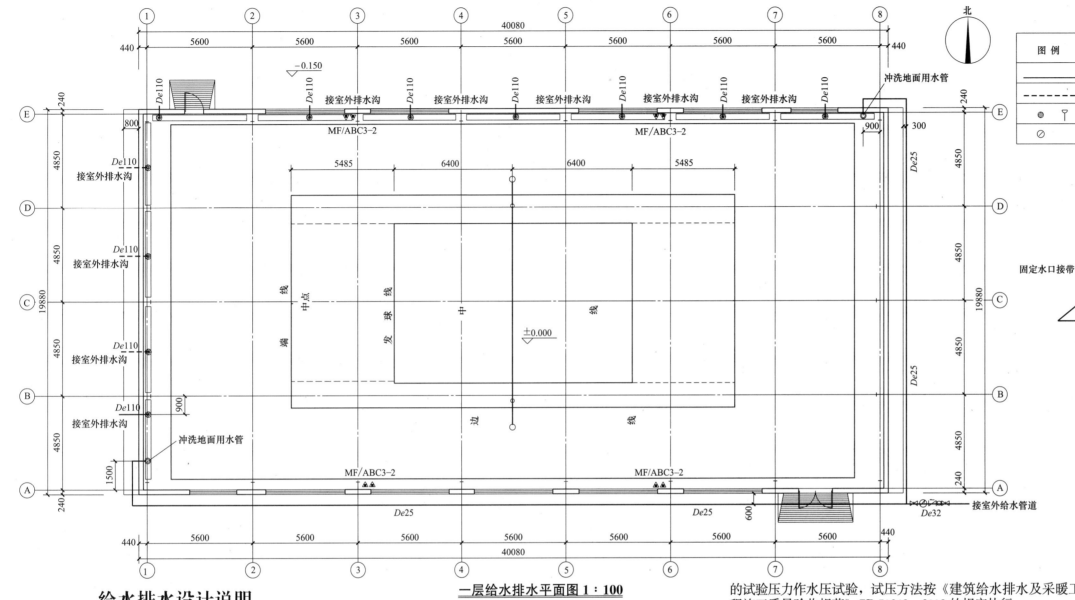

一层给水排水平面图 1：100

图例

图例	名称	图例	名称	图例	名称
———	生活给水管	⟶⊲⊳	闸阀		水龙头
- - - -	生活污水管	⟶●⟶	截止阀		洗手盆
⊘	地漏	⟶▷⟶	止回阀		手提式灭火器
⊘	水表		存水弯		取水口

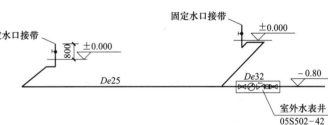

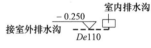

给水排水系统图

主要材料表

名称	型号	单位	数量	备注
球阀	Q11W-10T	个		
法兰旋启式止回阀	H44T-10C	个		
手提磷酸铵盐干粉灭火器	MF/ABC3	个	8	
冲洗水管	De110	个	2	
地漏		个	11	

选用标准图纸目录

图名	图集号	备注
建筑给水聚丙烯管道工程技术规范	GB/T 50349—2005	国标
卫生设备安装	99S304	国标
建筑排水设备附件选用安装	04S301	国标
给水塑料管安装	02SS405	国标
建筑排水用硬聚氯乙烯(PVC-U)管道安装	96S406	国标

工程名称	某小型网球馆
图纸内容	给水排水设计说明 一层给排水平面图 给水排水系统图
图纸编号	水施01

给水排水设计说明

一、设计依据

1. 建设单位提供的本工程有关资料和设计任务书。
2. 建筑和有关工种提供的作业图和有关资料。
《建筑设计防火规范》GB 50016—2006
《建筑给水排水设计规范》GB 50015—2003（修订版）
《建筑灭火器配置设计规范》GB 50140—2005

二、设计概况及设计范围

本工程为轻钢结构，建筑高度14.5m，地上1层。
本项工程设计包括建筑以内的给水，排水管道系统。

三、管道系统

本工程设有生活给水，生活排水系统。

1. 生活给水系统给水管道供水所需压力为0.12MPa。
2. 生活污水系统：污、废水采用合流制。
3. 手提灭火器配置：根据《建筑灭火器配置设计规范》GB 50140—2005规定本建筑按中危险级。灭火器选用推车式磷酸铵盐干粉灭火器。

四、节能

1. 卫生器具及其五金配件应选用建设部认可的低噪声节水型产品。
2. 给水管采用节能型管材，采用节能型水龙头。

施工说明

一、管材和接口

1. 生活给水：给水管采用PP-R管，工作压力1.0MPa，热熔连接。
2. 排水管道：污、废水管采用UPVC排水塑料管，粘接。

二、阀门及附件

1. 阀门：给水管DN>50mm采用铜闸阀阀门，其余采用铜球阀（或铜截止阀），工作压力1.0MPa。
2. 附件
1）地漏采用直通式地漏，下排水接管、地漏下均安装存水弯。地漏篦子表面应低于该处地面5～10mm。
2）清扫口表面与地面平。

三、管道敷设

管道坡度：排水横干管De75，i=1.5%。

四、管道和设备保温

1. 无采暖房间内给水排水管道做保温。
2. 保温材料采用橡塑，管道保温厚度为30mm；保护层采用铝箔。
3. 保温应在完成试压合格及除锈防腐处理后进行。

五、管道试压（各种管道根据系统进行水压试验）

给水管及消防管应以1.5倍的工作压力，不小于1.0MPa的试验压力作水压试验，试压方法按《建筑给水排水及采暖工程施工质量验收规范》GB 50242—2002的规定执行。

六、管道冲洗

1. 给水管道在系统运行前必须进行冲洗，要求以不小于1.5m/s的流速进行冲洗，并符合《建筑给水排水及采暖工程施工质量验收规范》GB 50242—2002中第4.2.3条的规定。
2. 排水管道冲洗以管道畅通为合格。

七、其他

1. 图中所注尺寸除管长、标高以m计外，其余以mm计。
2. 本图所注管道标高：给水管等压力管指管中心；污水、废水等重力流管道指管内底。
3. 本设计施工说明与图纸具有同等效力，二者有矛盾时，业主及施工单位应及时提出，并以设计单位解释为准。
4. 施工中应与土建公司和其他专业公司密切合作，合理安排施工进度，及时预留孔洞及预理套管，以防碰撞和返工。
5. 除本设计说明外，施工中还应遵守《建筑给水排水及采暖工程施工及质量验收规范》GB 50242—2002、《给水排水构筑物施工及验收规范》GB 50141—2008及《湿陷性黄土地区建筑规范》GB 50025—2014。

4 某小学教学楼工程

4.1 建筑施工图

建筑设计说明

1. 工程概况
1.1 工程名称：××小学教学楼工程。
1.2 建设单位：××中学。
1.3 建设地点：××市××区。
1.4 主要功能：教学。
1.5 工程技术经济指标：

工程等级	三级	建筑分类	多层民用建筑
设计合理使用年限	50 年	耐火等级	二级
建筑基底面积	575.6m²	建筑面积	2342.2m²
层数	地上四层	建筑高度	15.20m
结构类型	框架结构	基础形式	筏板基础
屋面防水等级	I级	抗震设防烈度	7 度
场地类别	IV级	防雷级别	设置

2. 设计依据
2.1 我单位与建设单位签订的设计合同。
2.2 甲方提供的《岩土工程勘察报告》。
2.3 国家、地方及行业现行建筑设计规范及标准：
《建筑工程设计文件编制深度规定》（2016 年版）
《工程建设标准强制性条文及应用示例》（房屋建筑部分）（040×002）
《民用建筑设计通则》GB 50352—2005
《建筑设计防火规范》GB 50016—2014
《中小学校设计规范》GB 50099—2011
《河南省公共建筑节能设计标准实施细则》DBJ 41/075—2006
《公共建筑节能设计标准》GB 50189—2015
《无障碍设计规范》GB 50763—2012
《民用建筑外保温系统及外墙装饰防火暂行规定》（公通字［2009］46 号）
2.4 其他相关专业提供的设计资料。

3. 建筑物定位、设计标高及单位
3.1 本工程定位由建设单位根据观测场位置进行相对位置定位，教学楼室内外高差 450mm。
3.2 图中所注标高除注明者外各楼层标高为建筑完成面标高，屋面标高为结构标高。
3.3 本工程标高和总平面图尺寸以 m 计，其余尺寸以 mm 计。所有建筑构配件尺寸均不含粉刷厚度。

4. 设计范围
本次设计范围为建筑主体的设计。

5. 墙体工程
5.1 墙体的基础部分、钢筋混凝土墙、柱、梁的尺寸、定位及做法详结构专业设计图纸。
5.2 除图中注明外，砌体墙及填充墙体材料及厚度见下表，具体做法详见 12YJ3-3《加气混凝土砌块墙》。

名称	使用部位	墙体材料	厚度(mm)
外墙	标高±0.000 以上	加气混凝土砌块	200
内墙	室内隔墙	加气混凝土砌块	200

5.3 墙体预留洞尺寸及定位见各专业图纸，预留洞过梁详见结施；墙体留洞待管道设备安装完毕后，用 C20 细石混凝土填实。
5.4 墙体防潮：防潮层设于−0.060 处，做法为 20 厚 1：2 水泥砂浆内加 6％复合无机盐防水剂。地面有高差处，垂直面也要做防潮处理（迎水面刷 1.5 厚聚氨酯防水涂料），当此处为钢筋混凝土梁时，可不做防潮层。
5.5 二层卫生间楼面标高同层其他房间楼面标高降低 20mm。一层卫生间地面标高比同层其他房间地面标高降低 15mm。
5.6 加气混凝土砌块和钢筋混凝土柱、墙结合处应有钢筋拉结，具体做法详结构设计说明；加气混凝土墙、内隔墙内构造柱及圈梁的设置详结构设计有关说明；窗台压顶及门窗过梁、女儿墙压顶详结构图。
5.7 下列部位作 C20 素混凝土防水翻沿，高度高于相应部位结构板面 200，宽度同墙体：
1）卫生间墙体下部（除门窗洞口外）。
2）室外空调机板与外墙交接处。
3）雨篷与外墙交接处（有上翻梁者除外）。
4）设备管井。
5.8 不同墙、柱面结合处在粉刷时加铺 400mm 宽小眼钢丝网一层。

6. 防水工程
6.1 防水材料应选用国家有关部门认可的优质产品，施工严格遵照施工规程及有关材料说明书操作。
6.2 防水（渗）部位：外墙外侧、卫生间、屋面等。
6.3 防水（渗）措施：
a. 外墙外侧：地面和外墙设防潮层（详建筑材料做法表）；
b. 屋面防水（渗）：建筑防水（详建筑材料做法表）；
c. 其他防水（渗）部分：建筑防水楼板面清理干净、平整、干燥，涂 1.5 厚聚氨酯防水涂料，做至四周墙面 400mm 高；管道处加做玻璃丝布一层，涂膜上翻 400mm，3 遍成活（其上建筑做法详建筑材料做法表）；
d. 有地漏房间除注明外均做 1％坡向地漏。
6.4 凡有用水房间的楼地面均应先做 1.5 厚聚氨酯防水涂料，并按相关规范处理，试水不漏后再做其他层。
6.5 所有外凸腰线、檐口、檐沟、女儿墙顶、雨篷、窗台、外门窗顶部等挑出部位均需做滴水线，做法参 12YJ3-1 $\frac{A}{A17}$。

7. 楼地面工程
7.1 各部位楼地面做法详见室内装修表。
7.2 设备管线等部位楼板留洞待安装完毕后，用 C20 细石混凝土封堵密实，管道穿楼板处防水做法参 12YJ11 $\frac{1}{14}$ 或 12YJ11 $\frac{2}{74}$。
7.3 楼地面构造交接处和地坪高度变化处，除图中另有注明者外均位于齐平门扇开启面处，即楼面较低一侧。

8. 屋面工程
8.1 屋面工程的设计和施工均应执行《屋面工程技术规范》GB 50345—2012。
8.2 本工程的屋面防水等级为 I 级，有组织排水屋顶，其构造做法如下：屋 1（上人屋面）：12YJ1 屋 103-1F1-80B1。屋 2（小屋面、不上人屋面）：12YJ1 屋 108-1F1。
8.3 屋面做法及屋面节点索引见"屋顶平面图"，雨篷等见"各层平面图"及有关标注。
8.4 各种管道出屋面防水做法参见 12YJ5-1 $\frac{二}{K11}$。

9. 门窗工程
9.1 根据《建筑外门窗气密、水密、抗风压性能分级及检测方法》GB/T 7106—2008，外窗气密性等级 6 级，空气声权隔声量达 IV 级水平，抗风压性能、水密性≥3 级。
9.2 外窗采用断桥铝合金中空玻璃窗（6+12A+6）遮阳型。
9.3 本工程所注门窗的尺寸均为洞口尺寸，立面为外视立面，门窗加工尺寸要根据装修面厚度由生产商予以调整。
9.4 外墙门窗立樘居所在墙中，内门窗立樘除图中另有注明者外，双向平开门立樘墙中，单向平开门立樘与开启方向墙面平；无门扇门洞的高度均至梁底；接钢筋混凝土墙或柱的门垛不超过 100mm 的为素混凝土构造，详结施。
9.5 门窗玻璃的选用应遵照《建筑玻璃应用技术规程》JGJ 113—2015 有关规定，面积大于 1.5m² 的门窗玻璃或玻璃底边离最终装修面小于 0.5m 的落地门窗应采用安全玻璃；室内玻璃隔断和玻璃屏风应采用 12mm 厚钢化玻璃；易遭受撞击、冲击而造成人体伤害的其他部位采用不小于 5mm 厚的钢化玻璃。
9.6 玻璃门窗、隔断、栏板等部位安全玻璃的使用应遵照《建筑安全玻璃管理规定》执行。
9.7 所有外门窗均加纱扇，底层外窗加设防盗网，建设单位自行选定。

10. 外装修工程
10.1 本工程外立面装修用材及色彩详见立面图或墙身详图，外墙装修做法详见装修做法表。
10.2 外装修选用的各项材料均由施工单位提供样板。大面积施工前，先由建设单位确认，才可进行下一步施工，并将样板封样，据此验收。
10.3 窗套、檐口、雨篷采用白水泥底，封固底漆一道，白色外墙涂料 2 道。均做长度为 10mm 的滴水。
10.4 由生产商进行二次设计的立面造型、装饰物及做法等经建设单位和设计单位确认后向建筑设计单位提供预埋件的设置要求并不得破坏主体效果及结构安全。
10.5 防止外墙、外窗雨水和冰雪水融化侵入室内，按照《建筑外墙防水工程技术规程》JGJ/T 235—2011 的要求在保温层和墙体基层之间做 8mm 普通防水水泥砂浆，砂浆防水层设分格缝，水平分格缝宜于窗口上沿或下沿齐平，垂直缝间距不大于 6m，与门、窗两边线对齐，分格缝宽 8mm，缝内用密封材料做密封处理。门窗框与墙体之间缝隙采用泡聚氨酯填充，外墙防水层应延伸至门窗框，防水层与门、窗框间预留凹槽，并嵌密材料，门窗上楣的外口、雨篷外口下沿做滴水线，外窗台设 5％的外排水坡度，雨篷与外交接处的防水层应连接。

11. 内装修工程
11.1 本次设计只含一般室内装饰设计，详见装修。
11.2 教学用房的环境噪声控制值应符合现行国家标准《民用建筑隔声设计规范》GB 50118—2010 的有关规定。主要教学用房空气声隔声标准≤50dB，顶部楼板撞击声隔声单值评价量≤75dB。
11.3 教室讲台选用成品讲台。
11.4 内装修选用的各项材料均由施工单位提供样板，并由建设单位确认后，才可进行下一步施工；管道安装穿墙部位用细石混凝土填实再用建筑油膏嵌缝以降低振动与噪声。

工程名称	某小学教学楼
图纸内容	建筑设计说明（一）
图纸编号	建施 01

12. 油漆

12.1 木门窗油漆选用木红色调和漆，木扶手油漆选用木红色调和漆，做法 12YJ1 涂 101；楼梯钢栏杆选用黑色调和漆，做法 12YJ1 涂 203（钢构件除锈后先刷防锈漆）。

12.2 室内外各露明金属件刷防锈漆 2 道后再做同室内外部位相同颜色的调和漆，做法 12YJ1 涂 203。

12.3 所有预埋木构件和木砖均需做防腐处理，严禁采用沥青类、煤焦油类的防腐剂处理。

12.4 防火门油漆应采用消防部门认可的防火油漆进行施工。

12.5 各项油漆均由施工单位制作样板，经确认后进行封样，并据此进行验收。

13. 无障碍设计

13.1 本工程按《无障碍设计规范》GB 50763—2012 进行全楼的无障碍设计，即在主入口、通道、卫生间等公共部位严格按规范设计，满足使用要求。

13.2 出入口处设计 75% 的平缓式无障碍坡道，入口平台与室内地面高差为 0.015m，并以斜面过渡。一楼公用卫生间设无障碍专用厕所。

13.3 供轮椅通行的门净宽不小于 0.8m（推拉门和平开门在门把手一侧的墙面，留有不小于 0.50m 的墙面宽度）。

13.4 无障碍坡道及扶手做法详 12YJ12（$\frac{3}{16}$）（$\frac{4}{17}$）。

14. 防火设计

14.1 本工程依据《建筑设计防火规范》GB 50016—2014 进行设计，总平面设计另详总平面专项设计图，消防通道和间距均满足规范要求。

14.2 本建筑距北边综合楼外墙最近处 1m，此处外墙为防火墙，窗为可自行关闭的甲级防火窗。

14.3 本建筑耐火等级为二级；教学楼建筑面积 2257.6m²，为一个防火分区，共设两部疏散楼梯。

14.4 防火分隔：管井在每层楼板处用钢筋混凝土楼板或相当于楼板耐火极限的不燃烧体作防火分隔。

14.5 防火墙应直接设置在建筑的基础或框架、梁等承重结构上，框架、梁等承重结构的耐火极限不应低于防火墙的耐火极限。建筑内的防火墙应从楼地面基层隔断至梁、楼板或屋面板的底面基层，屋面板的耐火极限不应低于 0.5h。防火墙的构造应能在防火墙任意一侧的屋架、梁、楼板等受到火灾影响而破坏时，不会导致防火墙倒塌。

14.6 防火门应具有自行关闭的功能，双扇防火门应安装闭门器和顺序器，防火门应采用消防部门认可的合格产品。

14.7 楼板、墙体预留洞、安装管道缝隙，在暂不启用或安装完毕时均应用 C20 混凝土填实。所有隔墙应砌至梁板底部，且不应留有缝隙，穿过防火墙的管道安装完毕后，用 C20 混凝土封堵。

14.8 室内二次装修应按现行《建筑内部装修设计防火规范》GB 50222—2017 的有关规定执行。

14.9 屋面与外墙连接处、屋面开口部位四周设 500mm 宽同保温层厚的岩棉板（燃烧性能等级 A 级）防火隔离带。

14.10 外墙外保温防火设计未详之处以"公通字〔2009〕46 号文件"为准。

15. 节能设计

15.1 本设计节能标准：公建 50%。

15.2 本工程位于河南省郑州市，属寒冷（A）地区，建筑朝向：南北向，体形系数：0.37。

15.3 外墙外保温：70 厚岩棉板，具体位置及做法详见 121Y13-1D 型外贴保温板。外墙平均传热系数经计算为：0.39（单位：W/m·K），内墙抹 30 厚无机保温砂浆Ⅰ型屋面保温：80 厚挤塑聚苯板（B1），屋 1（平屋面）12YJ1 屋 105-1F1-80B1，平均传热系数 0.37（单位：W/m²·K）。

15.4 不采暖房间隔墙或楼板：20 厚保温砂浆，平均传热系数为 0.41（单位：W/m²·K）。

15.5 《河南省公共建筑节能设计标准实施细则》DBJ 41-075-2006 第 4.3.1 条的节能要求相较，该建筑物的各项指标未完全满足规范要求，经动态计算本建筑节能设计满足节能要求。

15.6 外墙外保温工程应委托有专业资质的专业公司施工。

16. 空气质量

16.1 中小学校建筑的室内空气质量应符合现行国家标准《室内空气质量标准》GB/T 18883—2002 及《民用建筑工程室内环境污染控制规范》GB 50325—2010 的有关规定。

16.2 中小学校教学用房的新风量应符合现行国家标准《公共建筑节能设计标准》GB 50189—2015 的有关规定。当采用换气次数确定室内通风量时，普通教室的换气次数不小于 2.5 次/小时（小学），厕所的换气次数不小于 10 次/小时。

17. 采光

17.1 教学用房工作面或地面上的采光系数不得低于下表的规定和现行国家标准《建筑采光设计标准》GB/T 50033—2013 的有关规定。

房间名称	规定的采光系数的平面	采光系数最低值（%）
普通教室	课桌面	2.0
音乐教室 美术教室	课桌面	2.0
办公室	地面	2.0
饮水处、厕所	地面	0.5
走道、楼梯间	地面	1.0

17.2 教学用房室内各表面的反射比值应符合下表的规定：

表面部位	反射比
顶棚	0.70～0.80
前墙	0.50～0.60
地面	0.20～0.40
侧墙、后墙	0.70～0.80
课桌面	0.25～0.45
黑板	0.10～0.20

18. 照明

18.1 主要用房桌面或地面的照明设计值不应低于下表的规定，其照度均匀度≥0.7，且不应产生眩光。

房间名称	规定照度平面	维持平均照度(lx)	统一眩光值(UGR)	显色指数
普通教室、音乐教室	课桌面	300	19	80
美术教室	课桌面	500	19	80
办公室	桌面	300	19	80
走道、楼梯间	地面	100		

18.2 主要用房的照明功率密度值及对应照度值应符合下表的规定及现行国家标准

《建筑照明设计标准》GB 50034—2013 的有关规定

房间名称	照明功率密度(W/m³)		维持平均照度(lx)
	现行值	目标值	
普通教室、音乐教室	11	9	300
美术教室	18	15	500
办公室	11	9	300

19. 噪声控制

19.1 教学用房的环境噪声控制值应符合现行国家标准《民用建筑隔声设计规范》GB 50118—2010 的有关规定。

19.2 主要教学用房的隔声标准应符合下表的规定。

房间名称	空气声隔声标准（dB）	顶部楼板撞击声隔声单值评价量（dB）
普通教室与不产生噪声的房间之间	≥45	≤75
普通教室与产生噪声的房间之间	≥50	≤65
音乐教室等产生噪声的房间之间	≥45	≤65

19.3 教学用房的混响时间应符合现行国家标准《民用建筑隔声设计规范》GB 50118—2010 的有关规定。

20. 环保、隔声及室内环境污染控制

20.1 环境保护及污染防治设施与主体工程应遵循：同时设计、同时施工、同时使用的原则。

20.2 总体规划采取了有利于环保和控污的措施。

20.3 各种污染物（如废气烟气、废水污水、垃圾、噪声、油污、各类建筑材料所含放射性和非放射性污染物含量等）均应采取有效措施控制和防治并应符合国家相关规范环保"三同时"原则。

20.4 尽量采用可回收再利用的建筑材料，不使用焦油类、石棉类产品和材料。

20.5 建筑设计充分利用地形地貌，尽量不破坏基地原有的环境。

20.6 其他未尽事宜以《室内装饰装修材料有害物质限量》为准。

20.7 水、暖、电、气穿过楼板和墙体时，孔洞周边应采取密封隔声措施。

21. 室外工程

21.1 凡紧临建筑外墙外侧无硬质铺地、台阶、花池等处，设 1000 宽硬化散水，做法详 12YJ9-1-95-3。

21.2 台阶、坡道等做法详见建筑一层平面图。

21.3 室外工程所包括的道路、竖向、硬铺地等设计另详。

22. 其他

22.1 设计中选用的标准图，不论采用局部节点，还是全部详图，均应全面配合该标准图施工。

22.2 所有内外装饰装修材料大面积施工前，须做出样板，经建设单位、设计单位人员同意后方可施工。

22.3 本工程所用所有原材料、成品、半成品均应为合格产品，并应符合国家规定的环保要求。

22.4 施工时必须与结构、水、电、暖、通风专业配合。凡预留洞穿墙、板、梁及预埋件位置等须对照结构，设备施工图确定准确无误后，方可施工。

22.5 避雷设施详电施图。

23. 选用的标准图集

23.1 国标、2012 版的中南标建筑配件图集合订本。

23.2 河南省工程建设标准设计 DBJ 19-07-2012 图集合订本。

24. 本工程所用图例

工程名称	某小学教学楼
图纸内容	建筑设计说明（二）
图纸编号	建施 02

48

装修及构造做法表

部位		做法名称	用料做法索引号	适用部位
坡道		地砖面层坡道	12YTJ1 坡 12	无障碍坡道
散水		散水	12YJ9-1-95-3	宽 1000mm
台阶		地砖面层台阶	12YJ1 台 5	各出入口台阶
地面	地1	水磨石地面	12YJ1 地 104	一层教室及走廊
	地2	水磨石防水地面	12YJ1 地 104-F	一层卫生间
	地3	地砖地面	12YJ1 地 201	一层办公室
楼面	楼1	水磨石楼面	12YJ1 楼 104	二至四层教室及走廊
	楼2	水磨石防水楼面	12YJ1 楼 104-F	二至四层卫生间
	楼3	地砖楼面	12YJ1 楼 201	二至四层办公室
屋面	屋1	水泥砂浆保护层屋面	12YJ1 屋 105-1F1	防水层材料：两层3.0厚SBS改性沥青防水卷材
内墙	内墙1	乳胶漆墙面	12YJ1 内墙 5 涂 304	除卫生间外房间及走廊
	内墙2	釉面砖墙面	12YJ1 内墙 6	卫生间
墙裙	裙1	釉面砖墙裙	12YJ1 裙 3C	高 1.2m
顶棚	顶1	乳胶漆顶棚	12YJ1 顶 2 涂 304	除卫生间以外的房间及走廊
	顶2	铝塑板吊顶	12YJ1 棚 8	卫生间
油漆	漆1	木质面油漆	12YJ1 涂 105	木门
	漆2	金属面油漆	12YJ1 涂 206	扶手及栏杆
外墙	外墙1	铝塑板外墙	12YJ6-91 页	颜色见立面图

说明：1. 外装修选用的各项材料均由施工单位提供样板，由建设单位确认，才可进行下一步施工。
2. 楼地面及内墙面的面层甲方可以根据情况自行调整，需精装修部位可由甲方委托二次设计。

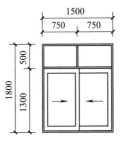

C1518 1:50

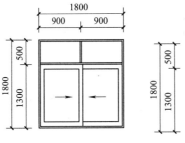

C1818 1:50

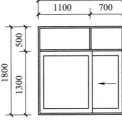

C1818A 1:50

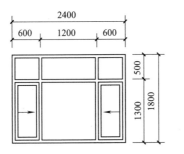

C2418 1:50

门窗表

类型	设计编号	洞口尺寸(mm)	数量	图集名称	页次	选用型号	备注
防火门	FM1019 丙	1000×1900	4	12YJ4-2	13	MFM07-1019	丙级木夹板防火门
普通门	M1024	1000×2400	44	12YJ4-1	2	PM1-1024	木门门上亮子采用中空(6+12+6)浮法白玻
卫生间门	WM1024	1500×2100	12	12YJ4-1	79	PM-1024	无障碍厕所门,应满足 GB 50763—2012 要求
普通窗	C0909	900×900	4				参见本页,高窗,窗台高 1.8m
	C1518	1500×1800	36				参见本页
	C1818	1800×1800	48				参见本页
	C1818A	1800×1800	8				参见本页
	C2418	2400×1800	12				参见本页
防火窗	GFC1818甲	1800×1800	8	12YJ4-2	24	GFC03-1818	甲级防火窗

图纸目录

图号	图别	图纸内容
01	建施-01	建筑设计说明(一)
02	建施-02	建筑设计说明(二)
03	建施-03	建筑设计说明(三)
04	建施-04	一层平面图
05	建施-05	二、三层平面图
06	建施-06	四层平面图
07	建施-07	屋顶平面图
08	建施-08	⑨～①轴立面图 1—1剖面图 2—2剖面图 栏板大样图
09	建施-09	①～⑨轴立面图 Ⓐ～Ⓗ轴立面图 雨篷大样图 檐口大样图
10	建施-10	楼梯间大样图
11	建施-11	卫生间大样图

节能设计表（公建建筑寒冷地区） （标准为 DBJ 41/075—2006）

建筑类型	公共建筑		层数		地上四层		
建筑面积(m²)	1449.90	建筑外表面积(m²)	1804.71	建筑体积(m³)	4929.66	体形系数	0.37
窗墙面积比	东：— 西：0.19 南：0.31 北：0.05			屋顶透明部分面积与屋顶总面积比		—	

围护结构技术措施基本情况

项目		限值(标准指标)	设计值	做法说明
屋面		传热系数 K 值 W/(m²·K) ≤0.40	0.37	80厚挤塑聚苯板
外墙		≤0.45	0.39	70厚岩棉板/内墙抹30厚无机保温砂浆Ⅰ型
底部接触室外空气的架空或外挑的楼板		≤0.50	—	
地面（周边地面和非周边地面）		热阻 (m²·K)/W ≥15	1.8	50厚挤塑聚苯板
地下室外墙（与土壤接触的墙）		≥1.5	—	
屋顶透明部分	传热系数 K 值[W/(m²·K)]	≤27	—	
	遮阳系数(SC)	≤0.50	—	
	面积(%)	≤20	—	
外窗气密性能	单位缝长分级 q_1(m³/m·h)	≥6级	1.5≥q_1>0.5	6级	断桥铝合金中空玻璃窗(6+12A+6)(空气12mm)
	单位面积分级 q_2(m³/m²·h)		4.5≥q_2>1.5		
幕墙气密性能	可开启部分 q_L(m³/m·h)	≥3级	1.5≥q_L>0.5		
	固定部分 q_A(m³/m²·h)		1.2≥q_A>0.5		

单一朝向外窗（包括透明幕墙）	窗墙面积比	传热系数	遮阳系数(东、南、西、北向)	可见光传热遮阳透射比系数	可见光系数	可见光透射比	
	东：窗墙面积比≤0.20(0.09)	≤3.0	1.00	≥0.40	2.80	0.84	0.40	断桥铝合金中空玻璃窗(6+12A+6)遮阳型(空气12mm)
	南：0.40≤窗墙面积比≤0.50(0.45)	≤2.0	0.60	≥0.40	2.80	0.84	0.40	
	西：窗墙面积比≤0.20(0.09)	≤3.0	1.00	≥0.40	2.80	0.84	0.40	
	北：0.20≤窗墙面积比≤0.30(0.24)	≤2.5	1.00	≥0.40	2.80	0.84	0.40	

围护结构热工性能权衡判断	参照建筑物的采暖和空气调节能耗(kWh/m²)	114.75	符合标准性能指标要求
	设计建筑物的采暖和空气调节能耗(kWh/m²)	114.22	

工程名称	某小学教学楼
图纸内容	建筑设计说明（三）
图纸编号	建施 03

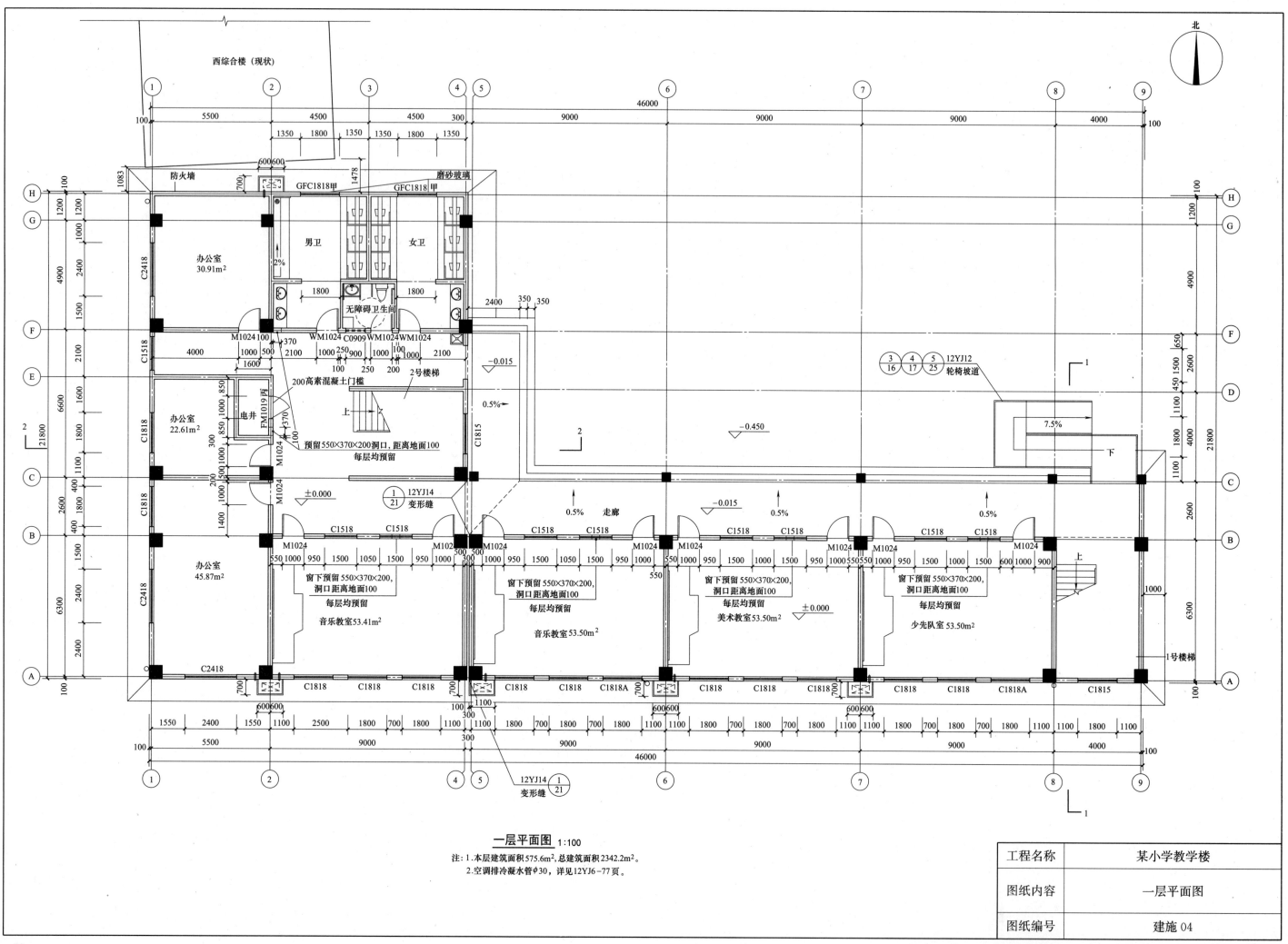

一层平面图 1:100

注：1.本层建筑面积575.6m²，总建筑面积2342.2m²。
2.空调排冷凝水管φ30，详见12YJ6-77页。

工程名称	某小学教学楼
图纸内容	一层平面图
图纸编号	建施04

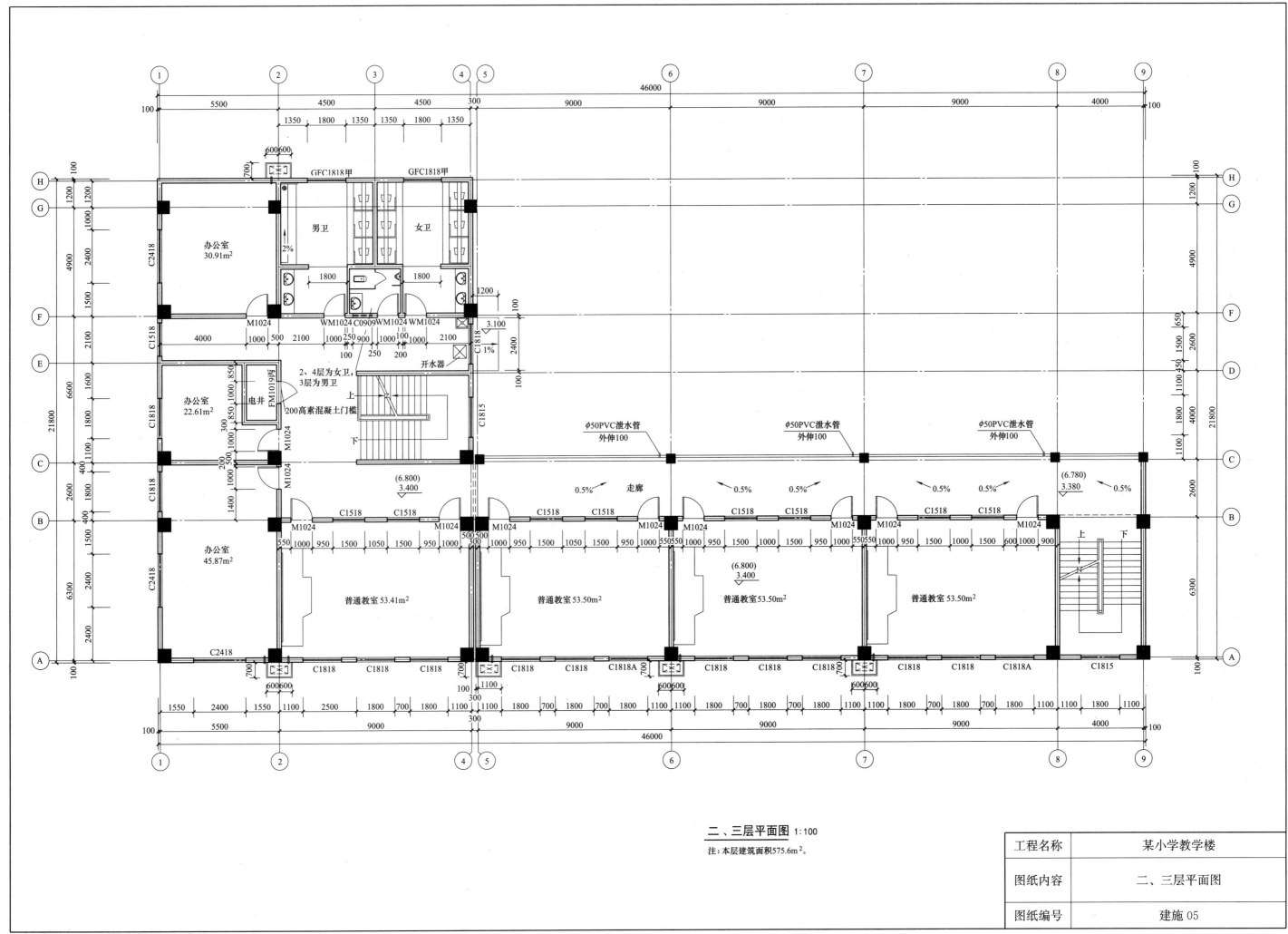

二、三层平面图 1:100

注：本层建筑面积575.6m²。

工程名称	某小学教学楼
图纸内容	二、三层平面图
图纸编号	建施05

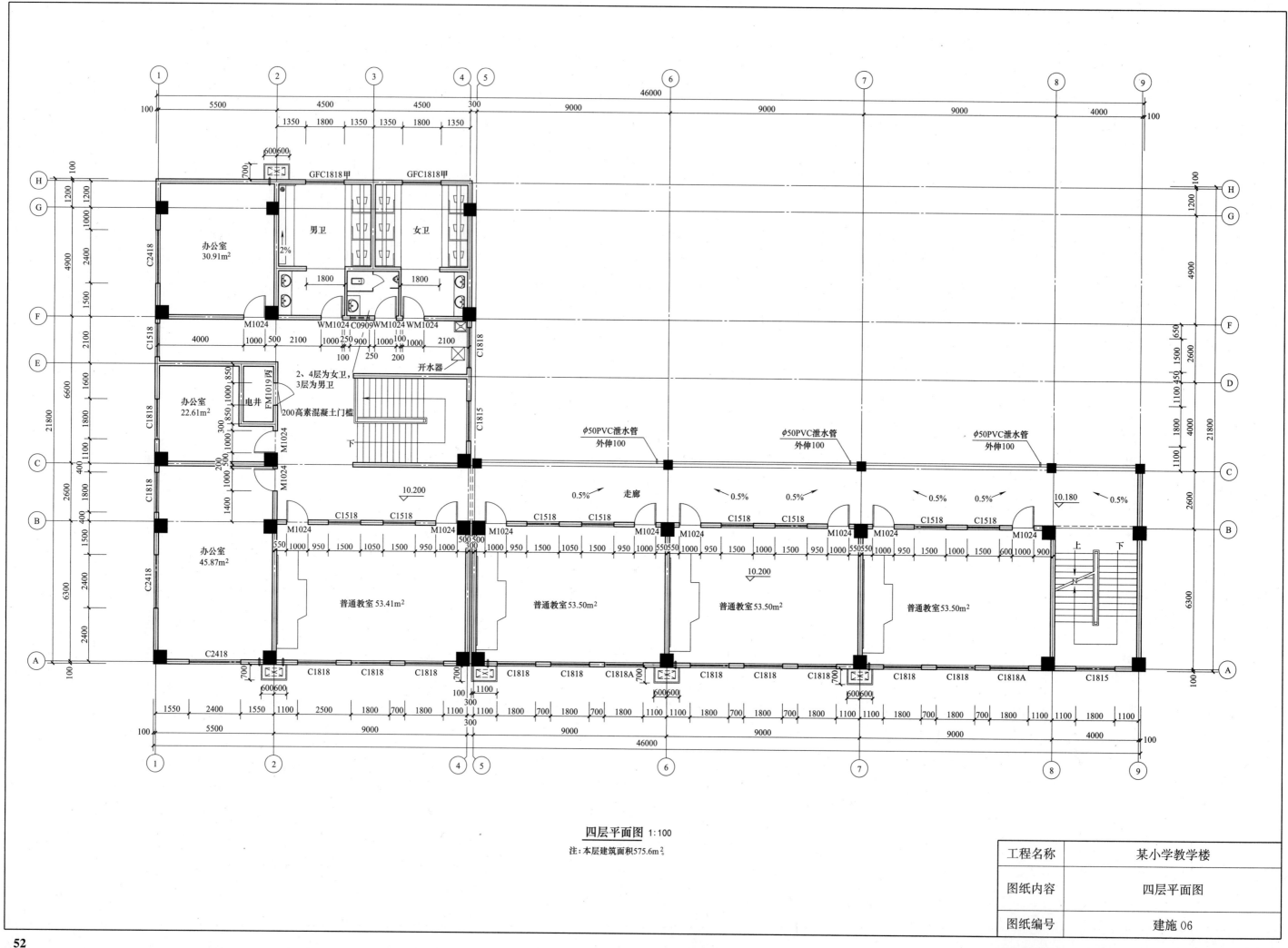

四层平面图 1:100

注：本层建筑面积575.6m²

工程名称	某小学教学楼
图纸内容	四层平面图
图纸编号	建施06

52

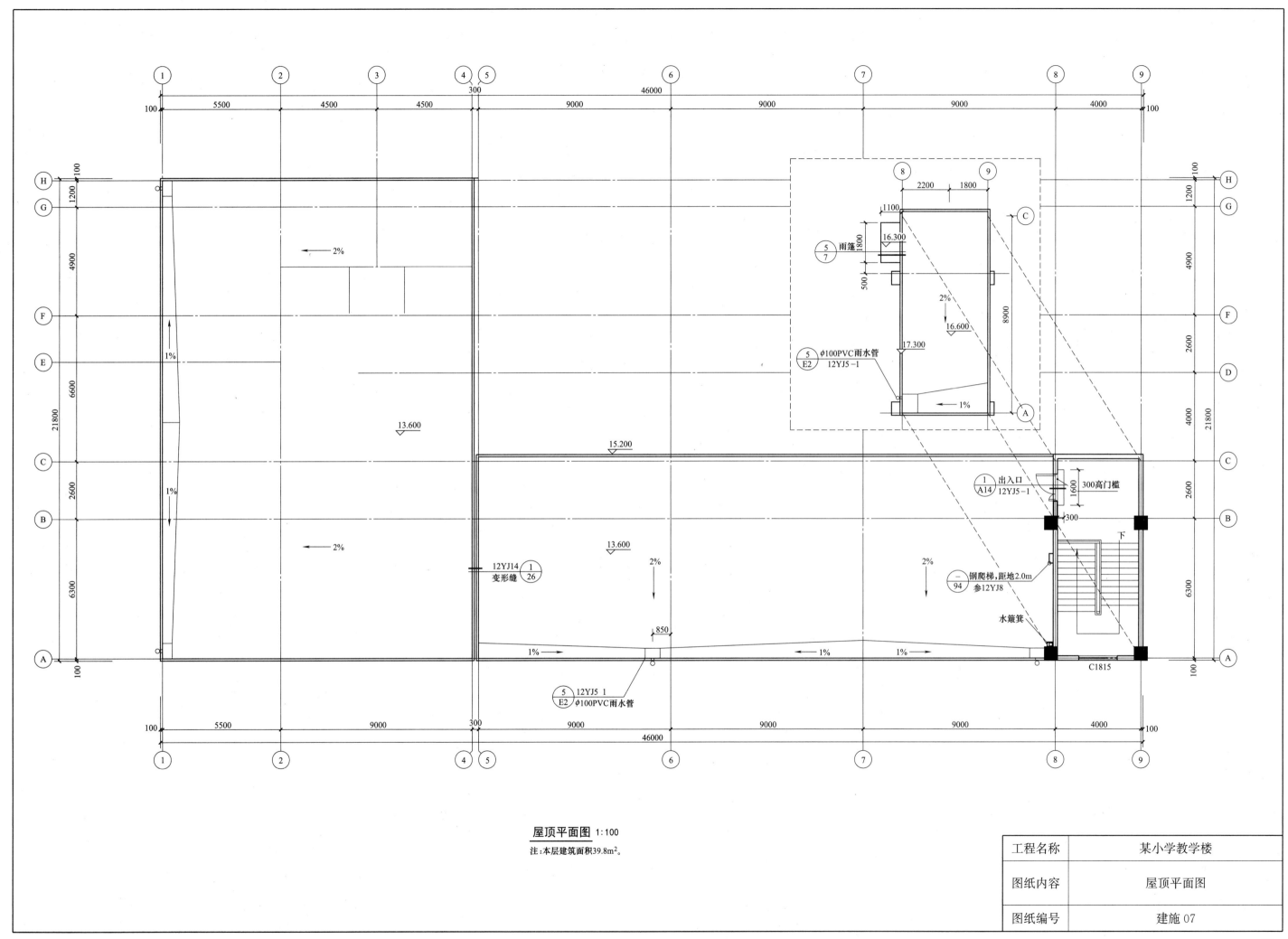

屋顶平面图 1:100

注:本层建筑面积39.8m²。

工程名称	某小学教学楼
图纸内容	屋顶平面图
图纸编号	建施07

柱子

60×60×2方钢
30×30×2方钢@110
-80×6通长预埋钢板
Ø8铁脚长150@200

150
1200
1050

走道标高

① 1:10

C

注:1.不锈钢扶手栏杆选用12YJ8-16-2。
2.楼梯防滑选用12YJ8-68-10。
3.当楼梯水平段栏杆长度大于500mm,其扶手高度不小于1.05m,
栏杆垂直杆件间净空不应大于110mm,其扶手高度不小于1.05m。
4.各段扶手转折处外侧不超出踏步前缘。
5.构造柱位置和尺寸以结施为准。
6.木栏杆顶端水平荷载应满足现行规范要求。

办公室 走廊
办公室 走廊
办公室 走廊
办公室 走廊

2—2剖面图 1:100

走廊
走廊
走廊
走廊

1—1剖面图 1:100

银白色铝板饰面
灰色铝板饰面

栏板详图 ①/11

⑨～①轴立面图 1:100

45800

工程名称	某小学教学楼
图纸内容	⑨～①轴立面图　1—1剖面图 栏板大样图　2—2剖面图
图纸编号	建施08

54

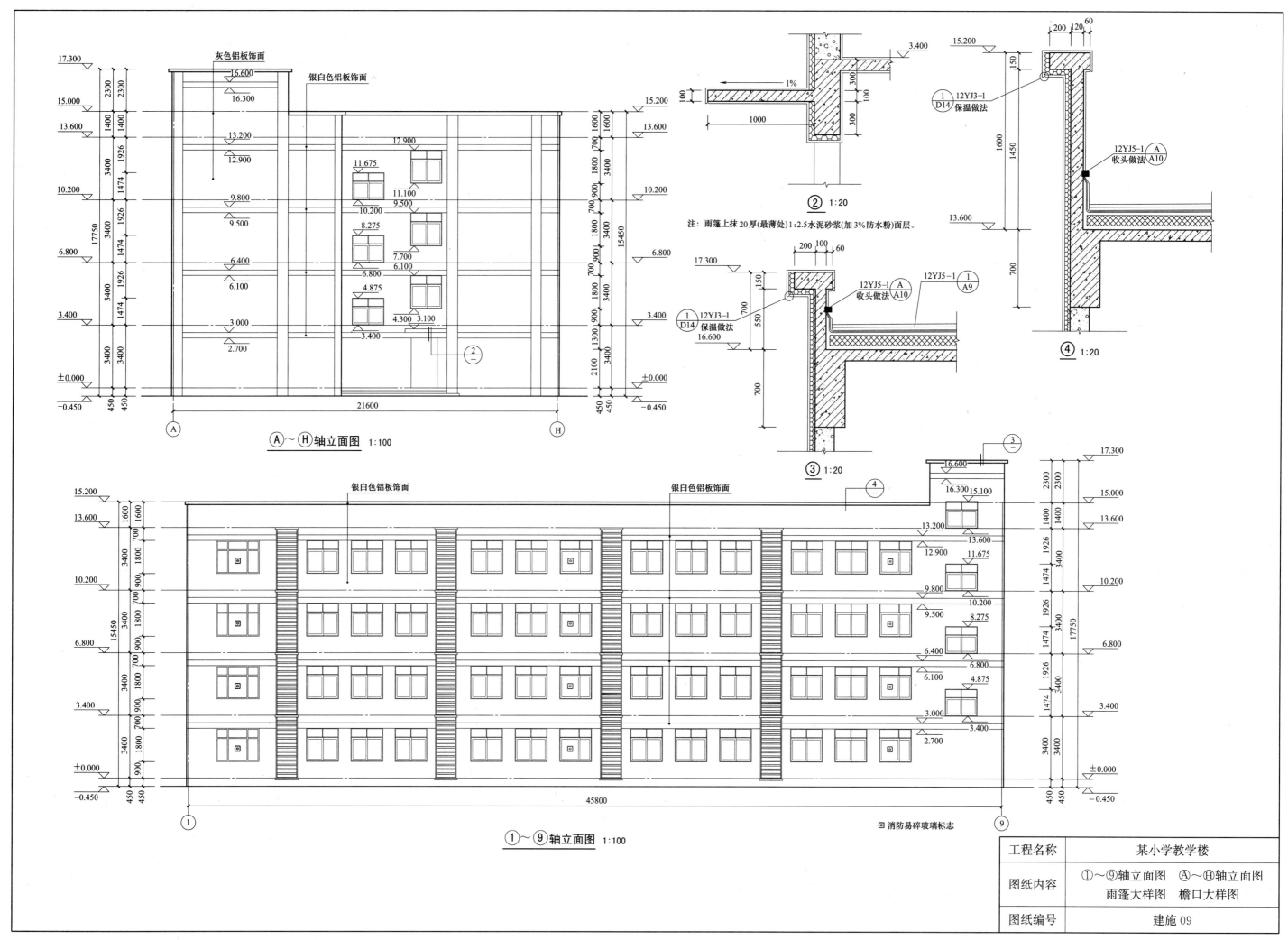

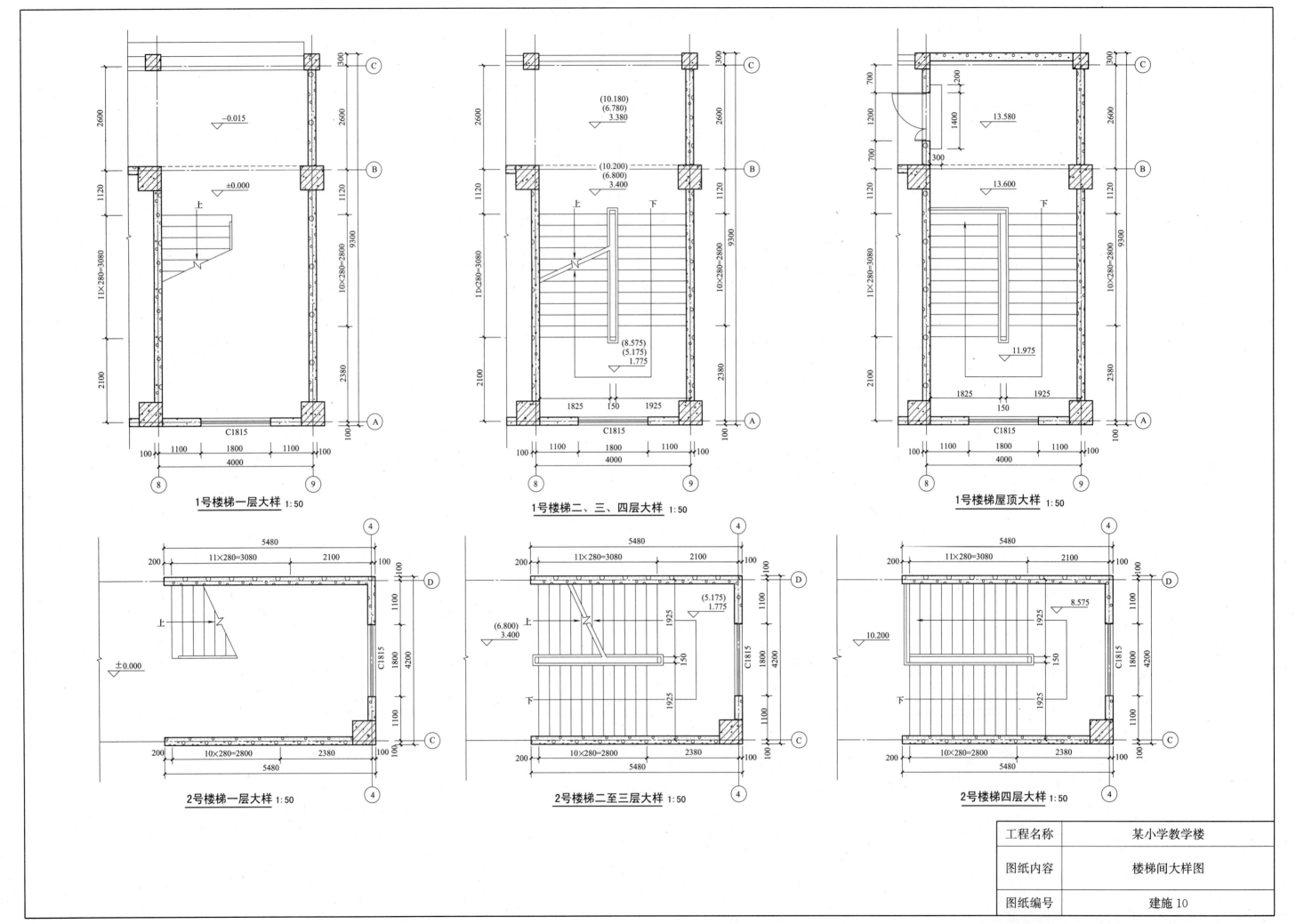

1号楼梯一层大样 1:50

1号楼梯二、三、四层大样 1:50

1号楼梯屋顶大样 1:50

2号楼梯一层大样 1:50

2号楼梯二至三层大样 1:50

2号楼梯四层大样 1:50

工程名称	某小学教学楼
图纸内容	楼梯间大样图
图纸编号	建施10

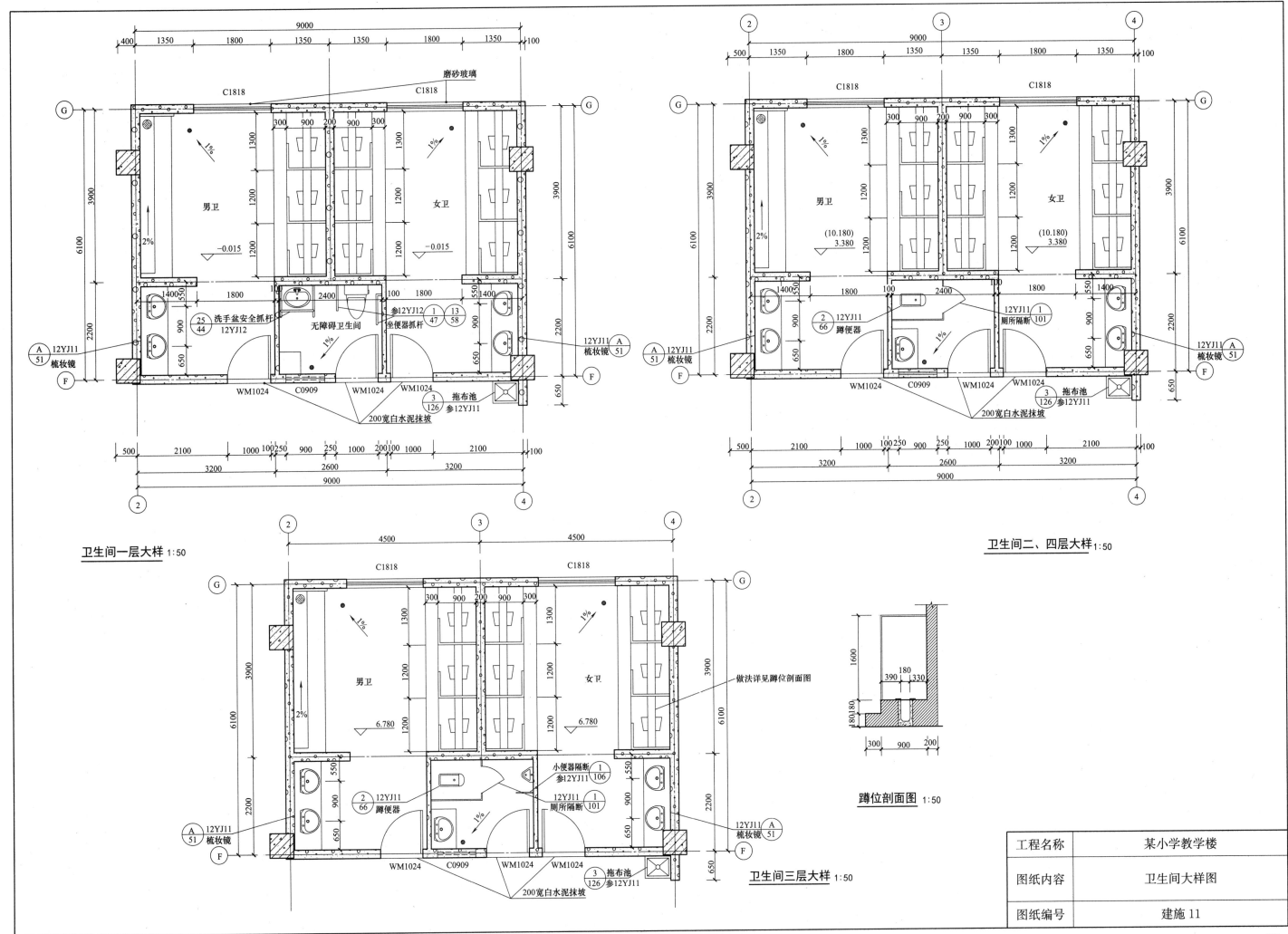

卫生间一层大样 1:50

卫生间二、四层大样 1:50

卫生间三层大样 1:50

蹲位剖面图 1:50

工程名称	某小学教学楼
图纸内容	卫生间大样图
图纸编号	建施 11

57

4.2 结构施工图

结构设计说明

一、工程概况

1.1 项目名称：××小学教学楼工程。

1.2 建设地点：××路与××路交叉口东北角。

1.3 项目概况：地上四层，层高 3.4m，室内外高差 0.45m，建筑高度 14.05m。

二、设计总则

2.1 本工程采用正投影法进行绘制。

2.2 图中计量单位（除注明外）：长度单位为毫米（mm）；标高单位为米（m）；角度单位为度（°）。

2.3 施工时一律根据图中标注尺寸施工，不得测量图纸的尺寸施工。施工单位在施工前须核对图中尺寸，包括与其他专业图纸之间的核对。遇有图纸和实际情况存在差异时，应及时通知设计人员。

2.4 结构施工时应与建筑、水、强电、弱电等其他专业图纸配合施工。

2.5 本工程施工图按国家设计标准进行设计，施工时除应遵守本说明及各设计图纸说明外，尚应满足现行国家及所在地区的有关规范、规程及所选用标准图集的要求。

2.6 本建筑物应按建筑图中注明的使用功能，未经技术鉴定或设计许可，不得改变结构的用途和使用环境。

2.7 本工程施工是根据 16G101《混凝土结构施工图平面整体表示方法制图规则和构造详图》系列图集进行绘制。除设计人根据本工程具体情况对 16G101 系列图集有局部更改和补充外，构造施工图均应按图集施工要求施工。

2.8 承包商和施工单位在施工前应全面理解 16G101《混凝土结构施工图平面整体表示方法制图规则和构造详图》等系列图集所有内容，审阅设计图纸并及时进行施工图会审工作。施工中出现难以确定的问题应及时与设计人协商解决。

三、设计依据

3.1 本工程所遵循的国家及地方规范、规程和标准
《建筑工程设计文件编制深度规定》（2008 版）
《工程结构可靠度设计统一标准》GB 50153—2008
《建筑结构可靠度设计统一标准》GB 50068—2001
《建筑结构制图标准》GB/T 50105—2010
《建筑工程抗震设防分类标准》GB 50223—2008
《建筑结构荷载规范》GB 50009—2012
《建筑抗震设计规范》GB 50011—2010
《混凝土结构设计规范》GB 50010—2010
《建筑地基基础设计规范》GB 50007—2011
《混凝土结构耐久性设计规范》GB/T 50476—2008
《全国民用建筑工程设计技术措施——结构》（2009 版）

3.2 建设单位提出的与结构有关的符合国家标准、法规的设计任务书。

3.3 岩土工程勘察报告

本工程基础参考临近建筑地质报告进行设计，持力层为第二层土，承载力特征值不小于 100kPa。基础开挖后，需做施工勘察，以确定持力层土的性质及地基承载

力特征值，如未达到设计要求，待处理后方可施工，如遇异常情况，应与设计部门及时联系。

四、结构设计主要技术指标

4.1 结构设计标准

4.1.1 设计基准期为 50 年，设计使用年限为 50 年。

4.1.2 建筑结构安全等级为二级，结构重要性系数为 1.0。

4.1.3 地基基础设计等级为丙级。

4.2 抗震设防有关参数

4.2.1 本工程抗震设防烈度为：7 度，设计基本地震加速度值：0.15g，设计地震分组：第 2 组。

4.2.2 场地类别：Ⅲ类，特征周期值：0.45s。

4.2.3 结构阻尼比：0.05。

4.2.4 本场地基土层地震液化程度判定：不液化。

4.2.5 本工程抗震设防类别为重点设防类（乙类），框架抗震设计等级二级。非结构构件的抗震构造措施按八度区执行。

4.2.6 结构的计算嵌固部位为：基础顶面。

4.2.7 结构抗震等级：框架二级。

五、主要荷载（作用）取值

5.1 活荷载标准值：

房间名称	普通教室	办公室	卫生间	消防楼梯、走廊	上人屋面	不上人屋面
荷载取值（kN/m²）	2.5	2.0	8.0	3.5	2.0	0.5

5.2 风荷载

风压取值：取 0.45kN/m²；地面粗糙度类别：B 类。

5.3 雪荷载

基本雪压：$S_0 = 0.45$kN/m²（按重现期 50 年采用）。

六、结构设计采用的计算软件

中国建筑科学研究院编制的 PKPM 系列设计软件（2010 v2.2 版）。

七、主要结构材料

设计中采用的各种材料，必须具有出厂质量证明书或试验报告单，并在进场后按现行国家有关标准的规定进行检验和试验，检验和试验合格后方可在工程中使用。

7.1 混凝土

7.1.1 混凝土强度等级：基础、柱、梁、板、C30，填充墙中钢筋混凝土系梁、构造柱、现浇过梁为 C25。

7.1.2 混凝土耐久性

1) 各类环境的混凝土结构均应满足下表的要求。

混凝土耐久性基本要求

序号	部位或构件	环境类别	最大水胶比	最低混凝土等级	最大氯离子含量(%)	最大碱含量(kg/m³)
1	除下述 2、3 项以外的构件	—	0.6	C20	0.3	不限制
2	室内潮湿环境	二 a	0.55	C25	0.2	
3	屋面及露天构件 基础及与土接触的所有构件	二 b	0.50	C30	0.15	3.0

注：氯离子含量系指其占胶凝材料重量的百分比。

2) 混凝土原材料选用应符合《混凝土结构耐久性设

计规范》GB/T 50476—2008 附录 B 要求。

7.1.3 混凝土外加剂

1) 外加剂的选择与使用应满足《混凝土外加剂应用技术规范》GB 50119—2013。选择各类外加剂时，应特别注意外加剂适用范围，考虑外加剂对混凝土后期收缩的影响，尽量选择对混凝土后期影响小的。

2) 各类外加剂应有厂商提供的推荐掺量与相应减水率、主要名称的化学成分、氯离子含量、含碱量以及施工中必要的注意事项。氯化钙不能作为混凝土的外加剂使用。

3) 补偿收缩混凝土采用的外加剂应为 A 级或一级品，使用时应有专业技术支持。

7.2 钢材

7.2.1 钢筋

1) 钢筋的强度标准值应具有不小于 95% 的保证率。如需代换应按等强原则进行并满足最小配筋率。

2) 钢筋代码说明：HPB300—Φ，$f_y = 270$N/mm²；HRB335—Φ，$f_y = 300$N/mm²；HRB400—Φ，$f_y = 360$N/mm²。

3) 抗震等级为二级的框架和斜撑构件，其纵向受力钢筋的抗拉强度实测值与屈服强度实测值的比值不应小于 1.25；钢筋的屈服强度实测值与屈服强度标准值的比值不应大于 1.30；且钢筋在最大拉力下的总伸长率实测值不应小于 9%。

7.2.2 焊条选用

1) 钢筋焊接焊条的选用及焊接质量应满足《钢筋焊接及验收规程》JGJ 18—2012 要求。

2) 细晶粒热轧带肋钢筋以及直径大于 28mm 的带肋钢筋，其焊接应现场试验确定，余热处理钢筋不宜焊接。

7.2.3 吊钩、吊环、受力预埋件的锚筋严禁使用冷加工钢筋。

7.2.4 钢筋机械连接接头的选用及满足《钢筋机械连接技术规程》JGJ 107—2016 的要求。

7.3 砌体

各个部位的填充墙材料、强度等级、砌筑砂浆及容重详见下表。

填充墙材料

部位及用途	块材	块体强度等级	砂浆强度	容重(kg/m³)
内外隔墙	加气混凝土砌块	A5.0	Ma5(混合砂浆)	≤7.0
±0.000 以下砌体	蒸压灰砂砖	Mu20	M7.5(水泥砂浆)	18.0

八、地基基础

地基、基础形式：本工程采用天然地基筏板基础，基础持力层为第二层粉质黏土，基础埋深 2.6m，承载力特征值不小于 100kPa，若基础开挖深度内残留有杂填土等不良地质现象，应在挖出后采用三七灰土分层进行换填，虚铺厚度 300mm，压实系数不小于 0.97，承载力特征值不小于 100kPa。

九、混凝土结构构造要求

9.1 砌体构造中普通钢筋、预应力筋的混凝土保护层厚度应满足下表要求：

混凝土保护层厚度（mm）

构件名称	基础	柱、梁		楼板	
部位	与水、土接触面	与水、土接触面	室内	与水、土接触面	室内
环境类别	二 b	二 b	一	二 b	一
保护层厚度	40	35	20	25	15

注：1) 表中钢筋的混凝土保护层厚度为最外层钢筋外边缘至混凝土表面的距离。

2) 构件中的受力钢筋的保护层厚度不应小于钢筋的公称直径。

3) 当梁柱中纵向受力钢筋保护层厚度大于 50mm 时，保护层内宜配置 5@150×150 钢筋网，构件中设置的网片钢筋的保护层厚度不应小于 25mm，并对网片采取有效的绝缘和定位措施。

4) 当钢筋采用机械连接时，机械连接套筒的保护层厚度应满足受力钢筋最小保护层厚度的要求，且不得小于 15mm。

5) 其他未注明者均按国标图集 16G101-1《混凝土结构施工图平面整体表示方法制图规则和构造详图（现浇混凝土框架、梁、板）》第 54 页执行。

9.2 钢筋的锚固和连接

9.2.1 钢筋的锚固和连接要求详见国标图集 16G101-1 第 53、55 页。

9.2.2 混凝土结构中受力钢筋的连接接头宜设置在构件受力较小的部位，柱、梁、基础的钢筋连接形式、接头位置及接头面积百分率要求见国标图集 16G101-1。

9.2.3 图中特别注明为轴心受拉或小偏心受拉的构件，其纵向受力钢筋不得采用绑扎搭接。

9.2.4 梁、柱类构件的纵向受力钢筋绑扎搭接长度范围内箍筋设置要求见国标图集 16G101-1 第 54 页。

9.2.5 当受力钢筋直径不小于 22 时，钢筋连接应采用机械连接接头或焊接接头，机械连接接头的性能等级应为 Ⅱ 级。

9.2.6 机械连接和焊接的接头类型及质量应符合《钢筋机械连接技术规程》JGJ 107—2016 和《钢筋焊接及验收规程》JGJ 18—2012 的规定。

工程名称	某小学教学楼
图纸内容	结构设计说明（一）
图纸编号	结施 01

9.3 柱

9.3.1 框架柱的纵向钢筋和箍筋构造要求详见国标图集16G101-1第56～67页。

9.3.2 梁上起柱和墙上起柱的纵向钢筋和箍筋构造要求详见国标图集16G101-1第61、66页。

9.3.3 柱的纵筋不应与箍筋、拉筋及预埋件等焊接。

9.4 框架梁和次梁

9.4.1 框架梁和次梁的构造要求详见国标图集16G101-1第79～88页。除图中注明者外，本工程次梁端部按充分利用抗拉钢筋强度进行锚固。

9.4.2 悬挑梁的配筋构造详见国标图集16G101-1第89页。

9.4.3 当梁边与柱边齐平时，梁外侧纵向钢筋应在柱附近按1∶12自然弯折，且从柱纵筋内侧通过或锚固。

9.4.4 主次梁相交处，主梁钢筋应贯通设置，在次梁两侧的主梁中应设置附加箍筋或吊筋，附加箍筋或吊筋直径和数量详见梁配筋，构造做法详见国标图集16G101-1第87页。

9.4.5 当梁的腹板高度 $h_w \geq 450mm$ 时，梁侧面应设置纵向构造钢筋或受扭钢筋，直径和数量详见梁配筋图，构造做法详见国标图集16G101-1第87页。

9.4.6 梁箍筋和预埋件不得与梁纵向受力钢筋焊接。

9.5 现浇楼板及屋面板

9.5.1 板配筋表示方法详见图1。

9.5.2 板构造做法除图中注明者外，详见国标图集16G101-1。边跨板端部上部钢筋应充分利用钢筋抗拉强度进行锚固。

9.5.3 板底部板的长向钢筋应置于短向钢筋之上，支座处板的长向负筋应置于短向负筋之下。

9.5.4 当板底与梁底齐平时，板的下筋在梁边附近按1∶6的坡度弯折后伸入梁内并置于梁下部纵筋之上。

9.5.5 除图中注明者外，板上孔洞加强做法详见国标图集16G101-1第102页。

9.5.6 板内预埋管线时，管线应放置在板底与板顶钢筋之间，管外径不得大于板厚的1/3。当管线并列设置时，管道之间水平净距不应小于 $3d$（d 为管径）。当管线交叉时，交叉处管线的混凝土保护层厚度不应小于25mm。当预理管线处板顶未设置上钢筋时，应在管线顶部设置防裂钢筋网，做法详见图2。

9.5.7 除注明外，现浇板内分布筋为 $\phi 6@150$（板厚 $h < 120mm$）、$\phi 8@250$（板厚 $h = 130mm$）。

十、非结构构件的构造要求

10.1 后砌填充墙

10.1.1 填充墙厚度、平面位置、门窗洞口及定位见建筑图，未经设计人员同意，不得随意增加或移位。

10.1.2 后砌填充墙拉结构造：

1）后砌填充墙应沿框架柱全高每隔500mm设2 ϕ 6（墙厚大于240mm时为3 ϕ 6）拉结筋、拉筋沿墙全长贯通设置。构造做法见图集12G614-1《砌体填充墙结构构造》第8、9、11～13页。当蒸压加气混凝土砌块采用专用砂浆时，拉筋在灰缝中做法见图集12G614-1第29页。

2）后砌填充墙顶部应与其上方的梁、板等紧密结合，做法详见图集12G614-1第16页。当后砌填充

墙顶部为自由端时，构造要求详见10.1.3和10.1.4条。

10.1.3 后砌填充墙中构造柱的构造要求：

1）当图中未表示构造柱时，可参照国标图集12G614-1第18～20页，在以下部位设置：
① 填充墙转角处。
② 当墙长超过5m或层高的2倍时，应在填充墙中部设置。
③ 当填充墙顶部为自由端时，构造柱间距不应大于3m。
④ 当填充墙端部无主体结构。
⑤ 当门窗洞口不小于2.1m时，洞口两侧应设置。
⑥ 外墙上所有带雨篷的门窗两侧均应设置通高构造柱，且应与雨篷可靠拉结。构造柱截面尺寸为墙厚×200mm，纵筋为4 ϕ 14，箍筋为 ϕ 6@100/200。

2）构造柱截面尺寸不小于墙厚×200mm，纵筋4 ϕ 12，箍筋 ϕ 6@100/200。

3）构造柱纵筋在梁、板或基础中的锚固做法详见国标图集12G614-1第10、15页。

4）构造柱与填充墙的拉结做法详见国标图集12G614-1第16、26页。

10.1.4 后砌填充墙中水平系梁的构造要求

1）当后砌填充墙的高度超过4m时，应在墙高中部设置一道与框架柱、剪力墙及构造柱拉结的，且沿墙全长贯通的水平系梁。

2）水平系梁的截面尺寸为墙厚×100mm，纵筋2 ϕ 10（当墙厚大于240mm时，纵筋3 ϕ 10），横向钢筋 ϕ 6@300。

3）当水平系梁与门窗洞顶过梁标高相近时，应与过梁合并设置，截面尺寸及配筋取水平系梁与过梁之大值，做法参见国标图集12G614-1第19、20页。当水平系梁被门窗洞口切断时，水平系梁纵筋应锚入洞边构造柱中或洞边抱框拉结牢固。

4）当墙体顶部为自由端时，应在墙体顶部设置一道压顶圈梁，圈梁截面尺寸为墙厚×120mm，纵筋为4 ϕ 12，箍筋为 ϕ 6@200。

5）框架柱预留水平系梁钢筋做法详见国标图集12G614-1第10页。框架柱预留的压顶圈梁钢筋与压顶圈梁纵筋直径、数量相同，做法参见国标图集12G614-1第10页。

10.1.5 门窗过梁构造

1）洞口过梁选用矩形断面，具体见图3。

2）当过梁遇柱其搁置长度不满足要求时，柱应预留过梁钢筋，做法见图集12G614-1第10页。

10.1.6 门、窗框构造：

1）当门窗洞口宽度≤2.1m时，洞边应设抱框；当门窗洞口宽度大于等于2.1m时，洞边应设构造柱，做法详见国标图集12G614-1第17页。

2）外墙窗洞下部做法应按建筑图施工，当建筑未表示时，设水平现浇带，截面尺寸为墙厚×60mm，纵筋2 ϕ 10，横向钢筋 ϕ 6@300，纵筋应锚入两侧构造柱中或与抱框可靠拉结。

10.1.7 当后砌填充墙墙肢长度小于240mm无法砌筑时，可采用C20混凝土浇筑，做法详见国标图集12G614-1第九页节点▽11。

10.1.8 梯间和人流通道填充墙，采用钢丝网砂浆

面层加强。钢丝网用网孔25mm×25mm ϕ 4点焊网片。

10.1.9 后砌墙不得预留水平沟槽。

10.1.10 后砌填充墙施工要求详见国标图集12G614-1第2～5页，还应满足以下要求：

1）砌体施工质量控制等级为B级。

2）后砌填充墙应在主体结构施工完后自上而下逐层砌筑，特别悬挑构件上填充墙必须自上而下砌筑。

10.2 预埋件

10.2.1 所有钢筋混凝土构件均应按各专业要求，如建筑吊顶、门窗、栏杆、管道支架等设置预埋件，施工单位应将需要的预埋件留备。

10.2.2 预埋件锚筋严禁采用冷加工钢筋。

10.2.3 预埋件表面应除锈，除锈方法用喷射或抛射，除锈等级为 Sa2 $\frac{1}{2}$ 级。预埋件外露部分除锈后，应涂1道底漆、1道面漆，干漆膜总厚度不小于 $80\mu m$。面漆颜色由建筑确定，注意经常维护。

十一、混凝土结构施工要求

11.1 承担本工程建筑结构施工的单位应具备相应的资质等级。

11.2 结构施工应严格按照与本工程有关的国家现行施工验收规范、规程的规定进行施工和验收。施工过程中还应做好隐蔽工程的检查和验收记录。

11.3 施工前，施工单位应根据工程特点和施工条件，按有关规定编制施工组织设计和施工方案。

11.4 结构图中预留孔、洞、槽、管、预埋件及防雷做法等应与各专业图纸仔细核对尺寸及位置，无误、无漏后方能施工，不得后凿或后做。若结构图纸与相关专业图纸不符，应及时通知设计人员处理，尤其要注意电气专业防雷引下线及预埋件，并确保形成通路。

11.5 柱内严禁预留孔洞和接线盒。

11.6 悬挑构件（阳台、雨篷、挑檐、挑板、挑梁等）其根部钢筋位置及锚固要求应严格按图施工，并需专人检验。施工时应加设临时支撑，临时支撑需等构件达到100%设计强度后方可拆除。

11.7 当梁、板跨度不小于4m时，梁跨中起拱值均按《混凝土结构工程施工质量验收规范》GB 50204—2015的要求起拱。

11.8 现浇板施工时，应采取措施保证钢筋位置准确，严禁踩踏负筋。

11.9 施工中当钢筋需要代换时，除应符合设计要求的构件承载力、最大力下的总伸长率、裂缝宽度验算以及抗震规定外，尚应满足最小配筋率、钢筋间距、保护层厚度、钢筋锚固长度、接头面积百分率及搭接长度等构造要求。

11.10 施工时不得超负荷堆放建材和施工垃圾，特别注意梁、板集中荷载对结构受力和变形的不利影响。

11.11 当钢筋或钢构件采用焊接时，在工程开工正式焊接之前，参与该项施焊的焊工应进行现场条件下的焊接工艺试验，并经试验合格后方可正式施焊。试验结果应符合质量检验与验收时的要求。施焊的钢筋、钢板均应有质量证明书，焊条、焊剂应有产品合格证。焊工需持有合格证方能上岗。

结构图纸目录

图别	图号	图纸名称	图纸规格
结施	01	结构设计总说明（一）	A2加长
结施	02	结构设计总说明（二）	A2加长
结施	03	基础平面布置图	A2加长
结施	04	基础顶～3.370柱平法施工图	A2加长
结施	05	3.380～13.600柱平法施工图	A2加长
结施	06	3.370～10.170梁平法施工图	A2加长
结施	07	13.600梁平法施工图	A2加长
结施	08	3.370～10.170板配筋图	A2加长
结施	09	13.600板配筋图	A2加长
结施	10	1号楼梯详图	A2加长
结施	11	2号楼梯详图	A2加长

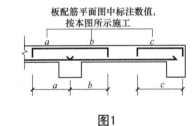

板配筋平面图中标注数值，按本图所示施工

图1

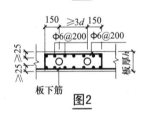

图2

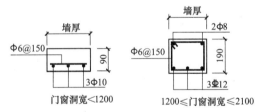

图3 门窗洞口钢筋混凝土过梁图

注：过梁两端各伸入支座砌体内的长度≥墙厚且≥240。

工程名称	某小学教学楼
图纸内容	结构设计说明（二）
图纸编号	结施02

59

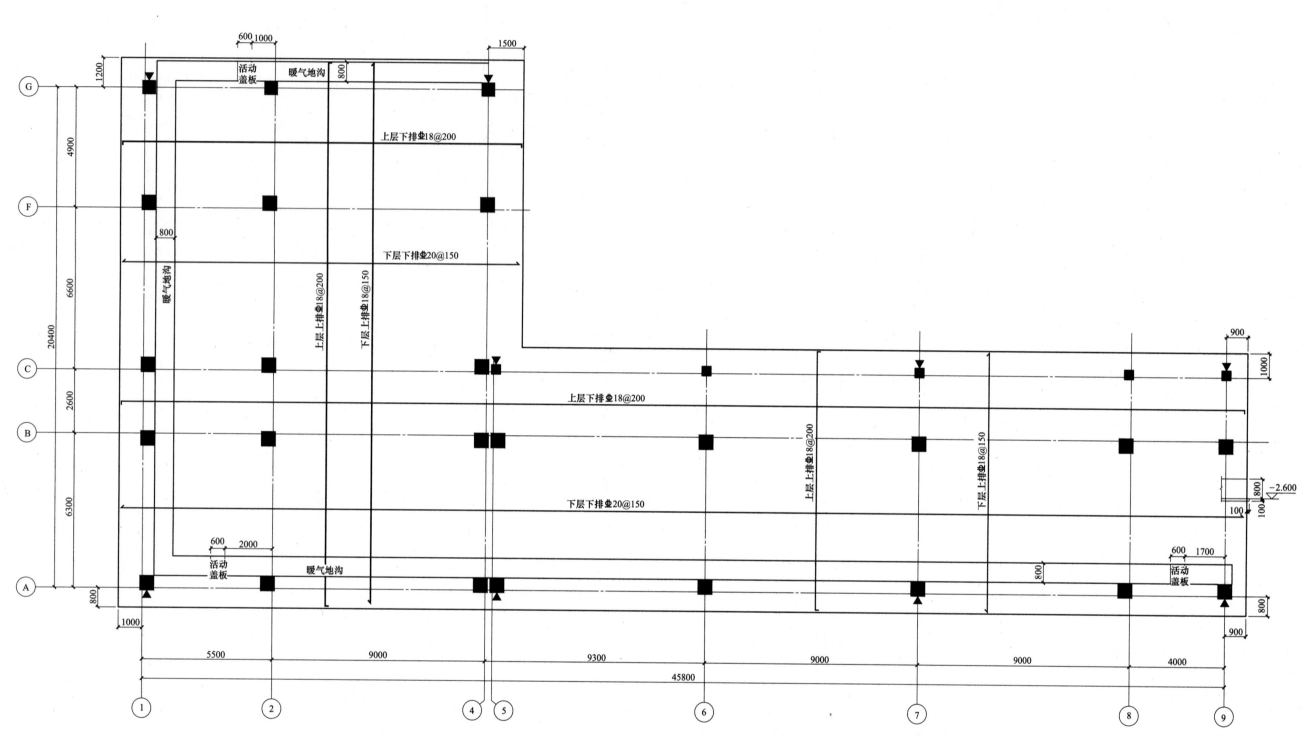

基础平面布置图

说明:
1. 本工程基础参考临近建筑地质报告进行设计,持力层为第二层土,承载力特征值不小于100kPa。基础开挖后,需做施工勘察,以确定持力层土的性质及地基承载力特征值,如未达到设计要求,待处理后方可施工,如遇异常情况,应与设计部门及时联系。
2. 基础底标高均为-2.600,筏板厚度为800mm,原有建筑基础需全部清除,且本工程基础埋深需深于原有建筑基础。
3. 基础混凝土强度等级:C30;垫层混凝土强度等级:C15。
4. Φ表示HPB300钢筋(f_y=270N/mm²);Φ表示HRB400钢筋 (f_y=360N/mm²)。
5. 筏板封边详见16G101-3,第84页纵筋弯钩交错封边方式,侧面构造纵筋为Φ12@200。
6. 柱插筋构造详见16G101-3,第59页。
7. ▼表示沉降观测点。
8. 暖气地沟沟底标高-1.700;地沟及盖板做法参见《地沟及盖板(2009年合订本)》(J331、J332、G221)。

工程名称	某小学教学楼
图纸内容	基础平面布置图
图纸编号	结施 03

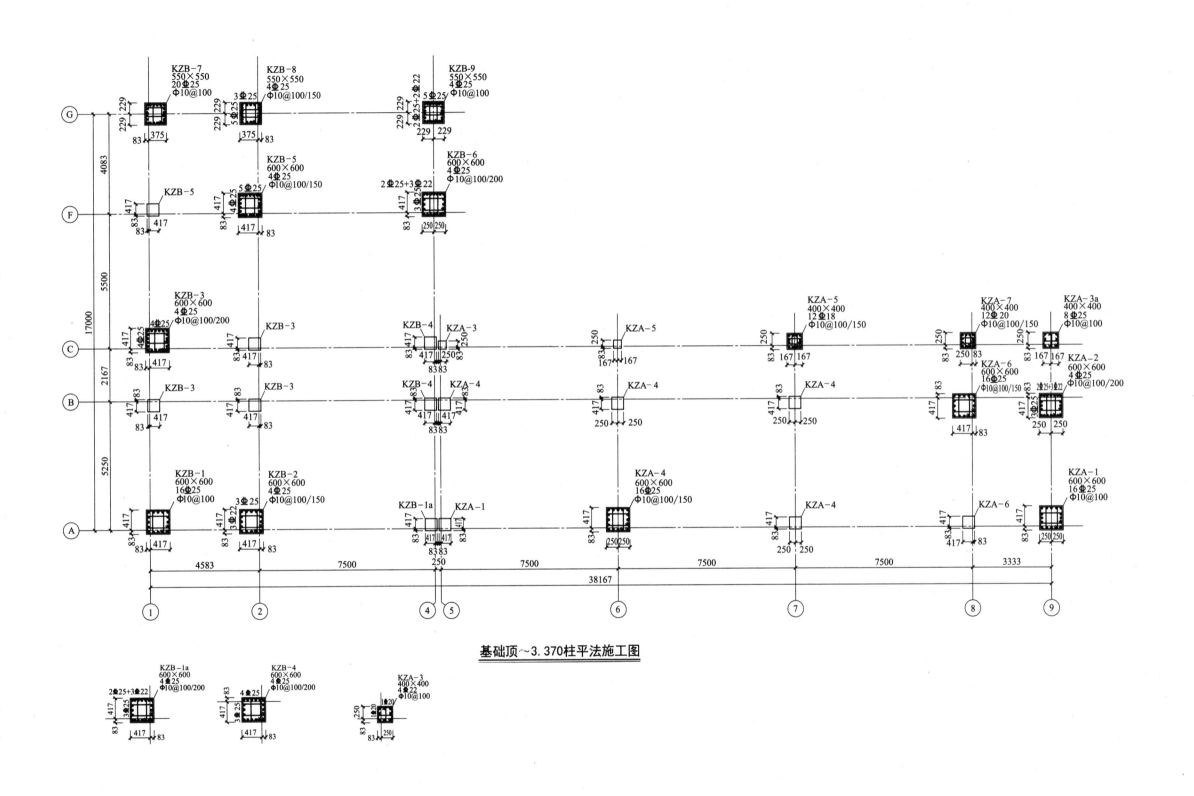

基础顶～3.370柱平法施工图

工程名称	某小学教学楼
图纸内容	基础顶～3.370柱平法施工图
图纸编号	结施04

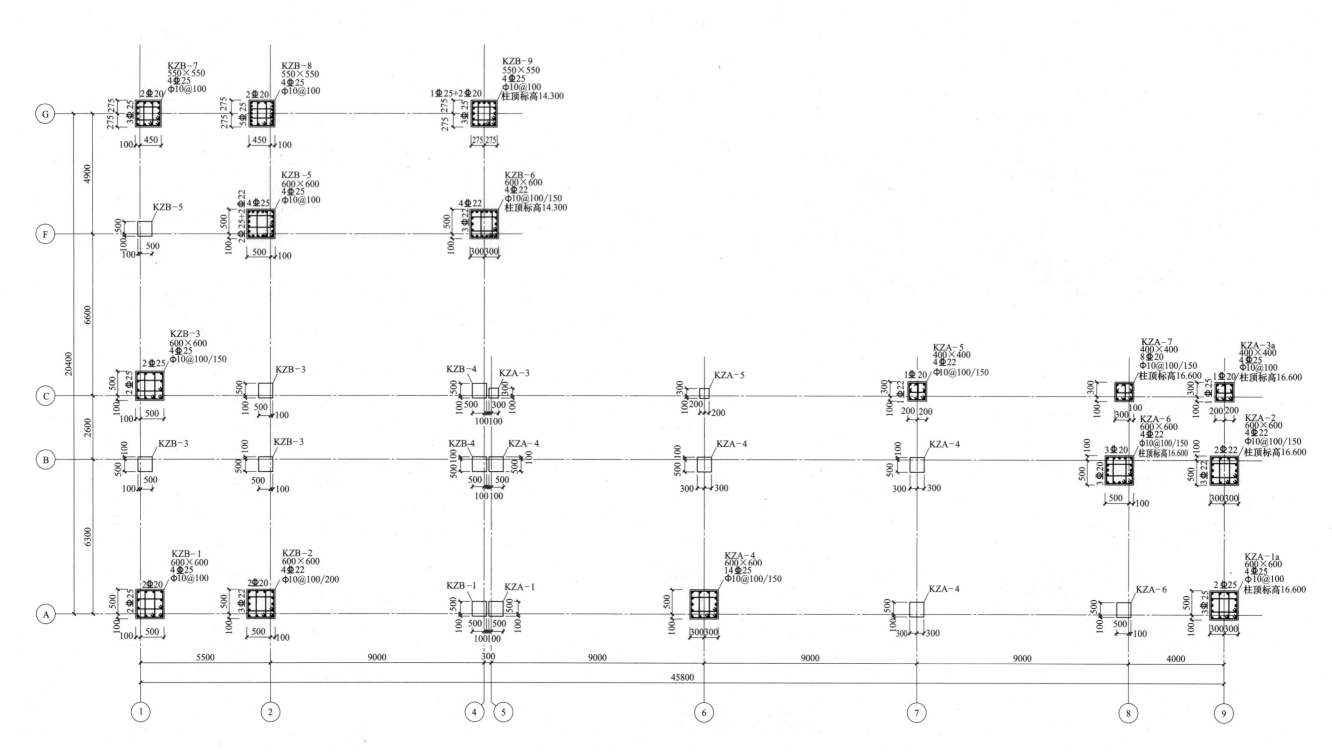

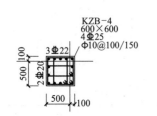

KZB-7
550×550
4Φ25
Φ10@100
2Φ20
3Φ25

KZB-8
550×550
4Φ25
Φ10@100
2Φ20
5Φ25

KZB-9
550×550
4Φ25
Φ10@100
柱顶标高14.300
1Φ25+2Φ20
3Φ25

KZB-5
600×600
4Φ25
Φ10@100
2Φ25+3Φ22

KZB-6
600×600
4Φ22
Φ10@100/150
柱顶标高14.300
4Φ22
3Φ22

KZB-3
600×600
4Φ25
Φ10@100/150
2Φ25

KZB-3

KZB-4

KZA-3

KZA-5

KZA-7
400×400
8Φ20
Φ10@100/150
柱顶标高16.600
1Φ20

KZA-3a
400×400
4Φ25
Φ10@100
柱顶标高16.600
1Φ20

KZB-3

KZB-3

KZB-4

KZA-4

KZA-4

KZA-4

KZA-6
600×600
4Φ22
Φ10@100/150
柱顶标高16.600
3Φ20

KZA-2
600×600
4Φ22
Φ10@100/150
柱顶标高16.600
2Φ22

KZB-1
600×600
4Φ25
Φ10@100
2Φ20
2Φ25

KZB-2
600×600
4Φ22
Φ10@100/200
2Φ20
3Φ22

KZB-1

KZA-1

KZA-4
600×600
14Φ25
Φ10@100/150

KZA-4

KZA-6

KZA-1a
600×600
4Φ25
Φ10@100
柱顶标高16.600
2Φ25

KZB-4
600×600
4Φ25
Φ10@100/150
2Φ20
3Φ22

3.370～13.600柱平法施工图

说明：KZA-1、KZA-3除柱顶标高为13.600外，其余均同KZA-1a、KZA-3a。

工程名称	某小学教学楼
图纸内容	3.370～13.600柱平法施工图
图纸编号	结施 05

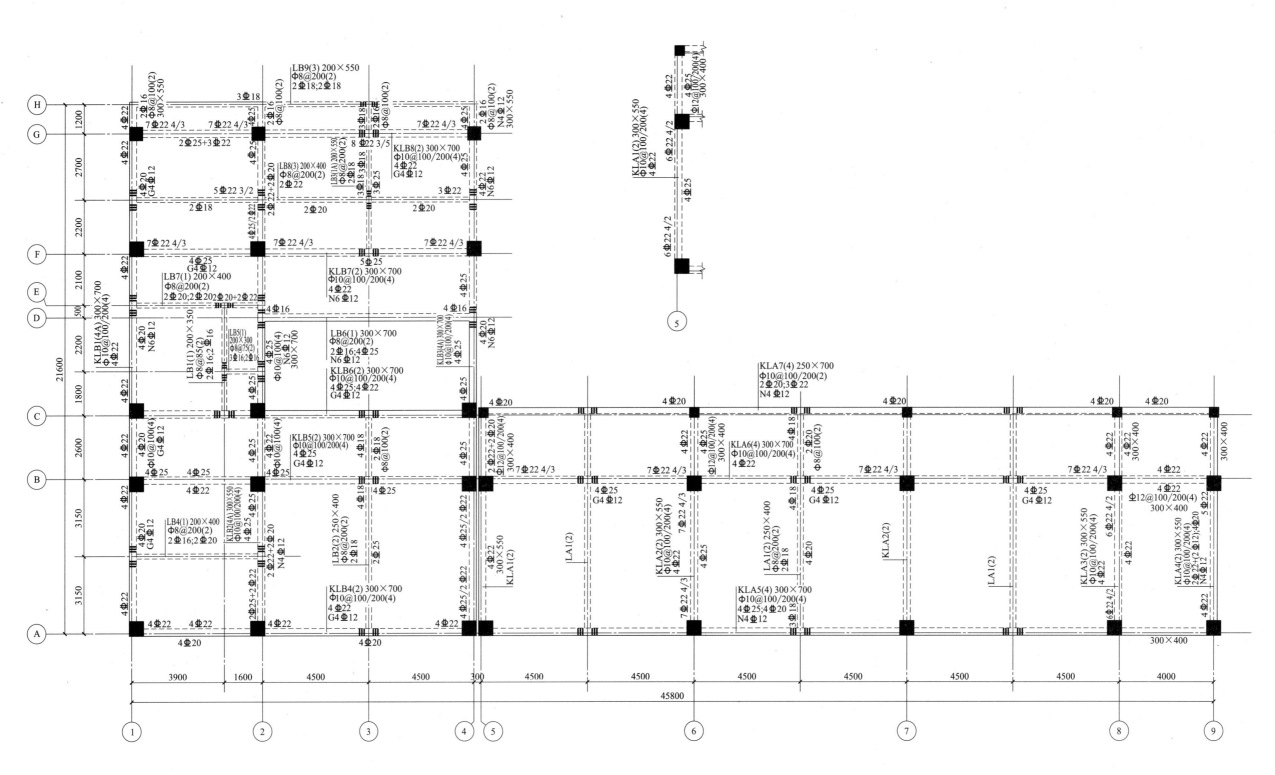

3.370～10.170梁平法施工图

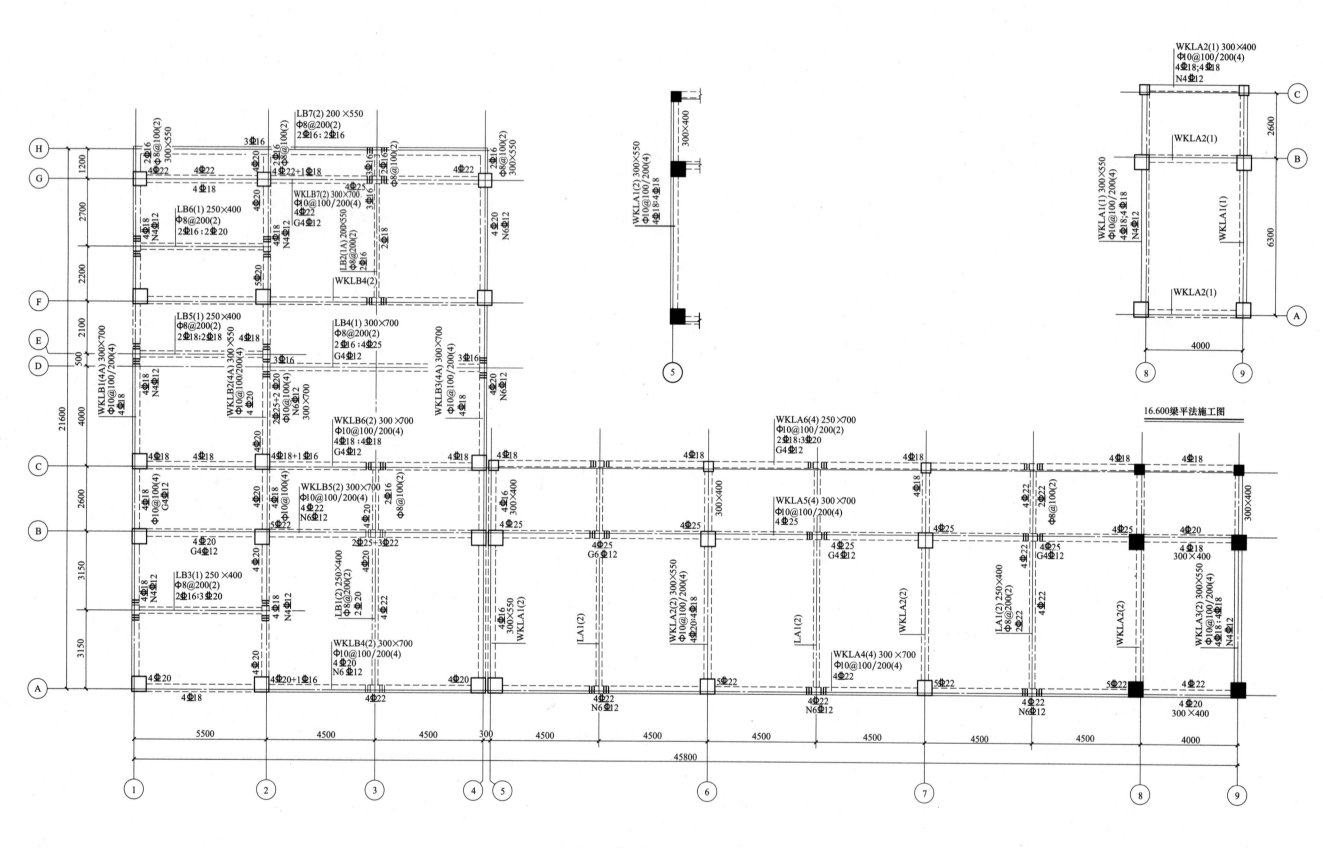

WKLA2(1) 300×400
Φ10@100/200(4)
4Φ18;4Φ18
N4Φ12

LB7(2) 200×550
Φ8@200(2)
2Φ16;2Φ16

WKLB7(1) 300×700
Φ10@100/200(4)
4Φ22
G4Φ12

LB6(1) 250×400
Φ8@200(2)
2Φ16;2Φ20

LB2(1A) 200×550
Φ8@200(2)
2Φ16

WKLB4(2)

LB5(1) 250×400
Φ8@200(2)
2Φ18;2Φ18

LB4(1) 300×700
Φ8@200(2)
2Φ16;4Φ25
G4Φ12

WKLB1(4A) 300×700
Φ10@100/200(4)
4Φ18

WKLB2(4A) 300×700
Φ10@100/200(4)
4Φ20

WKLB3(4A) 300×700
Φ10@100/200(4)
4Φ18

WKLA1(2) 300×550
Φ10@100/200(4)
4Φ18;4Φ18

WKLB6(2) 300×700
Φ10@100/200(4)
4Φ18;4Φ18
G4Φ12

WKLA6(4) 250×700
Φ10@100/200(2)
2Φ18;3Φ20
G4Φ12

WKLA1(1) 300×550
Φ10@100/200(4)
4Φ18;4Φ18
N4Φ12

WKLA2(1)

WKLA2(1)

16.600梁平法施工图

WKLB5(2) 300×700
Φ10@100/200(4)
4Φ20
N6Φ12

WKLA5(4) 300×700
Φ10@100/200(4)
4Φ25

LB3(1) 250×400
Φ8@200(2)
2Φ16;3Φ20

LB1(2) 250×400
Φ8@200(2)
2Φ20

WKLA2(2) 300×550
Φ10@100/200(4)
4Φ20;4Φ18

LA1(2) 250×400
Φ8@200(2)
2Φ22

WKLA2(2) 300×550
Φ10@100/200(4)
4Φ18;4Φ18
N4Φ12

WKLA3(2) 300×550
Φ10@100/200(4)
4Φ18;4Φ18
N4Φ12

WKLB4(2) 300×700
Φ10@100/200(4)
N6Φ12

WKLA4(4) 300×700
Φ10@100/200(4)
4Φ20

13.600梁平法施工图

工程名称	某小学教学楼
图纸内容	13.600梁平法施工图
图纸编号	结施 07

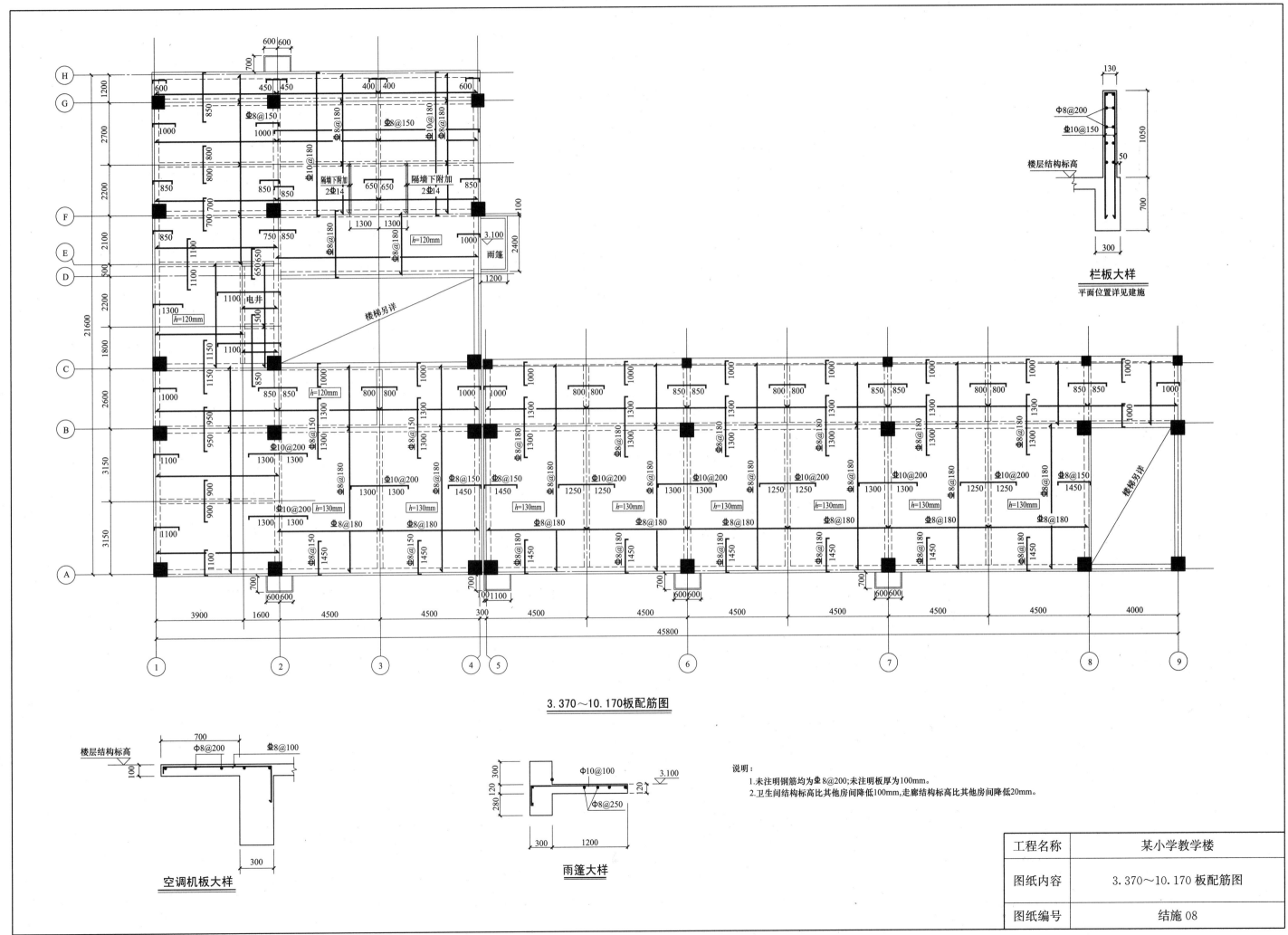

栏板大样
平面位置详见建施

楼层结构标高

3.370~10.170板配筋图

空调机板大样

雨篷大样

说明:
1.未注明钢筋均为Φ8@200;未注明板厚为100mm。
2.卫生间结构标高比其他房间降低100mm,走廊结构标高比其他房间降低20mm。

工程名称	某小学教学楼
图纸内容	3.370~10.170 板配筋图
图纸编号	结施08

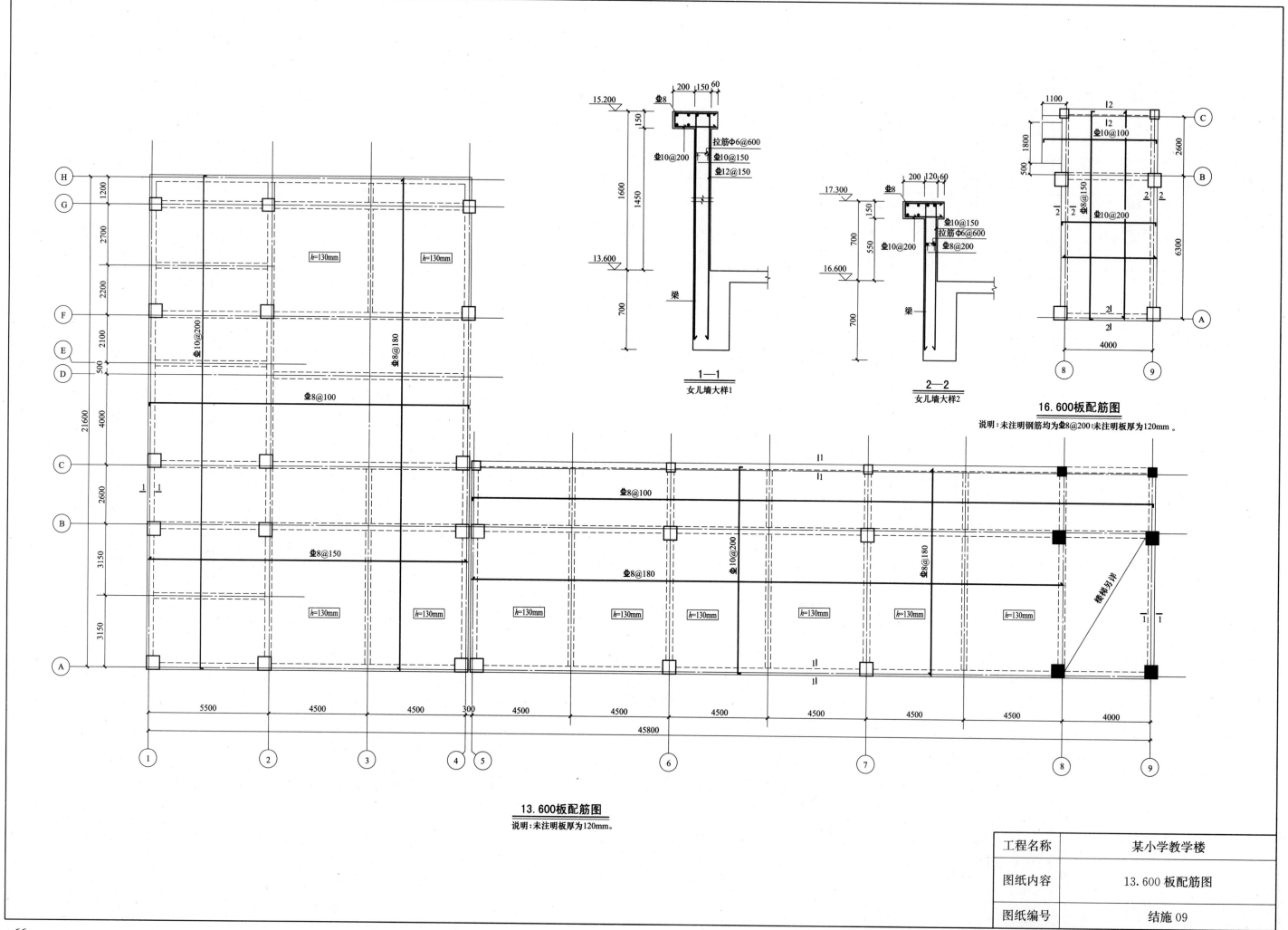

1—1
女儿墙大样1

2—2
女儿墙大样2

16.600板配筋图
说明：未注明钢筋均为Φ8@200；未注明板厚为120mm。

13.600板配筋图
说明：未注明板厚为120mm。

工程名称	某小学教学楼
图纸内容	13.600 板配筋图
图纸编号	结施 09

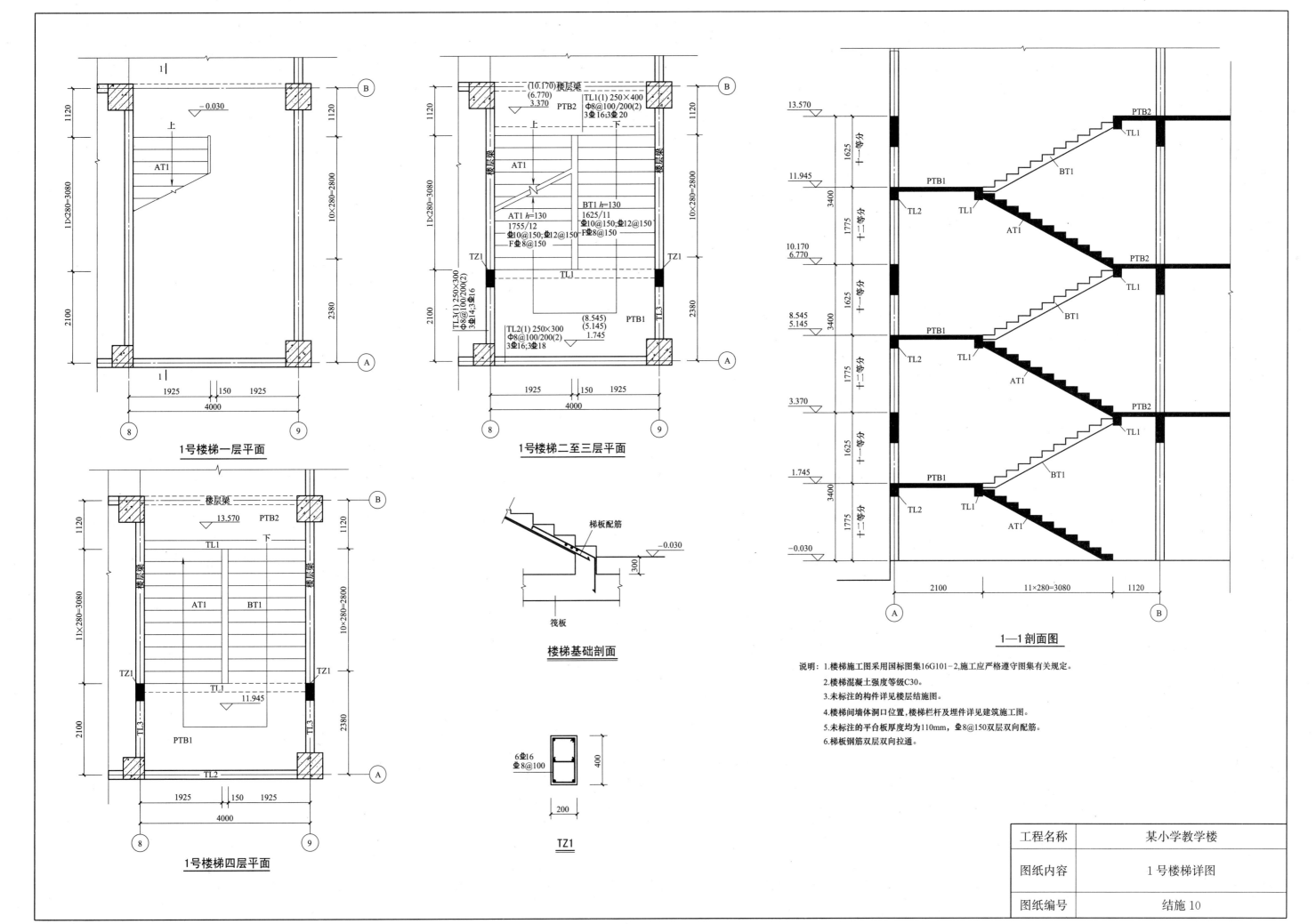

1号楼梯一层平面

1号楼梯二至三层平面

(10.170)楼层梁
(6.770)
3.370 PTB2
TL1(1) 250×400
Φ8@100/200(2)
3Φ16;3Φ20

AT1

BT1 h=130
1625/11
Φ10@150;Φ12@150
FΦ8@150

AT1 h=130
1755/12
Φ10@150;Φ12@150
FΦ8@150

TZ1

TL3(1) 250×300
Φ8@100/200(2)
3Φ14;3Φ16

TL1

(8.545)
(5.145)
1.745

TL2(1) 250×300
Φ8@100/200(2)
3Φ16;3Φ18

PTB1

1号楼梯四层平面

楼层梁
13.570 PTB2
TL1
AT1 BT1
TZ1
TL1
11.945
PTB1
TL2

楼梯基础剖面

梯板配筋
−0.030
300
筏板

TZ1

6Φ16
Φ8@100
400
200

1—1剖面图

说明：1.楼梯施工图采用国标图集16G101-2,施工应严格遵守图集有关规定。
　　　2.楼梯混凝土强度等级C30。
　　　3.未标注的构件详见楼层结施图。
　　　4.楼梯间墙体洞口位置,楼梯栏杆及埋件详见建筑施工图。
　　　5.未标注的平台板厚度均为110mm,Φ8@150双层双向配筋。
　　　6.梯板钢筋双层双向拉通。

工程名称	某小学教学楼
图纸内容	1号楼梯详图
图纸编号	结施10

67

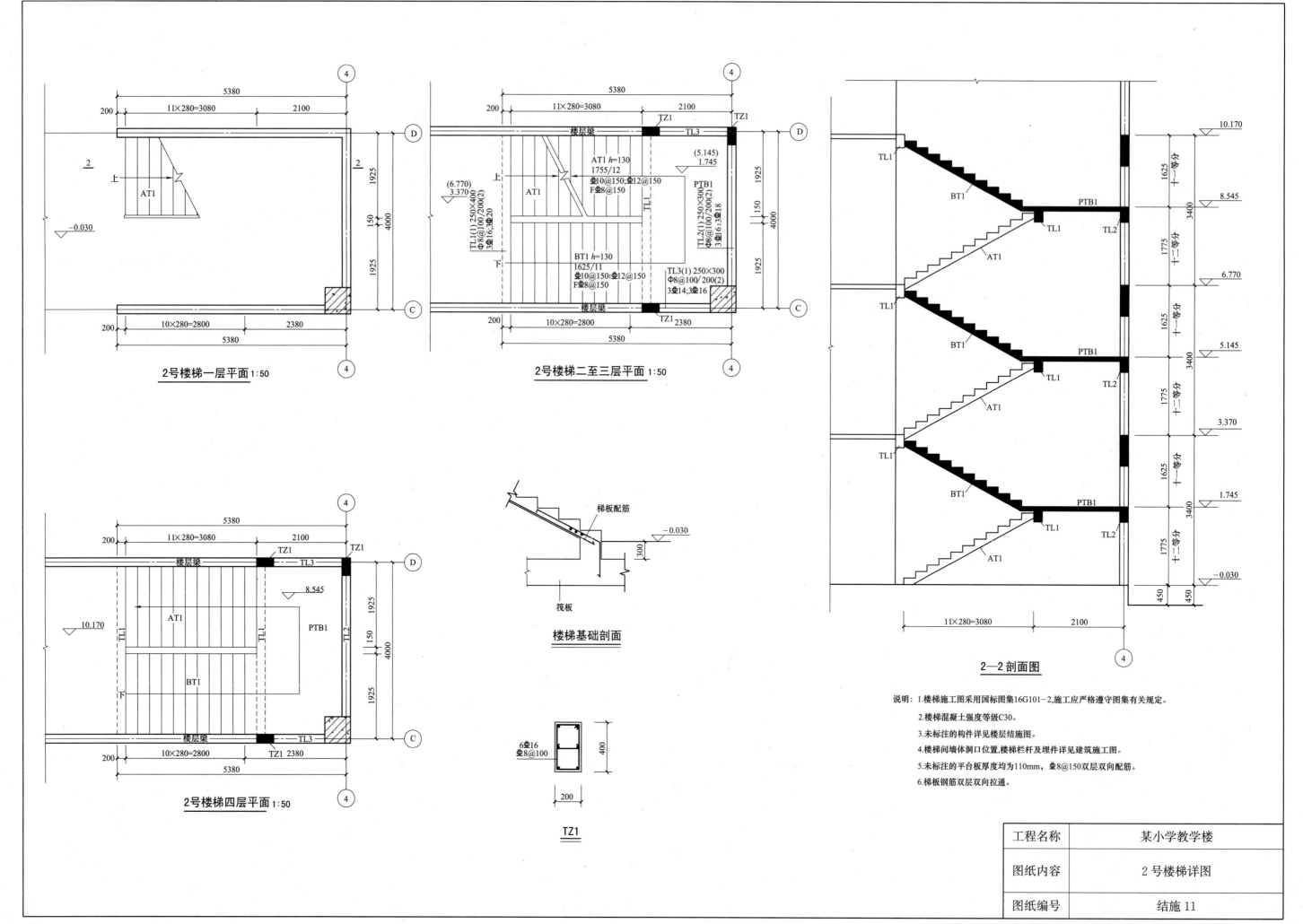

2号楼梯一层平面 1:50

2号楼梯二至三层平面 1:50

2号楼梯四层平面 1:50

楼梯基础剖面

TZ1

2—2剖面图

说明：1.楼梯施工图采用国标图集16G101-2,施工应严格遵守图集有关规定。

2.楼梯混凝土强度等级C30。

3.未标注的构件详见楼层结施图。

4.楼梯间墙体洞口位置,楼梯栏杆及埋件详见建筑施工图。

5.未标注的平台板厚度均为110mm,Φ8@150双层双向配筋。

6.梯板钢筋双层双向拉通。

工程名称	某小学教学楼
图纸内容	2号楼梯详图
图纸编号	结施 11

4.3 电气施工图

电气设计说明

一、设计依据

1. 建筑概况

本工程为小学教学楼工程。地上四层，主要为教室，上人屋面，建筑高度14.75m，总建筑面积为2346.2m²。结构形式为框架结构，现浇混凝土楼板，筏板基础。

本工程属于多层建筑。

2. 建筑、结构、给水排水、暖通等专业提供的设计资料。

3. 建设单位提供的设计任务书及相关设计要求。

4. 中华人民共和国现行主要规程规范及设计标准：

《民用建筑电气设计规范》 JGJ 16—2008
《建筑设计防火规范》 GB 50016—2014
《教育建筑电气设计规范》 JGJ 310—2013
《建筑照明设计标准》 GB 50034—2013
《建筑物防雷设计规范》 GB 50057—2010

其他有关国家及地方的现行规程、规范及标准。

二、设计范围

1. 本次电气设计的主要内容包括：电气照明系统、动力配电系统、建筑物防雷和接地系统、弱电系统（包括综合布线、有线电视、广播、监控等）。

2. 电话、宽带、有线电视等信号来源应与当地主管部门协商解决。

三、电源及负荷

1. 本工程应急照明按二级负荷考虑，其余为三级负荷。设备安装容量P_e=210.6kW，计算容量P_j=168.5kW。

2. 楼内低压电源由室外配电房采用三相四芯铜芯铠装电缆埋地引来，接地形式采用TN-C-S系统，电源线路进楼后做重复接地，并与防雷接地共用接地极。

3. 线路敷设：室外强电线路采用铠装绝缘电缆直接埋地敷设，埋深为室外地坪下0.8m，进楼后焊接钢管保护；楼内电气线路采用无卤、低烟、阻燃型电线电缆，干线沿电缆桥架在电井内敷设，支线穿阻燃硬质塑料管暗敷在楼板、地面或墙内。楼内所有线路和穿管的规格均参见平面图或系统图中标注。

四、电气照明系统

1. 主要场所照度值及照明功率密度值如下：

教室、办公室300lx，9（W/m²）；卫生间75lx，3.5（W/m²）；
走廊、楼梯间50lx，2.5（W/m²）。

2. 走廊、楼梯间设置疏散照明，走廊设置疏散指示标志，疏散照明和疏散指示标志均为带蓄电池式灯具，要求供电时间不少于30分钟。

3. 设备安装：除平面图中特殊注明外，设备均匀靠墙、靠近门框或居中均匀布置，其安装方式及安装高度均参见"主要设备材料表"。

4. 图中照明线路除已注明根数的外，灯具和插座回路均为3根线；其中WDZB-BYJ-2.5线路的穿管规格分别为：3根以下穿管PC16；4～5根穿管PC20；6～8根穿管PC25。

5. 教室内设置紫外线杀菌灯。

6. 图中配电箱尺寸应与成套厂配合后确定其留洞大小。

7. 除电井内配电箱挂墙明装外，其余电气箱体嵌墙暗装，所有电源插座和开关均嵌墙暗装，安装高度参见材料表中标注。

8. 断路器箱箱下距地0.3m处做接线盒。

五、动力配电系统

1. 低压配电系统采用220/380V放射式供电方式。

2. 教室内设置空调柜机，由层空调配电箱放射式至空调断路器箱。

六、建筑物防雷和接地系统

1. 本建筑的年预计雷击次数N=0.037次/年，根据《教育建筑电气设计规范》JGJ 310—2013，本建筑应属于第三类防雷建筑物，采用屋面接闪带、防雷引下线和自然接地网组成建筑物防雷和接地系统。

2. 本楼层顶女儿墙接闪带采用φ10热镀锌圆钢，支高0.15m，支持卡子间距1.0m固定（转角处0.5m），利用−40×4热镀锌扁钢连接焊牢，暗敷在屋顶保温层内，组成不大于20m×20m或24m×16m的网格。凡突出屋面的金属构件、金属通风管等均与接闪带可靠焊接。

3. 利用建筑物柱子内两根φ16以上主筋通长连接作为引下线，引下线间距不大于25m。所有外墙引下线在室外地面下1m处引出一根−40×4热镀锌扁钢，扁钢伸出室外，距外墙皮的距离不小于1m。

4. 利用筏板基础内主筋周圈焊接做接地极，使整个基础形成等电位的接地网。

5. 引下线上端与接闪带焊接，下端与接地网焊接。建筑物四角的外墙引下线在室外地面上1.5m处设测试卡子。

6. 室外接地凡焊接处均应刷沥青防腐。

7. 本楼采用强弱电联合接地系统，要求接地电阻不大于1欧姆，实测不满足要求时，增设人工接地极。

8. 凡正常不带电，而当绝缘破坏有可能呈现电压的一切电气设备金属外壳均应可靠接地。

9. 本工程采用总等电位联结，总等电位板由紫铜板制成，应将建筑物内保护干线、设备进线总管等进行联结，总等电位联结线采用BV-1×25mm² PC32，总等电位联结均采用等电位卡子，禁止在金属管道上焊接。

七、弱电系统

1. 本工程从校园弱电机房引来弱电信号（电话、网络、有线电视、广播、监控、电铃），弱电线路进线处设置适配的信号线路浪涌保护器。

2. 由学校信息中心机房引来数据、语音信号，数据主干采用室内12芯单模光缆，语音主干采用室内三类大对数电缆，系统采用六类非屏蔽系统。垂直干线沿金属线槽在电井内敷设，水平线路沿金属线槽敷设，出线槽穿阻燃硬质塑料管暗敷在楼板、地面或墙内。

3. 有线电视系统分配器之前采用SYWV-75-9同轴射频电缆，分配器之后采用SYWV-75-5同轴射频电缆。垂直干线沿金属线槽在电井内敷设，水平线路沿金属线槽敷设，出线槽穿阻燃硬质塑料管暗敷在楼板、地面或墙内。

4. 在每间教室内设置壁装式5W扬声器，底边距地2.5m，广播线路选用RVS-2×1.5mm²导线穿阻燃硬质塑料管PC20暗敷。

5. 在走廊、教室设置摄像机。从摄像机到接入交换机采用六类8芯非屏蔽双绞线，电源线采用RVV-2×1.0，均穿阻燃硬质塑料管PC16暗敷。

6. 在每层走廊内设置电铃，电铃型号要求与全校统一，线路采用WDZB-BYJ-2×2.5mm²导线穿阻燃硬质塑料管PC16暗敷。

八、电气节能措施

1. 选用高效节能光源：选用具有较高反射比反射罩的灯具，优先选用开启式直接照明灯具。灯具采用节能电感镇流器或电子镇流器。

2. 灯具功率因数达到0.90以上，减少无功功率损耗。

3. 照明功率密度值应满足《建筑照明设计标准》GB 50034—2013规定。

九、其他内容

图中有关做法及未尽事宜均应参照国家现行规程规范执行，有关人员应密切合作，避免漏埋或漏焊。

工程名称	某小学教学楼
图纸内容	电气设计说明
图纸编号	电施01

主要设备材料表

序号	图例	名 称	规格型号及安装方式	单位	数量	备 注
1	■	照明配电箱	(依系统图)挂墙明装	台	5	底边距地1.5m
2	▭	空调配电箱	(依系统图)挂墙明装	台	5	底边距地1.5m
3	▭	断路器箱	(依系统图)嵌墙暗装	台	4	底边距地1.5m
4	TX	综合布线机箱	挂墙明装	台	5	底边距地1.5m
5	G	广播接线箱	挂墙明装	台	1	底边距地1.5m
6	D	电铃接线箱	嵌墙暗装	台	1	上口距顶0.4m
7	VH	有线电视前端箱	挂墙明装	台	1	底边距地1.5m
8	JK	监控系统机箱	挂墙明装	台	3	底边距地1.5m
9	MEB	总等位联结端子箱	300×200×120 挂墙明装	台	1	底边距地0.3m
10		T5双管荧光灯	(自选)$\frac{2×28}{2.7}$CS	套	144	
11		T5单管黑板灯	(自选)$\frac{1×28}{2.7}$CS	套	32	非对称配光
12	⊗	防潮节能吸顶灯	(自选)$\frac{1×22}{—}$C	套	28	
13	▼	节能吸顶灯	(自选)$\frac{1×22}{—}$C	套	61	
14	ZW	紫外线杀菌灯	(自选)$\frac{1×15}{2.7}$CS	套	64	
15	⊗	带蓄电池节能壁灯	(自选)$\frac{1×15}{—}$W	套	4	门上0.2m
16	▣	带蓄电池应急灯	(自选)$\frac{2×8}{2.4}$W	套	32	
17	E	安全出口标志灯	(自选)$\frac{1×5}{—}$W	套	1	门上0.2m
18	→	疏散指示灯	(自选)$\frac{1×5}{0.5}$WR	套	27	或底距地2.4m吊装
19	⊖	排气扇	(参见暖通图)	台	12	
20	◀	求助音响装置	(自选)	套	1	距地2.4m
21	⟋	单联单控开关	250V,16A 嵌墙	个	29	距地1.3m
22	⟋	双联单控开关	250V,16A 嵌墙	个	8	距地1.3m
23	⟋	三联单控开关	250V,16A 嵌墙	个	32	距地1.3m
24	▼	单相二三孔组合插座	250V,10A 嵌墙	个	136	距地0.3m(安全型)
25	▽	单相二三孔组合地面插座	250V,10A	个	16	安全型
26	▽	单相二三孔组合防溅插座	250V,10A 嵌墙	个	16	距地2.3m
27	▼K	单相三孔空调插座	250V,16A 嵌墙	个	8	距地2.0m
28	○	求助呼叫按钮	(自选) 嵌墙	个	1	距地0.5m
29	2TO	双口信息插座	(自选) 嵌墙	个	52	距地0.3m
30	2TO	双口信息地插	(自选)	个	16	
31	TV	电视插座	(自选) 嵌墙	个	16	距地0.3m
32	◁	扬声器	(自选) 壁装	个	16	底边距地2.5m
33	⌓	电铃	(自选) 壁装	个	8	上口距顶0.4m
34	▱	彩色数字半球摄像机	(自选) 壁装	个	29	距地2.8m

图纸目录

工程名称	某小学教学楼
图纸内容	主要设备材料表 图纸目录
图纸编号	电施02

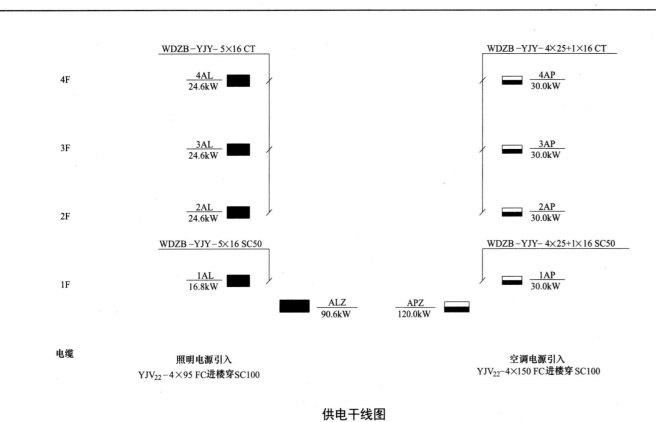

供电干线图

4F 4AL 24.6kW — WDZB−YJY−5×16 CT
3F 3AL 24.6kW
2F 2AL 24.6kW — WDZB−YJY−5×16 SC50
1F 1AL 16.8kW
ALZ 90.6kW

4F 4AP 30.0kW — WDZB−YJY−4×25+1×16 CT
3F 3AP 30.0kW
2F 2AP 30.0kW — WDZB−YJY−4×25+1×16 SC50
1F 1AP 30.0kW
APZ 120.0kW

电缆

照明电源引入
YJV₂₂−4×95 FC进楼穿SC100

空调电源引入
YJV₂₂−4×150 FC进楼穿SC100

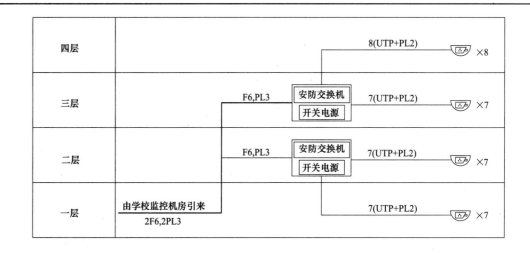

视频监控系统图

四层		8(UTP+PL2) ×8
三层	F6,PL3 安防交换机 开关电源	7(UTP+PL2) ×7
二层	F6,PL3 安防交换机 开关电源	7(UTP+PL2) ×7
一层	由学校监控机房引来 2F6,2PL3	7(UTP+PL2) ×7

说明：

UTP — 六类8芯非屏蔽双绞线　　PL2 — RVV− 2×1.0 电源线

F6 — 6芯单模光缆　　　　　　　PL3 — RVV−3×1.5 电源线

图例：　彩色数字半球摄像机

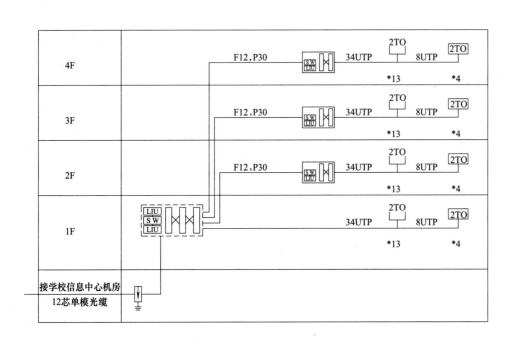

综合布线系统图

注：1.F12−12芯单模光缆。
　　2.P30−30对大对数语音电缆。
　　3.UTP−六类8芯非屏蔽双绞线。

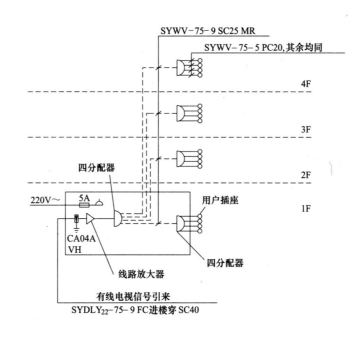

有线电视系统图

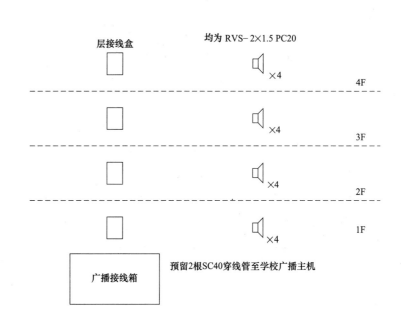

广播系统图

工程名称	某小学教学楼
图纸内容	强弱电系统图
图纸编号	电施 03

71

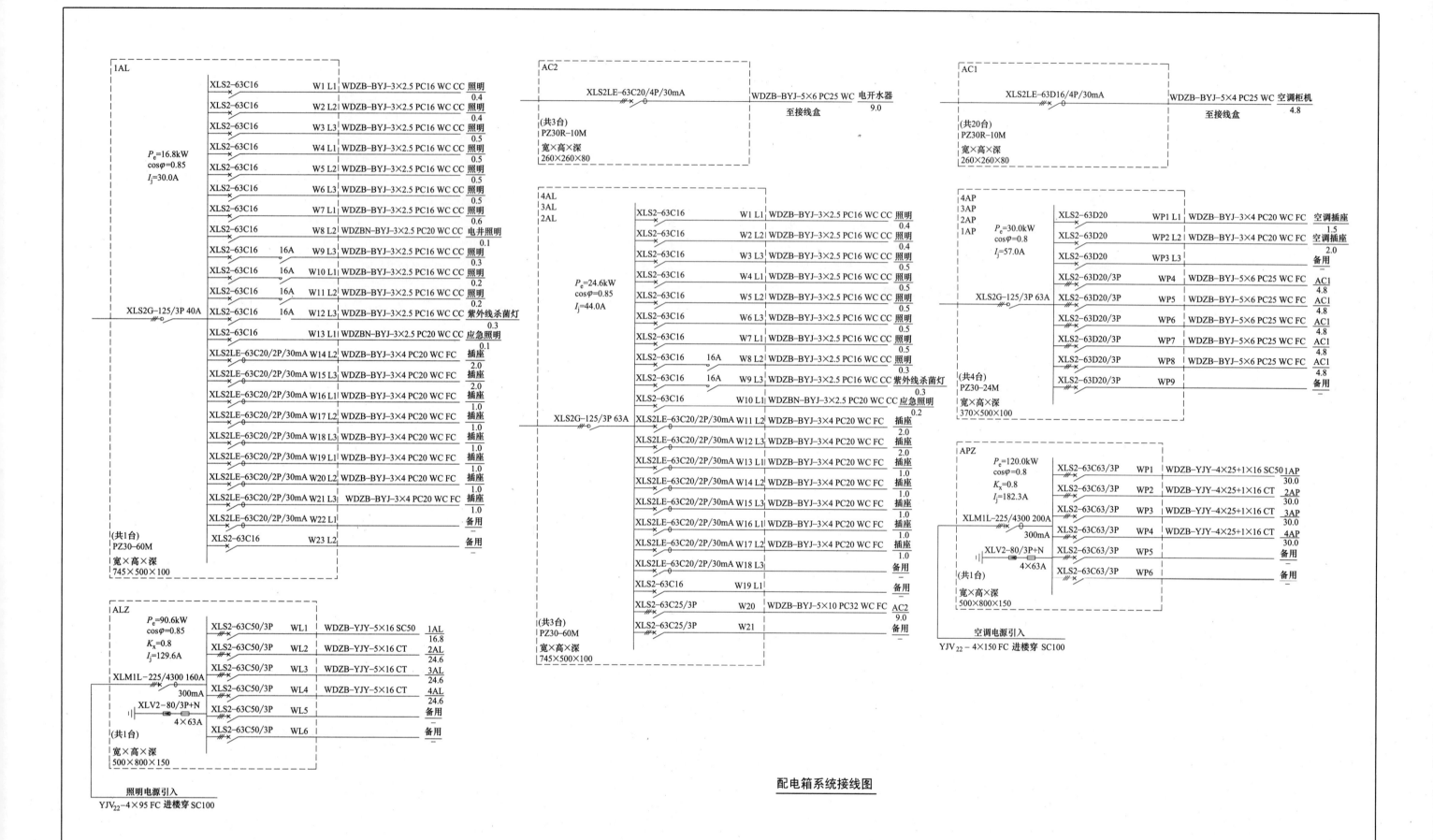

配电箱系统接线图

工程名称	某小学教学楼
图纸内容	配电箱系统接线图
图纸编号	电施 04

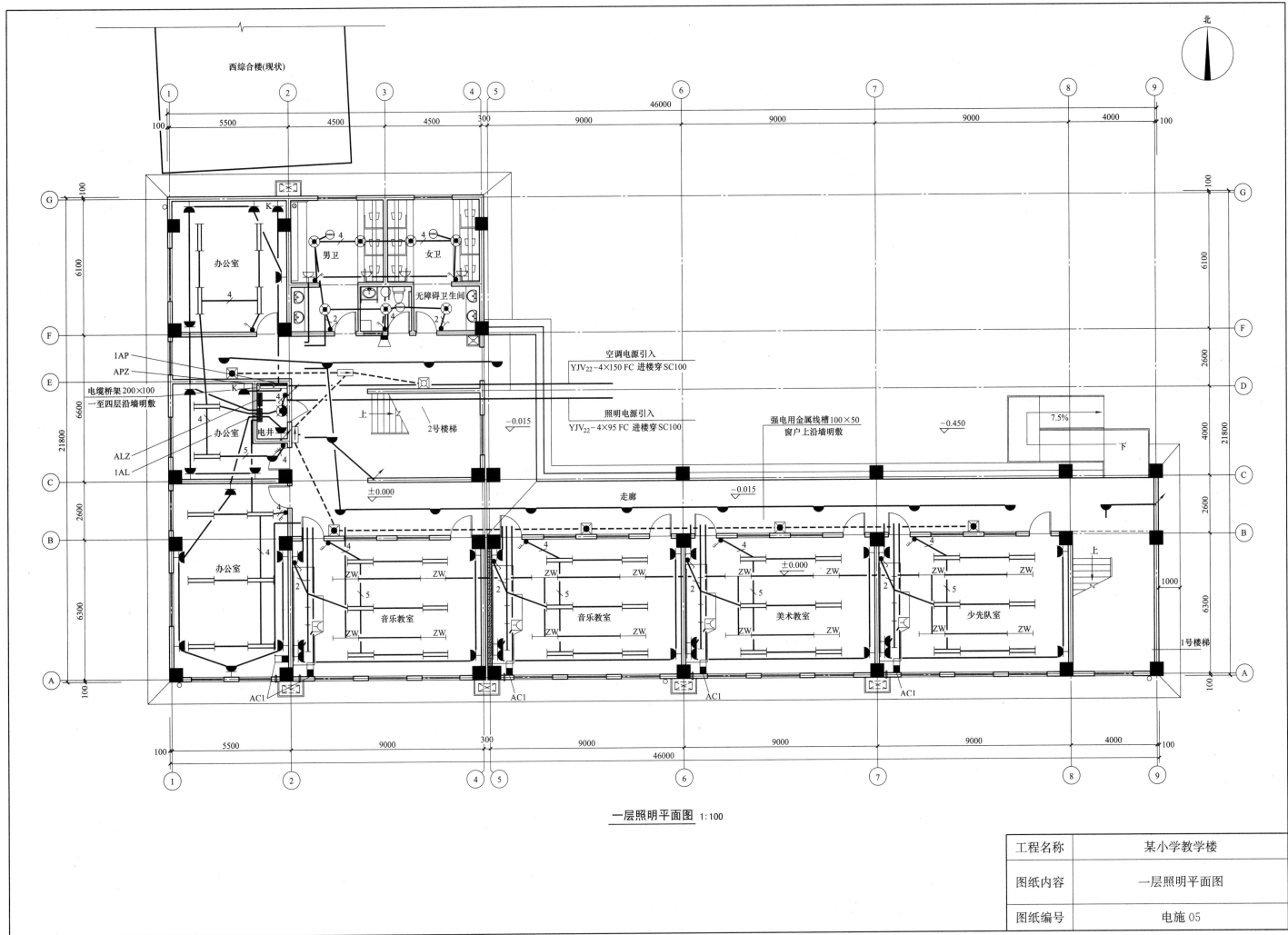

一层照明平面图 1:100

工程名称	某小学教学楼
图纸内容	一层照明平面图
图纸编号	电施05

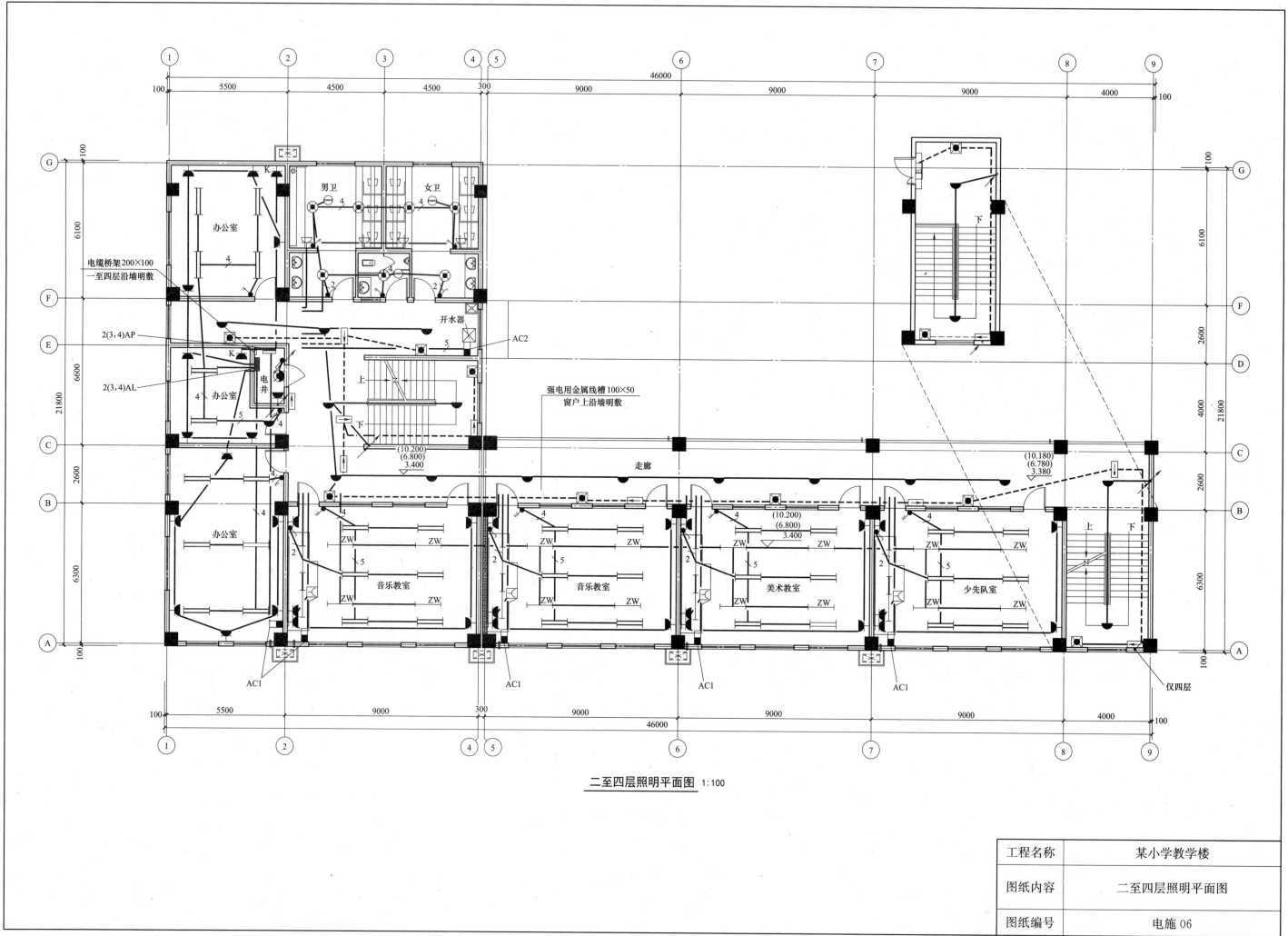

二至四层照明平面图 1:100

工程名称	某小学教学楼
图纸内容	二至四层照明平面图
图纸编号	电施 06

74

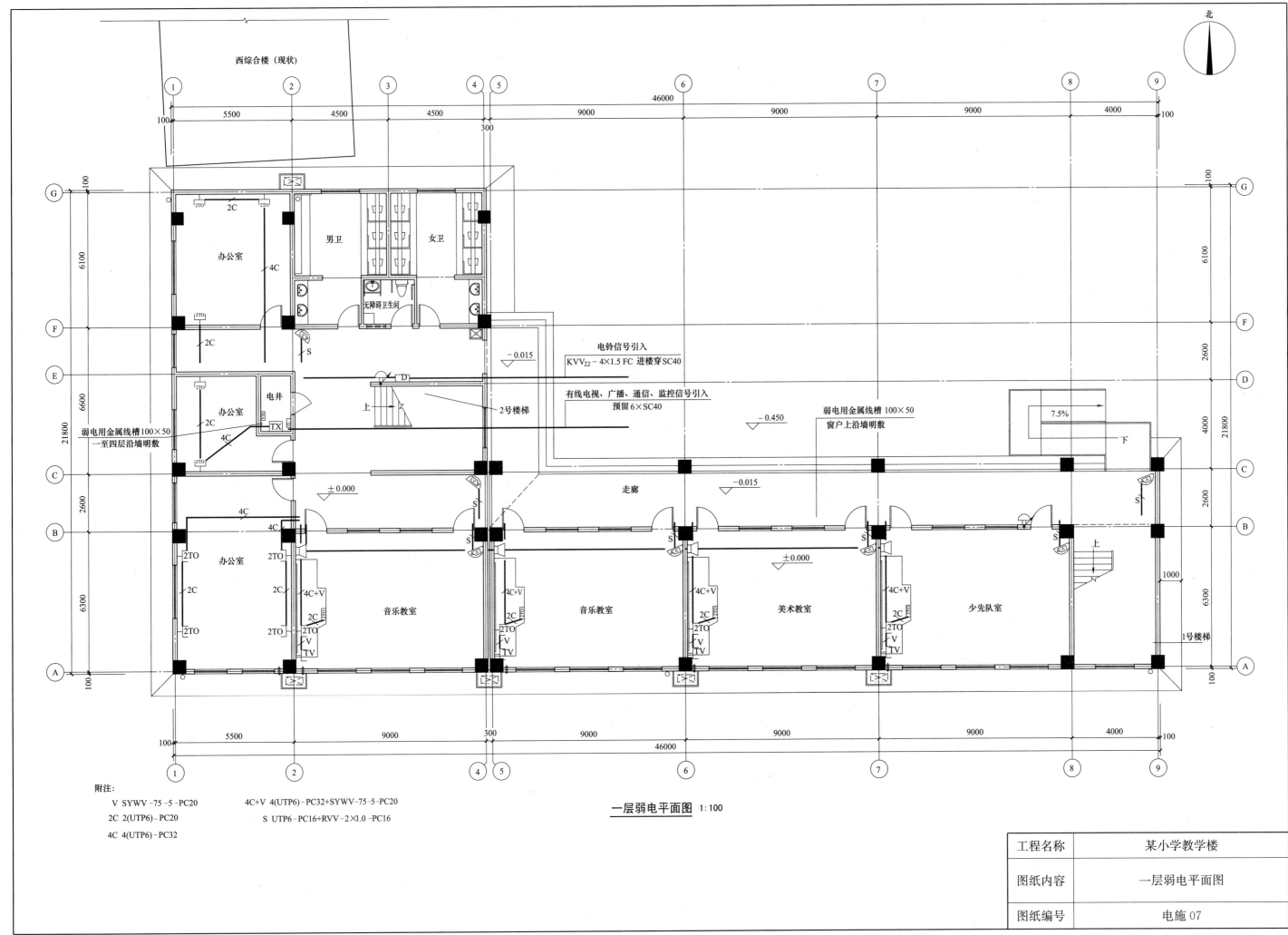

一层弱电平面图 1:100

附注：
V SYWV－75－5－PC20
2C 2(UTP6)－PC20
4C 4(UTP6)－PC32

4C＋V 4(UTP6)－PC32＋SYWV－75－5－PC20
S UTP6－PC16＋RVV－2×1.0－PC16

工程名称	某小学教学楼
图纸内容	一层弱电平面图
图纸编号	电施07

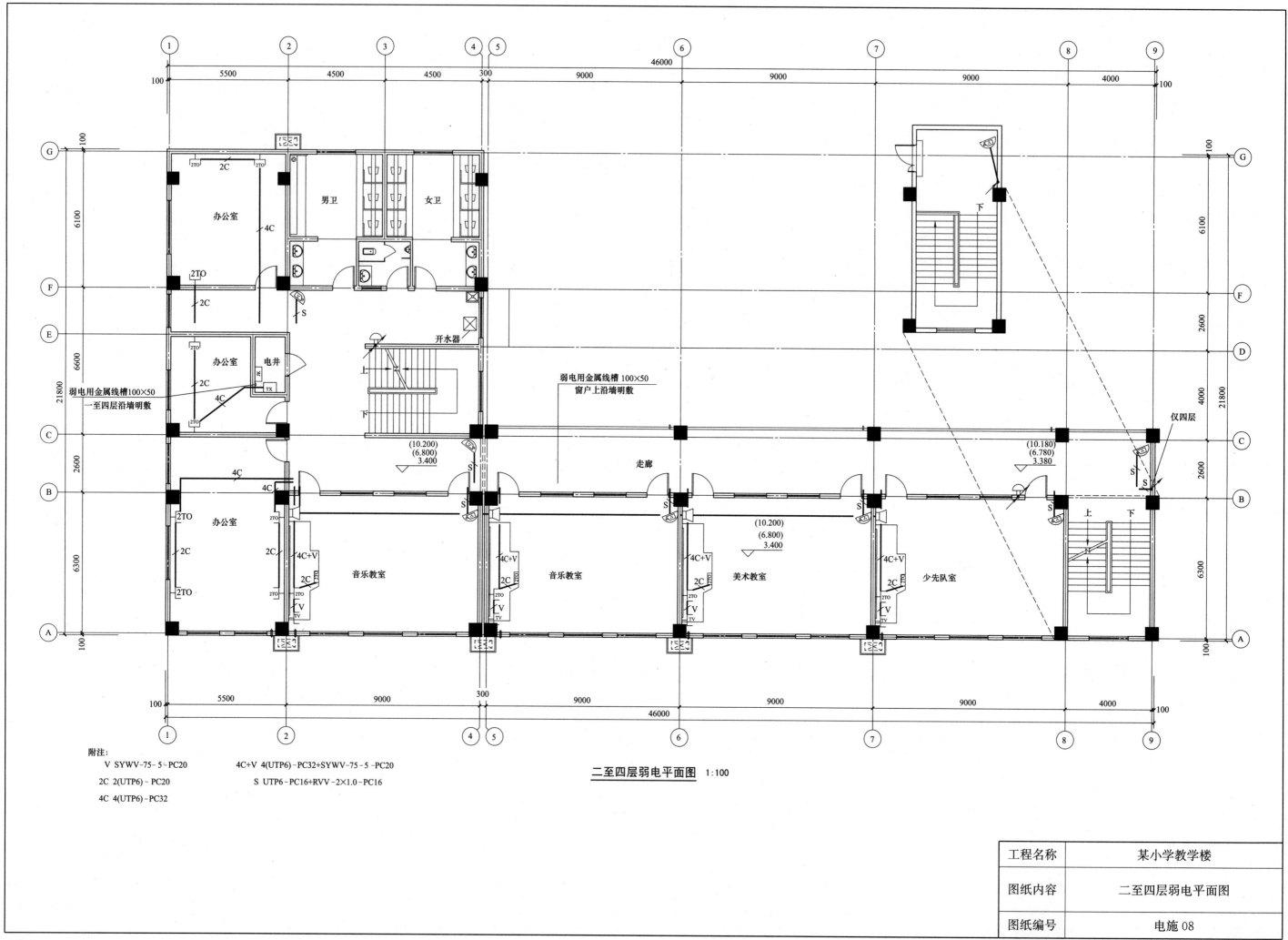

二至四层弱电平面图 1:100

附注：
V SYWV-75-5-PC20
2C 2(UTP6)-PC20
4C 4(UTP6)-PC32

4C+V 4(UTP6)-PC32+SYWV-75-5-PC20
S UTP6-PC16+RVV-2×1.0-PC16

工程名称	某小学教学楼
图纸内容	二至四层弱电平面图
图纸编号	电施08

76

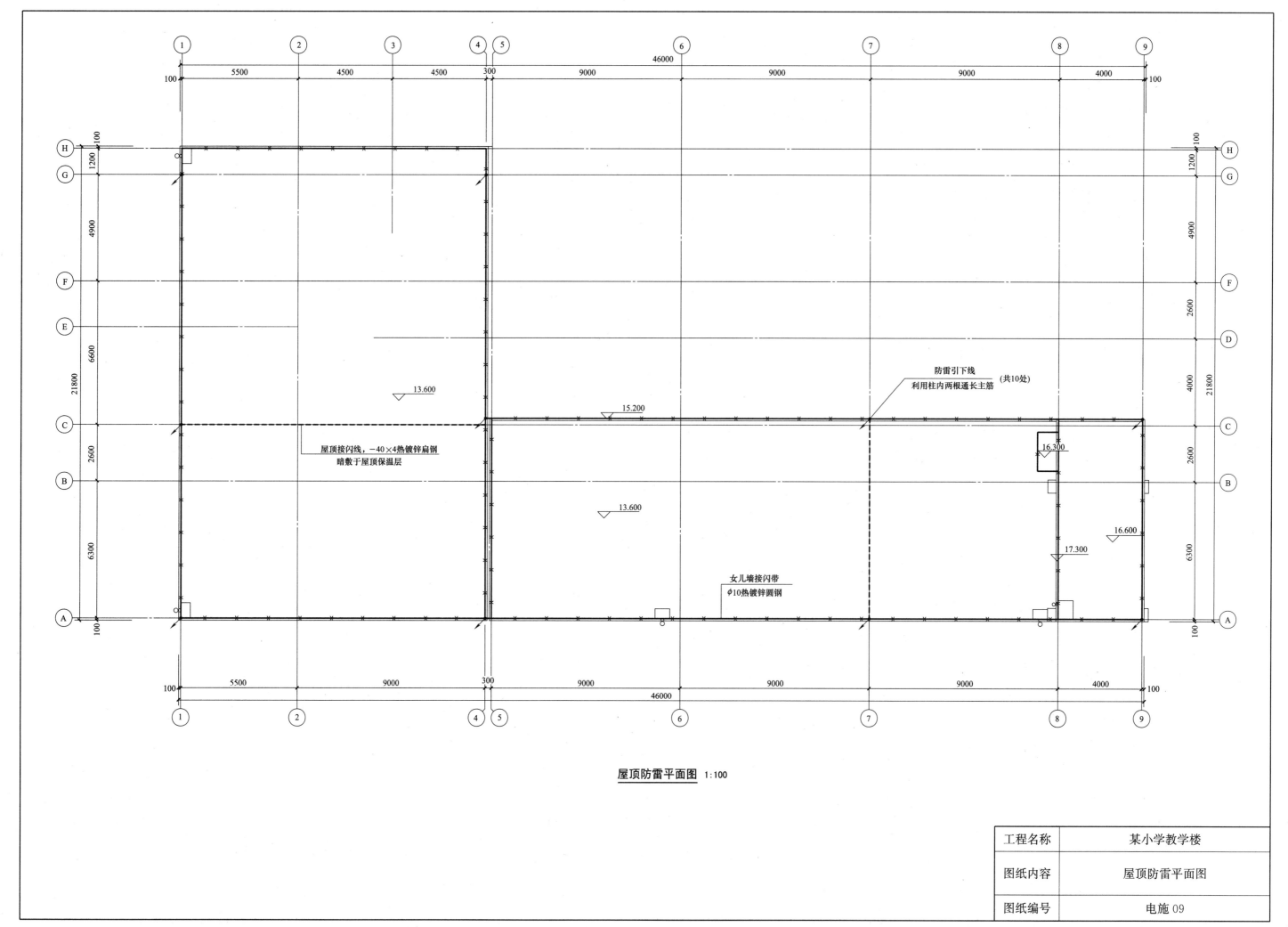

屋顶防雷平面图 1:100

工程名称	某小学教学楼
图纸内容	屋顶防雷平面图
图纸编号	电施09

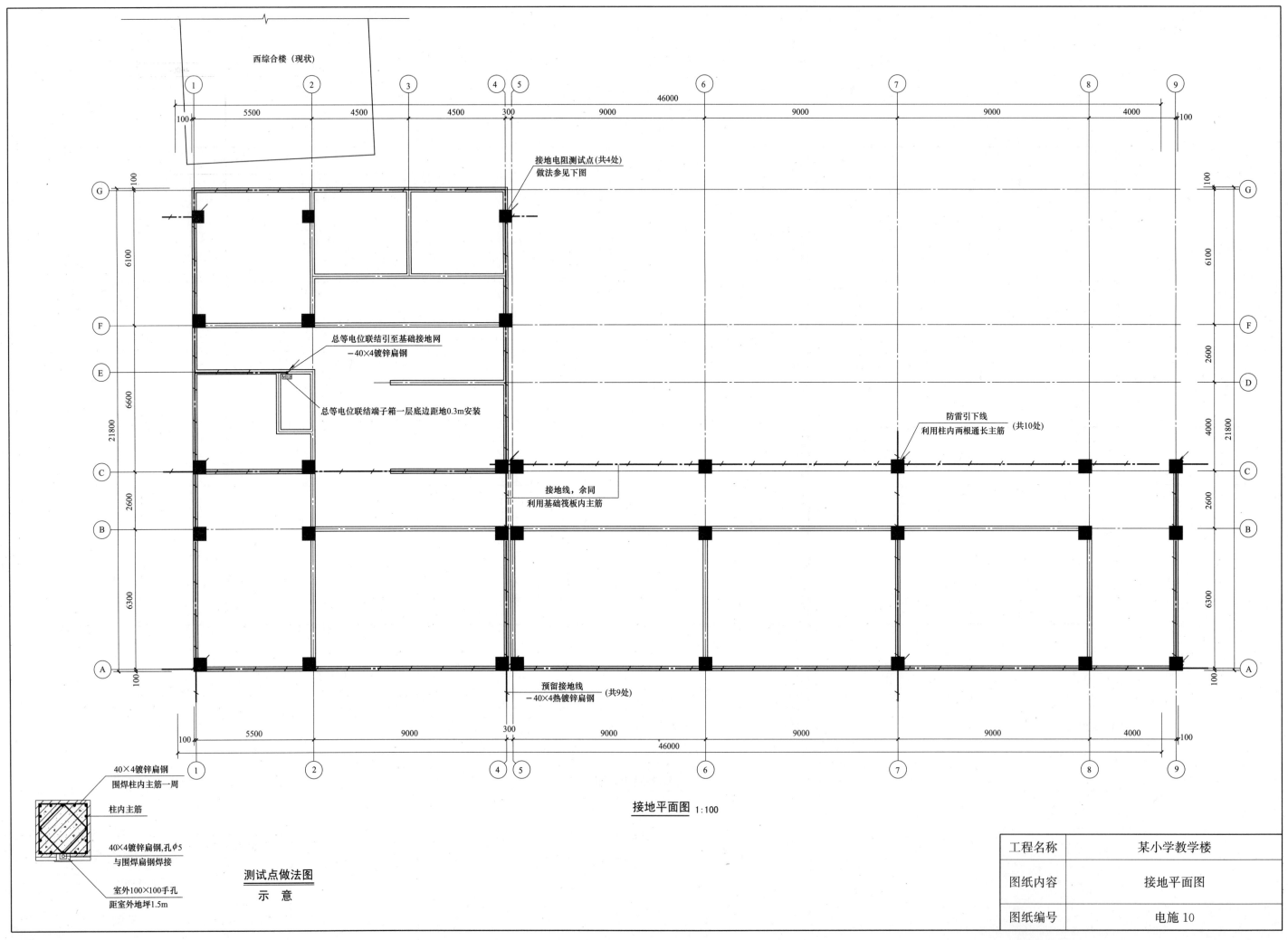

西综合楼（现状）

接地电阻测试点(共4处)
做法参见下图

总等电位联结引至基础接地网
—40×4镀锌扁钢

总等电位联结端子箱一层底边距地0.3m安装

防雷引下线
利用柱内两根通长主筋 (共10处)

接地线，余同
利用基础筏板内主筋

预留接地线
—40×4热镀锌扁钢 (共9处)

46000

21800

接地平面图 1:100

40×4镀锌扁钢
围焊柱内主筋一周

柱内主筋

40×4镀锌扁钢,孔φ5
与围焊扁钢焊接

室外100×100手孔
距室外地坪1.5m

测试点做法图
示 意

工程名称	某小学教学楼
图纸内容	接地平面图
图纸编号	电施10

4.4 给水排水施工图

给水排水设计说明

一、设计依据
1. 建设单位提供的本工程有关资料和设计任务书。
2. 建筑和有关工种提供的作业图和有关资料。
《建筑设计防火规范》GB 50016—2014
《建筑给水排水设计规范》GB 50015—2003（2009 版）
《建筑灭火器配置设计规范》GB 50140—2005
《民用建筑节水设计标准》GB 50555—2010

二、设计概况及设计范围
本工程位于××市××路与××路。建筑框架结构，地上 4 层为教学楼，总建筑面积 2257.6m²，建筑高度 15.25m。按多层办公公共建筑进行消防设计，室外消防用水量 25L/s。
本项工程设计包括建筑以内的给水、排水系统。

三、管道系统
1. 本工程设有生活给水、排水系统。
2. 生活给水系统
1）室外给水管道供水压力为 0.30MPa，接院内室外给水管网。
2）最高日用水量为 38.4m³/d，最大时用水量为 7.2m³/h。
3）给水系统分区：1～4 层由室外给水管道直接供水。
4）给水管支管暗设在墙槽内。
3. 生活污水系统：最高日排水量为 34.5m³/d。
1）本楼污、废水采用合流制。
2）污、废水经化粪池处理后排入市政污水管网，化粪池位置由总图专业另行设计。
4. 手提灭火器配置：根据《建筑灭火器配置设计规范》GB 50140—2005 规定本建筑上部分属中危险级，故配置基准为 2A。每具灭火器充装量为 3kg，灭火器选用 MF/ABC3 手提磷酸铵盐干粉灭火器。每层设灭火器，放在灭火器箱内。

四、节能
卫生器具和配件应符合现行行业标准《节水型生活用水器具》CJ/T 164—2014 的有关要求。
1）卫生器具及其五金配件应选用住房和城乡建设部认可的低噪声节水型产品。
2）给水支管超 0.20MPa 加支管减压阀。给水采用节能型管材，采用节能型水龙头。

五、管材和接口
1. 生活给水
给水立管及干管采用冷水钢塑复合管，工作压力 1.0MPa，管件连接。
2. 排水管道：污水管采用聚丙烯超静音排水管，承插连接，橡胶圈接口，在每层穿楼板处加防火圈，底部

横干管采用柔性铸铁排水管，管件连接，橡胶圈接口。

六、阀门及附件
1. 阀门
给水管 DN>50mm 采用铜（不锈钢）闸阀，其余采用铜（不锈钢）球阀（截止阀），工作压力 1.0MPa。
2. 附件
1）地漏采用直通式地漏下排水接管，地漏下均安装存水弯，存水弯水封高度不小于 50mm，严禁采用钟罩（扣碗）式地漏。地漏箅子表面应低于该处地面 5～10mm。
2）清扫口表面与地面平。
3）全部给水配件均采用节水型产品，不得采用淘汰产品。

七、卫生洁具
1）本工程所用卫生洁具均采用陶瓷制品，颜色及型号由业主确定。
2）卫生器具及其五金配件应选用住房和城乡建设部认可的低噪声节水型产品。

八、管道敷设
1. 卫生间内给水管暗设在墙槽内，穿外墙及水池壁管道均加装柔性防水套管。
2. 给水立管穿楼板时，应设套管，套管内径应比管道大两号，下面与楼板下平，上面比楼板面高 50mm，管间隙用阻燃密封材料和防水油膏填实。管道穿剪力墙时加钢套管，管道与套管之间用不燃烧材料将空隙填塞密实。管道穿沉降缝时，沉降缝两端设可曲挠橡胶接头。
3. 排水立管穿楼板时应预留孔洞，管道安装完后将孔洞严密捣实，立管周围应设高出楼板设计标高 10～20mm 的阻水圈。
4. 管道穿钢筋混凝土墙、梁和楼板时，应根据图中所注管道标高。位置配合土建工种预留孔洞或预埋套管，管道穿地下室外墙及水池处应预埋柔性防水套管，详见 02S404，管道穿入防围护结构时需在围护结构内加防爆波阀门。管道穿屋面处加刚性防水套管。
5. 管道坡度
1）排水干管管道坡度 DN100/De110 $i=1.2\%$；De160，$i=1\%$。
塑料排水支管坡度均为 0.026。
2）给水管，消防管均按 0.002 的坡度坡向立管或泄水装置。
6. 管道支架
1）管道支架或管卡应固定在楼板上或承重结构上。
2）钢管水平安装支架间距，按《建筑给水排水及采暖工程施工质量验收规范》GB 50242—2002 规定施工。
3）立管每层装一管卡，安装高度为距地面 1.5m。
4）排水管上的吊钩或卡箍应固定在承重结构上，固定件间距：横管不得大于 2m，立管不得大于 3m。层高小于等于 4m，立管中部可安一个固定件。
5）排水立管检查口距地面或楼板面 1.00m。
7. 管道连接

1）污水横管与横管的连接，不得采用正三通和正四通。
2）排水立管与排出横管连接应采用两个 45°弯头，且立管底部弯管处应设支墩。
3）排水立管偏置时，应采用乙字管或 2 个 45°弯头，排水横管水流转角小于 135°时必须设清扫口。
8. 其他
1）阀门安装时应将手柄留在易于操作处。
2）水箱，设备等基础螺栓孔位置，以到货的实际尺寸为准。
3）暗装管道均应在阀门及检查口处设检修口。

九、管道和设备保温
1. 吊顶及管道井内给排水管道做防结露保温。热水管道、外露管道及设备做保温。
2. 保温材料采用橡塑、热水、屋面外露管道保温厚度为 40mm，防结露管道保温厚度为 10mm；保护层采用玻璃丝布缠绕，外刷二道调和漆。
3. 保温应在完成试压合格及除锈防腐处理后进行。

十、防腐及油漆
1. 在涂刷底漆前，应清除表面的灰尘、污垢、锈斑、焊渣等物。
2. 无缝钢管的焊缝处刷二道防锈漆，消防管刷樟丹二道，红色调和漆二道。
3. 给水管刷蓝色环，色环间距 2m。
4. 保温管道先刷樟丹二道，进行保温，再刷防火漆二道。
5. 管道支架除锈后刷樟丹二道，灰色调和漆二道。
6. 埋地金属管道除锈后，刷冷底子油两遍，沥青漆两遍。
7. 溢、泄水管外壁刷蓝色调和漆二道。压力排水管外壁刷灰色调和漆二道。

十一、管道试压（各种管道根据系统进行水压试验）
1. 给水管应以 1.5 倍的工作压力，给水管不小于 1.0MPa 的试验压力作水压试验，试压方法按《建筑给水排水及采暖工程施工质量验收规范》GB 50242—2002 的规定执行。
2. 生活污水管注水高度高于底层卫生器具上边缘，满水 15 分钟水面下降后，再灌满观察 5 分钟，液面不下降，管道及接口无渗漏为合格，污水立管及横干管，还应按《建筑给水排水及采暖工程施工质量验收规范》GB 5242—2002 做通球试验。
3. 水箱做满水试验，按国标 12S101 进行具体按《给水排水构筑物施工及验收规范》GB 50141—2008 要求执行。
4. 水压试验的试验压力表应位于系统或试验部分的最低部位。

十二、管道冲洗
1. 给水管道在系统运行前必须进行冲洗，要求以不小于 1.5m/s 的流速进行冲洗，并符合《建筑给水排水及采暖工程施工质量验收规范》GB 50242—2002 中第 4.2.3 条的规定。
2. 排水管道冲洗以管道畅通为合格。

十三、其他
1. 图中所注尺寸除管长、标高以 m 计外，其余以 mm 计。
2. 本图所注管道标高：给水、消防、压力排水管等压力管指管中心；污水、废水、雨水、溢水、泄水管等重力流管道和无水流的通气管指管内底。
3. 本设计施工说明与图纸具有同等效力，二者有矛盾时，业主及施工单位应及时提出，并以设计单位解释为准。
4. 施工中应与土建公司和其他专业公司密切合作，合理安排施工进度，及时预留孔洞及预埋套管，以防碰撞和返工。
5. 除本设计说明外，施工中还应遵守：
《建筑给水排水及采暖工程施工及质量验收规范》GB 50242—2002；
《给水排水构筑物施工及验收规范》GB 50141—2008。

工程名称	某小学教学楼
图纸内容	给水排水设计说明（一）
图纸编号	水施 01

主要材料表

名称	型号	单位	数量	备注
蝶阀	D371X-16C	个		
球阀	Q11W-10T	个		
截止阀	J11T-16K	个		
法兰旋启式止回阀	H44T-10C	个		
手提磷铵盐干粉灭火器	MF/ABC3	个	48	
延时自闭式小便器	甲方自定	个	1	09S304
坐式大便器	甲方自定	个	1	09S304
延时自闭式洗脸盆	甲方自定	个	20	09S304
洗涤盆	甲方自定	个	4	09S304
开水器	甲方自定	个	4	9kW
大便槽冲洗水箱(带红外人体感应控制器)	48L高位冲洗水箱 415×315×404mm	套	12	09S304
小便槽(带红外人体感应控制器)	采用DN20穿孔管冲洗	套	4	09S304

图例

图例	名称	图例	名称	图例	名称
—JD—	低区生活给水管		水泵		水龙头
—JZ—	中区生活给水管		通气帽		洗脸盆
—JG—	高区生活给水管		闸阀		坐式大便器
—XH—	消火栓给水管		截止阀		污水池
—ZP—	喷淋管		止回阀		小便斗
---	生活污废水管		偏心大小头		浴盆
	单出口消火栓		同心大小头		蹲便
	湿式报警阀		泄压阀		下喷喷头
	静音止回阀		液压式浮球阀		上喷喷头
	集水坑		蝶阀		带信号蝶阀
	地漏		自动排气阀		淋浴器
	清扫口		截污器		淋浴房
	排水沟		软管		不锈钢减压孔板
	角阀		可挠曲橡胶接头		推车式灭火器
	电动阀		防水套管		手提式灭火器
	减压阀		压力表		延时自闭冲洗阀
	水表		排水漏斗		立管检查口
	截止阀		存水弯		消防水泵接合器
JL	给水立管		厨房洗涤池		
WL	污水立管		洗衣机		
XHL	消火栓立管		倒流防止器		

选用标准图纸目录

图名	图集号	备注
室内管道支架及吊架	03S402	国标
管道和设备保温、防结露及电伴热	03S401	国标
卫生设备安装	09S304	国标
防水套管	02S404	国标
建筑排水设备附件选用安装	04S301	国标
钢制管件	02S403	国标
常用小型仪表及特种阀门全用安装	01SS105	国标
建筑给水塑料管道安装	11S405	国标
建筑给水复合金属管道安装	10SS411	国标
建筑特殊单立排水系统安装	10SS410	国标
建筑给水复合管道工程技术规程	CJJ/T 155—2011	国标
特殊单立管排水系统技术规程	CECS79:2011	国标
建筑给水塑料管道工程技术规范	CJJ/T 98—2014	国标
建筑给水钢塑复合管管道工程技术规程	CECS125:2001	国标

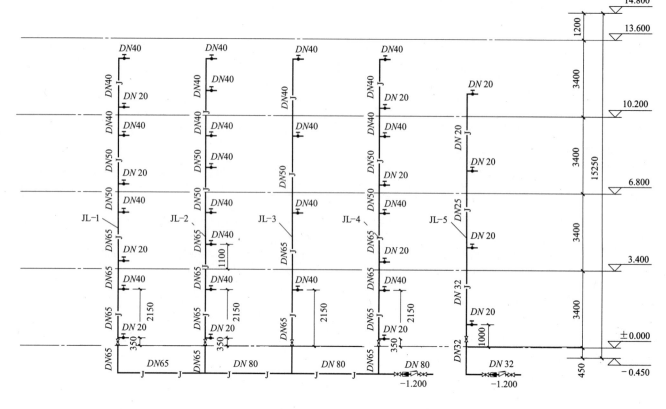

给水系统图

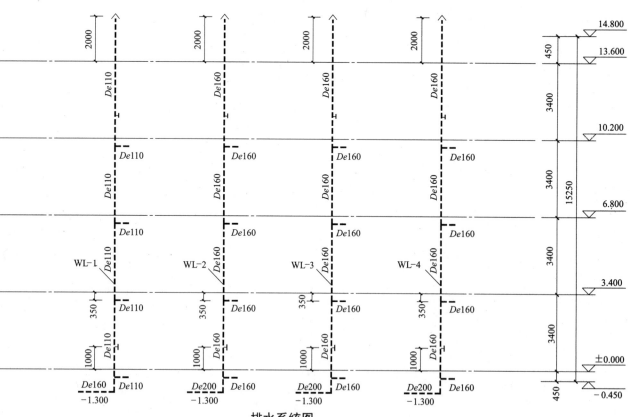

排水系统图

工程名称	某小学教学楼
图纸内容	给水排水设计说明(二)
图纸编号	水施02

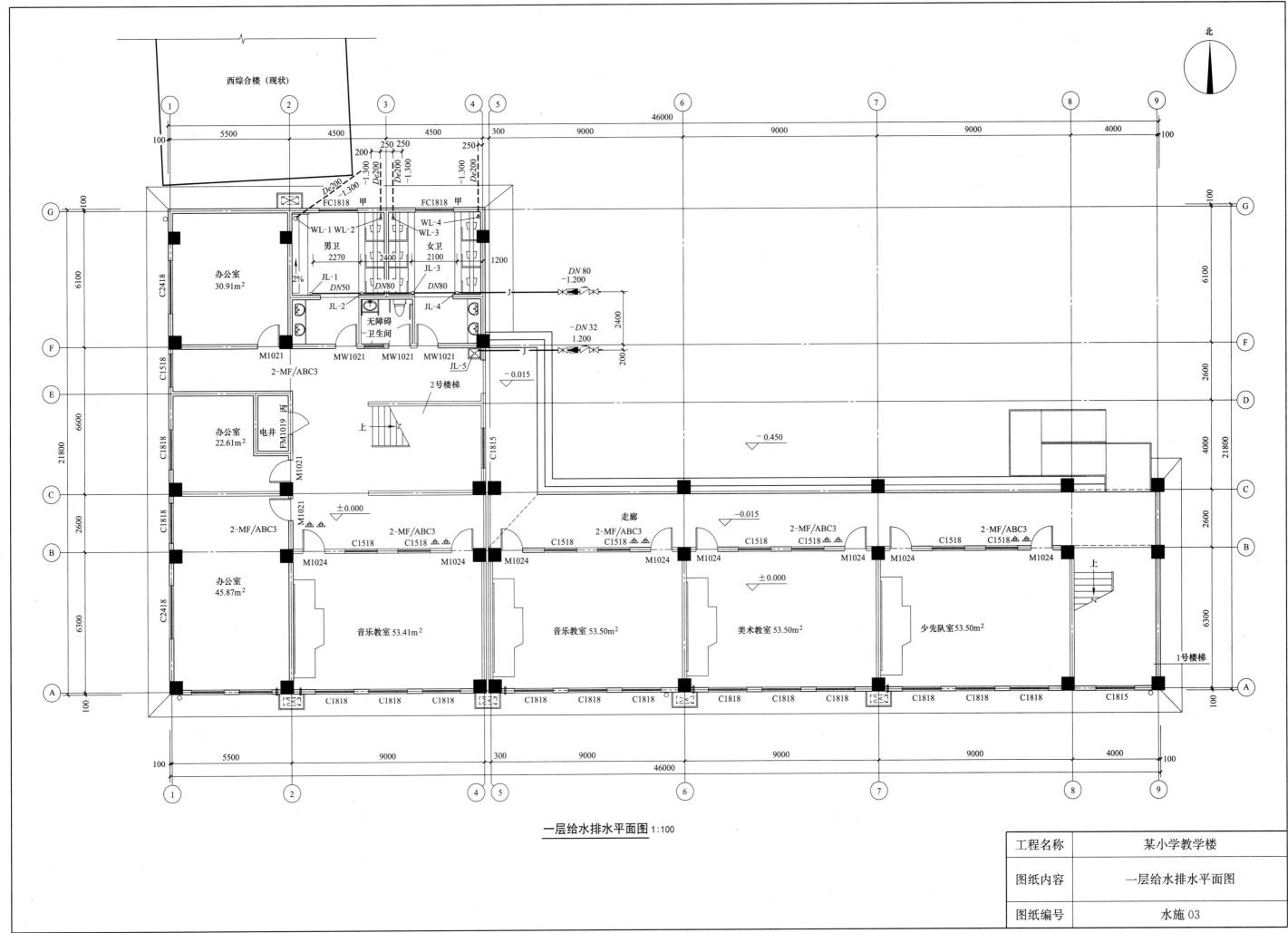

一层给水排水平面图 1:100

工程名称	某小学教学楼
图纸内容	一层给水排水平面图
图纸编号	水施 03

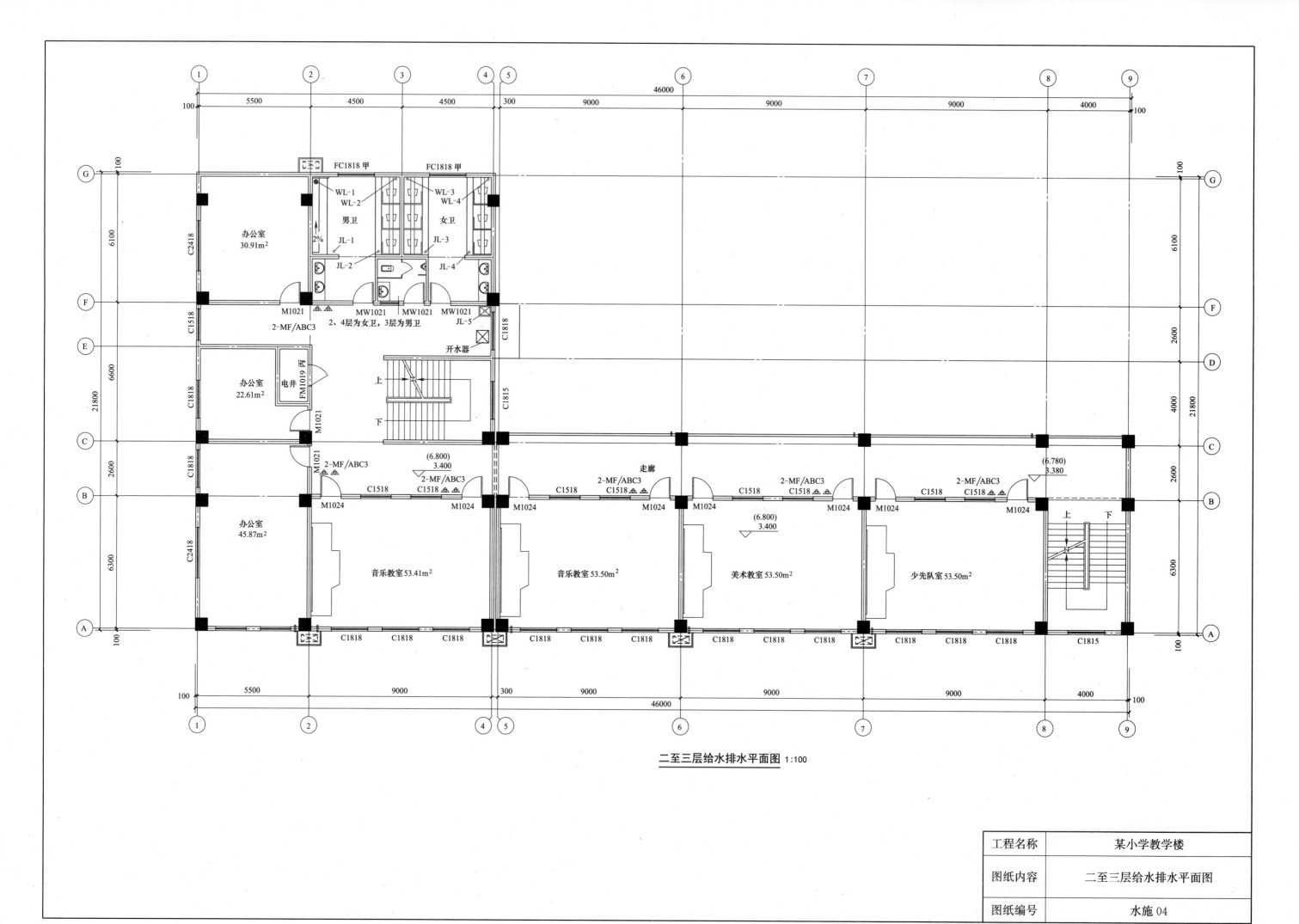

二至三层给水排水平面图 1:100

工程名称	某小学教学楼
图纸内容	二至三层给水排水平面图
图纸编号	水施 04

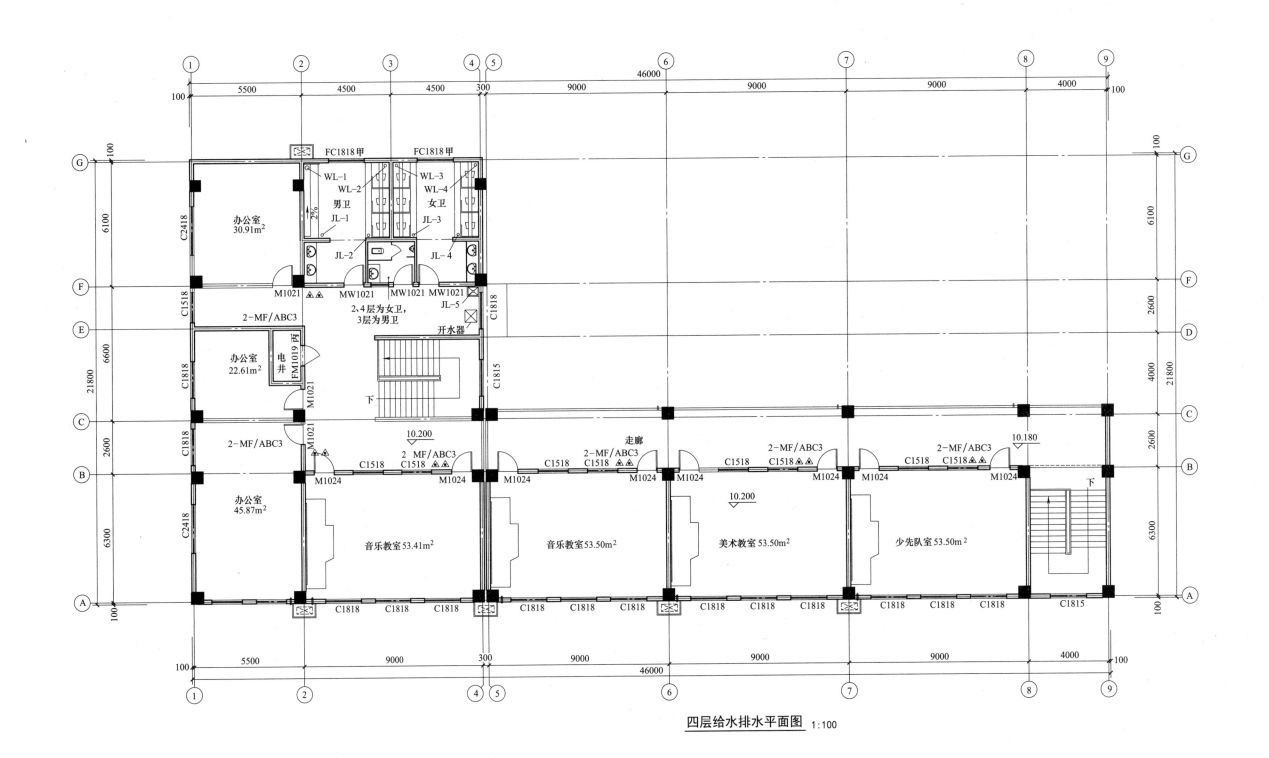

四层给水排水平面图 1:100

工程名称	某小学教学楼
图纸内容	四层给水排水平面图
图纸编号	水施 05

83

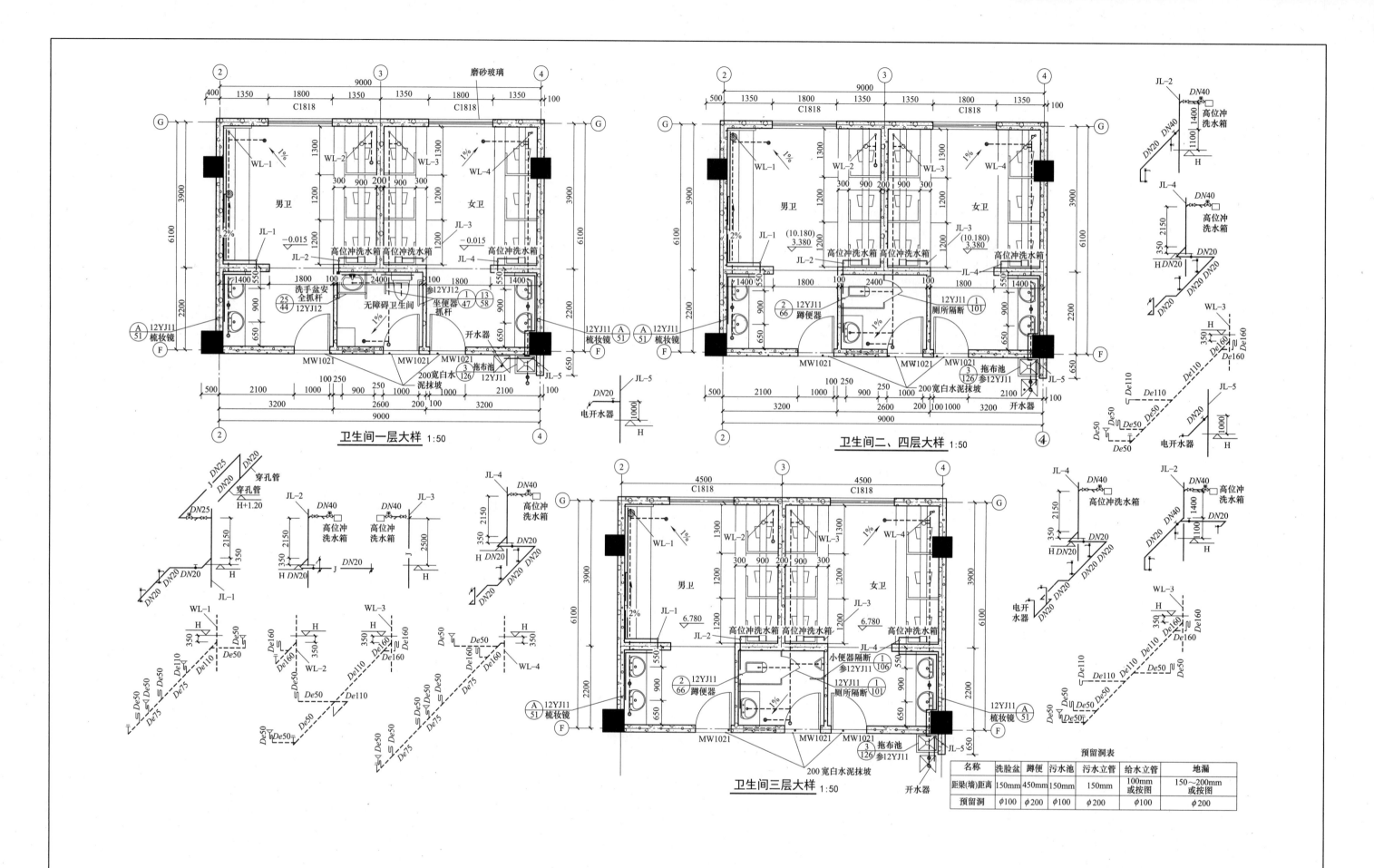

卫生间一层大样 1:50

卫生间二、四层大样 1:50

卫生间三层大样 1:50

预留洞表

名称	洗脸盆	蹲便	污水池	污水立管	给水立管	地漏
距梁(墙)距离	150mm	450mm	150mm	150mm	100mm 或按图	150~200mm 或按图
预留洞	φ100	φ200	φ100	φ200	φ100	φ200

工程名称	某小学教学楼
图纸内容	卫生间给水排水详图
图纸编号	水施 06

4.5 暖通施工图

图纸目录

序号	图号	图纸名称	图幅	备注
01	暖施-01	主要设备表、图纸目录 暖通设计及施工说明		
02	暖施-02	一层供暖平面图		
03	暖施-03	二、三层供暖平面图		
04	暖施-04	四层供暖平面图		
05	暖施-05	供暖干管系统图		

使用国家标准图纸目录

序号	标准图集编号	标准图集名称	页次
1	05K405	新型散热器选用与安装	全册
2	K402-1～2	散热器及管道安装图	全册
3	05R417-1	室内热力管道支吊架	全册
4	03SR417-2	装配式管道吊挂支架安装图	全册
5	01R405	压力表安装图	全册
6	01R406	温度仪表安装图	全册
7	01R409	管道穿墙、屋面防水套管	全册
8	08R418-1	管道与设备绝热-保温	全册
9	10K509	暖通动力施工安装图集——（水系统）	全册
10	DBJT19-07-2012	12YN建筑标准设计图集	全册

图 例

—·— 供暖供水管		▨ 热量表	
---·--- 供暖回水管		▷◁ 过滤器	
▭ 散热器		▮ 二通温控阀	
▯ 手动放风阀		● 截止阀	
Ⓛx 立管编号		▷◁ 平衡阀	
温度计		DNxx 钢管公称直径	
压力表		i= 坡度及坡向	

主要设备表

序号	名称	规格	单位	数量	备注
01	钢管散热器 GG4060	13片	组	4	高度600mm
02	钢管散热器 GG4060	14片	组	2	高度600mm
03	钢管散热器 GG4060	15片	组	22	高度600mm
04	钢管散热器 GG4060	16片	组	6	高度600mm
05	钢管散热器 GG4060	17片	组	2	高度600mm
06	钢管散热器 GG4060	18片	组	17	高度600mm
07	钢管散热器 GG4060	19片	组	3	高度600mm
08	钢管散热器 GG4060	20片	组	14	高度600mm
09	钢管散热器 GG4060	21片	组	3	高度600mm
10	钢管散热器 GG4060	22片	组	5	高度600mm
11	钢管散热器 GG4060	24片	组	1	高度600mm
12	钢管散热器 GG4060	25片	组	1	高度600mm
13	超声波式热量表	DN25（接管经DN50）额定流量5m³/h	个	1	
14	自力式压差控制阀	DN50	个	1	
15	二通温控阀	DN15	个	80	
16	天花板管道换气扇 BPT25-56A	风量798m³/h 功率150W	个	8	
17	天花板管道换气扇 BPT15-24A	风量210m³/h 功率32W	个	4	

暖通设计说明

一、总则

1. 设计依据

1.1 《民用建筑供暖通风与空气调节设计规范》GB 50736—2012

1.2 《建筑设计防火规范》GB 50016—2014

1.3 《公共建筑节能设计标准》GB 50189—2015

1.4 《中小学校设计规范》GB 50099—2011

1.5 《建筑机电工程抗震设计规范》GB 50981—2014

1.6 甲方设计委托书明确的相关设计要求。

2. 设计范围：室内供暖系统设计，公共卫生间排风设计。

3. 工程概况：地上4层，建筑面积为2346.2m²，建筑高度15.25m。

二、供暖设计说明

1. 本工程供暖供回水计算温度为70/45℃，由院内换热站提供，连续供热。

本工程设一个热力入口，为直接连接，引入点处设置热量表，阀门，过滤器，压力表及温度计，系统补水定压由所连接室外热网解决。

2. 室外空气计算参数：冬季采暖室外计算干球温度－3.8℃。

3. 采暖房间的设计参数：办公室、教室18℃；卫生间16℃。

4. 采暖按节能围护结构计算热负荷，采暖总热负荷为74.9kW，采暖热指标$q=32$（W/m²）。

5. 供暖系统采用下供下回双管式系统，供回水干管走在一层地沟内。散热器供水管道安装二通温控阀。

6. 散热器采用钢管四柱型散热器GG4060（中心距600mm），挂式安装，散热器底距地面150mm。散热器详细参数及管道连接见国标图集《新型散热器选用与安装》（05K405）。

三、公共卫生间排气设计

公共卫生间设置天花板管道换气扇排气，排气次数为10次/小时。

四、施工说明

1. 室内采暖管道采用焊接钢管，$DN>32$为焊接连接，$DN≤32$为丝扣连接，管道规格尺寸如下：

DN15-D21.3×2.75　　DN20-D26.8×2.75　　DN25-D33.5×3.25

DN32-D42.3×3.5　　DN40-D48×3.5　　DN50-D60×3.5

2. 控制：散热器均采用同侧上进下出连接方式，每组散热器供水支管均安装温控阀，回水支管安装截止阀，参考省标12YN1《采暖工程》做法。3、4层每组散热器均安装手动放气阀（DN10）。

3. 供暖供回水干管管道坡度$i=0.002$，管道坡向按图示施工。

4. 阀门，管件：水阀门$DN≤40$采用闸板阀（$PN=1.0MPa$），$DN≥50$采用蝶阀（$PN=1.0MPa$）。

5. 管道支吊架的最大跨距，不应超过下列的数值：$DN≤25$，2m；$DN<50$，3m；$DN<80$，4m；$DN<100$，4.5m。

6. 管道活动支、吊、托架的具体形式和设置位置，由安装单位根据现场情况确定，做法参见国标K402-1～2，05R417-1。补偿器两侧固定支架及滑动支架做法详见省标12YN1《采暖工程》，P151。

7. 管道系统安装后，保温前需进行水压试验，试验压力为各自顶点试验压力不得小于0.3MPa，10分钟压降不大于0.02MPa为合格。

8. 采暖管道穿墙、楼板时，制作钢管套管，套管采用大二号钢管，当采暖管道穿过防火墙时，防火墙处设置管道固定支架，套管内采用石棉等不燃材料封堵。

9. 采暖管道穿沉降缝处做金属软管，做法详省标12YN1《采暖工程》，P232。

10. 保温前先刷防锈漆两道，银粉两道，油漆前先清除金属表面的铁锈。

11. 供暖系统安装完毕并经试压合格后，应对系统反复注水，排水，直至排出水中不含泥沙，铁屑等杂物，且水色不浑浊为合格。

12. 敷设在管沟内不供暖空间的供暖管道均采用带铝箔离心玻璃棉套管保温，厚度如下：$DN≤50$，35mm厚。

13. 系统经试压和冲洗合格后，即可进行试运行和调试，调试的目的是使各环路的流量分配符合设计要求，以各房间的室内温度与设计温度相一致或保持一定的差值为合格。

14. 水管标高为管中心标高。

15. 其他各项要求，应严格遵守《建筑给水排水及采暖工程施工质量验收规范》GB 50242—2002及《建筑机电工程抗震设计规范》GB 50981—2014中的规定。

16. 本工程的所有设备及材料的型号应符合图纸和国标的要求，采用国家许可优质产品，数量应按实际工程量定货。

暖通节能专篇

1. 设计依据：

《公共建筑节能设计标准》GB 50189—2015

《全国民用建筑工程设计技术措施-节能专篇（暖通空调动力）》

2. 围护结构传系系数满足节能标准的要求，单位（W/m²·K）。

外墙 0.41；外窗 2.8；屋面 0.37；分隔采暖与非采暖空间的隔墙 0.41。

3. 对每一采暖房间进行热负荷计算及水力平衡计算。

4. 热力入口设置总热量表，自力式压差控制阀。

5. 供暖系统采用下供下回双管系统，散热器前供水支管上安装高阻自力式恒温阀进行室温调节。

6. 散热器采用新型钢管散热器。

7. 对敷设在不采暖空间的采暖管道均采用带铝箔离心玻璃棉套管保温，厚度：$DN≤50$，35mm厚。

工程名称	某小学教学楼
图纸内容	主要设备表、图纸目录 暖通设计及施工说明
图纸编号	暖施01

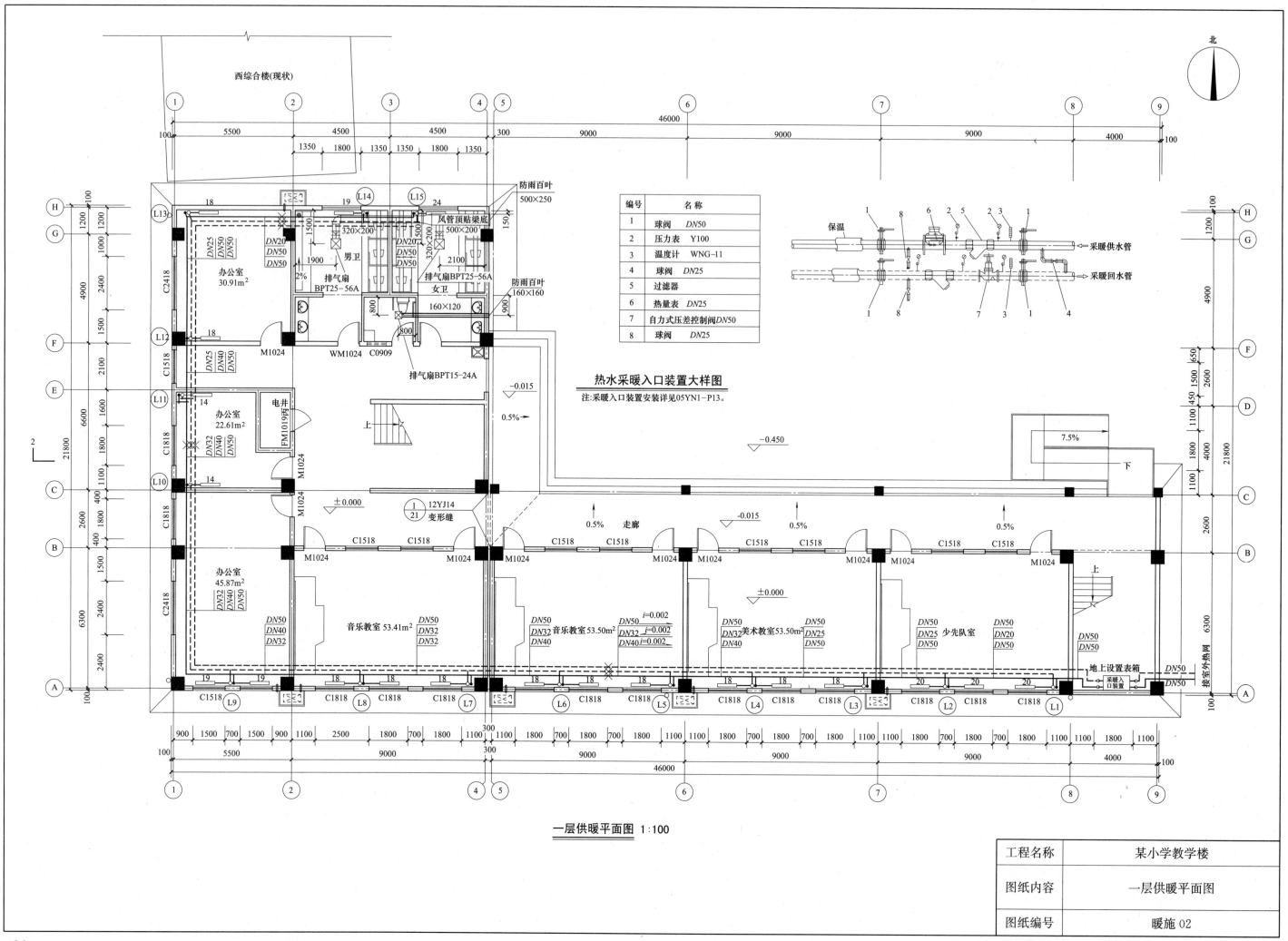

北

西综合楼(现状)

防雨百叶
500×250

编号	名称	
1	球阀	DN50
2	压力表	Y100
3	温度计	WNG-11
4	球阀	DN25
5	过滤器	
6	热量表	DN25
7	自力式压差控制阀DN50	
8	球阀	DN25

保温

采暖供水管

采暖回水管

热水采暖入口装置大样图
注:采暖入口装置安装详见05YN1-P13。

办公室
30.91m²

办公室
22.61m²

电井
FM1019丙

男卫

排气扇
BPT25-56A

女卫

排气扇BPT25-56A

排气扇BPT15-24A

风管顶贴梁底
500×200

防雨百叶
160×160

音乐教室 53.41m²

音乐教室 53.50m²

美术教室53.50m²

少先队室

走廊

变形缝

办公室
45.87m²

地上设置表箱

接室外热网

采暖入口装置

一层供暖平面图 1:100

工程名称	某小学教学楼
图纸内容	一层供暖平面图
图纸编号	暖施 02

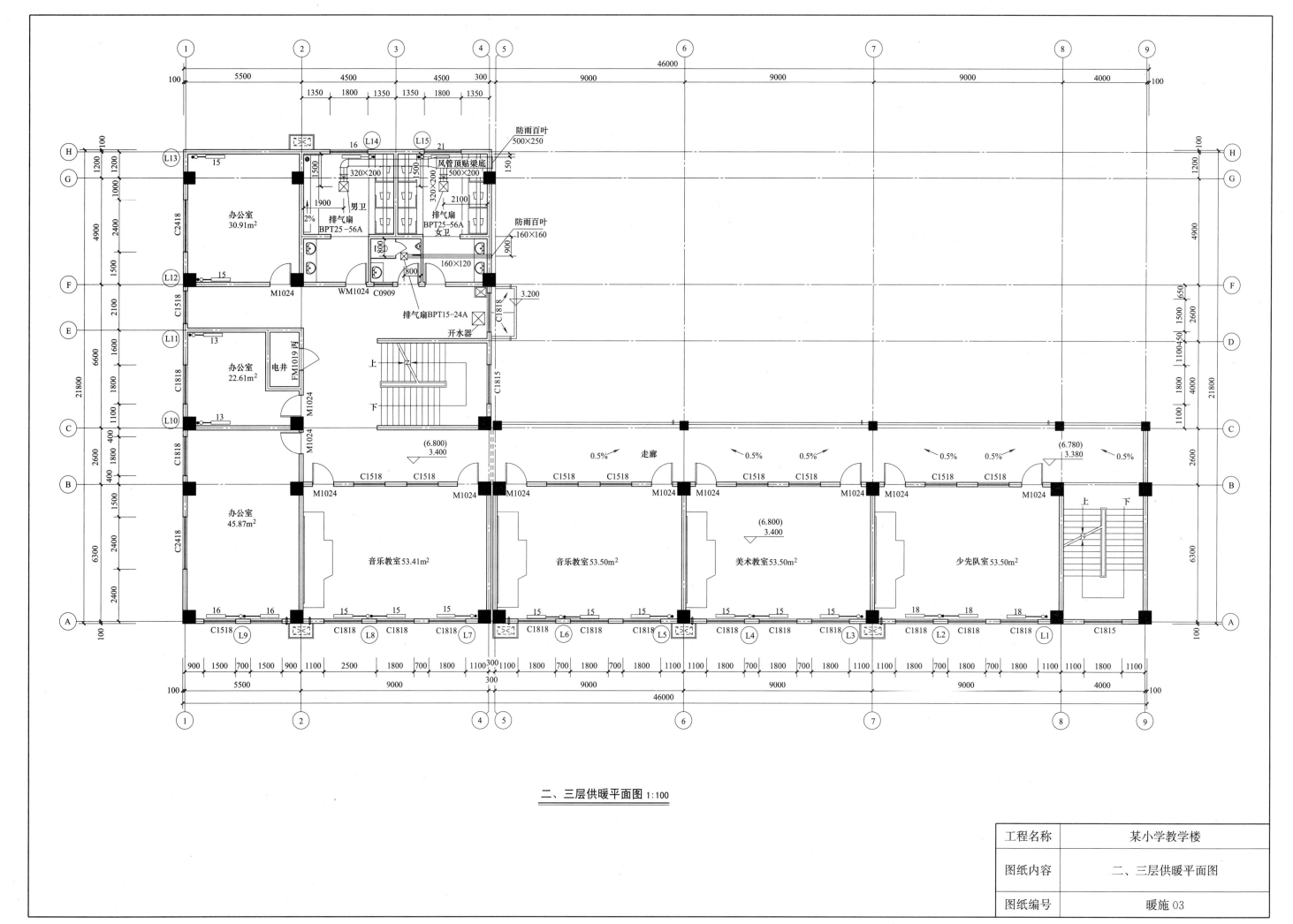

二、三层供暖平面图 1:100

工程名称	某小学教学楼
图纸内容	二、三层供暖平面图
图纸编号	暖施 03

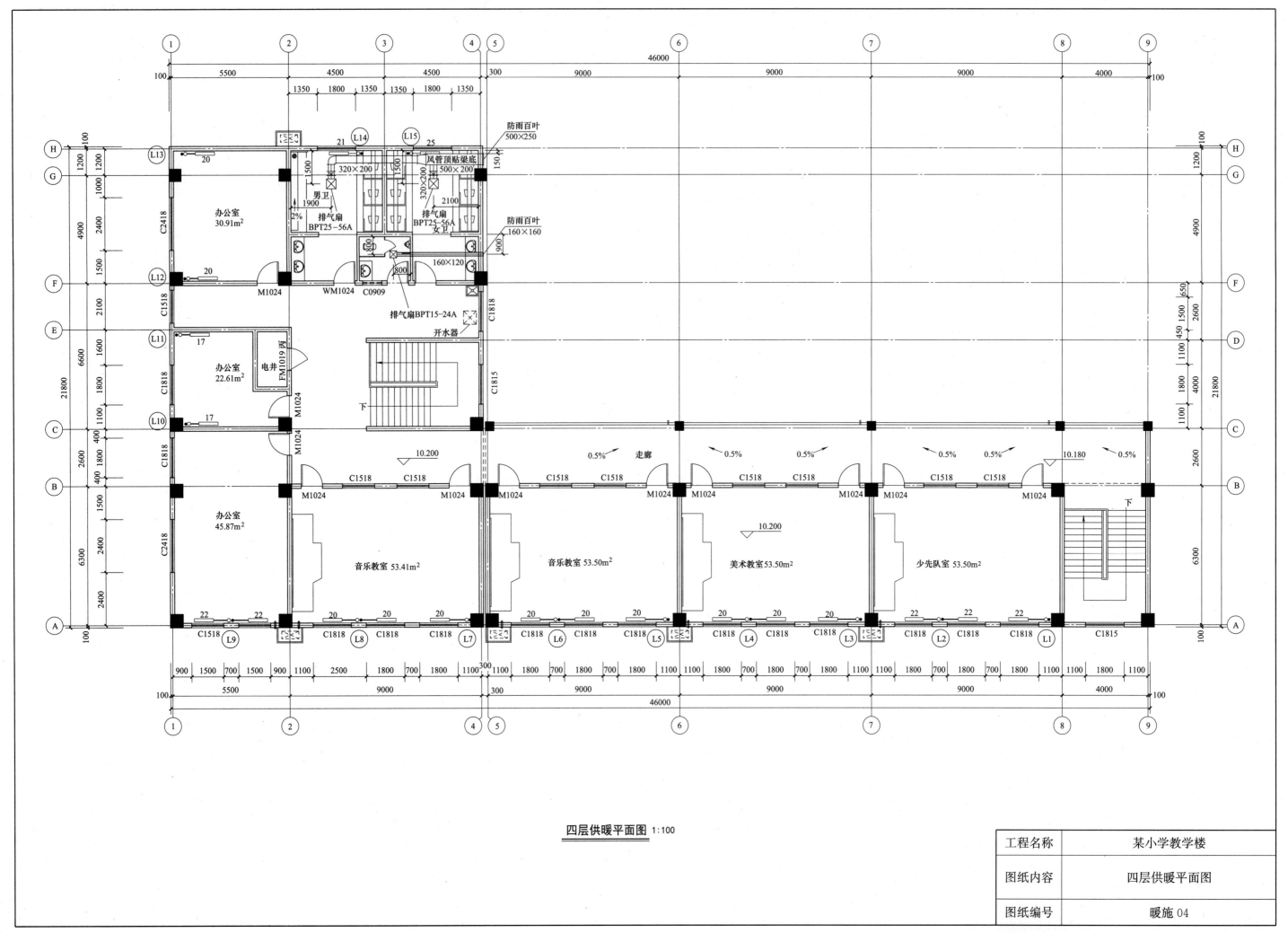

四层供暖平面图 1:100

工程名称	某小学教学楼
图纸内容	四层供暖平面图
图纸编号	暖施04

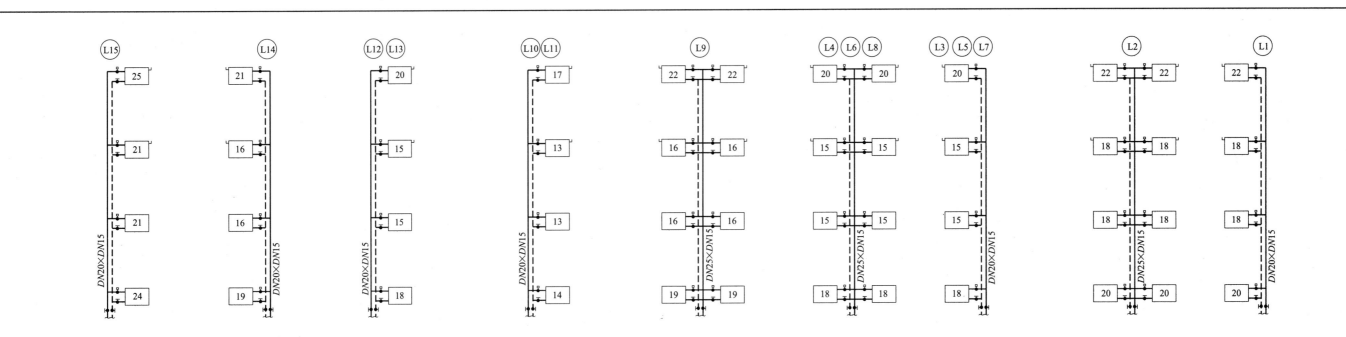

供暖立管系统图

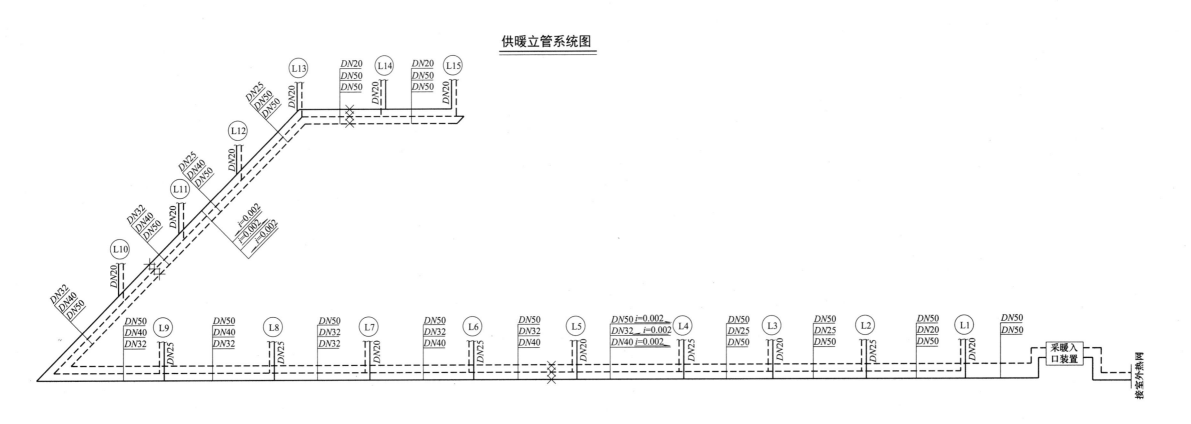

供暖干管系统图

工程名称	某小学教学楼
图纸内容	供暖干管系统图
图纸编号	暖施 05

5　某高层住宅楼工程

5.1　建筑施工图

建筑设计说明

1.	设计依据
1.1	施工图编制依据为方案设计、设计任务书、规划图、甲方意见及有关文件。
1.2	现行国家有关建筑设计规范、规定：
	《民用建筑设计通则》GB 50352—2005　《屋面工程技术规范》GB 50345—2012　《旅馆建筑设计规范》JGJ 62—2014
	《建筑设计统一技术措施》DB22/102—94　《民用建筑节能设计标准》DB 22/436—2007　《建筑玻璃应用技术规程》JGJ 113—2015
	《建筑设计防火规范》GB 50016—2014　《工程建设标准强制性条文(房屋建筑部分)》(2009)
2.	项目概况

2.1	建设单位：××置业有限公司	2.5	建筑防火类别：二类住宅；建筑耐火等级：二级	2.9	建筑高度：50.50m
2.2	工程名称：××福郡 B-12 号楼	2.6	工程设计等级：二级	2.10	结构类型：剪力墙结构
2.3	工程地点：××市××区	2.7	设计使用年限：50 年	2.11	防水等级：屋面防水等级为Ⅱ级，设计使用年限为 15 年
2.4	建筑面积：总建筑面积为 11157.74m^2	2.8	建筑层数：17 层，建筑层高：2.9m	2.12	抗震设防烈度：6 度

3.	设计标高
3.1	本工程室内地坪±0.000 设计标高相当于绝对标高 266.10
4.	用料说明和室内外装修工程
4.1	楼地面工程
4.1.1	建筑主体的普通楼(地)面做法，详见《材料做法表》
4.1.2	回填土除注明者外均用原槽土或黏土回填分层夯实，对其中掺杂的垃圾、草根、杂物应清除干净
4.1.3	大面积水泥地面面层宜分格，每格不大于 25m，分格线位置与垫层伸缩缝位置重合。垫层伸缩缝纵向缝采用平头缝或企口缝间距 3～6m。横向缝采用假缝，间距 6～12m，缝宽 5～20mm
4.1.4	卫生间地面从入口处向地漏方向找 1%的坡度，并要按(1990)建质管 3 号文件的要求做地面蓄水试验，经检查 24 小时无渗漏为合格，卫生间完成面标高低于相邻房间、走道完成面 60mm，做法及构建选用参见吉 S2010-271 P17；除门洞外四周的墙体上，设置 120mm 高的 C20 混凝土翻边，地面防水材料卷起 150mm 高，口平直无毛刺；卫生间临浴缸安装一侧防水层卷起 1500 高。
4.1.5	踢脚板：室内均做不出台踢脚板，材料同楼、地面面层，高度为 120mm，施工时要求厚度一致，表面平直光滑无毛刺，踢脚板材料及做法详《材料做法表》。
4.1.6	楼板留洞的封堵：待设备管线安装完毕后，用 C20 细石混凝土封堵密实；管道竖井每层进行封堵，其空隙采用防火岩棉填塞密实。
4.2	墙砌体、混凝土工程、屋面工程
4.2.1	外墙：主体墙体材料为 200 厚钢筋混凝土及陶粒混凝土空心砌块外贴 100 厚 B1 级聚苯乙烯泡沫保温板(容重大于 20kg/m^3)，导热系数≤0.042W/(m^2·K)；局部线脚为
	为加厚 B1 级聚苯乙烯泡沫保温板；
	内墙：墙体材料为 100/200 厚的陶砾混凝土空心砌块(容重≤750kg/m^3)。
4.2.2	采用砂浆类别和强度等级详见结构图纸。
4.2.3	墙身防潮层位置及做法详见节点详图。
4.2.4	墙体上的预埋件及孔洞应在砌筑时预留，不准事后剔凿，门窗应预留掳卡或射钉枪固定钢板埋件，轻质隔墙板门窗固定方法由厂家提供。
4.2.5	内外窗台、台阶、散水做到内高外低，女儿墙、檐口顶、地漏处做到外高内低，做到不积水，杜绝倒水现象。
4.2.6	窗台下、压顶、雨罩、檐头、腰线等凡突出墙面 60mm 以下者板上面做流水坡度，下面做鹰嘴；雨罩、挑檐、窗楣等凡突出墙面 60mm 以上者，板上面按图纸抹出流水坡度，板下面做滴水槽。
4.2.7	窗立口未注明者应齐外墙皮砌筑，凡未注明的室内窗台板用 1∶2.5 水泥砂浆抹面，正面突出内墙外 10mm 厚，两侧伸出窗口各 30mm，正面高 30mm，并压光做小圆角。
4.2.8	墙面预留孔洞要求位置准确，严禁剔凿、断筋、孔洞采用防水套管，且用 C20 细石混凝土浇灌严密，并做闭水试验，要求 24 小时无渗漏方为合格。
4.2.9	在两种墙体材料的交界处，做外罩面时，需加金属网片。
4.2.10	有防水要求的房间穿楼板立管均预埋防水套管，防止水渗漏，套管高出地面 30，并封防水密封膏。
4.2.11	凡嵌墙安装配电箱、消火栓穿透墙体时，箱后应与墙平齐钉挂钢板网抹 1∶2 水泥砂浆。
4.2.12	本工程屋面防水等级根据《屋面工程技术规范》GB 50345—2012 确定为Ⅱ级，设防要求为两道，具体做法详《材料做法表》
4.2.13	屋面突出部位及转角处的找平层，抹成平缓的半圆弧形，半径控制在 100～120mm，弧度要求一致。
4.2.14	预留洞及竖井的封堵：砌筑墙留洞待管道设备安装完毕后，用 C20 细石混凝土填实；套管与穿墙管之间嵌堵非燃烧材料。
4.2.15	在结构构件中(如梁、板、挑檐)为安装建筑配件的预埋件、窗预埋件等在具体工程结构设计图纸中表示，均由相关厂家提供给施工单位，所有预埋件做防锈处理。
4.2.16	凡排水雨水管收水处设镀锌网罩，安装时注意与屋面卷材交接严密避免渗漏现象。凡采用金属管材者，雨水管外刷防锈漆一道，调合漆二道。雨水管安装应弹立线，做到垂直、牢固。
4.2.17	采暖、通风系统中的管道，在穿越隔墙、楼板处的缝隙采用防火材料封堵。
4.2.18	屋面应按《屋面施工技术规范》GB 50207—2012 施工，泛水部位匀在防水层下面加铺卷材一层，雨水口周围加铺卷材二层。平屋面排水坡度≥2%，水落口周围直径 500mm 范围内坡度≥5%。
	凡排水雨水管收水处设镀锌网罩或篦子，安装时注意与屋面卷材交接严密避免渗漏现象。
4.3	内外装修工程
4.3.1	油漆工程基层的含水率，混凝土和抹灰不得大于 8%。冬季施工室内油漆工程应在室内采暖条件下进行，室温保持均衡不得突然变化。
4.3.2	室内墙体阳角处做 20mm 厚 1∶2.5 水泥砂浆护角，位于洞口处抹过墙角各 120mm，做于门窗口时一侧抹过 120mm，另一侧压入框料灰口线内，高度与门窗上口齐，在洞口和楼梯间阳角处通高。
4.3.3	所有油漆颜色均由设计人员提出基本色，施工单位做出样板，由设计单位会同建设单位共同决定。
4.3.4	金属材料必须除锈并刷防锈漆一道，调合漆两道，再依据设计要求刷面漆。凡预埋木砖必须做防腐处理。

5.	门窗工程
5.1	
	调换合适的门窗材料、玻璃及五金件。
	外门窗风荷载可根据国家标准设计(04J906)[门窗、幕墙风荷载标准值]选取。建筑外门窗抗风压性能分级为 3 级(2.0≤P<2.5)。
5.2	门窗的空气渗透性能不低于现行国家标准《建筑外门窗气密、水密、抗风压性能分级及检测方法》GB/T 7106—2008 要求。气密性等级为 4 级[0.5<q_1≤1.5m/(m^2·K)]。
5.3	门窗的雨水渗漏性能，不低于现行国家标准《建筑外门窗气密、水密、抗风压性能分级及检测方法》GB/T 7106—2008 要求的 3 级水平(250≤ΔP<350Pa)。
5.4	门窗的保温性能，应满足《民用建筑节能设计标准实施细则》(采暖居住建筑部分)节能要求，保温性能分级为 7 级(2.5≤K<3.0)。
5.5	凡窗台 700 处窗，(有露台的房间除外)均在窗外侧做防护栏杆，防护栏杆结合外装饰，详见立面图。
5.6	外门窗的隔声性能，不应小于 30dB，户门不应小于 25dB。
5.7	本工程外门采用传热系数≤1.50W/(m^2·K)的定型产品或按此要求加工。门窗上的五金均采用优质产品由建设单位确认生产厂家配套生产。
	所有门窗必须与墙体有牢固的连接，以确保安全。
5.8	门窗隔断上的玻璃除图说规定外，凡无注明要求者应符合《建筑玻璃应用技术规程》JGJ113—2015 附录 A 的要求。
5.9	门窗在首层出入口、单块大于 1.5m 的玻璃、距地面净高 900mm 之内易遭受撞击冲击而造成人体伤害的部位的玻璃必须选用安全夹胶玻璃；玻璃上作出醒目的标志。
5.10	玻璃幕墙由甲方指定厂家依据施工图门窗大样、保温性能指标定制及施工，若更改样式及尺寸应及时与设计单位取得联系并共同协商解决。
5.11	玻璃幕墙与房间隔墙、与层高梁板位置形成的空隙均用 A 级岩棉进行封堵。
6.	防火
6.1	建筑防火类别：二类住宅楼；建筑耐火等级；二级，地上部分每层为一个防火分区，详见平面图防火分区示意图。
6.2	疏散楼梯及电梯：本工程共设有三部疏散用封闭楼梯间；本工程设两部消防电梯，详见平面图。
6.3	沿建筑主体边缘设环形消防车道，无扑救死角，且均满足扑救距离要求，主要出入口位置设置开阔疏散平台，满足人员疏散要求。
6.4	本工程外墙保温材料采用 B1 聚苯乙烯泡沫保温板裹覆保温浆料加薄抹灰(与 A 级保温材料等效)，并加设防火隔离带(层高下 300 范围内)，屋面、露台保温材料
	采用 B1 级硬泡聚氨酯，周边屋顶(沿屋顶周边向内 500mm 范围内采用 B1 级硬泡聚氨酯裹覆保温浆料加薄抹灰，与 A 级保温材料等效)。
7.	节能工程
7.1	本工程严格按照民用建筑节能标准节能 65%进行设计，各项控制指标如下：
	体形系数≤0.23，维护结构的传热系数设计值，屋顶非透明部分为 0.27W/(m^2·K)，外墙为 0.41W/(m^2·K)，底面接触室外空气的架空或外挑楼板为 0.41W/(m^2·K)，
	梁柱为 0.48W/(m^2·K)，窗户(含阳台门上部)为 1.90W/(m^2·K)，凸窗为 1.70W/(m^2·K)，周边地面热阻设计值为 0.31(m^2·K)/W，设计计算结果符合节能要求。
7.2	建筑须按照本工程节能设计的各项指标进行验收安装，抗风压性能、气密性性能、水密性性能、保温性能、隔声性能等分级标准必须达标。
7.3	节能墙体的成套材质必须达标，B1 级聚苯乙烯泡沫保温板(容重大于 20kg/m^3)，导热系数≤0.042W/(m^2·K)，保温楼地面的
	保温材料为 B1 级聚苯乙烯泡沫保温板(容重大于 20kg/m^3)；抗压强度≥0.15MPa；导热系数≤0.042W/(m^2·K)。
	屋面、露台保温材料为聚苯乙烯泡沫保温板(容重≥20kg/m^3 抗拉强度≥0.1MPa；导热系数≤0.025W/(m^2·K)
7.4	外保温节能墙体施工技术要求遵照吉林省地方标准《聚苯乙烯(EPS)板外墙外保温工程施工及验收规范》DB22/T 278—2005 各项技术要求执行。
7.5	首层(架空层)地上停车场部分顶棚、侧壁、框架柱外包 50 厚 B1 级聚苯乙烯泡沫保温板。
8.	基本要求
8.1	有关施工质量操作规程，验收标准，均以国家及吉林市颁发的相关规程、规范及规定为准。
8.2	施工单位应事先熟悉本图纸，经我院各专业负责人向施工单位技术交底后方能施工。遇图纸有不明之处或作法不当之处应与设计单位联系解决，不得自行变更作法。
8.3	本工程选用建材及配件，均应确保质量，并应符合现行国家部颁标准，防火及防水材料须经消防及质检部门认可后方可使用。
	图纸内所涉及建材生产厂家，产品，规格仅作为设计参考，并不代表本工程必须使用该产品，甲方可依据图纸提供产品性能指标选择更佳之产品。
8.4	本工程图纸所注尺寸以图面标注为准，不可度量。距离均以毫米为单位，标高以米为单位。
8.5	各层标高为建筑标高，屋面、女儿墙、雨篷标高为结构面标高。
8.6	楼梯间内墙抹 30 厚保温砂浆。
9.	其他事项
9.1	外墙外雨水管采用 UPVC 雨水管，颜色为白色；出水嘴处设镀锌铁丝网罩，安装时应注意与屋面卷材交接严密避免渗漏现象。雨水管安装应弹立线做到垂直、牢固，
	雨水管的卡箍可用钻孔埋设或膨胀螺栓固定，不得用木楔直接钉入墙体。
9.2	所有露台做法见材料做法表，其户内在露台部位的门、窗根据《民用建筑节能设计标准实施细则》(采暖居住建筑部分)的要求，性能指标见相应门窗表。
9.3	B1 级聚苯乙烯泡沫保温板及 B1 级硬泡聚氨酯保温板保温系统应经过法定检测机构对该系统产品的粘接强度、耐冻融等项目进行检测并认定合格。
9.4	本工程各种管道、墙内、梁内留洞，施工时应注意各专业图纸的协调避免遗漏和留错，做到准确无误。
	凡建筑图中未表示的孔洞均详有关专业图纸；各专业管道凡在墙内暗装者，各专业应配合施工满足安装要求，先安装后封堵。
9.5	屋面通风孔侧风口外侧均加装不锈钢防护网。
9.6	建筑外饰面材料颜色及规格，施工单位应事先按施工图标注或效果图所示制作样板，经规划管理部门、设计单位及建设单位认可进行封样，并据此验收，方可订货施工
	内、外檐所刷涂料，应按涂料规定水泥抹面基层干燥的时间后方可施工，且不应在风雨中施工。
9.7	裸露混凝土及外墙转角等冷桥部位均抹 30 厚保温砂浆。
9.8	本工程室外台阶、坡道、散水等室外设施换土深度均为 1.5m。
9.9	本工程门窗均由门窗厂家二次设计。厂家出具的门窗详图必须经设计人员确定后方可施工。
9.10	本图中所标注的尺寸如与实际不符，施工单位需要通知设计单位，通过协商共同确定。
9.11	本说明未尽事宜严格按照建筑施工手册及施工操作规范规程执行。

工程名称	某高层住宅楼
图纸内容	建筑设计说明
图纸编号	建施-01

材料做法表

楼地面1

水泥砂浆地面	面层业主自理		
用于采暖空间 （无防水要求） 60	30厚1：2.5水泥砂浆找平		
	水泥浆一道（内掺建筑胶）		
	细砂与管顶平		
	交联聚乙烯管φ20×2（专用绑线）		
	真空镀铝聚酯薄膜（0.2mm）		
	聚苯乙烯板（40mm）	现浇钢筋混凝土板	
	1：2.5水泥砂浆水泥用量10%TS95	粉刷107胶水与白	
	80厚C15混凝土垫层	水泥浆批嵌整平	

楼地面2

水泥砂浆地面	30厚1：2.5水泥砂浆找平	
用于采暖空间 （有防水要求） 130	20厚1：2.5水泥砂浆掺10%TS95防水剂（仅用于首层及卫生间，卫生间部位翻起高度为150mm）	
	水泥浆一道（内掺建筑胶）	
	细砂与管顶平	
	交联聚乙烯管φ20×2（专用绑线）	
	真空镀铝聚酯薄膜（0.2mm）	
	聚苯乙烯板（40mm）	现浇钢筋混凝土板
	1：2.5水泥砂浆水泥用量10%TS95	粉刷107胶水与白
	80厚C15混凝土垫层	水泥浆批嵌整平

楼地面3

花岗岩地面	10厚1：1水泥细砂浆贴20厚大理石，素水泥浆擦缝	*
（无防水要求） 50	20厚1：3干硬性水泥砂浆结合层，表面撒水泥粉	
	水泥浆一道（内掺建筑胶）	
	60厚C15混凝土垫层	现浇钢筋混凝土板
	素土夯实	

外墙1

涂料外墙面	1.5厚聚合物砂浆外刷外墙涂料，饰面线条分格详见立面
	铺一布二浆，外抹界面剂（底层二布三浆）
	15厚胶粉聚苯颗粒
	80厚B1级聚苯乙烯泡沫保温板（容重大于20kg/m³），局部线脚加厚，厚度见详图，饰面颜色见立面
	3～5厚聚合物砂浆粘结层
	20厚1：2.5水泥砂浆找平层
	结构墙体

工程通用设计做法

部位	做法
室外散水	参见吉J90-010 P9 散1,150厚灰土改为1500厚
室外台阶	参见 吉J90-010 P7 台 6,500mm 厚垫层 改为1500mm 厚
雨水管	参见99J201-1
通风道	参见99J201-1 PG47-1

外墙2

面砖外墙面	饰面砖胶粘剂贴饰面砖，勾缝胶浆勾缝
	第一遍抗裂砂浆＋热镀锌电焊网（用塑料锚栓与基层锚固）＋第二遍抗裂砂浆
	15厚胶粉聚苯颗粒
	80厚B1级聚苯乙烯泡沫保温板（容重大于20kg/m³），局部线脚加厚，厚度见详图，饰面颜色见立面
	3～5厚聚合物砂浆粘结层
	20厚1：2.5水泥砂浆找平层
	结构墙体

外墙防火隔离带

	1.5厚聚合物砂浆外刷外墙涂料，饰面线条分格详见立面
	铺一布二浆，外抹界面剂（底层二布三浆）
	15厚胶粉聚苯颗粒粘贴
	80mm厚酚醛防火保温板
	3～5厚聚合物砂浆粘结层
	20厚胶粘聚苯颗粒粘贴兼找平层
	结构墙体

踢脚1

水泥砂浆踢脚 暗踢脚	5厚1：2.5水泥砂浆抹面压实赶光
	7厚1：3水泥砂浆打底划出纹道
	素水泥浆一道（内掺建筑胶）

内墙1

乳胶漆墙面 住宅公共部分	面浆饰面
	2厚面层耐水腻子分遍刮平
	12厚1：3：9水泥石灰膏砂浆打底分层抹平
	30厚保温砂浆
	结构墙体

内墙2

混合砂浆 户内部分	面漆饰面
	15厚1：2.5石灰膏砂浆打底分层抹平
	3厚外加剂专用砂浆打底刮糙（甩前喷湿墙面）

顶棚1

水泥砂浆 户内部分	20厚1：2.5水泥砂浆面层
	钢筋混凝土板粉刷107胶水与白水泥浆批嵌整平

备注：1. 施工应严格按照工艺要求进行施工。
2. 住户内基层部位应考虑作法的构造厚度并满足二次装修的要求。
3. 外檐材料、做法、颜色结合产品工艺施工。
4. 带"＊"的做法均结合业主装修二次设计施工。

屋1

保温找坡层 不上人	40厚C20细石防水混凝土掺5％防水剂
	一道3mm厚SAM-940顶铺反粘聚合物改性沥青防水卷材（Ⅱ型）
	20厚1：3水泥砂浆找平层
	80厚B1级聚苯乙烯泡沫保温板（容重大于20kg/m³），局部线脚加厚，厚度见详图，饰面颜色见立面
	100厚硬泡聚氨酯保温板（容重大于 kg/m³）（B1级）
	一道1.5mm厚JSA-101复合聚合物水泥防水涂料
	20厚1：3水泥砂浆找平层
	钢筋混凝土屋面板

屋2

挑空楼板	40厚C20细石防水混凝土掺5％防水剂
	一道3mm厚SAM-940预铺反粘聚合物改性沥青防水卷材（Ⅱ型）
	20厚1：3水泥砂浆找平层
	1：10水泥珍珠岩找坡坡度i＝3％,最薄处30mm
	100厚硬泡聚氨酯保温板（容重大于35kg/m³）（B1级）
	20厚1：3水泥砂浆找平层
	钢筋混凝土屋面板
	20厚1：3水泥砂浆找平层
	3～5厚粘板胶砂浆粘剂粘结层
	100厚硬泡聚氨酯保温板（容重大于35kg/m³）（B1级）
	3～5厚一布二浆，柔性腻子外刷外墙涂料

室内建筑装修做法表

房间名称	楼地面	踢脚墙裙	内墙面	顶棚
客厅卧室厨房	楼地面1	踢脚1	内墙2	顶棚1
卫生间	楼地面2		内墙2	顶棚1
楼梯间	楼地面3	踢脚1	内墙1	顶棚1

备注：1. 施工应严格按照工艺要求进行施工。
2. 住户内基层部位应考虑作法的构造厚度并满足二次装修的要求。
3. 外檐材料、做法、颜色结合产品工艺施工。
4. 带"＊"的做法均结合业主装修二次设计施工。

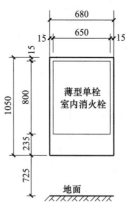

室内消火栓箱暗装留洞图

一～三层门窗表

类型		设计编号	洞口尺寸（mm）	数量	图集名称
门		BFM1012	1000×1200	6×3=18	丙级防火门
		JFM1021	1000×2100	8×3=24	安全门（甲级防火，防盗，保温）
		M0821	800×2100	12×3=36	贴板门（业主自理）
		M0823	800×2300	4×3=12	三玻璃塑门
		M0921	900×2100	16×3=48	贴板门（业主自理）
		M1522	150×2200	2	单元电子门
		YFM1222	1200×2200	2×3=6	乙级防火门
		YFM1522	1500×2200	2×3=6	乙级防火门
门连窗		MC1823	1800×2300	4×3=12	三玻塑钢门联窗
窗		C0617	600×700	4×3=12	三玻塑钢窗
		C0717	700×700	4×3=12	三玻塑钢窗
		C0815	800×1500	4×3=12	三玻塑钢窗
		C0915	900×1500	2×3=6	三玻塑钢窗
		C1017	1000×1700	4×3=12	三玻塑钢窗
		C1515	1500×1500	4×3=12	三玻塑钢窗
		C1517	1500×700	2×3=6	三玻塑钢窗
		C1815	1200×1500	4×3=12	三玻塑钢窗
		C1817	1800×700	4×3=12	三玻塑钢窗
		C2117	2100×700	4×3=12	三玻塑钢窗
带形窗		DC	2500×500	4×3=12	三玻塑钢窗

四～十七层门窗表

类型		设计编号	洞口尺寸（mm）	数量	图集名称
门		BFM1012	1000×1200	6×14=84	丙级防火门
		JFM1021	1000×2100	8×14=112	安全门（甲级防火，防盗，保温）
		M0821	800×2100	12×14=168	贴板门（业主自理）
		M0823	800×2300	4×14=156	三玻塑钢门
		M0921	900×2100	16×14=224	贴板门（业主自理）
		YFM1222	1200×2200	2×14=28	乙级防火门
		YFM1522	1500×2200	2×14=28	乙级防火门
门连窗		MC1823	1800×2300	4×14=56	三玻塑钢门联窗
窗		C0618	600×800	8×14=112	三玻塑钢窗
		C0717	700×1700	4×14=56	三玻塑钢窗
		C0815	800×1500	4×14=56	三玻塑钢窗
		C0915	900×1500	2×14=28	三玻塑钢窗
		C1017	1000×1700	4×14=56	三玻塑钢窗
		C1515	1500×1500	4×14=56	三玻塑钢窗
		C1517	1500×1700	2×14=28	三玻塑钢窗
		C1617	1600×1700	4×14=56	三玻塑钢窗
		C1815	1200×1500	4×14=56	三玻塑钢窗
		C2117	2100×700	4×4=56	三玻塑钢窗
转角窗		ZJC1	(500＋2200)×1700	2×14=28	三玻塑钢窗
		ZJTC	(1100＋2200)×1500	1×14=14	三玻塑钢窗
		ZJTC	(2200＋1100)×1700	1×14=14	三玻塑钢窗

顶层门窗表

类型	设计编号	洞口尺寸（mm）	数量	图集名称
门	M1022	1000×2200	2	安全门
	YFM1222	1200×2200	2	乙级防火门
	YFM1522	1500×2200	2	乙级防火门
窗	C0618	600×1800	8	

工程名称	某高层住宅楼
图纸内容	材料做法表、室内建筑装修做法表、门窗表
图纸编号	建施-02

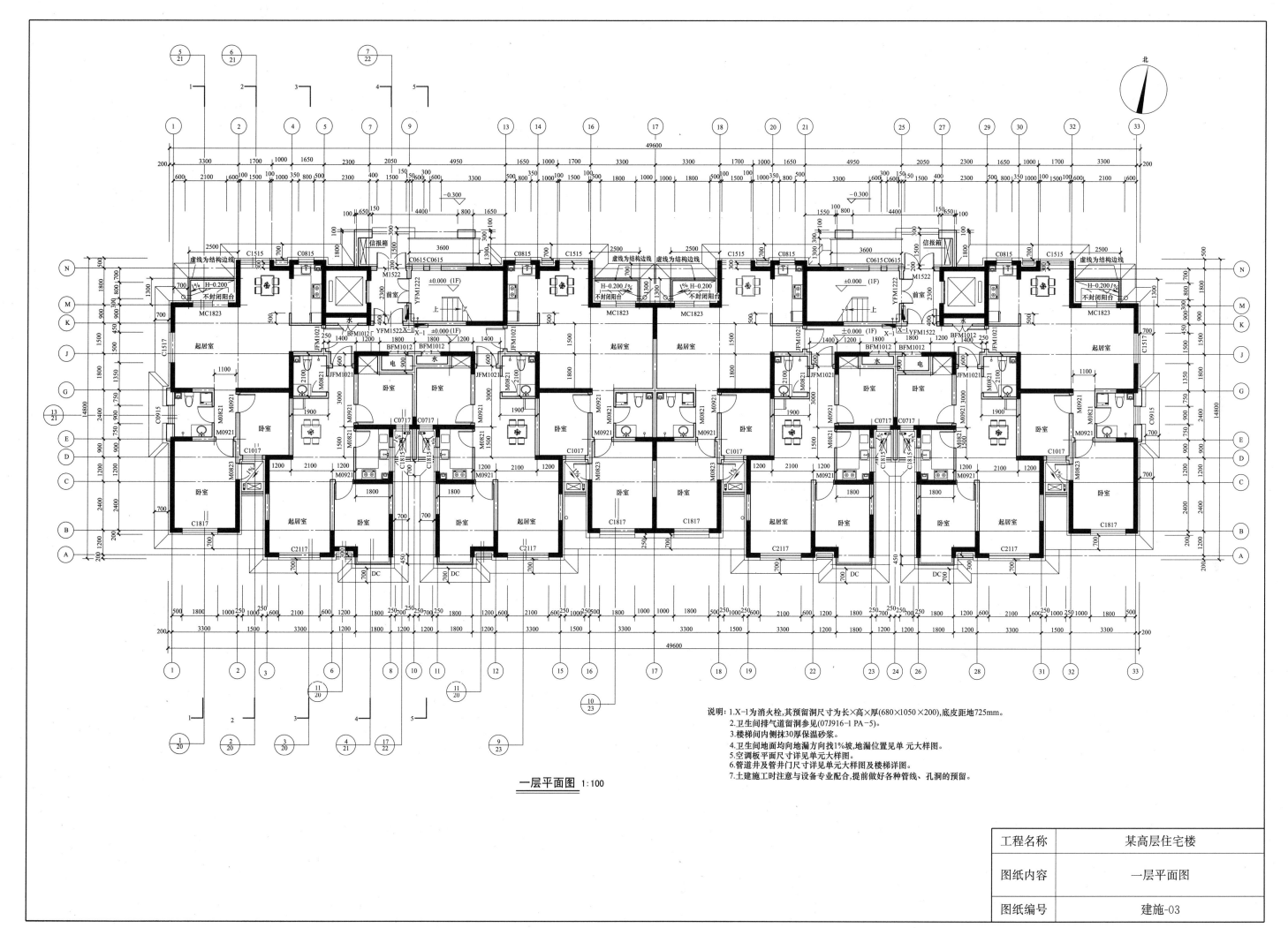

一层平面图 1:100

说明：1.X-1为消火栓,其预留洞尺寸为长×高×厚(680×1050×200),底皮距地725mm。
2.卫生间排气道留洞参见(07J916-1 PA-5)。
3.楼梯间内侧抹30厚保温砂浆。
4.卫生间地面均向地漏方向找1%坡,地漏位置见单元大样图。
5.空调板平面尺寸详见单元大样图。
6.管道井及管井门尺寸详见单元大样图及楼梯详图。
7.土建施工时注意与设备专业配合,提前做好各种管线、孔洞的预留。

工程名称	某高层住宅楼
图纸内容	一层平面图
图纸编号	建施-03

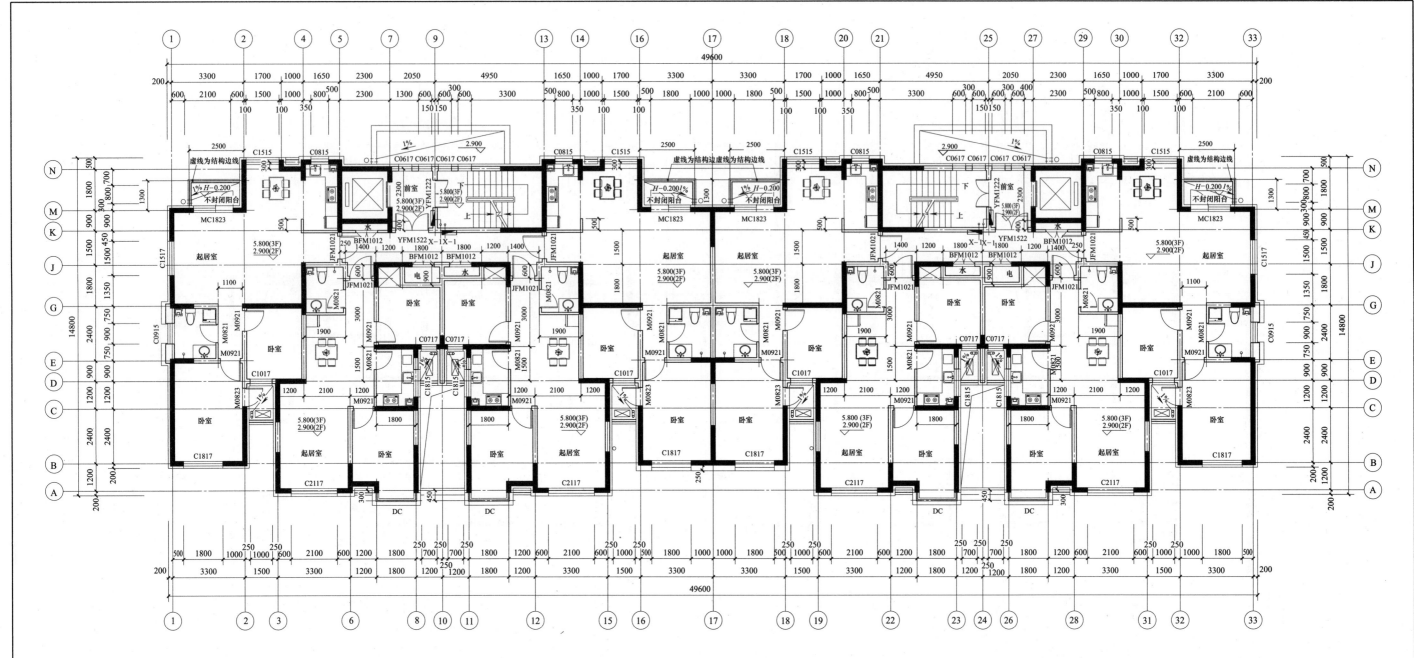

二、三层平面图 1:100

说明: 1. X-1为消火栓,其预留洞尺寸为长×高×厚(680×1050×200),底皮距地725mm。
2. 卫生间排气道留洞参见(07J916-1 PA-5)。
3. 楼梯间内侧抹30厚保温砂浆。
4. 卫生间地面均向向地漏方向找1%坡,地漏位置见单元大样图。
5. 空调板平面尺寸详见单元大样图。
6. 管道井及管井门尺寸详见单元大样图及楼梯详图。
7. 土建施工时注意与设备专业配合,提前做好各种管线、孔洞的预留。

工程名称	某高层住宅楼
图纸内容	二、三层平面图
图纸编号	建施-04

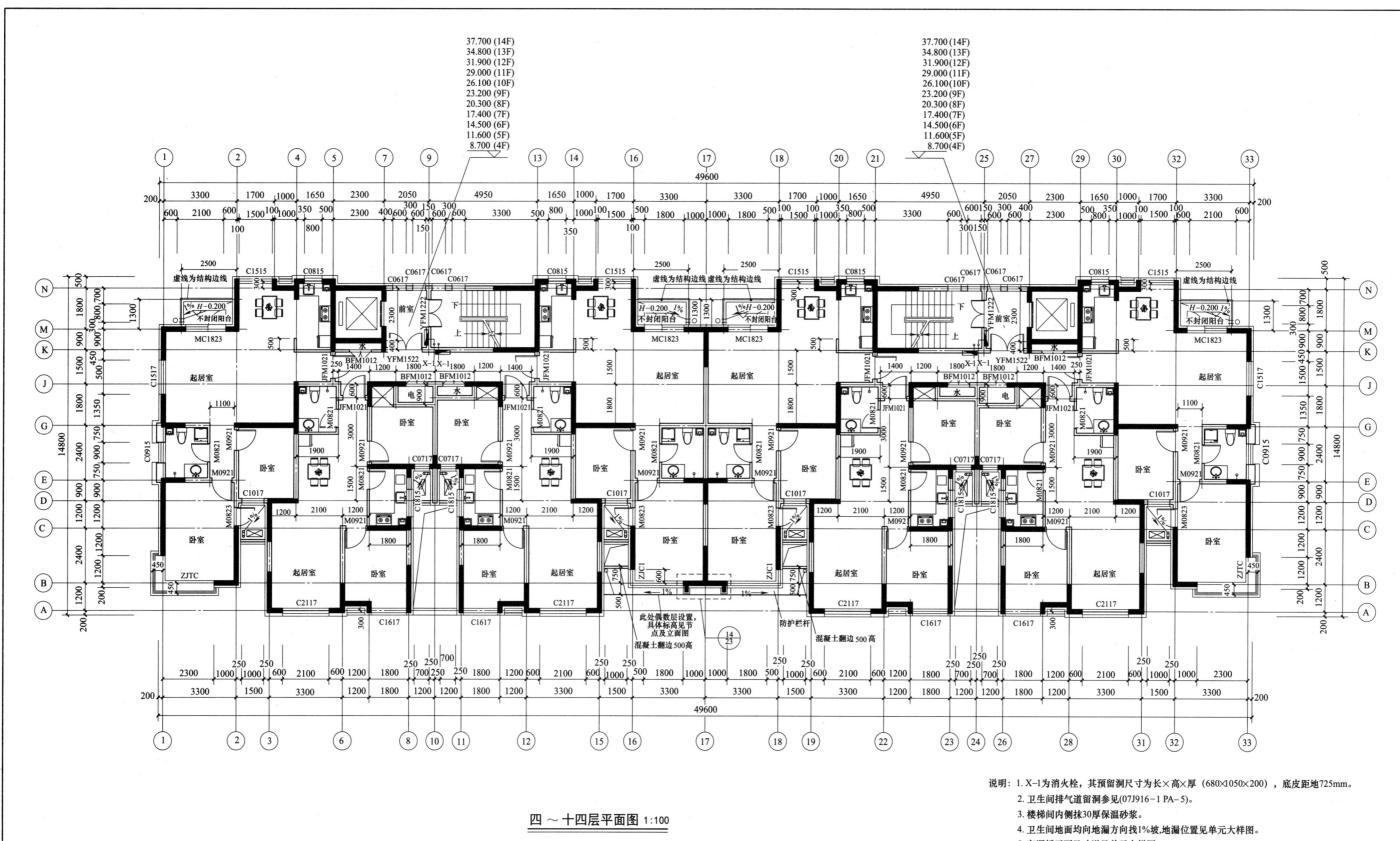

37.700 (14F)
34.800 (13F)
31.900 (12F)
29.000 (11F)
26.100 (10F)
23.200 (9F)
20.300 (8F)
17.400 (7F)
14.500 (6F)
11.600 (5F)
8.700 (4F)

说明：1. X-1为消火栓，其预留洞尺寸为长×高×厚（680×1050×200），底皮距地725mm。
2. 卫生间排气道留洞参见(07J916-1 PA-5)。
3. 楼梯间内侧面均抹30厚保温砂浆。
4. 卫生间地面均向地漏方向找1%坡，地漏位置见单元大样图。
5. 空调板平面尺寸详见单元大样图。
6. 管道井及管井门尺寸详见单元大样图及楼梯详图。
7. 土建施工时注意与设备专业配合,提前做好各种管线、孔洞的预留。

四～十四层平面图 1:100

工程名称	某高层住宅楼
图纸内容	四～十四层平面图
图纸编号	建施-05

95

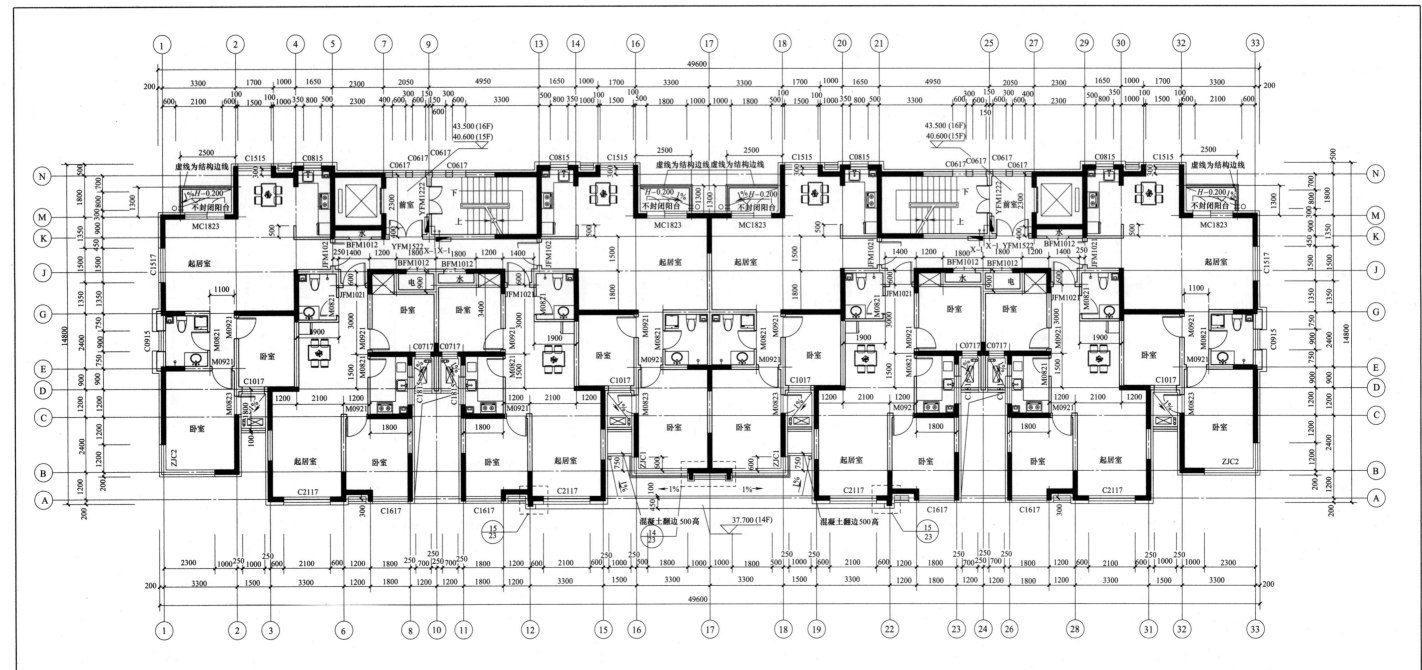

十五、十六层平面图 1:100

说明：1. X-1为消火栓，其预留洞尺寸为长×高×厚（680×1050×200），底皮距地725mm。
2. 卫生间排气道留洞参见(07J916-1 PA-5)。
3. 楼梯间内侧抹30厚保温砂浆。
4. 卫生间地面均向地漏方向找1%坡,地漏位置见单元大样图。
5. 空调板平面尺寸详见单元大样图。
6. 管道井及管井门尺寸详见单元大样图及楼梯详图。
7. 土建施工时注意与设备专业配合,提前做好各种管线、孔洞的预留。

工程名称	某高层住宅楼
图纸内容	十五、十六层平面图
图纸编号	建施-06

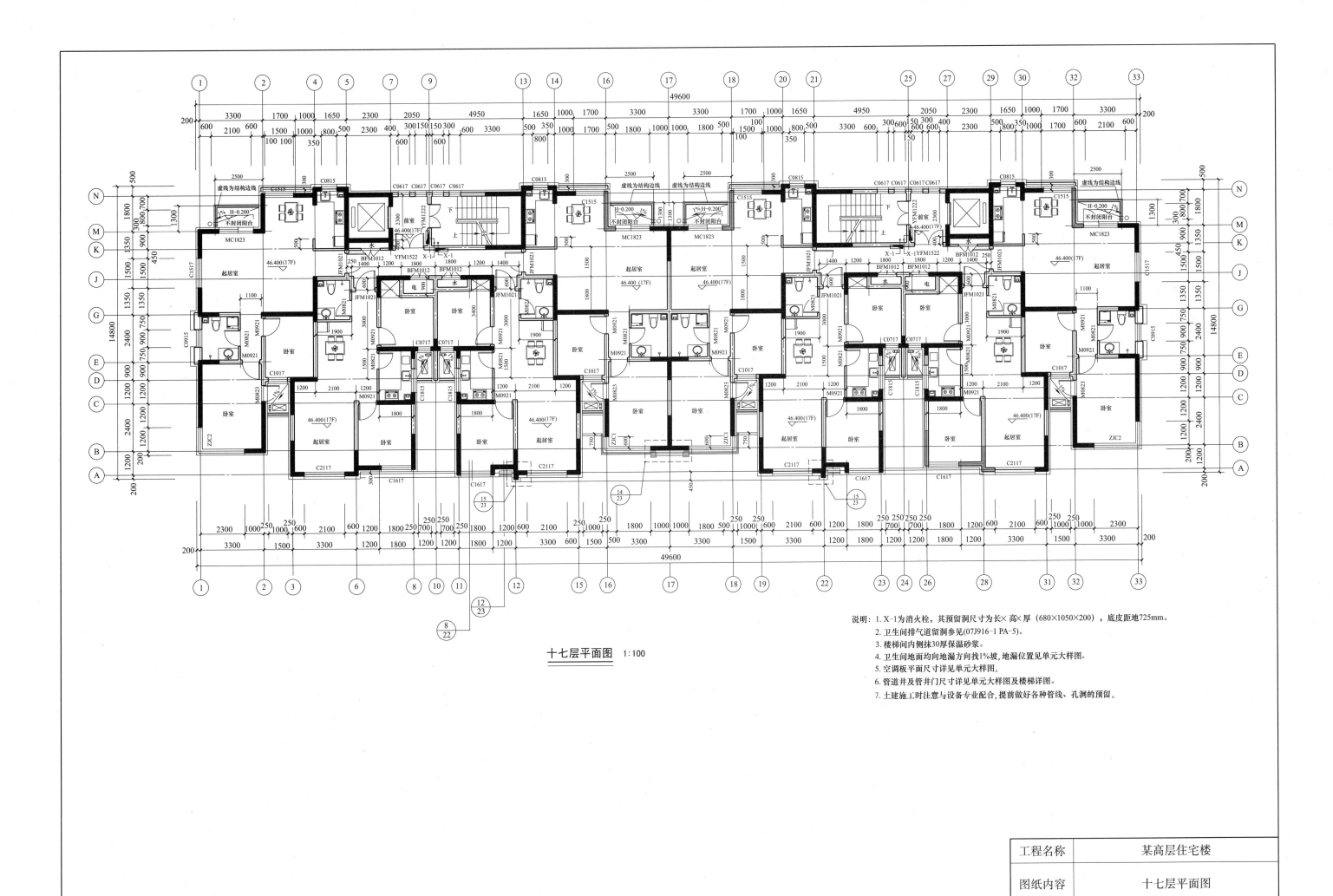

十七层平面图 1:100

说明：1. X-1为消火栓，其预留洞尺寸为长×高×厚（680×1050×200），底皮距地725mm。
2. 卫生间排气道留洞参见（07J916-1 PA-5）。
3. 楼梯间内侧抹30厚保温砂浆。
4. 卫生间地面均向地漏方向找1%坡，地漏位置见单元大样图。
5. 空调板平面尺寸详见单元大样图。
6. 管道井及管井门尺寸详见单元大样图及楼梯详图。
7. 土建施工时注意与设备专业配合，提前做好各种管线、孔洞的预留。

工程名称	某高层住宅楼
图纸内容	十七层平面图
图纸编号	建施-07

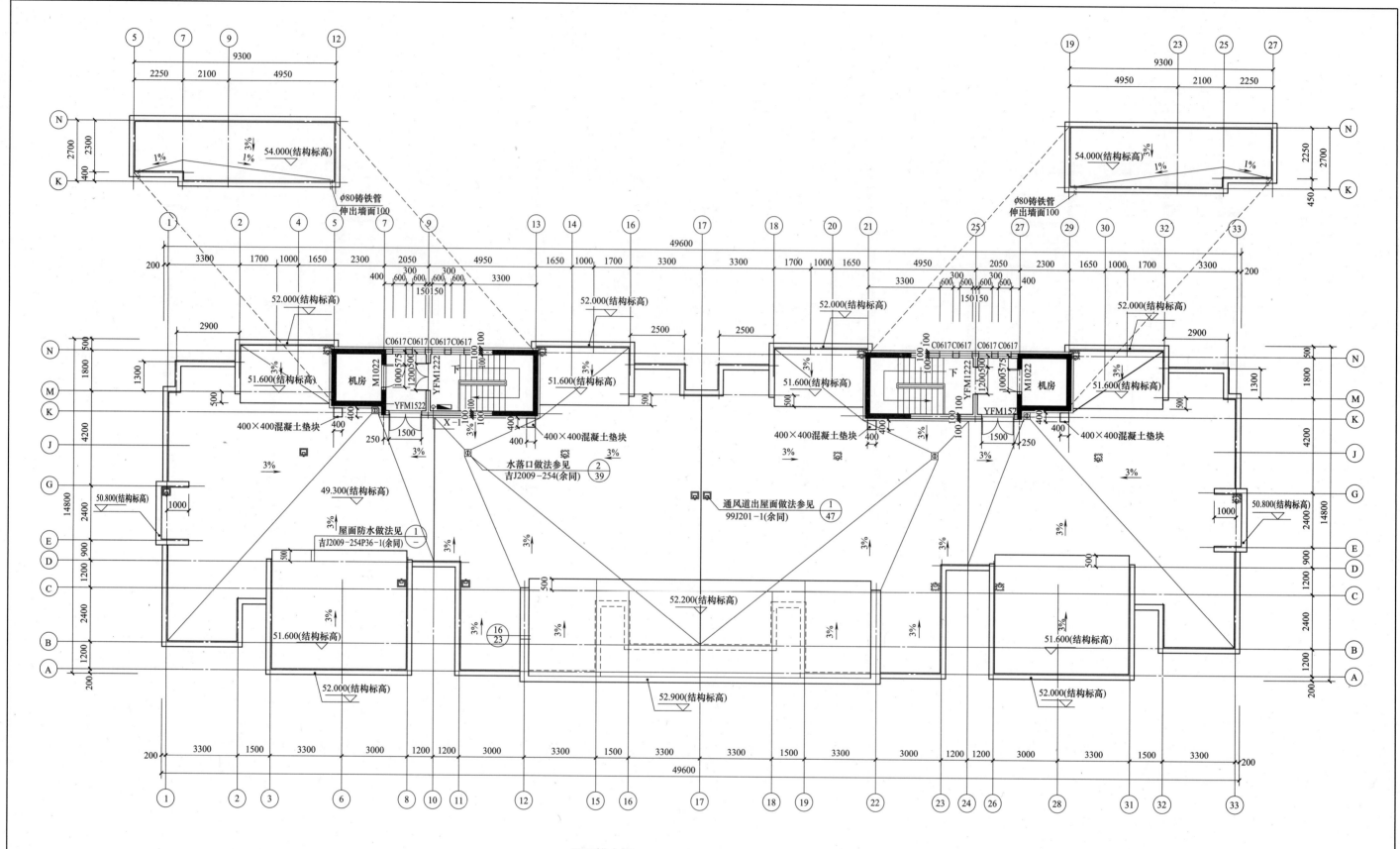

屋面排水图 1:100

工程名称	某高层住宅楼
图纸内容	屋面排水图
图纸编号	建施-08

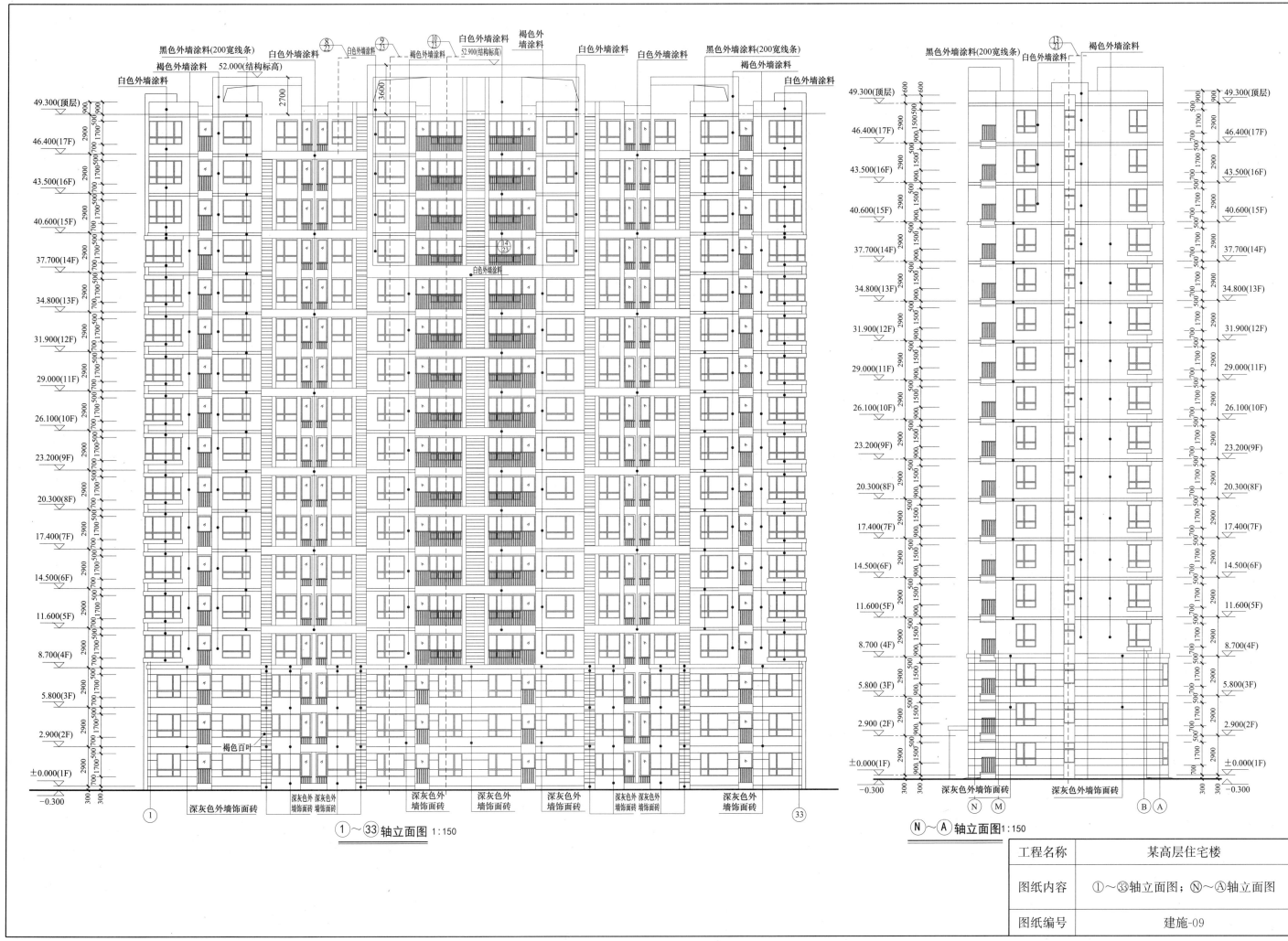

① ~ ㉝轴立面图 1:150

Ⓝ ~ Ⓐ轴立面图 1:150

工程名称	某高层住宅楼
图纸内容	①~㉝轴立面图；Ⓝ~Ⓐ轴立面图
图纸编号	建施-09

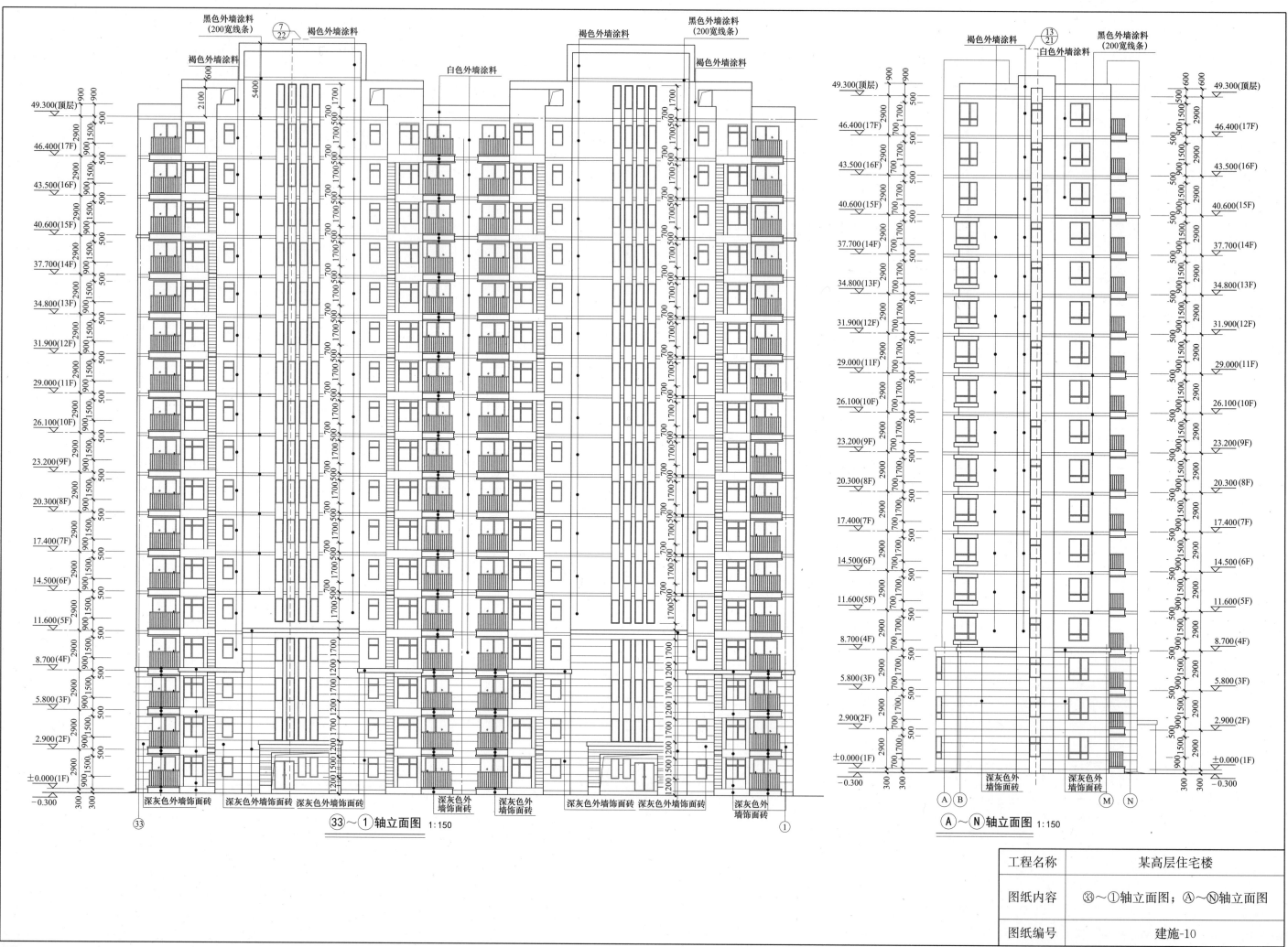

黑色外墙涂料
(200宽线条)
褐色外墙涂料
褐色外墙涂料
白色外墙涂料
黑色外墙涂料
(200宽线条)
褐色外墙涂料

褐色外墙涂料
白色外墙涂料
黑色外墙涂料
(200宽线条)

49.300(顶层)
46.400(17F)
43.500(16F)
40.600(15F)
37.700(14F)
34.800(13F)
31.900(12F)
29.000(11F)
26.100(10F)
23.200(9F)
20.300(8F)
17.400(7F)
14.500(6F)
11.600(5F)
8.700(4F)
5.800(3F)
2.900(2F)
±0.000(1F)
−0.300

深灰色外墙饰面砖　深灰色外墙饰面砖　深灰色外墙饰面砖　深灰色外墙饰面砖　深灰色外墙饰面砖　深灰色外墙饰面砖　深灰色外墙饰面砖　深灰色外墙饰面砖

㉝～①轴立面图 1:150

49.300(顶层)
46.400(17F)
43.500(16F)
40.600(15F)
37.700(14F)
34.800(13F)
31.900(12F)
29.000(11F)
26.100(10F)
23.200(9F)
20.300(8F)
17.400(7F)
14.500(6F)
11.600(5F)
8.700(4F)
5.800(3F)
2.900(2F)
±0.000(1F)
−0.300

深灰色外墙饰面砖　深灰色外墙饰面砖

Ⓐ～Ⓝ轴立面图 1:150

工程名称	某高层住宅楼
图纸内容	㉝～①轴立面图；Ⓐ～Ⓝ轴立面图
图纸编号	建施-10

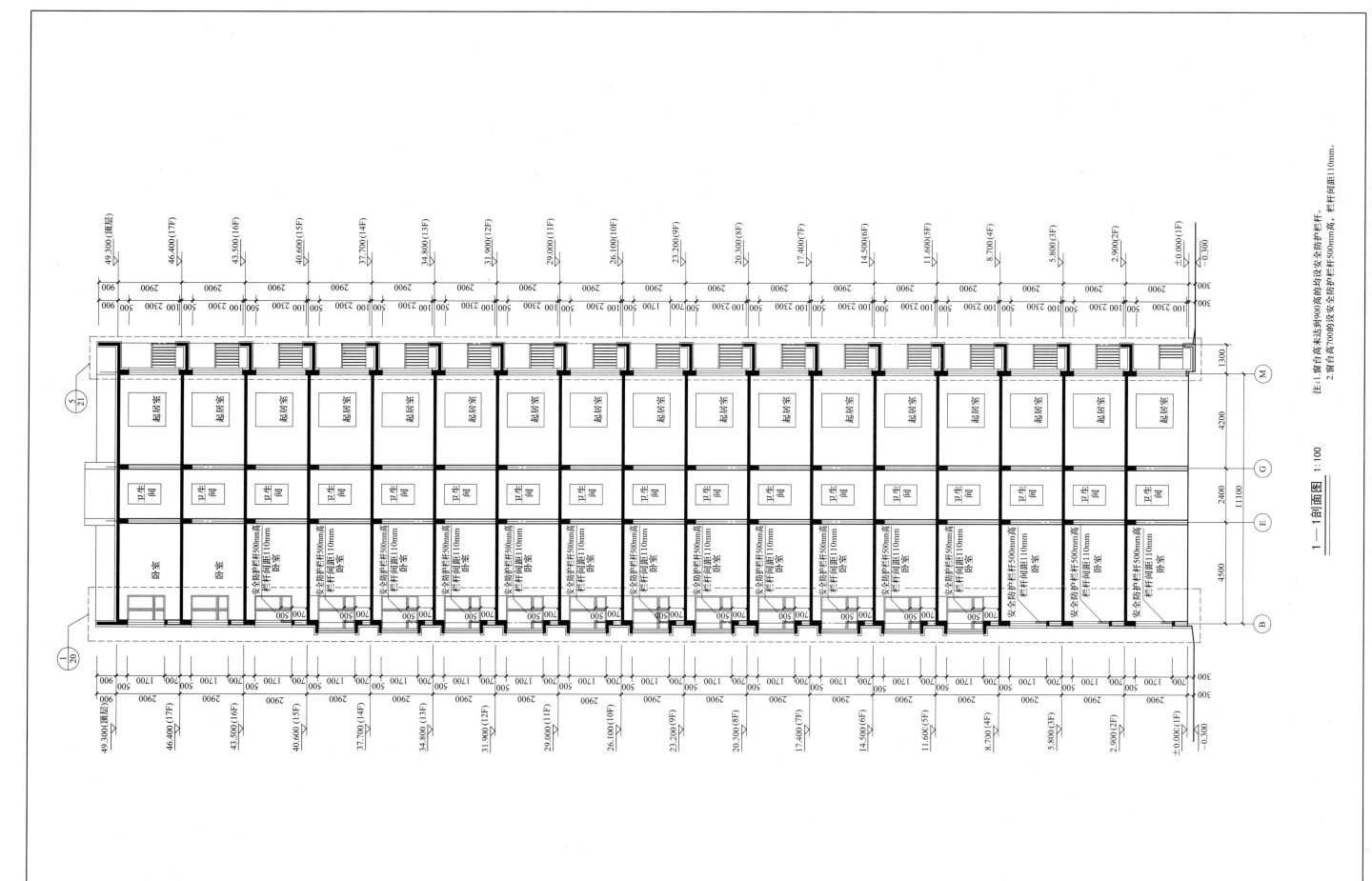

1—1剖面图 1:100

注:1.窗台高未达到900高的均设安全防护栏杆。
2.窗台高700的设安全防护栏杆500mm高,栏杆间距110mm。

工程名称	某高层住宅楼
图纸内容	1—1剖面图
图纸编号	建施-11

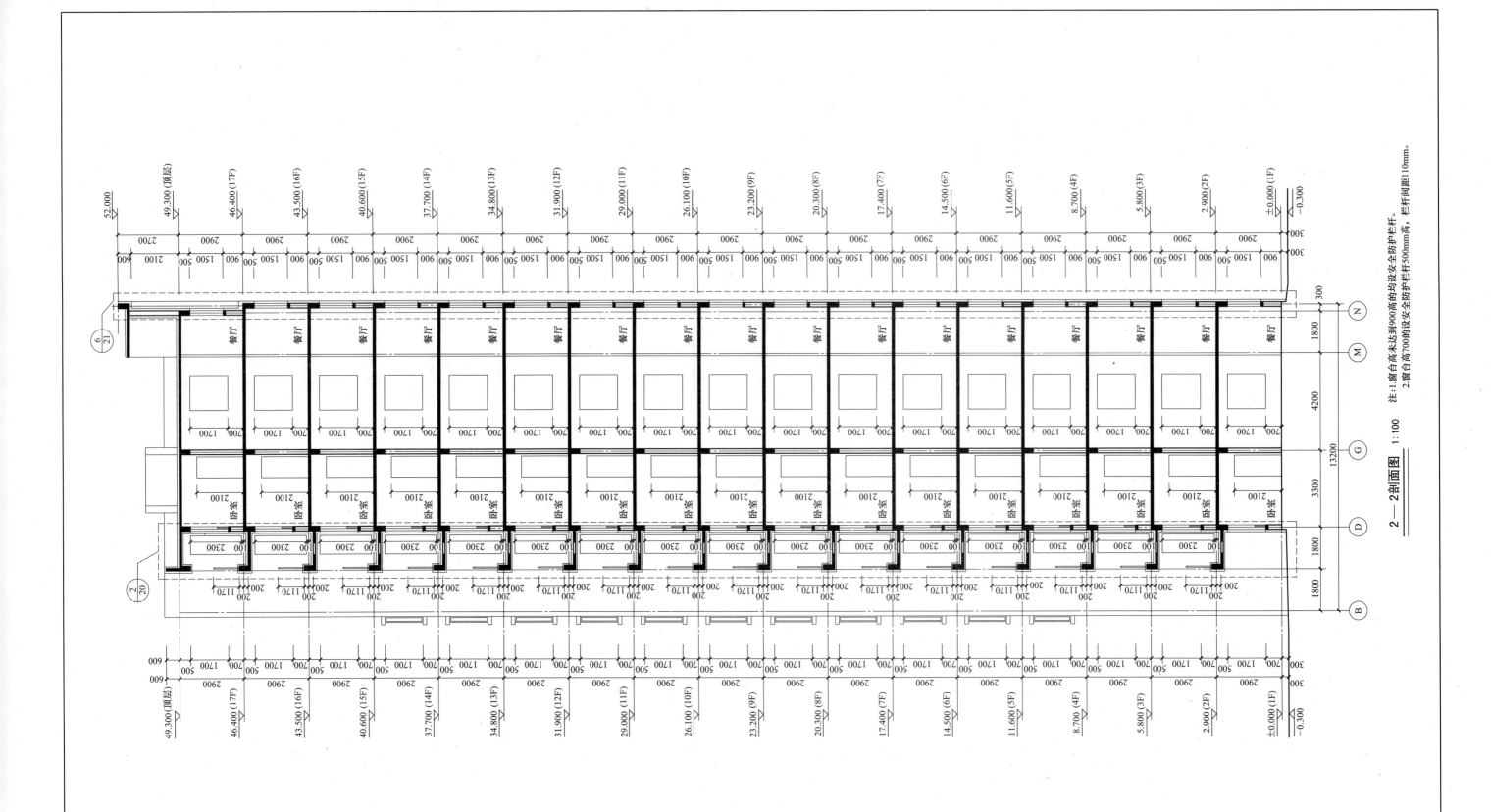

注：1.窗台高未达到900高的均均设设安全防护栏杆。
2.窗台高700的设设安全防护栏杆500mm高，栏杆间距110mm。

2—2剖面图 1:100

工程名称	某高层住宅楼
图纸内容	2—2 剖面图
图纸编号	建施-12

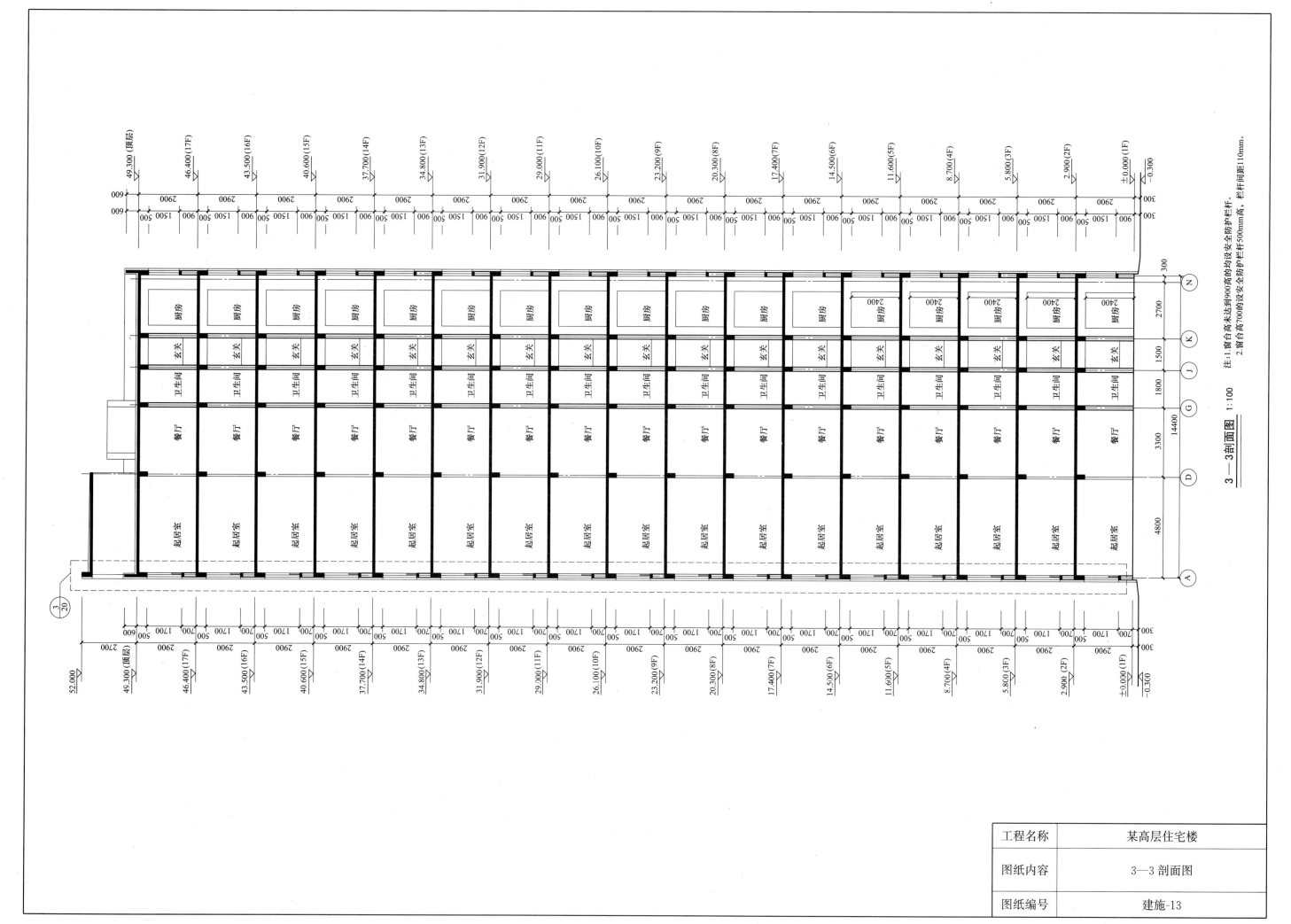

3—3剖面图 1:100

注：1.窗台面未达到900高的均设安全防护栏杆。
2.窗台高700的设安全防护栏杆500mm高，栏杆间距110mm。

工程名称	某高层住宅楼
图纸内容	3—3剖面图
图纸编号	建施-13

103

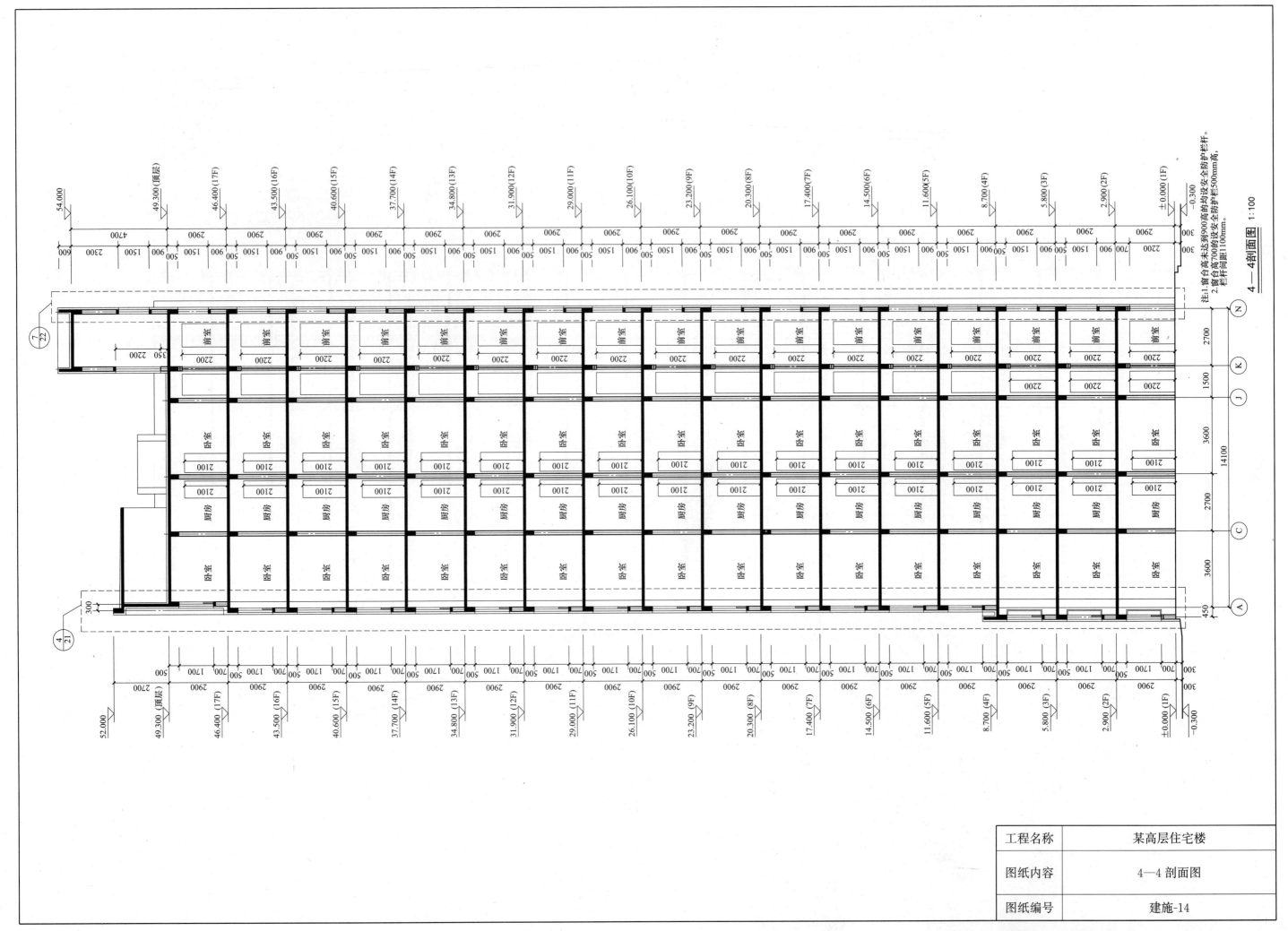

注:1.窗台高未达到900高的均设安全防护栏杆。
2.窗台高700的设安全防护栏500mm高,
栏杆间距1100mm。

4—4剖面图 1:100

工程名称 某高层住宅楼

图纸内容 4—4剖面图

图纸编号 建施-14

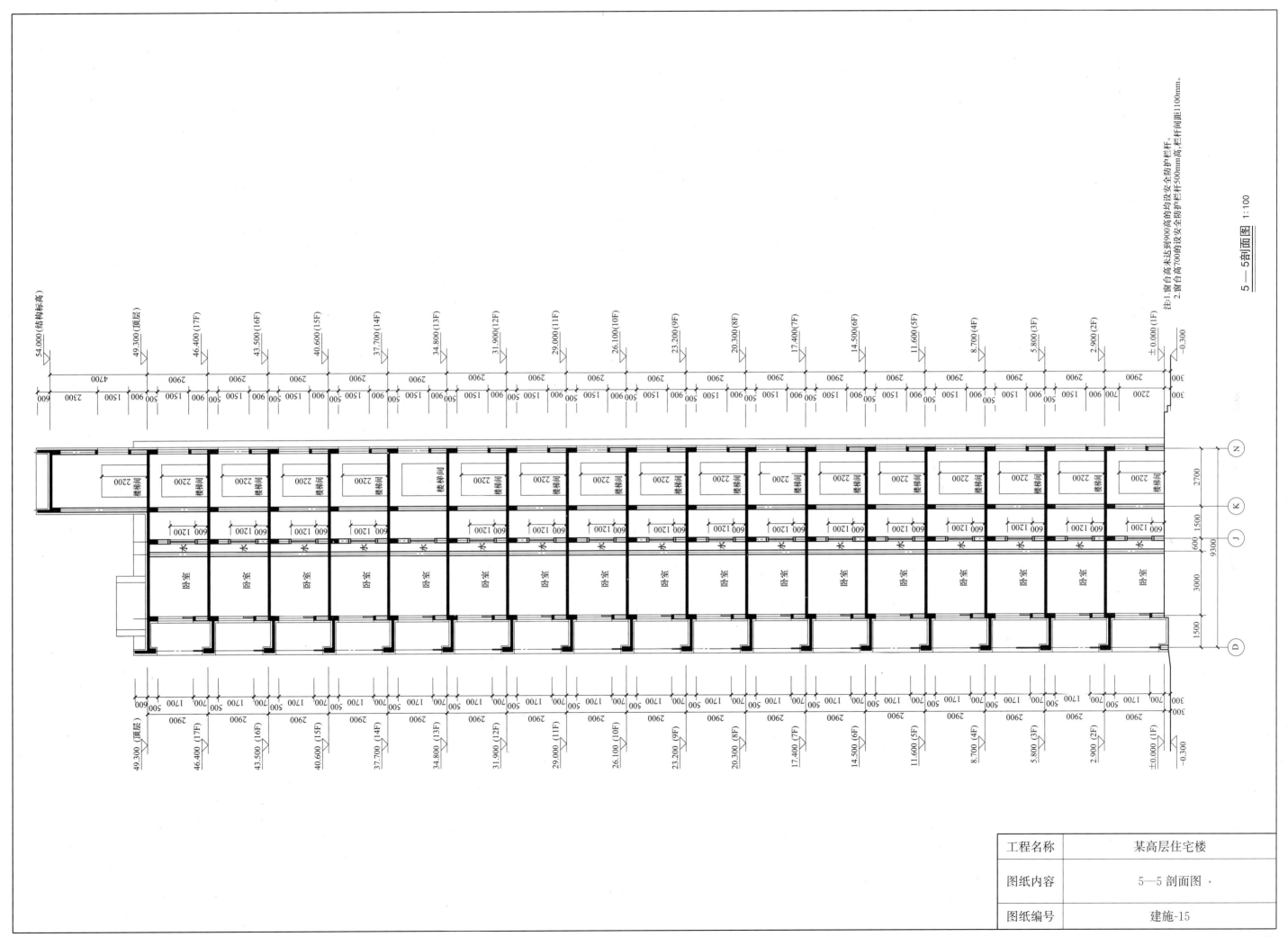

注:1. 窗台高未达到900高的均设安全防护栏杆。
2. 窗台高700的设安全防护栏杆500mm高,栏杆间距1100mm。

5—5剖面图 1:100

工程名称	某高层住宅楼
图纸内容	5—5剖面图
图纸编号	建施-15

105

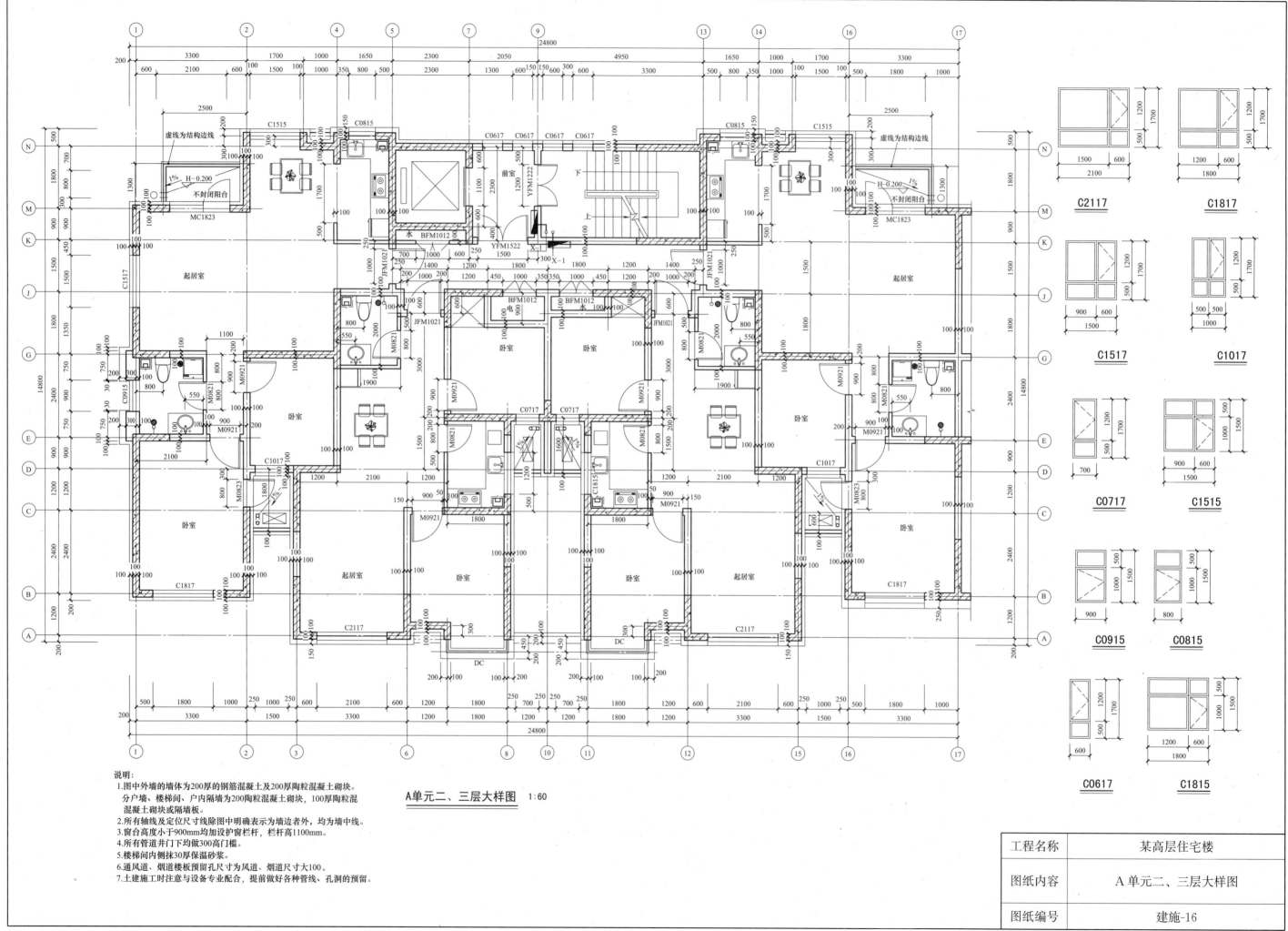

A单元二、三层大样图 1:60

说明:
1.图中外墙的墙体为200厚的钢筋混凝土及200厚陶粒混凝土砌块。
分户墙、楼梯间、户内隔墙为200陶粒混凝土砌块,100厚陶粒混凝土砌块或隔墙板。
2.所有轴线及定位尺寸线除图中明确表示为墙边者外,均为墙中线。
3.窗台高度小于900mm均加设护窗栏杆,栏杆高1100mm。
4.所有管道井门下均做300高门槛。
5.楼梯间内侧抹30厚保温砂浆。
6.通风道、烟道楼板预留孔尺寸为风道、烟道尺寸大100。
7.土建施工时注意与设备专业配合,提前做好各种管线、孔洞的预留。

工程名称	某高层住宅楼
图纸内容	A单元二、三层大样图
图纸编号	建施-16

C2117 C1817 C1517 C1017 C0717 C1515 C0915 C0815 C0617 C1815

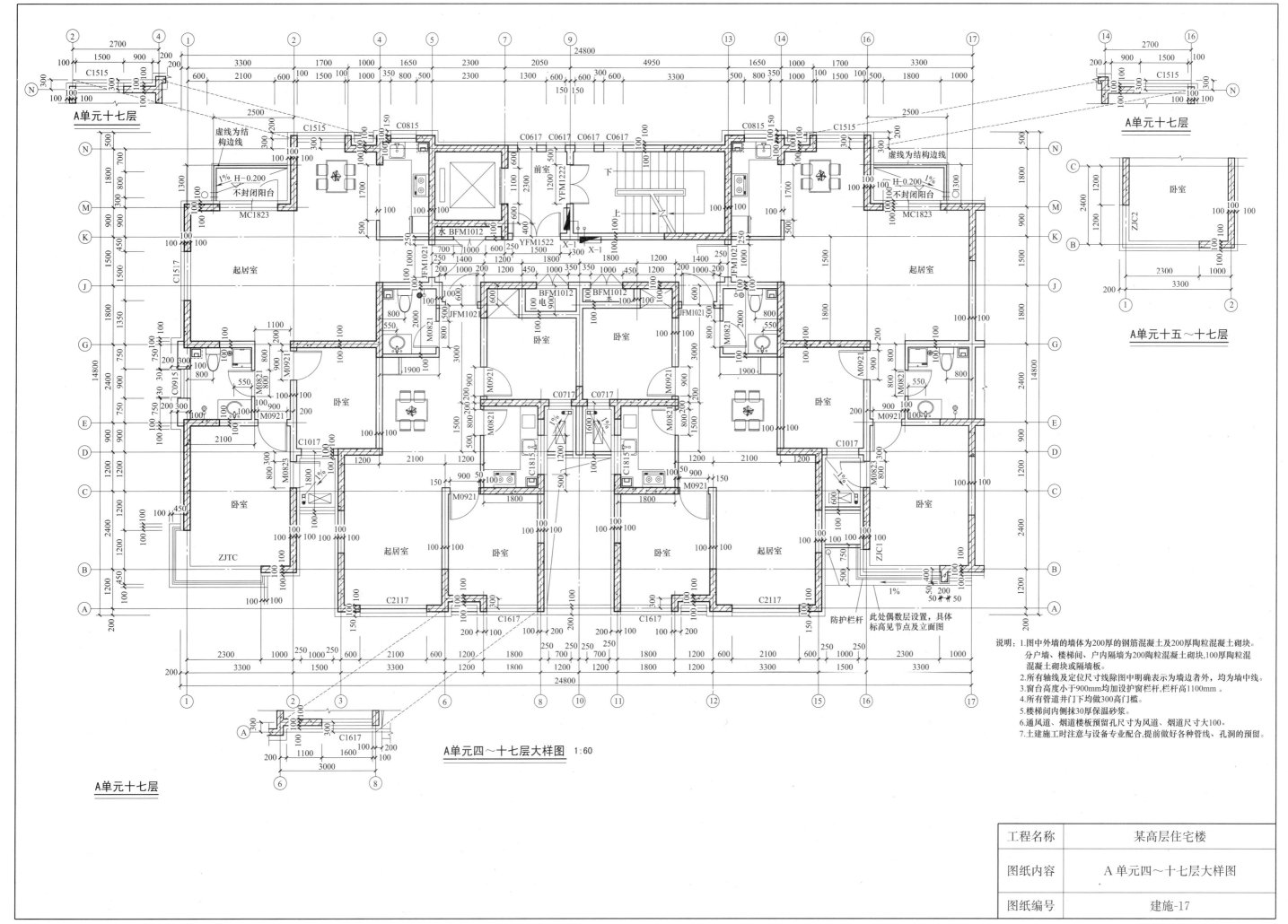

A单元十七层

A单元十七层

A单元十七层

A单元十五～十七层

C1515

ZJC2

卧室

C0815   C0617 C0617 C0617 C0617   C0815

虚线为结构边线

前室

下

上

X-1   X-1

起居室   起居室

卧室   卧室

卧室   卧室

卧室   卧室

1% H-0.200
不封闭阳台

MC1823

1% H-0.200
不封闭阳台

MC1823

水 BFM1012   YFM1522   BFM1012 BFM1012   电

JFM1021   JFM1021

C0717 C0717

C1815   C1815

C1017   C1017

C2117   C2117

C1617   C1617

防护栏杆

此处偶数层设置,具体标高见节点及立面图

1%

卧室   起居室   卧室   卧室   起居室   卧室

ZJTC   ZJC1

C1515   C1517   C0915

C1515   C1615

C1617

A单元四～十七层大样图   1:60

说明:1.图中外墙的墙体为200厚的钢筋混凝土及200厚陶粒混凝土砌块。
分户墙、楼梯间、户内隔墙为200陶粒混凝土砌块,100厚陶粒混
凝土砌块或隔墙板。
2.所有轴线及定位尺寸线除图中明确表示为墙边者外,均为墙中线。
3.窗台高度小于900mm均加设护窗栏杆,栏杆高1100mm。
4.所有管道井下均做300高门槛。
5.楼梯间内侧抹30厚保温砂浆。
6.通风道、烟道楼板预留孔尺寸为风道、烟道尺寸大100。
7.土建施工时注意与设备专业配合,提前做好各种管线、孔洞的预留。

工程名称	某高层住宅楼
图纸内容	A单元四～十七层大样图
图纸编号	建施-17

107

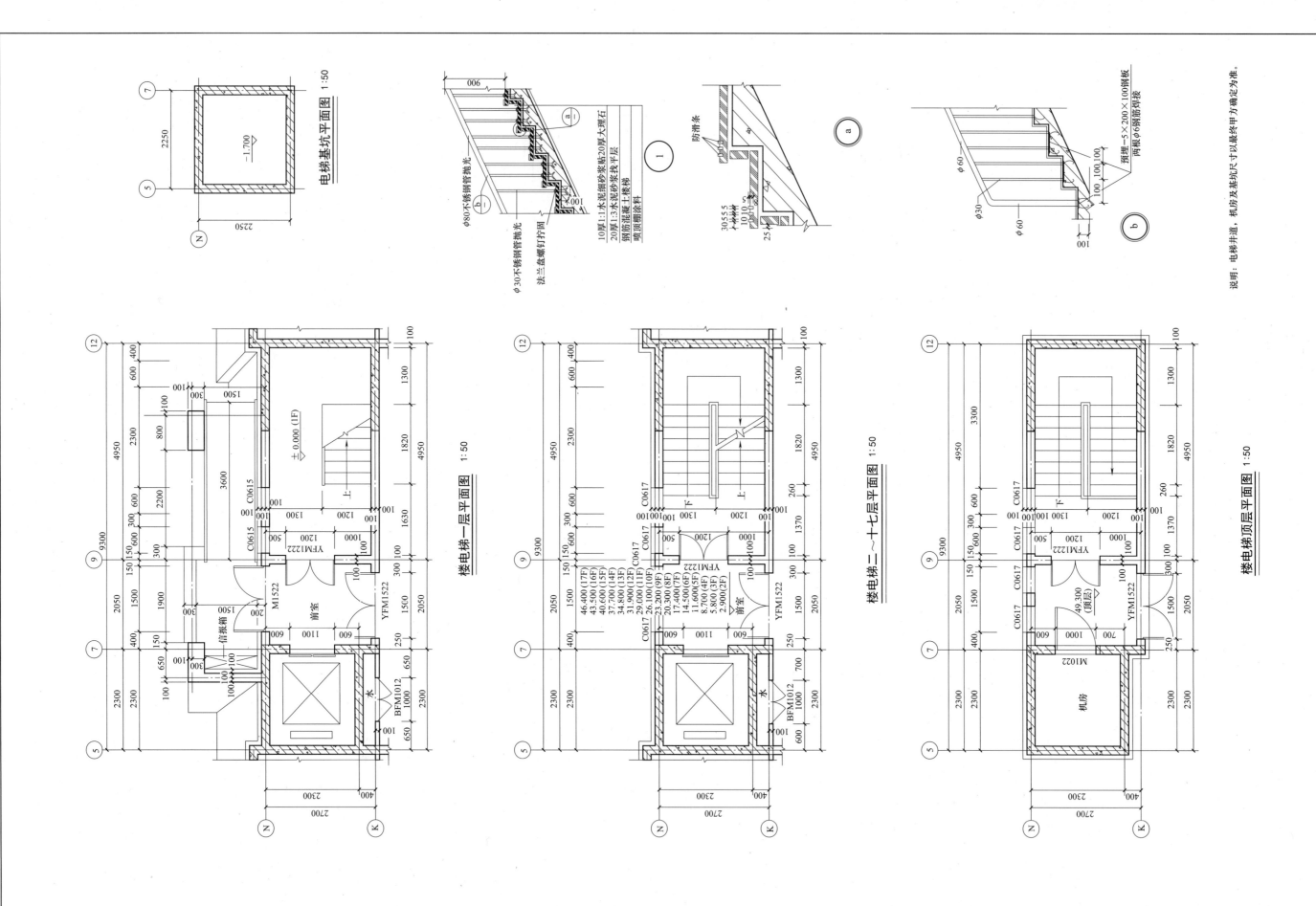

电梯基坑平面图 1:50

楼电梯一层平面图 1:50

楼电梯二~十七层平面图 1:50

楼电梯顶层平面图 1:50

说明：电梯井道、机房及基坑尺寸以最终甲方确定为准。

工程名称	某高层住宅楼
图纸内容	楼电梯顶层平面详图
图纸编号	建施-18

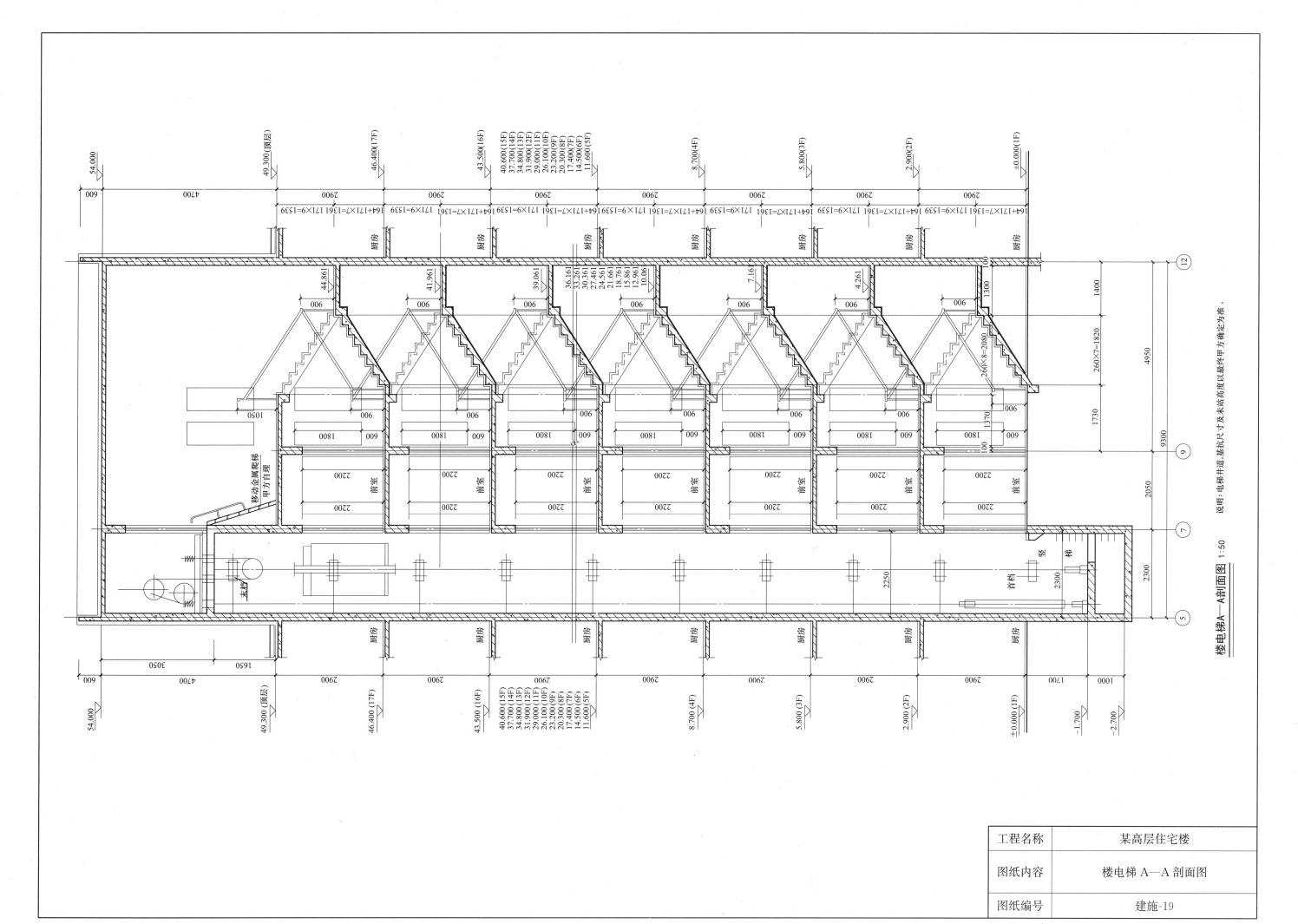

楼电梯A—A剖面图 1:50

说明：电梯井道基抗尺寸及未站高度以最终甲方确定为准。

工程名称	某高层住宅楼
图纸内容	楼电梯 A—A 剖面图
图纸编号	建施-19

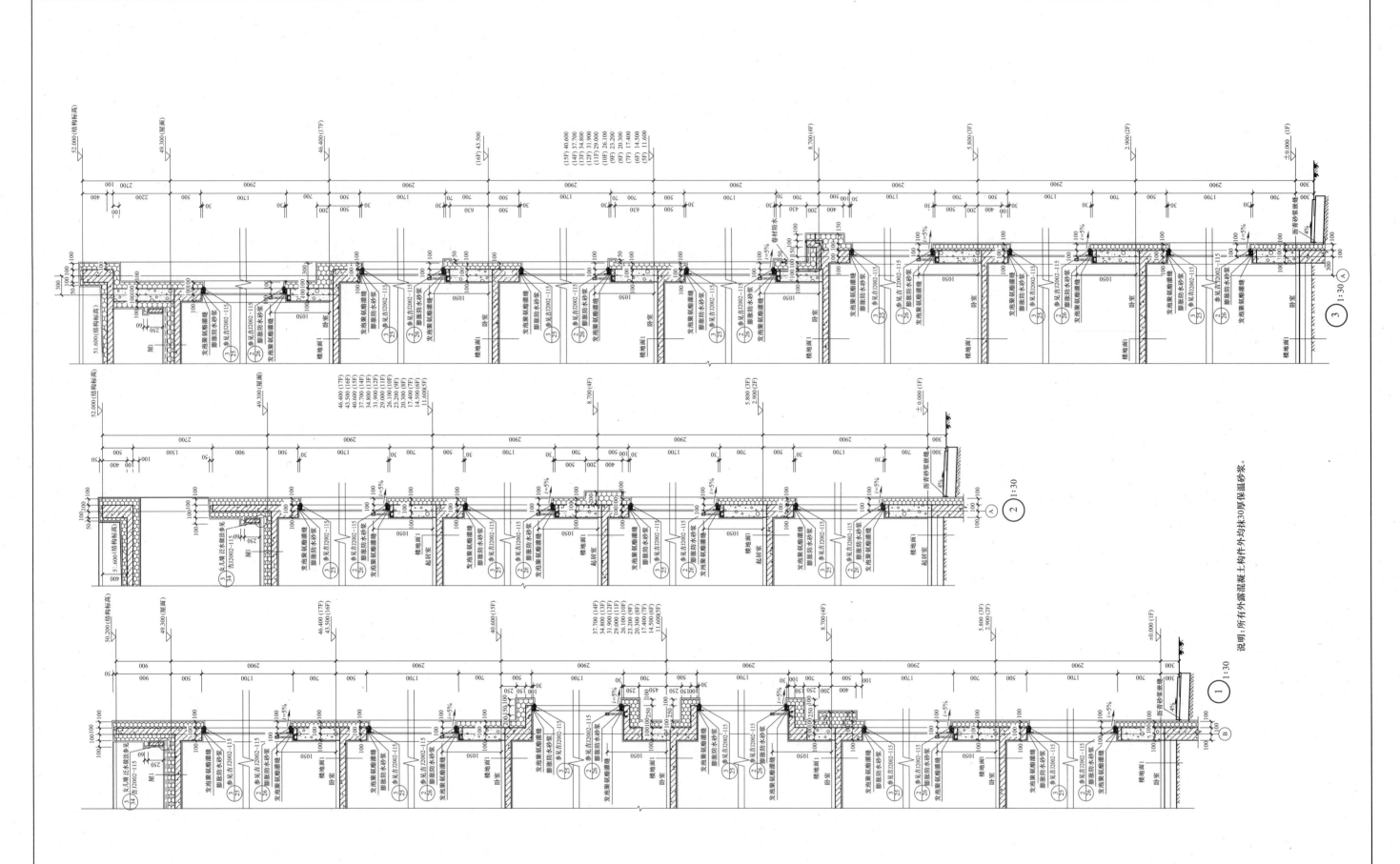

说明：所有外露混凝土构件外均抹30厚保温砂浆。

工程名称	某高层住宅楼
图纸内容	节点详图（一）
图纸编号	建施-20

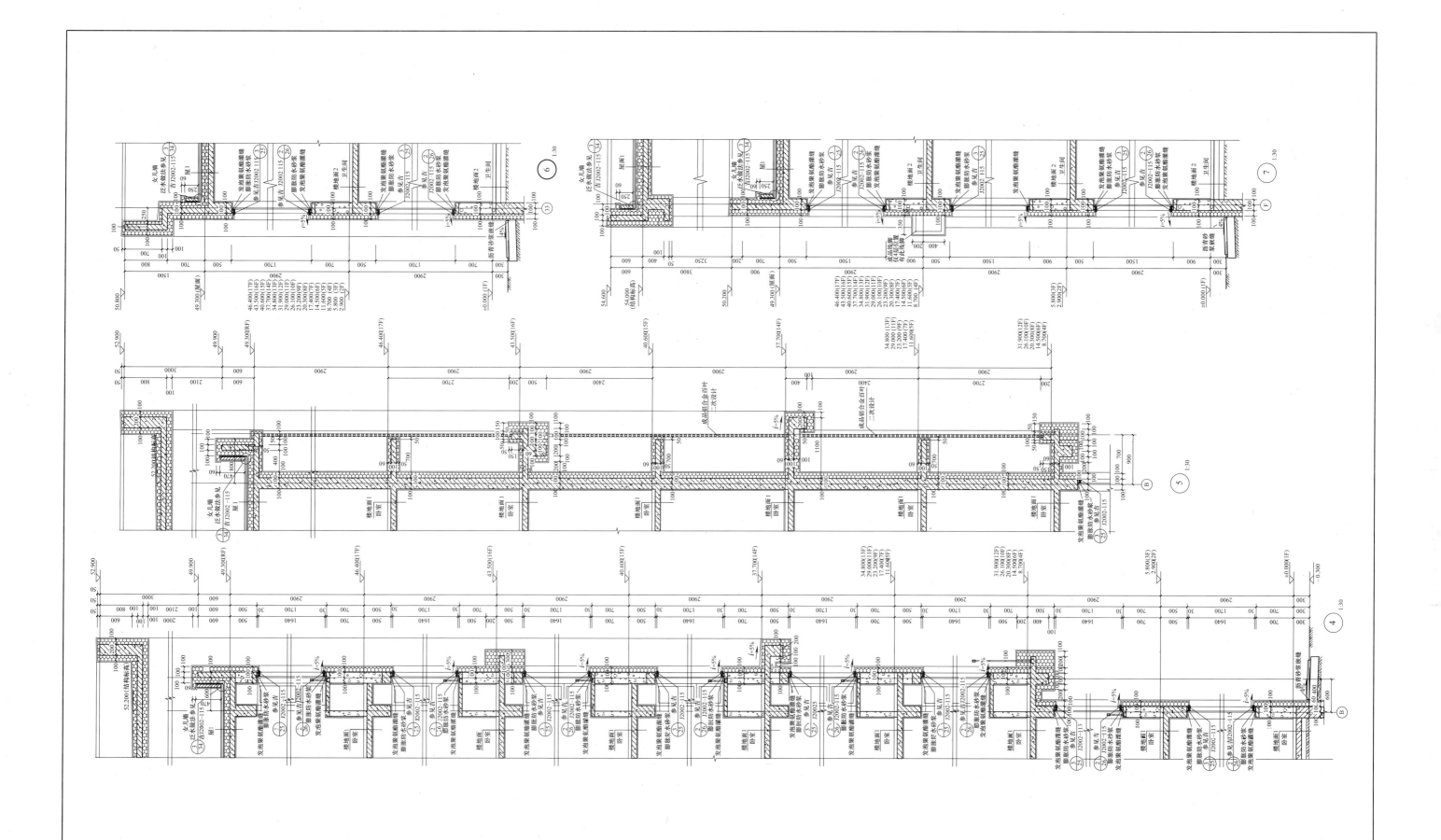

工程名称	某高层住宅楼
图纸内容	节点详图（二）
图纸编号	建施-21

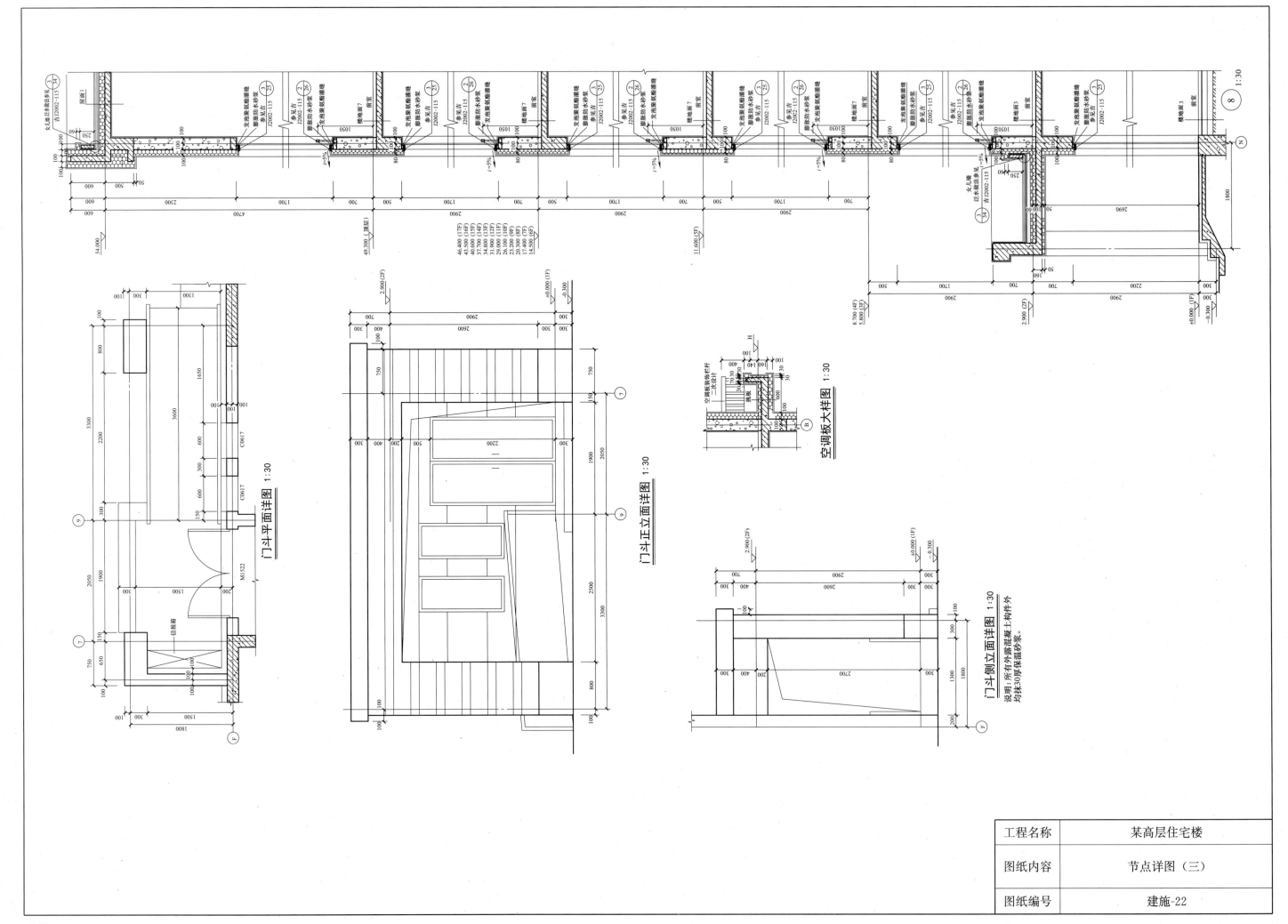

门斗平面详图 1:30

门斗正立面详图 1:30

空调板大样图 1:30

门斗侧立面详图 1:30
说明:所有外露混凝土构件外均抹30厚保温砂浆。

工程名称	某高层住宅楼
图纸内容	节点详图(三)
图纸编号	建施-22

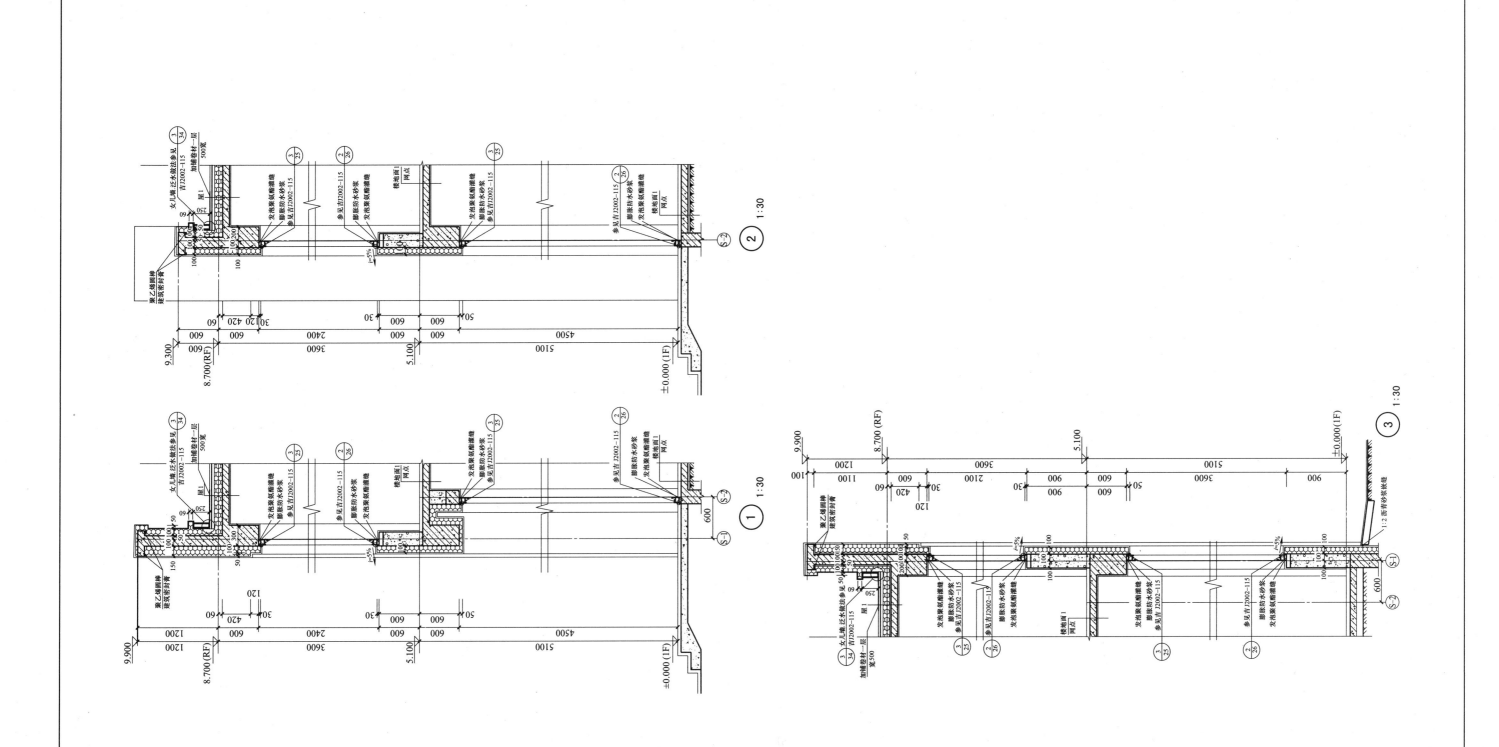

工程名称	某高层住宅楼
图纸内容	节点详图（四）
图纸编号	建施-23

5.2 结构施工图

结构设计总说明

一、一般说明

1. 全部尺寸（除注明者外）均以毫米（mm）为单位，标高以米（m）为单位。
2. 建筑物的室内地面标高±0.000相当于绝对标高266.80m。
3. 本工程施工时应与建筑、设备、电气等有关工种图纸配合使用。
4. 除本说明所规定的各项外，尚应符合各设计图的说明。

二、工程概况

1. 本工程地上17层，总高度49.600m，建筑安全等级二级。
2. 结构体系为：剪力墙结构，抗震等级四级。
3. 设防烈度：6度；设计基本地震加速度值为0.05g，设计地震分组为第一组；场地类别：Ⅱ类。
4. 建筑抗震设防类别为丙类。
5. 地基基础设计等级：乙级。
6. 基本风压：0.40kN/m²；基本雪压：0.65kN/m²；冰冻深度：1.700m；设计使用年限：50年。
7. 混凝土结构的环境类别：地下部分：二类b；地面以上：露天环境二类b，其他一类。

三、设计依据

1. 本工程基础依据地矿吉林地质勘察院提供的详勘（DK2012-105）。
2. 规范、规程
《建筑结构可靠度设计统一标准》GB 50068—2001
《建筑结构荷载规范》GB 50009—2012
《建筑抗震设计规范》GB 50011—2010
《混凝土结构设计规范》GB 50010—2010
《混凝土结构工程施工质量验收规范》GB 50204—2015
《建筑地基基础设计规范》GB 50007—2011
《建筑地基工程施工质量验收标准》GB 50202—2018
《高层建筑混凝土结构技术规程》JGJ 3—2010
《建筑变形测量规程》JGJ 8—2016
《混凝土结构施工图平面整体表示制图规则和构造详图（现浇混凝土框架、剪力墙、梁、板）》16G101-1
《建筑物抗震构造详图（多层和高层钢筋混凝土房屋）》11G329-1
3. 结构计算软件：PKPM-SATWE（建科院，2010）。

四、荷载取值

标准值

类别		恒载(kN/m²)	活载(kN/m²)
屋面	一般上人屋面		2.0
	不上人屋面		0.5
楼地面	卧室、餐厅、客厅		2.0
	盥洗室、厕所		2.0
	走廊、门厅、楼梯		2.0
	消防疏散楼梯		3.5
	挑出阳台		2.5
	电梯机房		7.0
墙体	陶粒混凝土砌块	8.0	

地基基础：见基础图。

五、钢筋混凝土部分

1. 基本说明

混凝土强度等级分别为：

1）墙，柱，梁板混凝土强度等级见下表。

楼层	楼层标高	剪力墙	梁、板	柱
基础～三层	基础～8.340	C30	C25	C30
三层～顶层	8.340～屋面	C25	C25	C25

2）楼梯：标号同楼层构造柱，圈梁，过梁均为C20。

2. 钢筋：Φ-HRB400级钢筋，Φ-HPB300级钢筋。

注：普通钢筋的抗拉强度实测值与屈服强度实测值的比值不应小于1.25；且钢筋的屈服强度实测值与标准值的比值不应大于1.3，且钢筋在最大拉力下的总伸长率实测值不应小于9%。钢筋的强度标准值应具有不小于95%的保证率。

3. 钢板：Q235。

4. 焊条：E50用于HRB335级、HRB400级钢焊接。

5. 结构混凝土耐久性对施工的要求详见下表。

环境类别		最大水胶比	最小水泥用量(kg/m³)	最低混凝土强度等级	最大氯离子含量(%)	最大碱含量(kg/m³)
一		0.60	225	C20	0.30	不限制
二	a	0.55	250	C25	0.20	3.0
	b	0.50	275	C30	0.15	3.0

注：a. 氯离子含量系指其占水泥用量的百分率；
b. 素混凝土构件的最小水泥用量不应少于表中数值减25kg/m³；
c. 当混凝土中加入活性掺合料或能提高耐久性的外加剂时，可适当降低最小水泥用量；
d. 当使用非碱活性骨料时，对混凝土中的碱含量可不作限制。

6. 受力钢筋保护层最小厚度见下表：

环境类别		板、墙、壳			梁			柱		
		≤C20	C25～C45	≥50	≤C20	C25～C45	≥50	C20	C25～C45	≥50
一		20	15	15	30	25	25	30	30	30
二	a	—	20	20	—	30	30	—	30	30
	b	—	25	20	—	35	30	—	35	30
三		—	30	25	—	40	35	—	40	35

7. 钢筋锚固（纵向受拉钢筋的抗震锚固长度）：

混凝土 抗震 钢筋种类 等级		C25			C30			C35			C40		
		二	三	四	二	三	四	二	三	四	二	三	四
HPB300		39d	36d	34d	35d	32d	30d	32d	29d	28d	29d	26d	25d
HRB335		38d	35d	33d	33d	31d	29d	31d	28d	27d	29d	26d	25d
HRB400		46d	42d	40d	40d	37d	35d	37d	34d	32d	33d	30d	29d

注：柱、墙体纵向钢筋插入基础底板内的锚固长度不应小于40d；纵向受拉钢筋的抗震锚固长度见图集《16G101-1》。

8. 钢筋连接：

1）钢筋接头采用搭接时，在同一连接区段（长度为1.3倍的搭接长度）受拉钢筋接头面积百分率对梁、板、墙类构件不宜大于25%，对柱不宜大于50%，但对梁不应超过50%。

2）受拉钢筋搭接长度为ζl_{aE}，且不小于300mm。ζ见下表：

纵向钢筋搭接接头面积百分率(%)	≤25	50	100
ζ	1.2	1.4	1.6

3）受拉钢筋搭接长度为0.7倍的受拉钢筋搭接长度（见上条），且不小于200mm。

4）受力钢筋接头的位置应相互错开，上部钢筋跨中搭接，下部钢筋支座处搭接。

5）当钢筋直径$d \geqslant 22mm$时，不宜采用绑扎接头，宜采用机械连接或焊接。

六、梁板部分

钢筋混凝土悬挑构件挑出长度超过2m及梁跨度超过8m时，其强度达到100%后方可拆除底模。

1. 板上孔洞直径或宽度不大于300mm时，应不切断钢筋，使受力钢筋绕过孔洞，孔洞直径或宽度大于300mm时，应另加附加钢筋。

2. 管道井穿板洞口：所有钢筋不切断形成后浇板洞，待管线安装完毕后用高一级不收缩混凝土补齐。

3. 当柱角或墙角突出到板内时，楼板内另加上筋。

4. 板分布筋直径间距未在图中表示者按下表选用：

受力筋直径	Φ10 Φ12	>Φ14
分布筋直径	Φ6@200	Φ8@200

5. 外露悬挑板或女儿墙长度超过12m时，隔12m设20mm伸缩缝。做法见下图：

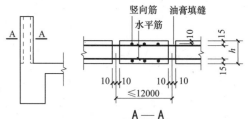

A—A

6. 梁上小圆孔洞直径D小于50mm时不需加固，当孔洞直径D大于$h/5$或150mm时，另出结构详图；当50mm<D≤$h/5$及150mm时，按图四加固，且需设钢套管。

7. 主、次梁等高时，次梁底钢筋放在主梁纵筋之上。交叉梁等高时，长跨梁纵筋放在短跨梁纵筋之上。

8. 梁内跨度大于4m时，模板应按跨度的千分之二起拱，悬臂构件均应按跨度的千分之五起拱，且起拱高度不小于20mm。

工程名称	某高层住宅楼
图纸内容	结构设计总说明（一）
图纸编号	结施-01

9. 梁侧面纵向构造筋和拉筋，$h_w \geqslant 450$ 平面整体表示方法中若没表示侧向筋时按图五加纵向构造筋，拉筋 d 同箍筋，距离为二倍箍筋间距。

10. 在梁上集中荷载作用处应设置附加横向钢筋（吊筋，箍筋）详单体设计。

11. 本工程采用国家建筑标准设计图集《混凝土结构施工图平面整体表示方法制图规则和构造详图》16G101-1。

七、剪力墙部分

1. 墙体配筋构造及暗柱、连梁配筋构造详见 16G101-1 图集。各门窗洞口边缘构件（暗柱）及错洞口纵筋锚固做法按 16G101-1 图集第 73 页有关详图进行。

2. 对于剪力墙上穿管直径大于 150 的均应设置钢套管，其套管壁厚不小于 3mm，相邻套管其外壁净距不得小于 100mm，其位置应由现场设备人员按最终施工图纸配合各专业施工图纸施工。剪力墙上留洞小于 300 时，结构图中不表示，详见其他专业图纸。若其管道穿连梁暗柱时，应与设计人协商解决。小于 300 的洞口，洞边不再增设附加钢筋，墙内钢筋由洞边绕过，不得截断。洞口尺寸大于 300 且小于 800 时，洞口附加钢筋见单体设计，对于剪力墙连梁上穿洞处理见图七。

3. 有填充墙处，剪力墙（柱）内预留 $2\Phi6@500$ 短筋伸出剪力墙（柱）外 500mm。

八、填充墙部分

1. 强度不小于 MU5，砂浆强度不小于 M5。

2. 填充墙应沿全高每隔 500mm 配置 $2\Phi6$ 拉筋，并沿墙全长贯通与剪力墙预留钢筋连接。

3. 填充墙在拐角及外墙墙垛且长度大于 4m 时应设构造柱：250×墙厚，纵筋为 $4\Phi12$，箍筋为 $\Phi6@200$。主筋锚入上下层梁或板内。墙长大于 5m 时，墙顶于梁宜设拉结。楼梯间和前室的填充墙采用钢丝网砂浆面层加强。

4. 填充墙门、窗洞钢筋混凝土预制过梁（框架梁未兼过梁处）见下表：

墙厚	洞口净宽(L_0)	过梁厚度	过梁长度(L)	过梁配筋	配筋形式
200	$L_0 \leqslant 1200$	60	$L_0 + 500$	$3\Phi8, \Phi6@200$	
	$1200 < L_0 \leqslant 1500$	120	$L_0 + 500$	$3\Phi8, \Phi6@200$	
	$1500 < L_0 \leqslant 2100$	150	$L_0 + 500$	$3\Phi12, \Phi6@200$	$2\Phi8$
	$2100 < L_0 \leqslant 2700$	200	$L_0 + 500$	$3\Phi14, \Phi6@200$	

注：预制过梁根据施工条件可以改为现浇。若门窗边距柱距离小于过梁搁置长度，或与上部梁距离太近，则过梁改为现浇。

5. 外墙填充墙在窗台处设压顶圈梁，详见图八。

九、楼电梯部分

1. 电梯内所有留洞及埋件结构均未表示，应以厂家提供的施工图为准做好预留洞及埋件工作。

2. 楼梯详单体。

十、其他

1. 各工种的管道穿墙、穿板、穿梁时，需在浇灌前各工种密切配合，确定准确无误后方可浇灌混凝土，切不可后凿。

2. 所有设备基础均需设备到位后，方可浇灌混凝土。

3. 当外填充墙外侧突出边框梁或剪力墙（或墙梁）时，边框梁或剪力墙（或墙梁）设挑耳，详见图九。

4. 防雷接地引线按专业要求铺设。

5. 凡结构构件开洞或预留洞的尺寸及位置结合水电图，若有专业矛盾或增减变更则以结构补充图或洽商为准。

6. 由于施工需要而必须在结构构件上架设起重设备和堆放重物时，应取得设计单位的同意，并采取相应加强措施。

7. 除本说明外尚应遵守有关施工及验收规范规程的要求。

8. 本说明与设计图有矛盾时，应以设计图为准，并由设计人员解释。

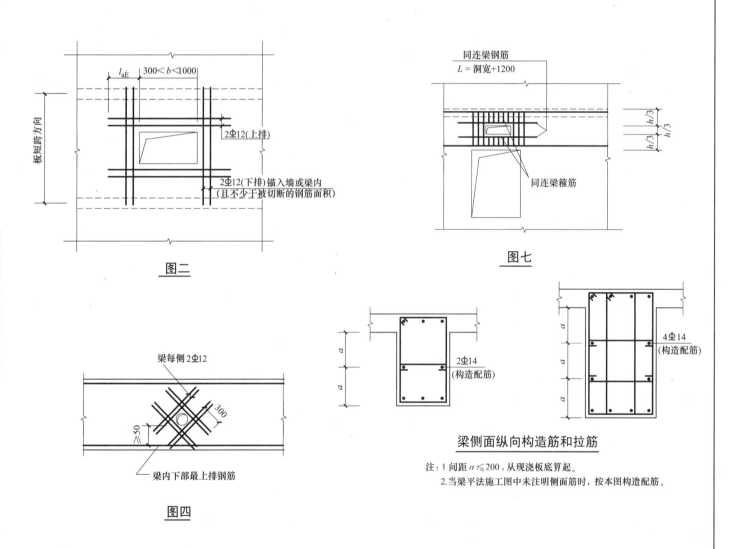

图二

图四

图七

梁侧面纵向构造筋和拉筋

注：1.间距 $a \leqslant 200$，从现浇板底箅起。
2.当梁平法施工图中未注明侧面筋时，按本图构造配筋。

工程名称	某高层住宅楼
图纸内容	结构设计总说明（二）
图纸编号	结施-02

115

结构图纸目录

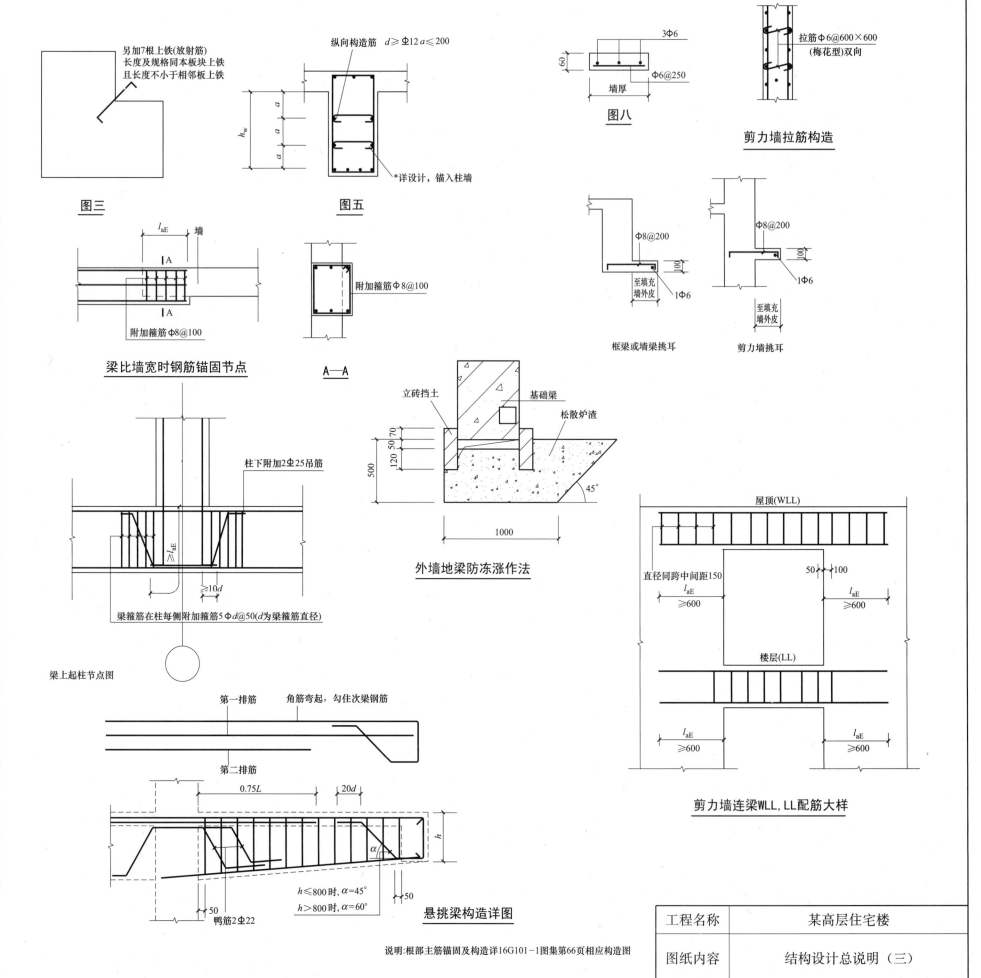

图三

图五

图八

剪力墙拉筋构造

梁比墙宽时钢筋锚固节点

A—A

框梁或墙梁挑耳　　剪力墙挑耳

外墙地梁防冻涨作法

梁上起柱节点图

悬挑梁构造详图

剪力墙连梁WLL,LL配筋大样

说明：根部主筋锚固及构造详16G101-1图集第66页相应构造图

工程名称	某高层住宅楼
图纸内容	结构设计总说明（三）
图纸编号	结施-03

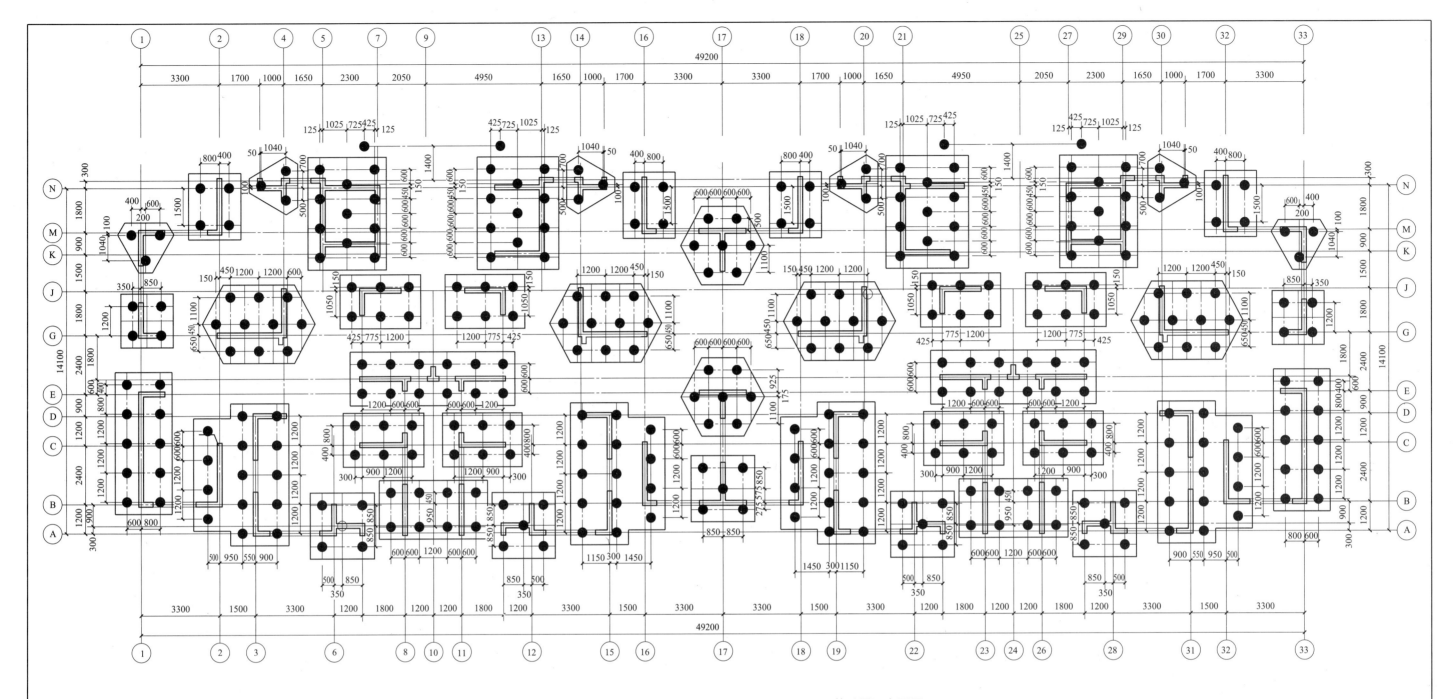

基础平面布置图 1:100

说明:

1. 本工程采用预制端承桩,以地质报告所示第五层强风化页岩层作为桩端持力层,桩端进入强风化页岩层≥500mm。
   估算单桩承载力特征值640kN,桩型ZH-40-5.0,准确桩长需经试桩后现场确定。保证桩长≥3.0m,如遇夹层进桩
   困难须先用螺旋钻送孔后再打桩。
   在打桩前,应先进行试桩。桩数≥总桩数的1%,且不少于3根。然后校核其承载力和桩长,若实测发现与设计取
   值不同时,及时通知勘测部门补充勘察,设计部门修改设计。桩基施工完成后应进行竖向承载力检验(采用静载荷实验)
   检测桩数不小于总桩数的1%,且不少于3根;及桩身完整性检验,检测桩数不小于总桩数的10%且不少于10根。
2. 桩顶嵌入承台50mm,桩主筋锚入承台35d(d为桩主筋直径)。柱主筋锚入承台40d(d为柱主筋直径)。
3. 承台采用C30混凝土,地梁采用C30混凝土现浇,Φ——HPB300,Φ——HRB400级钢筋。承台混凝土保护厚40mm,
   地梁保护层厚35mm。打桩采用3.0t桩锤,落距1.8m,控制贯入度为最后十锤≤15mm。
4. -0.060梁下贴100mm厚苯板,以防冻胀。TZ下设2Φ16吊筋。
5. 基础梁纵向钢筋应错开搭接,同一连接区段内的受拉钢筋搭接接头率不大于25%搭接位置,上排钢筋接于跨中,
   下排钢筋接于支座处,钢筋锚固长度l_{aE},且在任何情况下不应少于300mm。
6. 配合楼梯图施工,以免遗漏梯梁。

工程名称	某高层住宅楼
图纸内容	基础平面布置图
图纸编号	结施-04

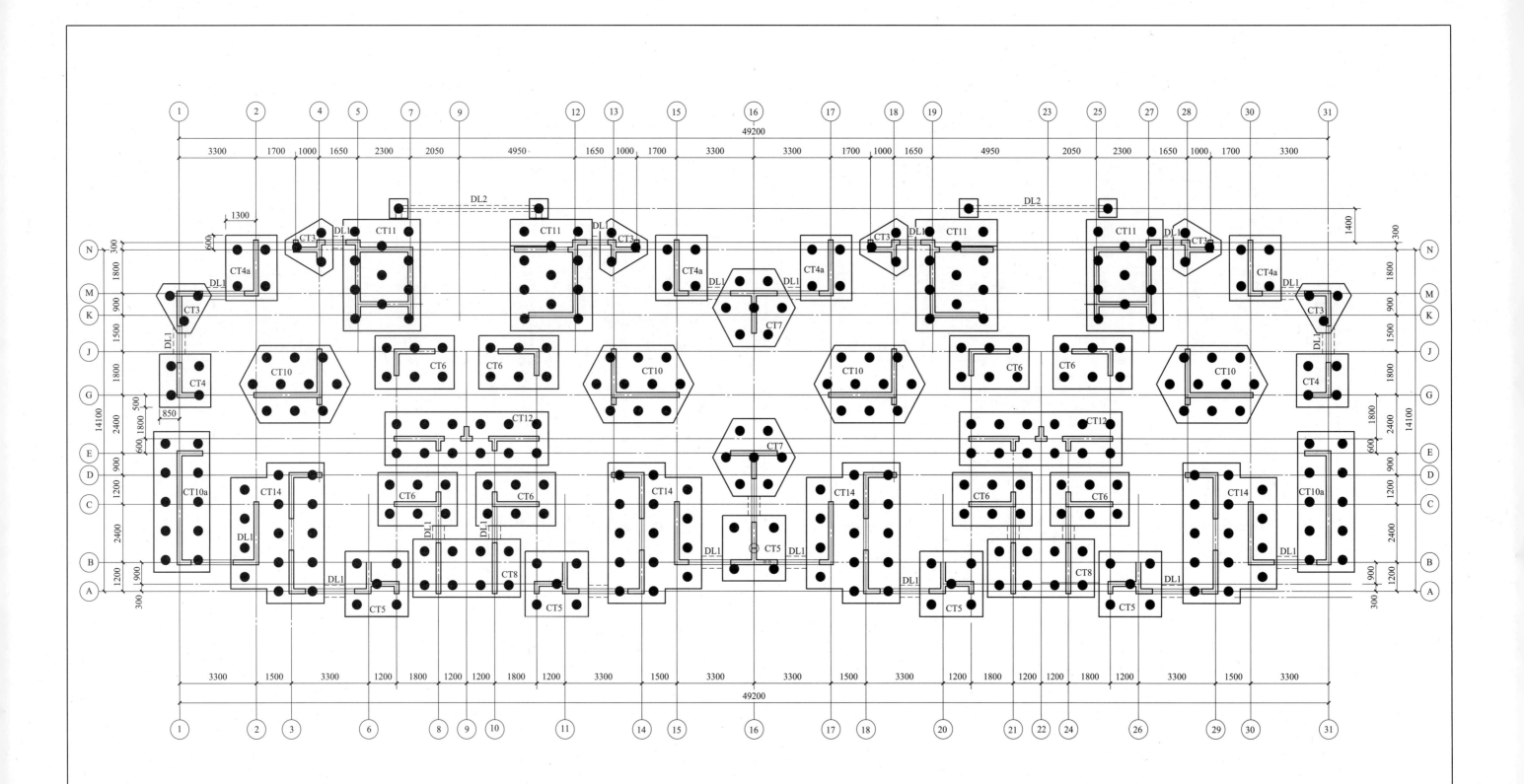

承台平面布置图 1:100

工程名称	某高层住宅楼
图纸内容	承台平面布置图
图纸编号	结施-05

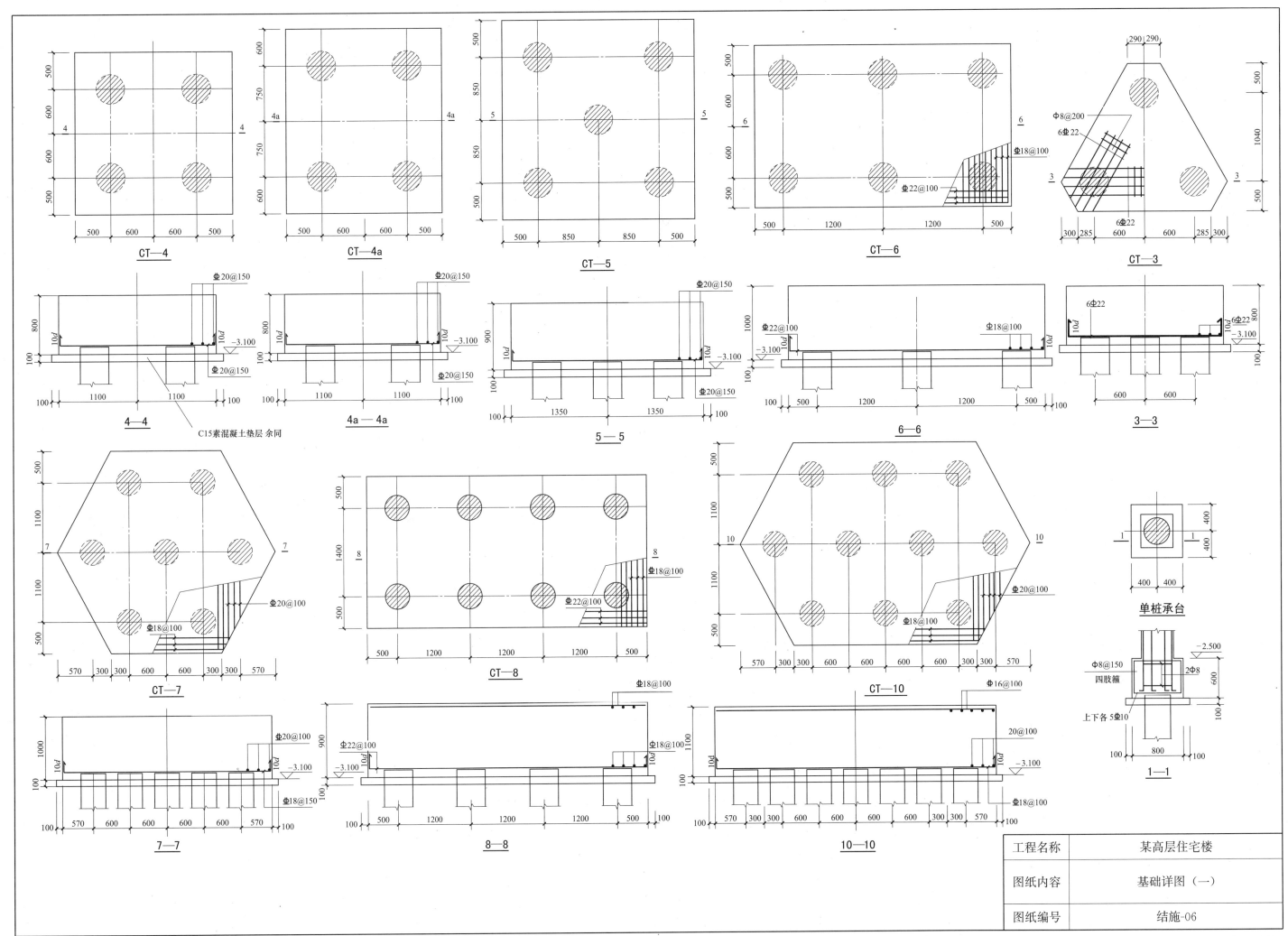

工程名称	某高层住宅楼
图纸内容	基础详图（一）
图纸编号	结施-06

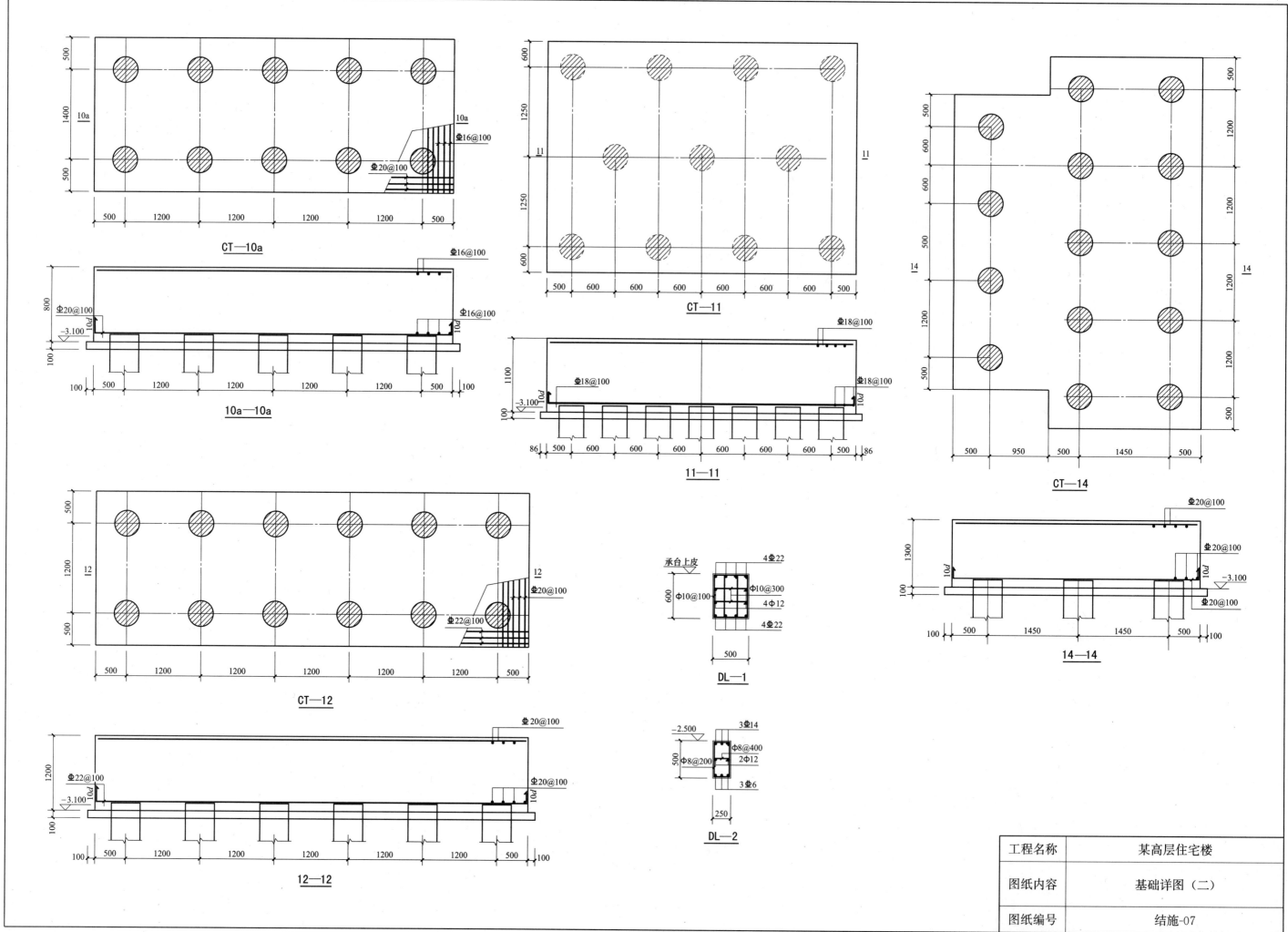

CT—10a

10a—10a

CT—11

11—11

CT—12

12—12

DL—1

DL—2

CT—14

14—14

工程名称	某高层住宅楼
图纸内容	基础详图（二）
图纸编号	结施-07

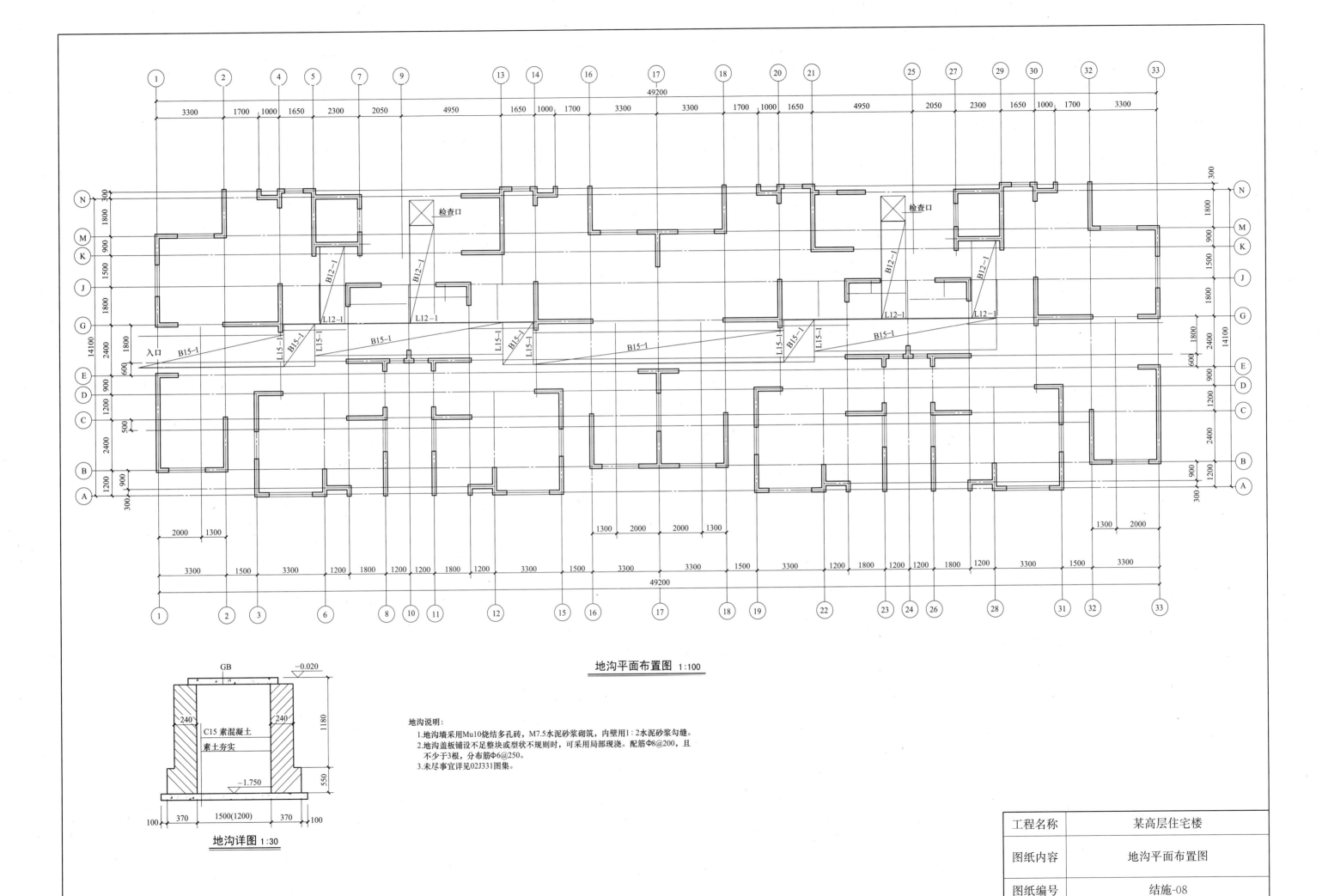

地沟平面布置图 1:100

地沟说明:
1.地沟墙采用Mu10烧结多孔砖,M7.5水泥砂浆砌筑,内壁用1:2水泥砂浆勾缝。
2.地沟盖板铺设不足整块或型状不规则时,可采用局部现浇。配筋Φ8@200,且
  不少于3根,分布筋Φ6@250。
3.未尽事宜详见02J331图集。

地沟详图 1:30

工程名称	某高层住宅楼
图纸内容	地沟平面布置图
图纸编号	结施-08

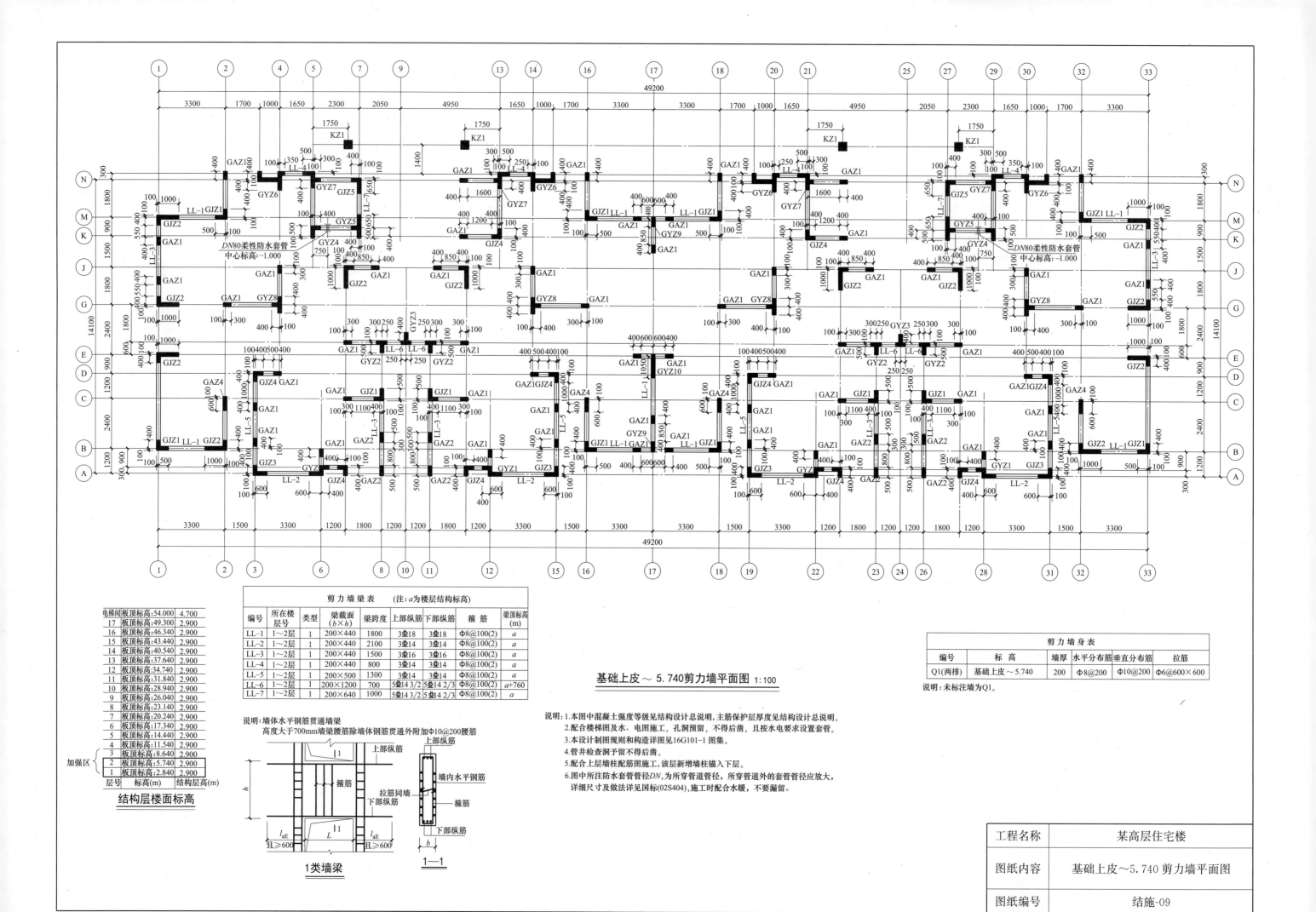

基础上皮～5.740剪力墙平面图 1:100

剪力墙梁表 (注:a为楼层结构标高)

编号	所在楼层号	类型	梁截面 (b×h)	梁跨度	上部纵筋	下部纵筋	箍筋	梁顶标高 (m)
LL-1	1~2层	1	200×440	1800	3Φ18	3Φ18	Φ8@100(2)	a
LL-2	1~2层	1	200×440	2100	3Φ14	3Φ14	Φ8@100(2)	a
LL-3	1~2层	1	200×440	1500	3Φ16	3Φ16	Φ8@100(2)	a
LL-4	1~2层	1	200×440	800	3Φ14	3Φ14	Φ8@100(2)	a
LL-5	1~2层	1	200×500	1300	3Φ14	3Φ14	Φ8@100(2)	a
LL-6	1~2层	1	200×1200	700	5Φ14 3/2	5Φ14 2/3	Φ8@100(2)	a+760
LL-7	1~2层	1	200×640	1000	5Φ14 3/2	5Φ14 2/3	Φ8@100(2)	a

剪力墙身表

编号	标高	墙厚	水平分布筋	垂直分布筋	拉筋
Q1(两排)	基础上皮～5.740	200	Φ8@200	Φ10@200	Φ6@600×600

说明:未标注墙为Q1。

说明:墙体水平钢筋贯通墙肢
高度大于700mm墙梁腰筋除墙体钢筋贯通外附加Φ10@200腰筋

1类墙梁

1—1

说明:1.本图中混凝土强度等级见结构设计总说明,主筋保护层厚度见结构设计总说明。
2.配合楼梯图及水、电图施工,孔洞预留,不得后凿,且按水电要求设置套管。
3.本设计制图规则和构造详图见16G101-1图集。
4.管井检查洞予留不得后凿。
5.配合上层墙柱配筋图施工,该层新增墙柱锚入下层。
6.图中所注防水套管管径DN,为所穿管道管径,所穿管道外的套管管径应放大,
详细尺寸及做法详见国标(02S404),施工时配合水暖,不要漏留。

工程名称	某高层住宅楼
图纸内容	基础上皮～5.740 剪力墙平面图
图纸编号	结施-09

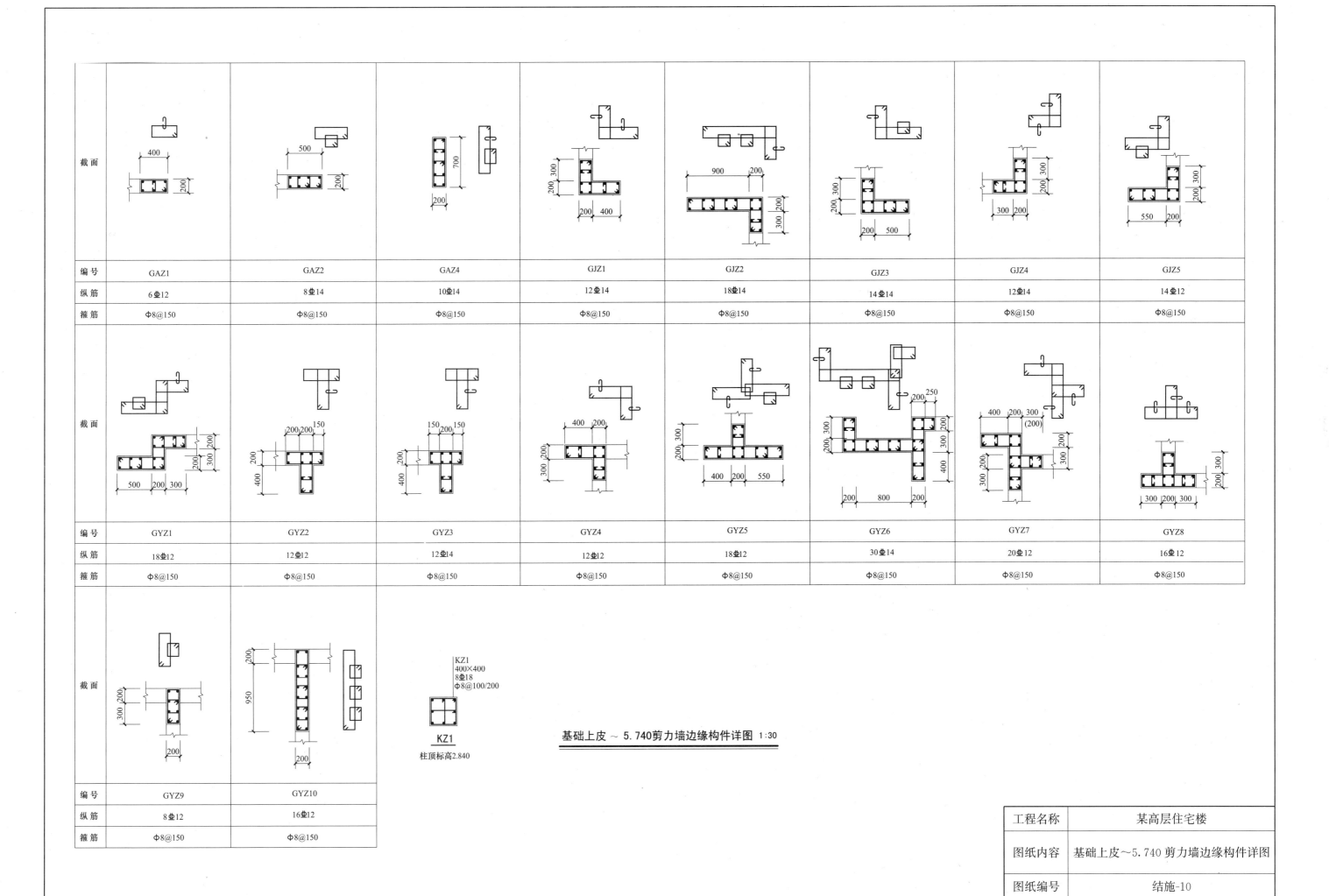

截面								
编号	GAZ1	GAZ2	GAZ4	GJZ1	GJZ2	GJZ3	GJZ4	GJZ5
纵筋	6⚎12	8⚎14	10⚎14	12⚎14	18⚎14	14⚎14	12⚎14	14⚎12
箍筋	Φ8@150	Φ8@150	Φ8@150	Φ8@150	Φ8@150	Φ8@150	Φ8@150	Φ8@150

截面								
编号	GYZ1	GYZ2	GYZ3	GYZ4	GYZ5	GYZ6	GYZ7	GYZ8
纵筋	18⚎12	12⚎12	12⚎14	12⚎12	18⚎12	30⚎14	20⚎12	16⚎12
箍筋	Φ8@150	Φ8@150	Φ8@150	Φ8@150	Φ8@150	Φ8@150	Φ8@150	Φ8@150

截面		
编号	GYZ9	GYZ10
纵筋	8⚎12	16⚎12
箍筋	Φ8@150	Φ8@150

KZ1
400×400
8⚎18
Φ8@100/200

KZ1
柱顶标高2.840

基础上皮 ～ 5.740剪力墙边缘构件详图 1:30

工程名称	某高层住宅楼
图纸内容	基础上皮～5.740剪力墙边缘构件详图
图纸编号	结施-10

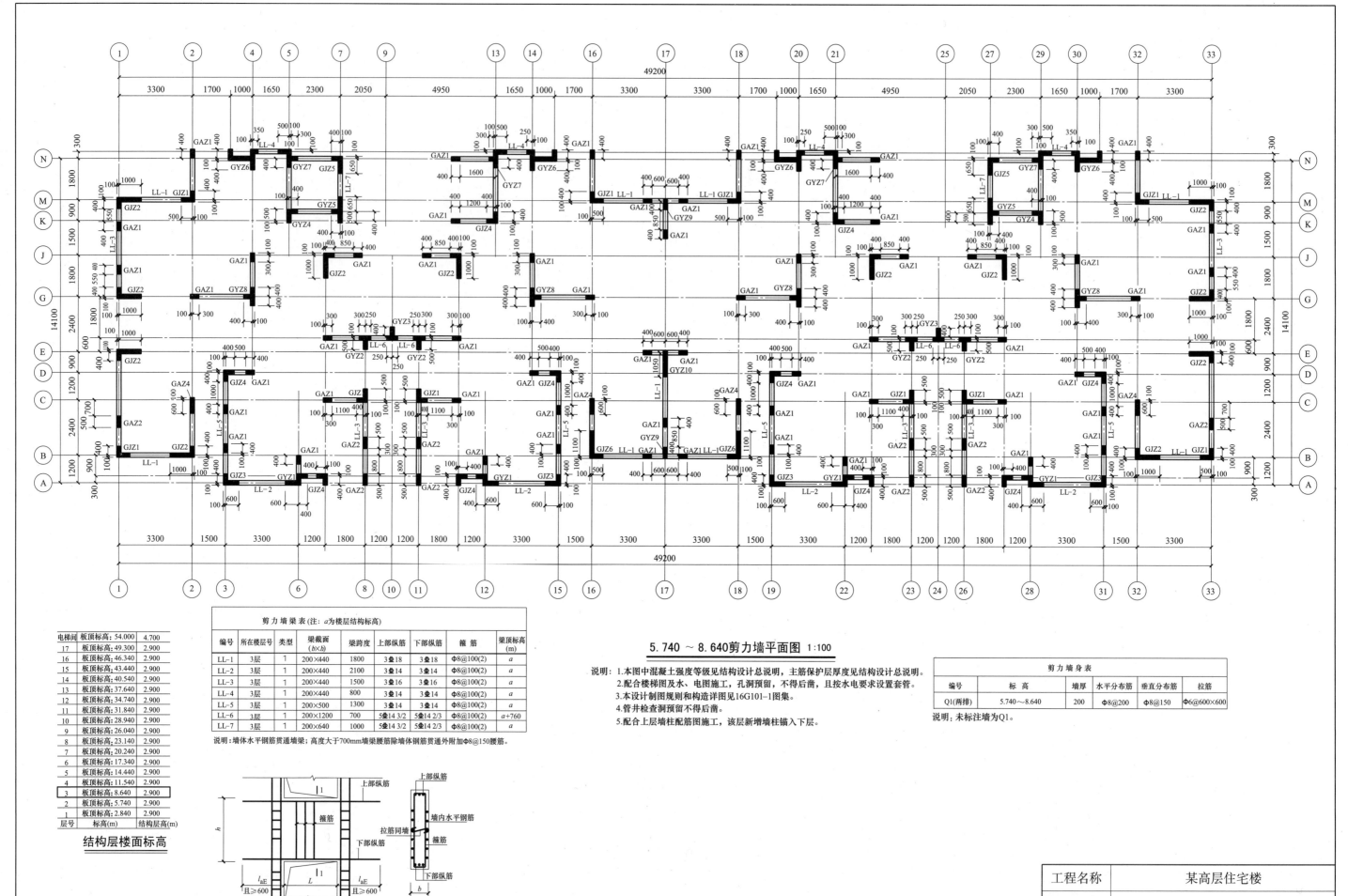

5.740～8.640剪力墙平面图 1:100

剪力墙梁表（注：a为楼层结构标高）

编号	所在楼层号	类型	梁截面(b×h)	梁跨度	上部纵筋	下部纵筋	箍筋	梁顶标高(m)
LL-1	3层	1	200×440	1800	3Φ18	3Φ18	Φ8@100(2)	a
LL-2	3层	1	200×440	2100	3Φ14	3Φ14	Φ8@100(2)	a
LL-3	3层	1	200×440	1500	3Φ16	3Φ16	Φ8@100(2)	a
LL-4	3层	1	200×440	800	3Φ14	3Φ14	Φ8@100(2)	a
LL-5	3层	1	200×500	1300	3Φ14	3Φ14	Φ8@100(2)	a
LL-6	3层	1	200×1200	700	5Φ14 3/2	5Φ14 2/3	Φ8@100(2)	a+760
LL-7	3层	1	200×640	1000	5Φ14 3/2	5Φ14 2/3	Φ8@100(2)	a

说明：墙体水平钢筋贯通墙梁；高度大于700mm墙梁腰筋除墙体钢筋贯通外附加Φ8@150腰筋。

剪力墙身表

编号	标 高	墙厚	水平分布筋	垂直分布筋	拉筋
Q1(两排)	5.740～8.640	200	Φ8@200	Φ8@150	Φ6@600×600

说明：未标注墙为Q1。

说明：
1. 本图中混凝土强度等级见结构设计总说明，主筋保护层厚度见结构设计总说明。
2. 配合楼梯图及水、电图施工，孔洞预留，不得后凿，且按水电要求设置套管。
3. 本设计制图规则和构造详图见16G101-1图集。
4. 管井检查洞预留不得后凿。
5. 配合上层墙柱配筋图施工，该层新增墙柱锚入下层。

结构层楼面标高

电梯间	板顶标高: 54.000	4.700
17	板顶标高: 49.300	2.900
16	板顶标高: 46.340	2.900
15	板顶标高: 43.440	2.900
14	板顶标高: 40.540	2.900
13	板顶标高: 37.640	2.900
12	板顶标高: 34.740	2.900
11	板顶标高: 31.840	2.900
10	板顶标高: 28.940	2.900
9	板顶标高: 26.040	2.900
8	板顶标高: 23.140	2.900
7	板顶标高: 20.240	2.900
6	板顶标高: 17.340	2.900
5	板顶标高: 14.440	2.900
4	板顶标高: 11.540	2.900
3	板顶标高: 8.640	2.900
2	板顶标高: 5.740	2.900
1	板顶标高: 2.840	2.900
层号	标高(m)	结构层高(m)

1类墙梁

1—1

工程名称	某高层住宅楼
图纸内容	5.740～8.640 剪力墙平面图
图纸编号	结施-11

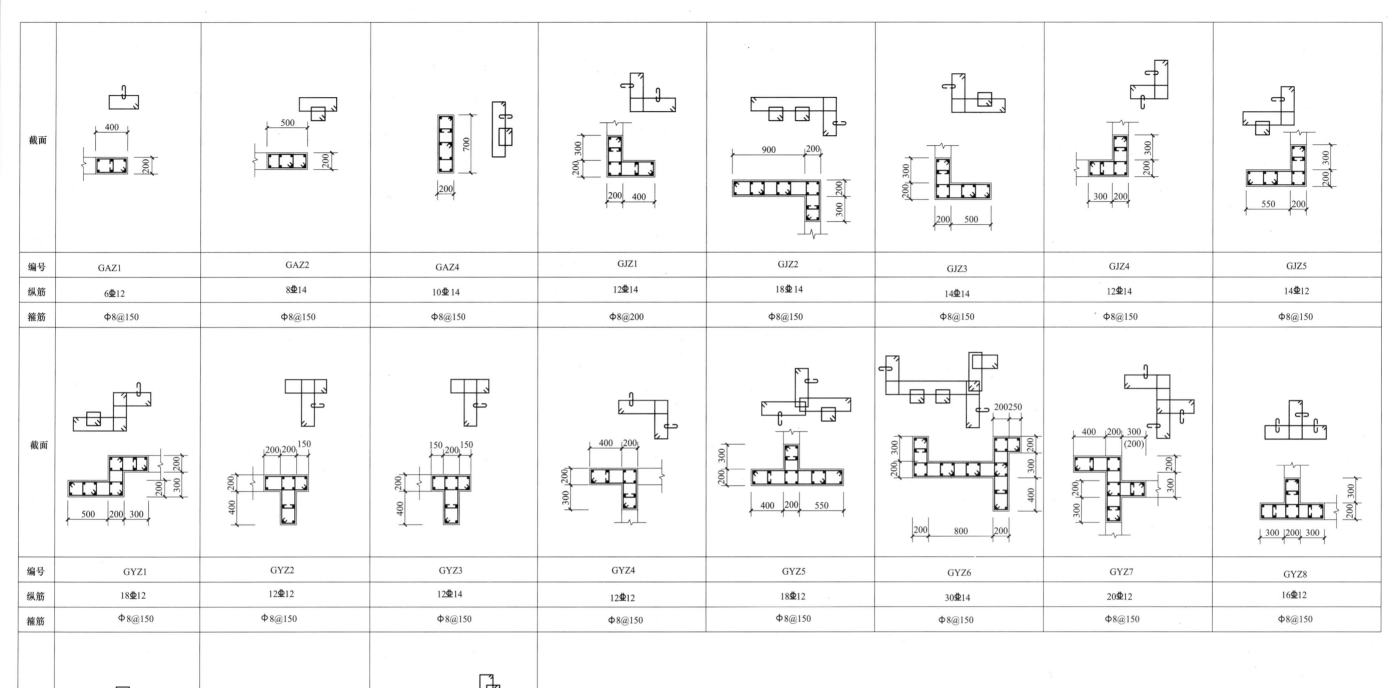

截面	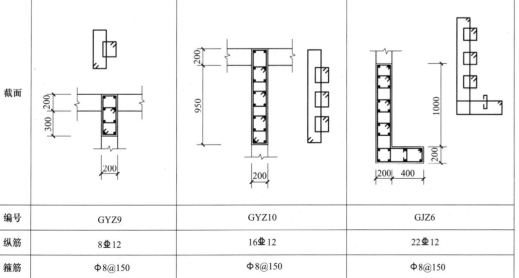		
编号	GAZ1	GAZ2	GAZ4
纵筋	6⊕12	8⊕14	10⊕14
箍筋	Φ8@150	Φ8@150	Φ8@150

5.740～8.640剪力墙边缘构件详图 1:30

编号	GAZ1	GAZ2	GAZ4	GJZ1	GJZ2	GJZ3	GJZ4	GJZ5
纵筋	6⊕12	8⊕14	10⊕14	12⊕14	18⊕14	14⊕14	12⊕14	14⊕12
箍筋	Φ8@150	Φ8@150	Φ8@150	Φ8@200	Φ8@150	Φ8@150	Φ8@150	Φ8@150

编号	GYZ1	GYZ2	GYZ3	GYZ4	GYZ5	GYZ6	GYZ7	GYZ8
纵筋	18⊕12	12⊕12	12⊕14	12⊕12	18⊕12	30⊕14	20⊕12	16⊕12
箍筋	Φ8@150	Φ8@150	Φ8@150	Φ8@150	Φ8@150	Φ8@150	Φ8@150	Φ8@150

编号	GYZ9	GYZ10	GJZ6
纵筋	8⊕12	16⊕12	22⊕12
箍筋	Φ8@150	Φ8@150	Φ8@150

工程名称	**某高层住宅楼**
图纸内容	**5.740～8.640 剪力墙边缘构件详图**
图纸编号	结施-12

125

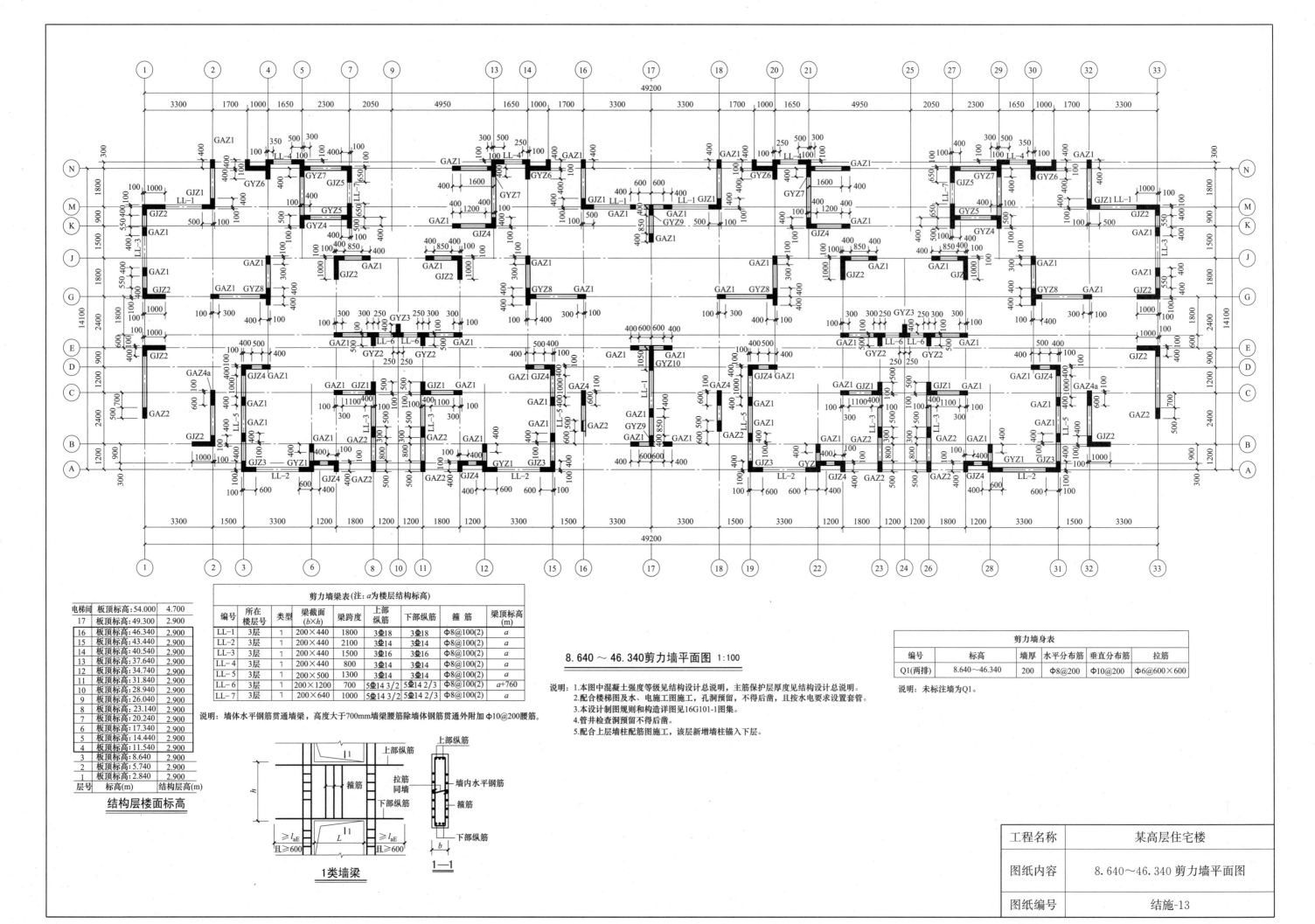

8.640～46.340剪力墙平面图 1:100

电梯间	板顶标高:54.000	4.700
17	板顶标高:49.300	2.900
16	板顶标高:46.340	2.900
15	板顶标高:43.440	2.900
14	板顶标高:40.540	2.900
13	板顶标高:37.640	2.900
12	板顶标高:34.740	2.900
11	板顶标高:31.840	2.900
10	板顶标高:28.940	2.900
9	板顶标高:26.040	2.900
8	板顶标高:23.140	2.900
7	板顶标高:20.240	2.900
6	板顶标高:17.340	2.900
5	板顶标高:14.440	2.900
4	板顶标高:11.540	2.900
3	板顶标高:8.640	2.900
2	板顶标高:5.740	2.900
1	板顶标高:2.840	2.900
层号	标高(m)	结构层高(m)

结构层楼面标高

剪力墙梁表(注:*a*为楼层结构标高)

编号	所在楼层号	类型	梁截面(b×h)	梁跨度	上部纵筋	下部纵筋	箍筋	梁顶标高(m)
LL-1	3层	1	200×440	1800	3Φ18	3Φ18	Φ8@100(2)	a
LL-2	3层	1	200×440	2100	3Φ14	3Φ14	Φ8@100(2)	a
LL-3	3层	1	200×440	1500	3Φ16	3Φ16	Φ8@100(2)	a
LL-4	3层	1	200×440	800	3Φ14	3Φ14	Φ8@100(2)	a
LL-5	3层	1	200×500	1300	3Φ14	3Φ14	Φ8@100(2)	a
LL-6	3层	1	200×1200	700	5Φ14 3/2	5Φ14 2/3	Φ8@100(2)	a+760
LL-7	3层	1	200×640	1000	5Φ14 3/2	5Φ14 2/3	Φ8@100(2)	a

说明:墙体水平钢筋贯通墙梁,高度大于700mm墙梁腰筋除墙体钢筋贯通外附加Φ10@200腰筋。

剪力墙身表

编号	标高	墙厚	水平分布筋	垂直分布筋	拉筋
Q1(两排)	8.640～46.340	200	Φ8@200	Φ10@200	Φ6@600×600

说明:未标注墙为Q1。

说明:
1.本图中混凝土强度等级见结构设计总说明,主筋保护层厚度见结构设计总说明。
2.配合楼梯图及水、电施工图施工,孔洞预留,不得后凿,且按水电要求设置套管。
3.本设计制图规则和构造详图见16G101-1图集。
4.管井检查洞预留不得后凿。
5.配合上层墙柱配筋图施工,该层新增墙柱锚入下层。

1类墙梁

1—1

工程名称	某高层住宅楼
图纸内容	8.640～46.340剪力墙平面图
图纸编号	结施-13

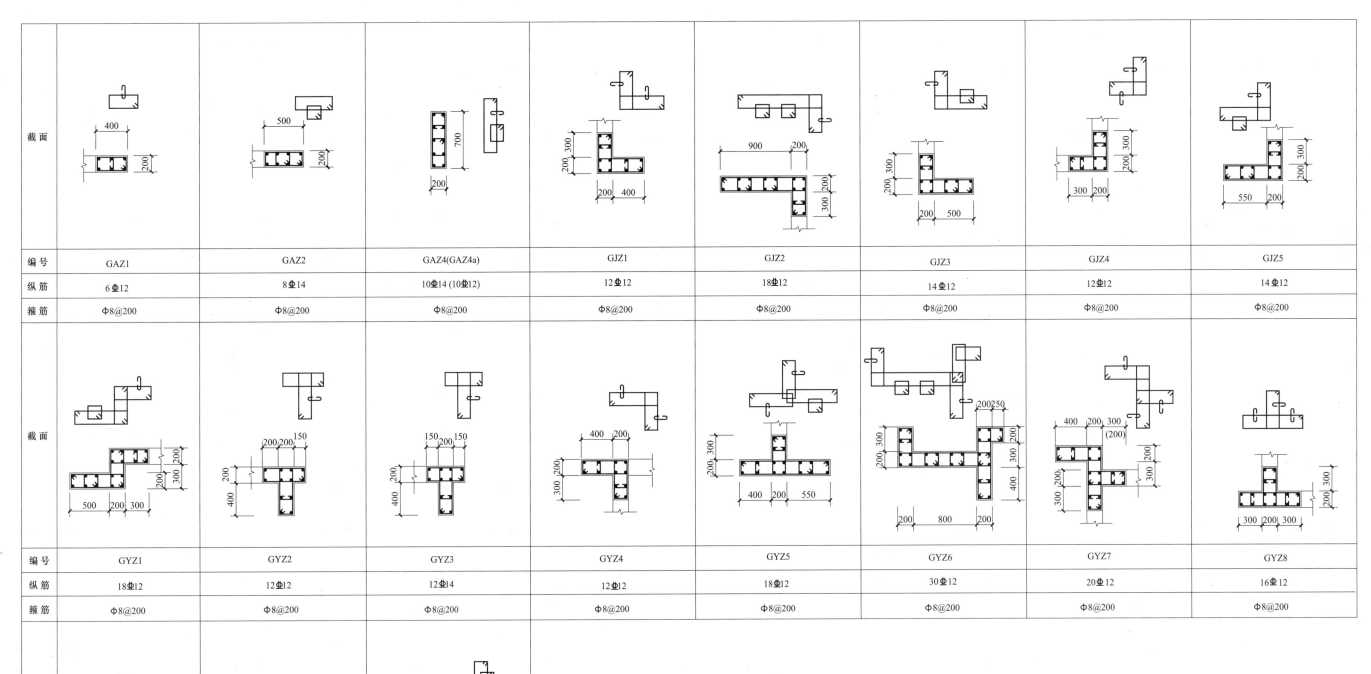

截面								
编号	GAZ1	GAZ2	GAZ4(GAZ4a)	GJZ1	GJZ2	GJZ3	GJZ4	GJZ5
纵筋	6Φ12	8Φ14	10Φ14(10Φ12)	12Φ12	18Φ12	14Φ12	12Φ12	14Φ12
箍筋	Φ8@200	Φ8@200	Φ8@200	Φ8@200	Φ8@200	Φ8@200	Φ8@200	Φ8@200
截面								
编号	GYZ1	GYZ2	GYZ3	GYZ4	GYZ5	GYZ6	GYZ7	GYZ8
纵筋	18Φ12	12Φ12	12Φ14	12Φ12	18Φ12	30Φ12	20Φ12	16Φ12
箍筋	Φ8@200	Φ8@200	Φ8@200	Φ8@200	Φ8@200	Φ8@200	Φ8@200	Φ8@200

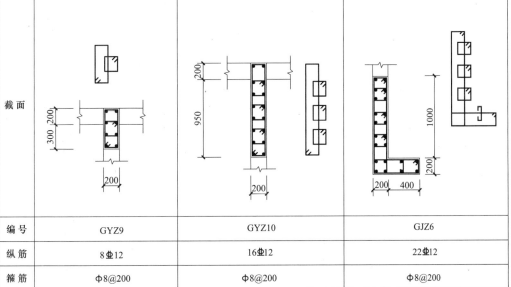

截面			
编号	GYZ9	GYZ10	GJZ6
纵筋	8Φ12	16Φ12	22Φ12
箍筋	Φ8@200	Φ8@200	Φ8@200

8.640～46.340剪力墙边缘构件详图 1:30

工程名称	某高层住宅楼
图纸内容	8.640～46.340 剪力墙边缘构件详图
图纸编号	结施-14

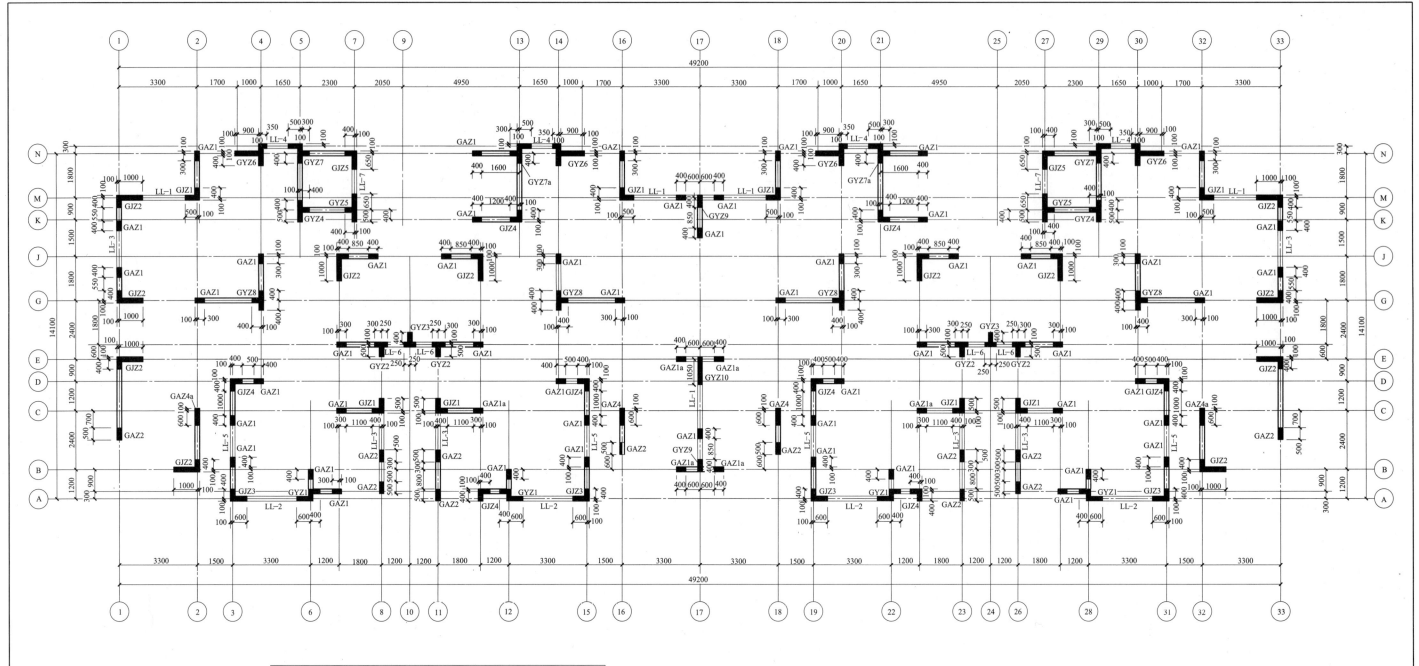

结构层楼面标高

电梯间	板顶标高:54.000	4.700
17	板顶标高:49.300	2.900
16	板顶标高:46.340	2.900
15	板顶标高:43.440	2.900
14	板顶标高:40.540	2.900
13	板顶标高:37.640	2.900
12	板顶标高:34.740	2.900
11	板顶标高:31.840	2.900
10	板顶标高:28.940	2.900
9	板顶标高:26.040	2.900
8	板顶标高:23.140	2.900
7	板顶标高:20.240	2.900
6	板顶标高:17.340	2.900
5	板顶标高:14.440	2.900
4	板顶标高:11.540	2.900
3	板顶标高:8.640	2.900
2	板顶标高:5.740	2.900
1	板顶标高:2.840	2.900
层号	标高(m)	结构层高(m)

剪力墙梁表 (注：a为楼层结构标高)

编号	所在楼层号	类型	梁截面(b×h)	梁跨度	上部纵筋	下部纵筋	箍筋	梁顶标高(m)
LL-1	17层	2	200×500	1800	3Φ18	3Φ18	Φ8@100(2)	a
LL-2	17层	2	200×500	2100	3Φ16	3Φ16	Φ8@100(2)	a
LL-3	17层	2	200×700	1500	3Φ18	3Φ18	Φ10@100(2)	a
LL-4	17层	2	200×500	800	3Φ14	3Φ14	Φ8@100(2)	a
LL-5	17层	2	200×500	1300	3Φ18	3Φ18	Φ10@100(2)	a
LL-6	17层	2	200×500	700	3Φ14	3Φ14	Φ8@100(2)	a
LL-7	17层	1	200×2550	1000	12Φ14 3/3/3/3	12Φ14 3/3/3/3	Φ8@100(2)	a+1.910

说明:墙体水平钢筋贯通墙梁,高度大于700mm墙梁腰筋除墙体钢筋贯通外附加Φ10@200腰筋。

46.340~49.300剪力墙平面图 1:100

说明:1.本图中混凝土强度等级见结构设计总说明,主筋保护层厚度见结构设计总说明。
2.配合楼梯图及水、电施工图施工,孔洞预留,不得后凿,且按水电要求设置套管。
3.本设计制图规则和构造详图见16G101-1图集。
4.管井检查洞预留不得后凿。
5.配合上层墙柱配筋图施工,该层新增墙柱锚入下层。

剪力墙身表

编号	标高	墙厚	水平分布筋	垂直分布筋	拉筋
Q1(两排)	8.640~46.340	200	Φ8@200	Φ10@200	Φ6@600×600

说明:未标注墙为Q1。

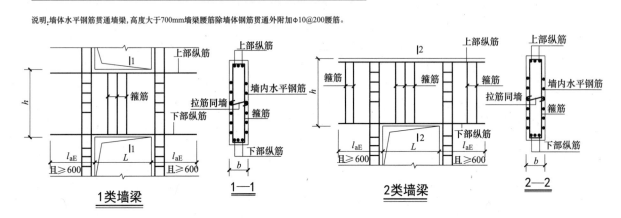

1类墙梁   1—1   2类墙梁   2—2

工程名称	某高层住宅楼
图纸内容	46.340~49.300剪力墙平面图
图纸编号	结施-15

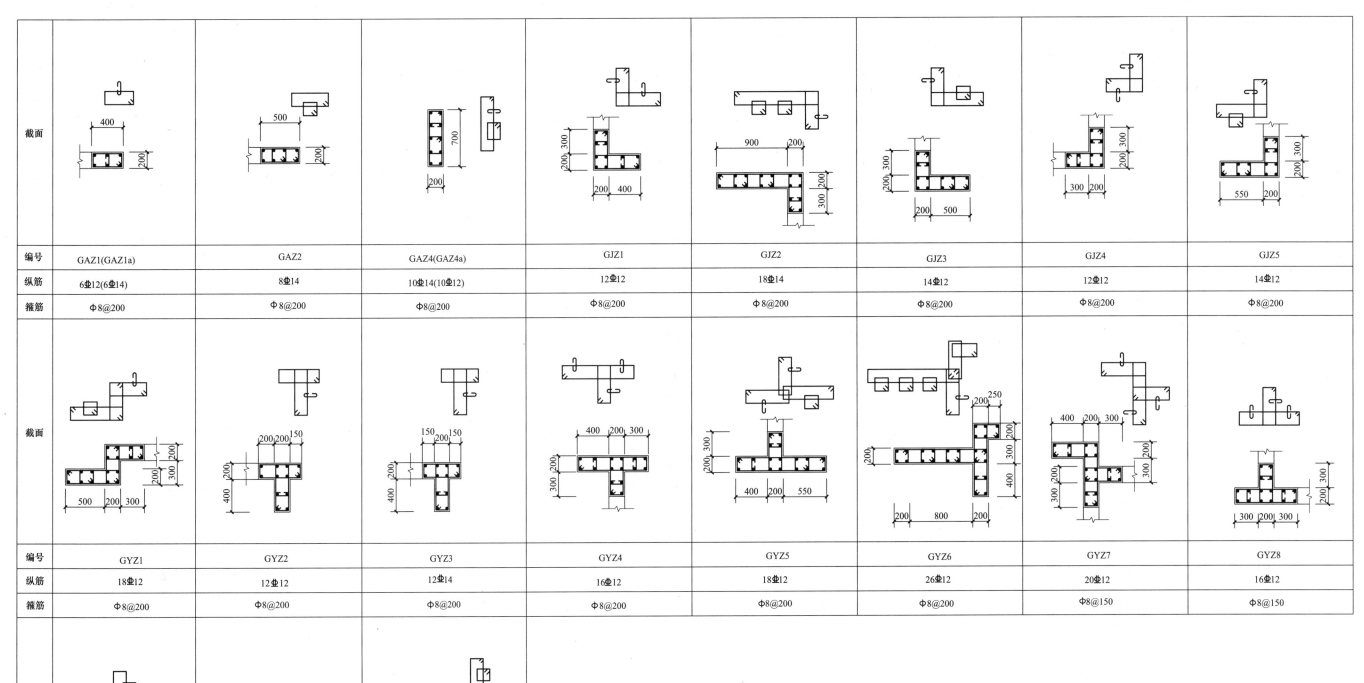

截面							
编号	GAZ1(GAZ1a)	GAZ2	GAZ4(GAZ4a)	GJZ1	GJZ2	GJZ3	GJZ4	GJZ5
纵筋	6Φ12(6Φ14)	8Φ14	10Φ14(10Φ12)	12Φ12	18Φ14	14Φ12	12Φ12	14Φ12
箍筋	Φ8@200	Φ8@200	Φ8@200	Φ8@200	Φ8@200	Φ8@200	Φ8@200	Φ8@200
截面							
编号	GYZ1	GYZ2	GYZ3	GYZ4	GYZ5	GYZ6	GYZ7	GYZ8
纵筋	18Φ12	12Φ12	12Φ14	16Φ12	18Φ12	26Φ12	20Φ12	16Φ12
箍筋	Φ8@200	Φ8@200	Φ8@200	Φ8@200	Φ8@200	Φ8@200	Φ8@150	Φ8@150
截面							
编号	GYZ9	GYZ10	GJZ6					
纵筋	8Φ12	16Φ12	22Φ12					
箍筋	Φ8@200	Φ8@200	Φ8@200					

46.340～49.300剪力墙边缘构件详图 1:30

工程名称	某高层住宅楼
图纸内容	46.340～49.300 剪力墙边缘构件详图
图纸编号	结施-16

129

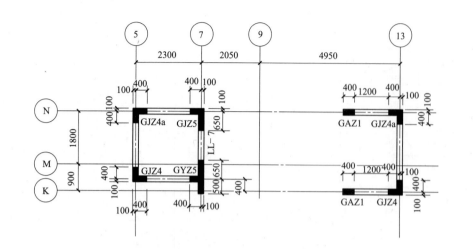

楼梯间剪力墙结构图 1:100

说明：㉑～㉙轴楼梯间与此楼梯间为镜像关系。

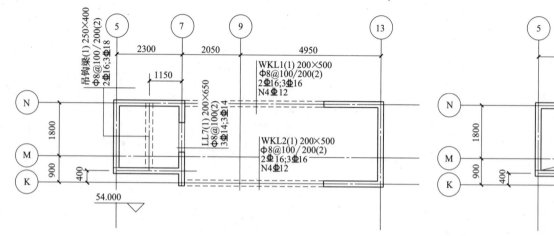

楼梯间梁结构图 1:100

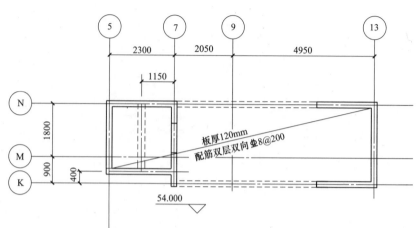

楼梯间板结构图 1:100

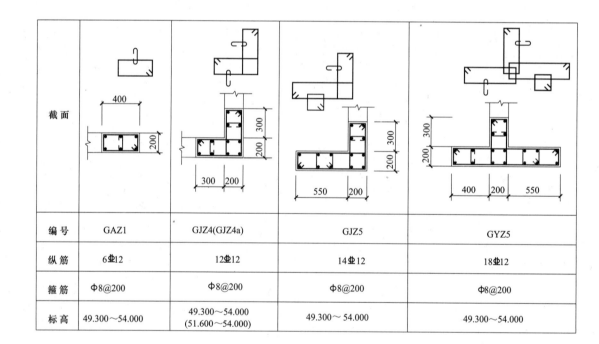

截 面				
编 号	GAZ1	GJZ4(GJZ4a)	GJZ5	GYZ5
纵 筋	6Φ12	12Φ12	14Φ12	18Φ12
箍 筋	Φ8@200	Φ8@200	Φ8@200	Φ8@200
标 高	49.300~54.000	49.300~54.000 (51.600~54.000)	49.300~54.000	49.300~54.000

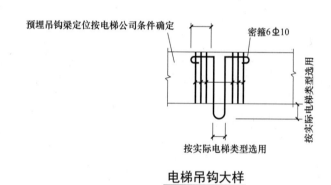

电梯吊钩大样

说明：吊钩梁及吊钩位置按电梯公司条件确定，吊钩钢筋禁止使用冷处理钢筋。

剪力墙身表

编号	标高	墙厚	水平分布筋	垂直分布筋	拉筋
Q1(两排)	49.300~造型顶	200	Φ8@200	Φ10@200	Φ6@600×600

说明：未标注墙为Q1。

工程名称	某高层住宅楼
图纸内容	电梯间结构图
图纸编号	结施-17

130

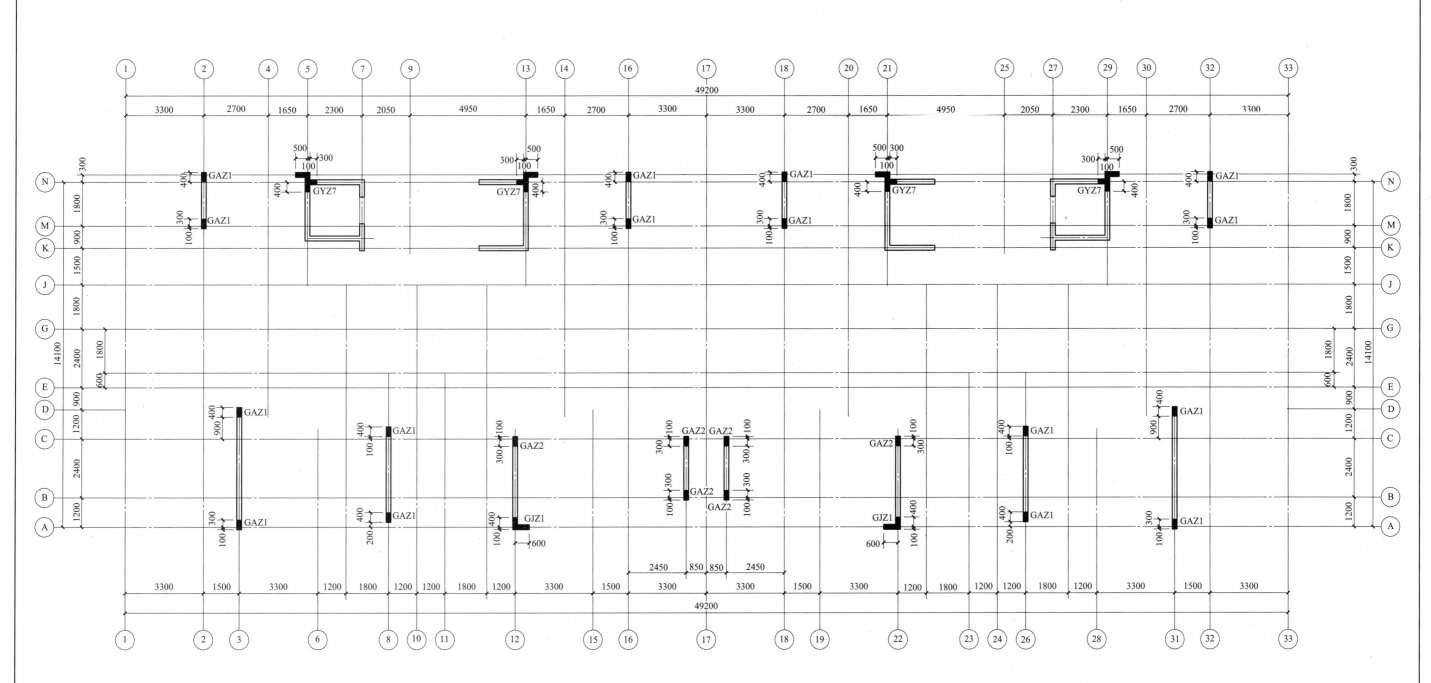

屋面造型剪力墙结构图 1:100

说明：1.本图中混凝土强度等级见结构设计总说明，主筋保护层厚度见结构设计总说明。
2.配合楼梯图及水、电施工图施工，孔洞预留，不得后凿，且按水电要求设置套管。
3.本设计制图规则和构造详图见16G101-1图集。
4.该层新增墙柱锚入下层。

剪力墙身表

编号	标高	墙厚	水平分布筋	垂直分布筋	拉筋
Q1(两排)	49.300～造型顶	200	Φ8@200	Φ10@200	Φ6@600×600

说明：未标注墙为Q1。

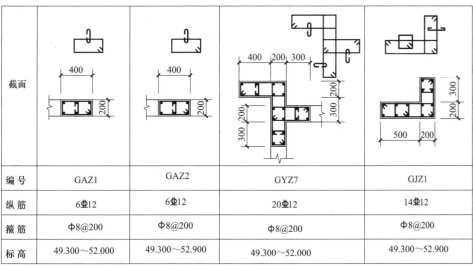

截面				
编号	GAZ1	GAZ2	GYZ7	GJZ1
纵筋	6Φ12	6Φ12	20Φ12	14Φ12
箍筋	Φ8@200	Φ8@200	Φ8@200	Φ8@200
标高	49.300～52.000	49.300～52.900	49.300～52.000	49.300～52.900

工程名称	某高层住宅楼
图纸内容	屋面造型剪力墙结构图
图纸编号	结施-18

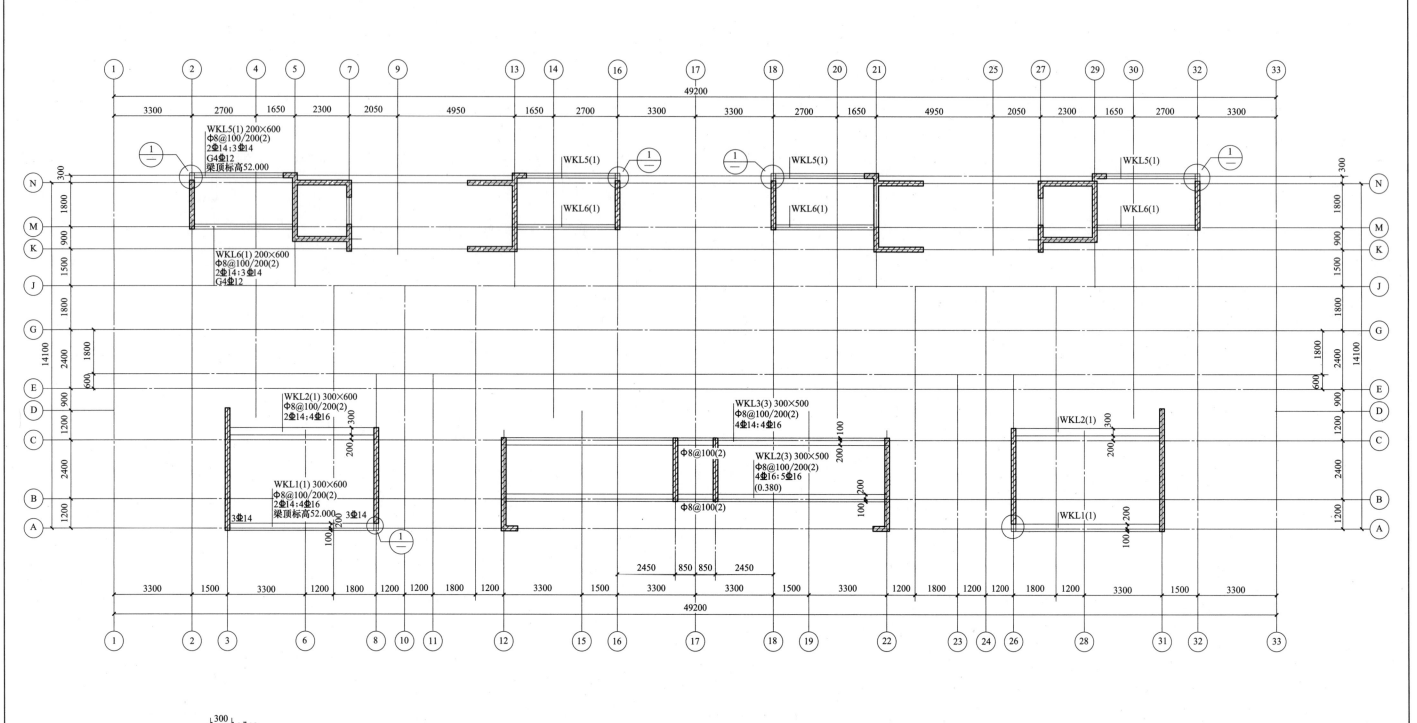

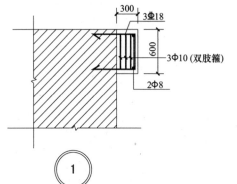

屋面造型梁结构图 1:100

说明：未标注轴线关系居中。

工程名称	某高层住宅楼
图纸内容	屋面造型梁结构图
图纸编号	结施-19

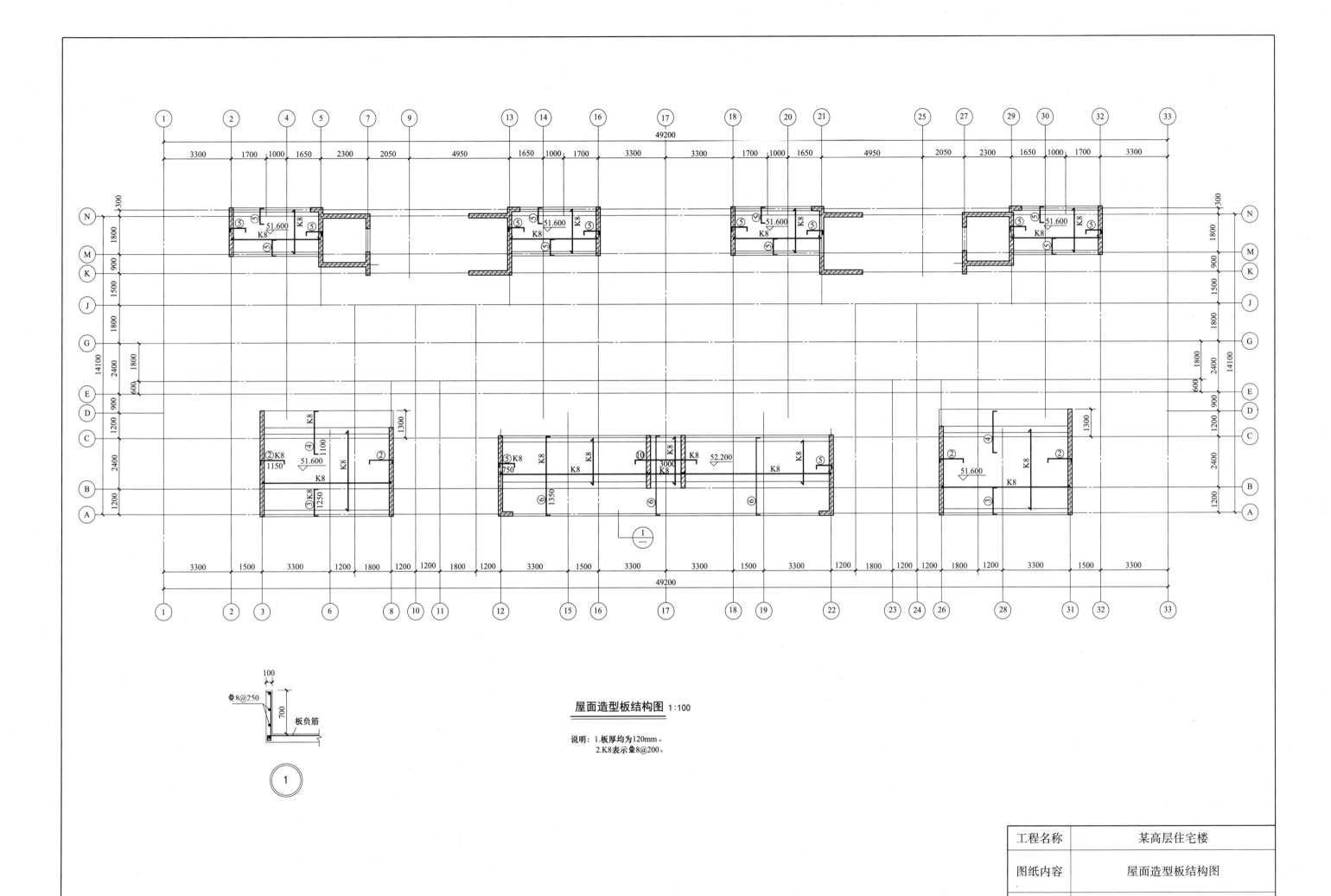

屋面造型板结构图 1:100

说明：1.板厚均为120mm。
2.K8表示单8@200。

工程名称	某高层住宅楼
图纸内容	屋面造型板结构图
图纸编号	结施-20

133

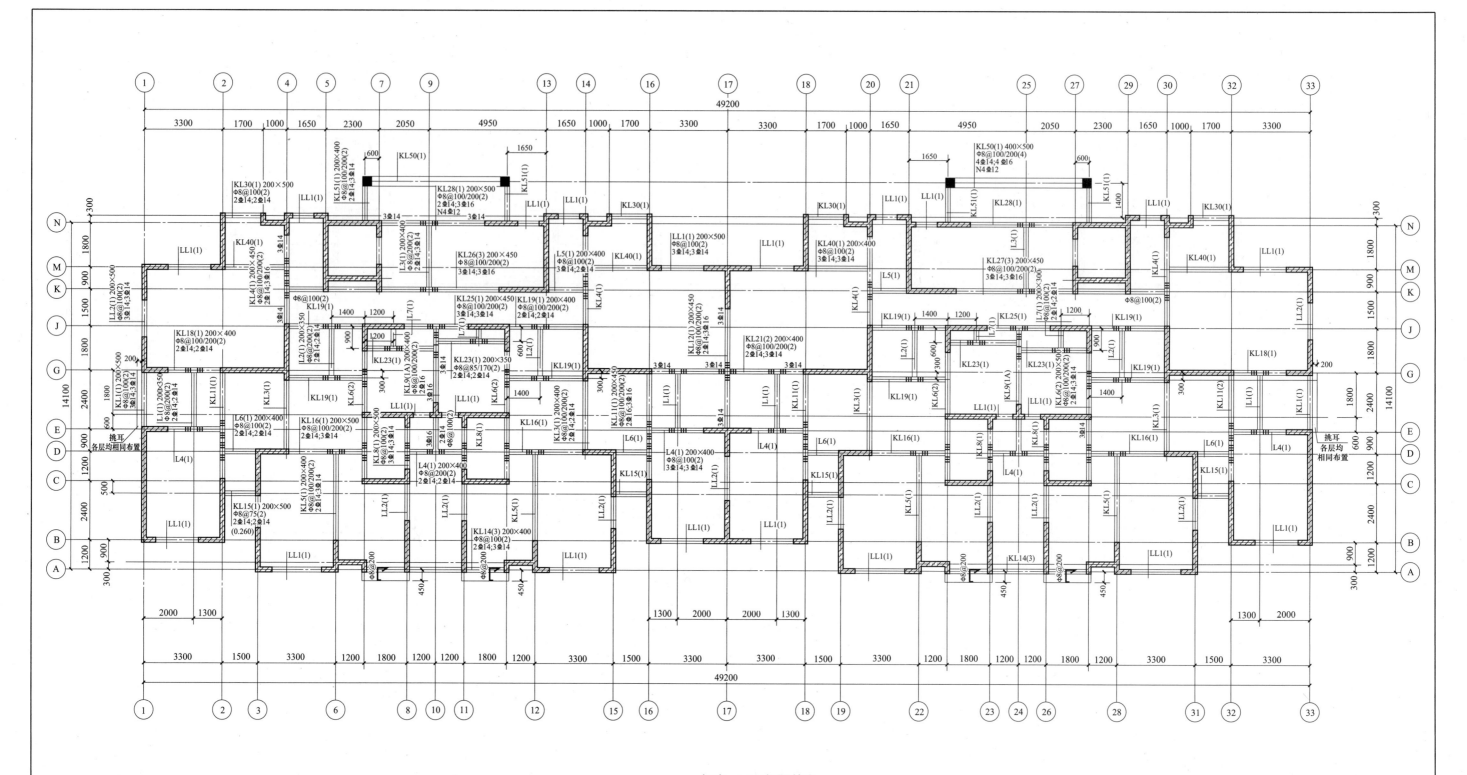

标高 -0.060梁配筋图 1:100

注：2.840标高的空调板及阳台跳板在本层相同设置。

说明：
1.混凝土强度等级C30，保护层厚度30mm。
2.主次梁交接处主梁在次梁每侧附加3Φd@50(d为主梁箍筋直径)箍筋。未注明吊筋2Φ16。未注明轴线关系居中。
3.配合楼梯图及水、电施工图施工。
4.本设计制图规则和构造详图见16G101-1图集。与剪力墙相交的梁按框架梁要求施工。

附加箍筋示意图一　　附加箍筋示意图二

工程名称	某高层住宅楼
图纸内容	标高—0.060 梁配筋图
图纸编号	结施-21

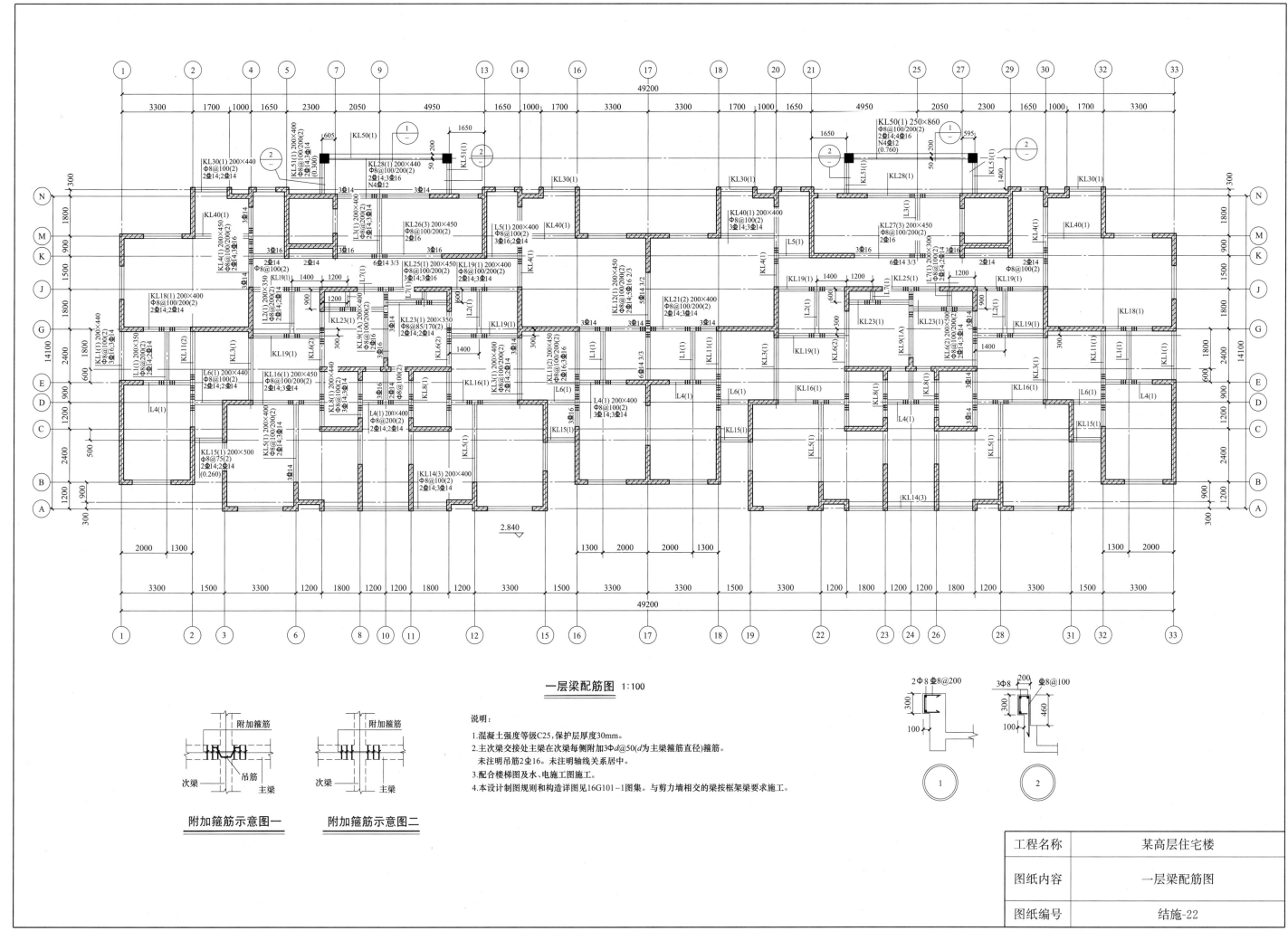

一层梁配筋图 1:100

说明:
1. 混凝土强度等级C25,保护层厚度30mm。
2. 主次梁交接处主梁在次梁每侧附加3Φd@50(d为主梁箍筋直径)箍筋。
   未注明吊筋2Φ16。未注明轴线关系居中。
3. 配合楼梯图及水、电施工图施工。
4. 本设计制图规则和构造详图见16G101-1图集。与剪力墙相交的梁按框架梁要求施工。

附加箍筋示意图一

附加箍筋示意图二

工程名称	某高层住宅楼
图纸内容	一层梁配筋图
图纸编号	结施-22

135

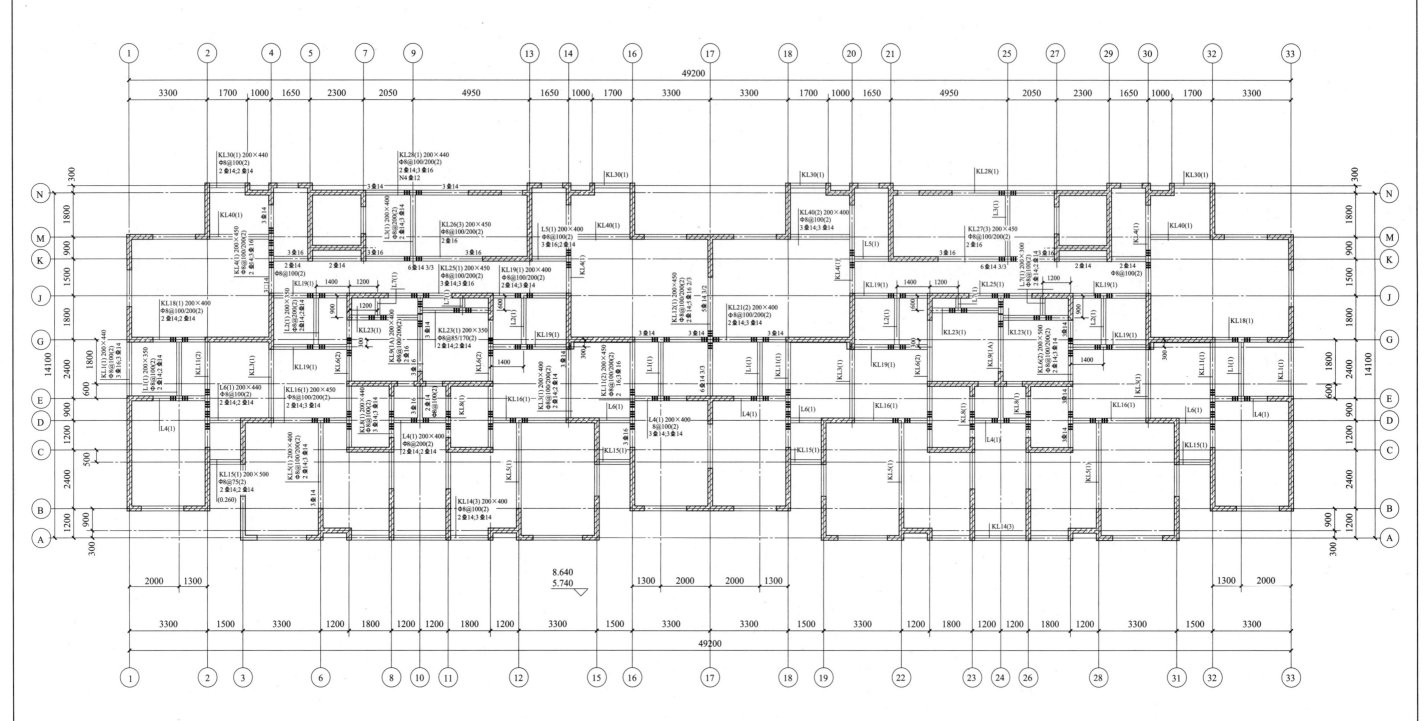

二、三层梁配筋图 1:100

说明：
1.混凝土强度等级C25，保护层厚度30mm。
2.主次梁交接处主梁在次梁每侧附加3Φd@50(d为主梁箍筋直径)箍筋。
  未注明吊筋2⬤16。未注明轴线关系居中。
3.配合楼梯图及水、电施工图施工。
4.本设计制图规则和构造详图见16G101-1图集。与剪力墙相交的梁按
  框架梁要求施工。

附加箍筋示意图一   附加箍筋示意图二

工程名称	某高层住宅楼
图纸内容	二、三层梁配筋图
图纸编号	结施-23

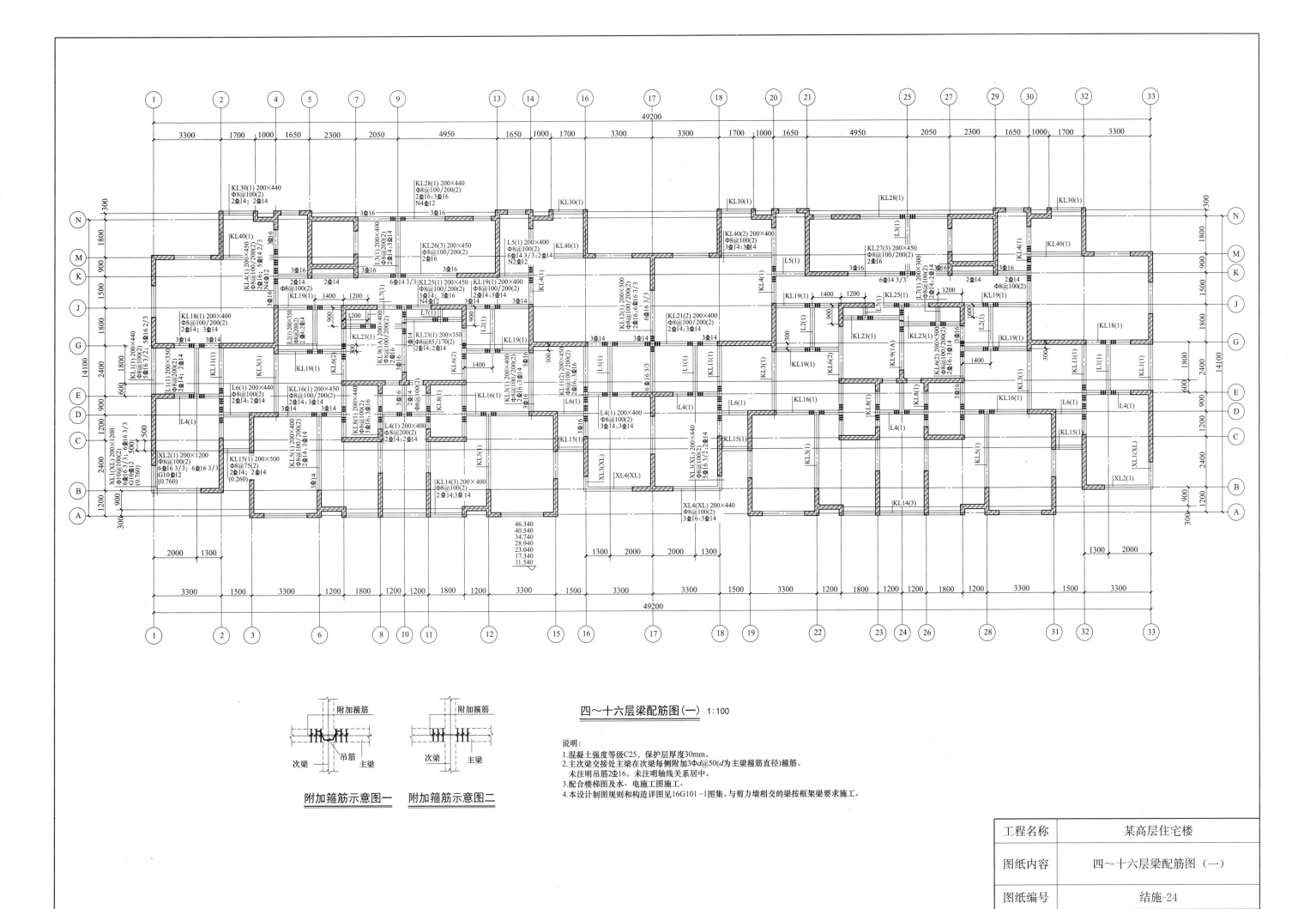

四～十六层梁配筋图（一） 1:100

说明:
1. 混凝土强度等级C25,保护层厚度30mm。
2. 主次梁交接处主梁在次梁每侧附加3Φd@50(d为主梁箍筋直径)箍筋。
   未注明吊筋2Φ16。未注明轴线关系居中。
3. 配合楼梯图及水、电施工图施工。
4. 本设计制图规则和构造详图见16G101-1图集。与剪力墙相交的梁按框架梁要求施工。

附加箍筋示意图一   附加箍筋示意图二

工程名称	某高层住宅楼
图纸内容	四～十六层梁配筋图（一）
图纸编号	结施-24

137

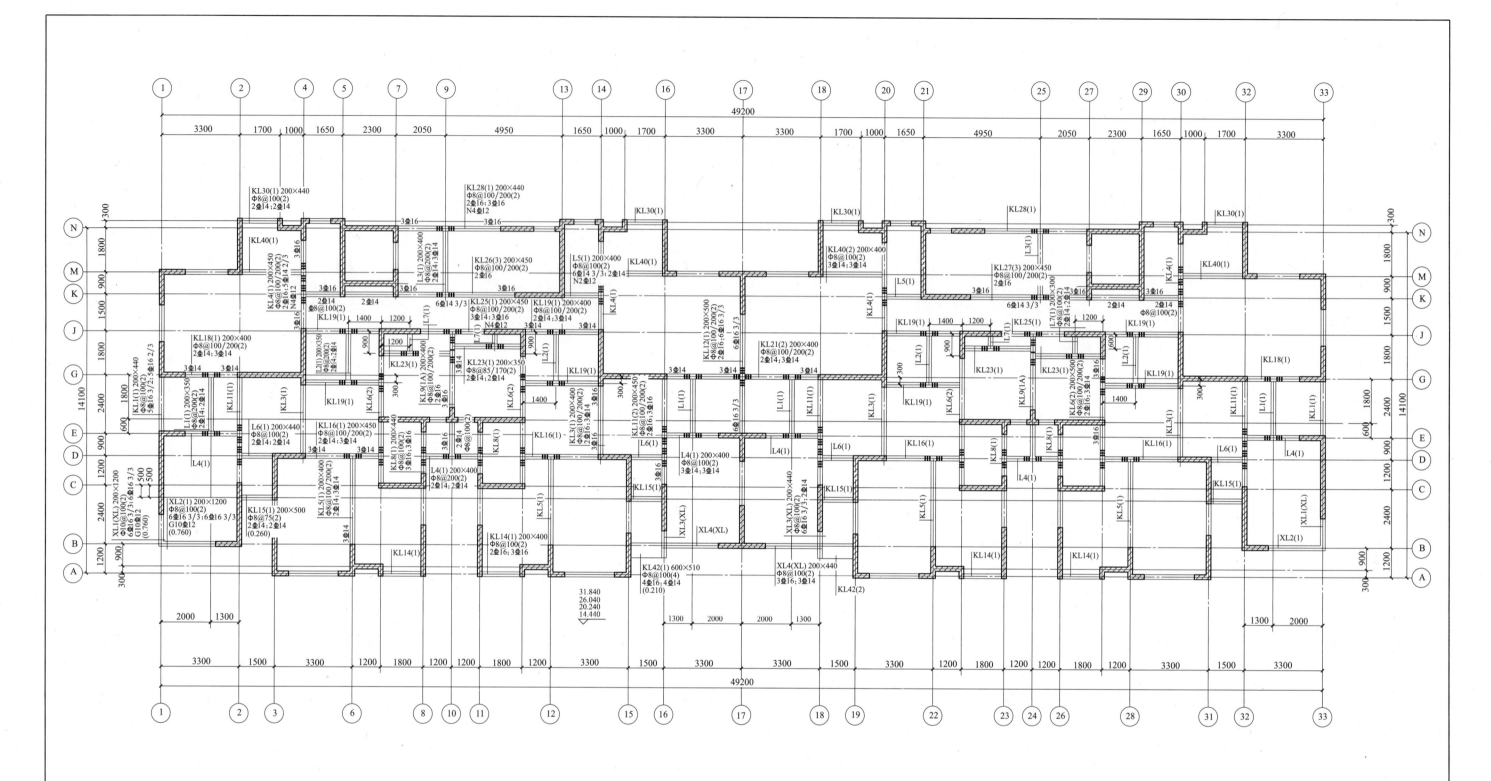

四~十六层梁配筋图(二) 1:100

说明:
1. 混凝土强度等级C25,保护层厚度30mm。
2. 主次梁交接处主梁在次梁每侧附加3Φd@50(d为主梁箍筋直径)箍筋。未注明吊筋2Φ16。未注明轴线关系居中。
3. 配合楼梯图及水、电施工图施工。
4. 本设计制图规则和构造详图见16G101-1图集。与剪力墙相交的梁按框架梁要求施工。

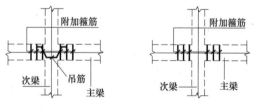

附加箍筋示意图一   附加箍筋示意图二

工程名称	某高层住宅楼
图纸内容	四~十六层梁配筋图(二)
图纸编号	结施-25

138

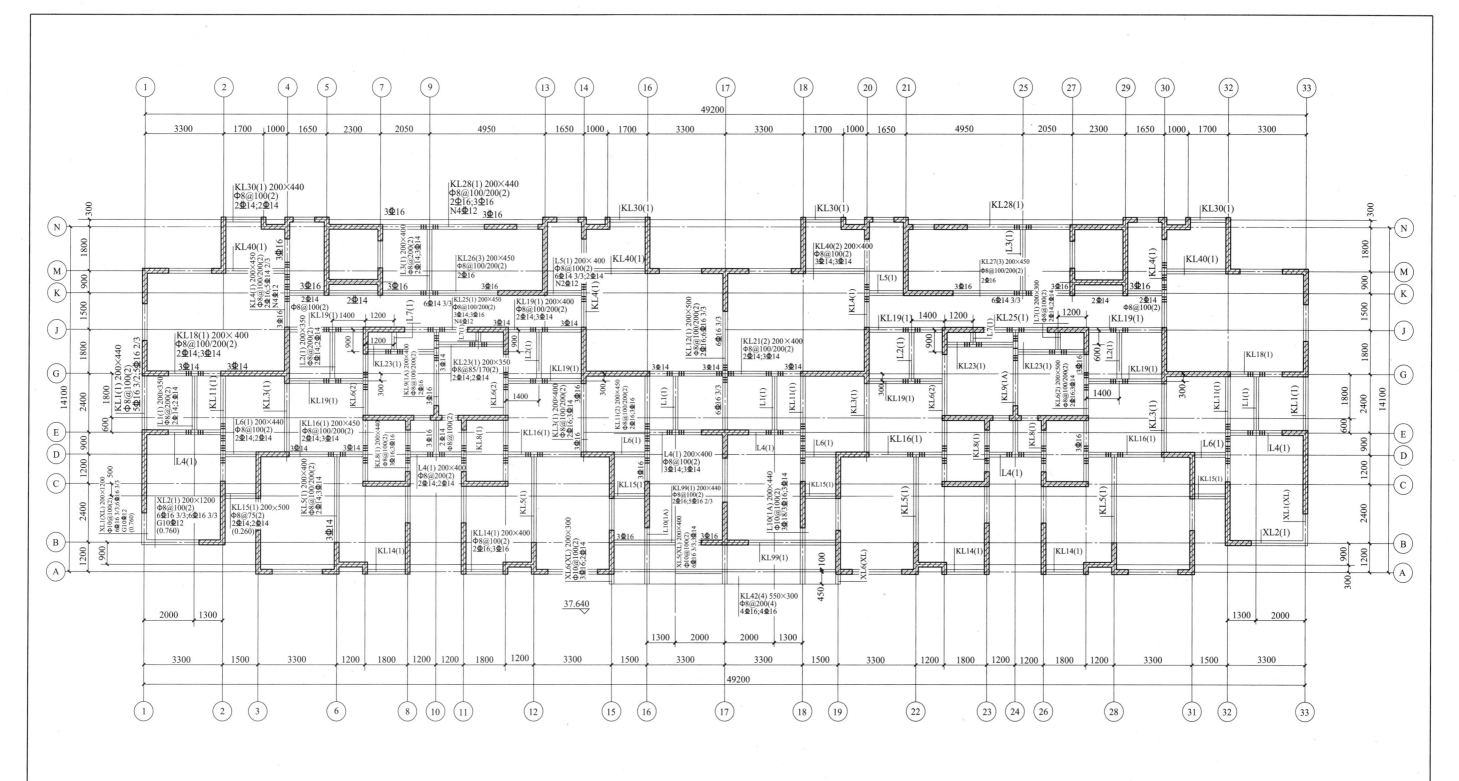

四～十六层梁配筋图（三） 1:100

说明：
1. 混凝土强度等级C25，保护层厚度30mm。
2. 主次梁交接处主梁在次梁每侧附加3Φd@50(d为主梁箍筋直径)箍筋。
   未注明吊筋2Φ16。未注明轴线关系居中。
3. 配合楼梯图及水、电施工图施工。
4. 本设计制图规则和构造详图见16G101-1图集；与剪力墙相交的梁按框架梁要求施工。

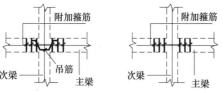

附加箍筋示意图一　　**附加箍筋示意图二**

工程名称	某高层住宅楼
图纸内容	四～十六层梁配筋图（三）
图纸编号	结施-26

139

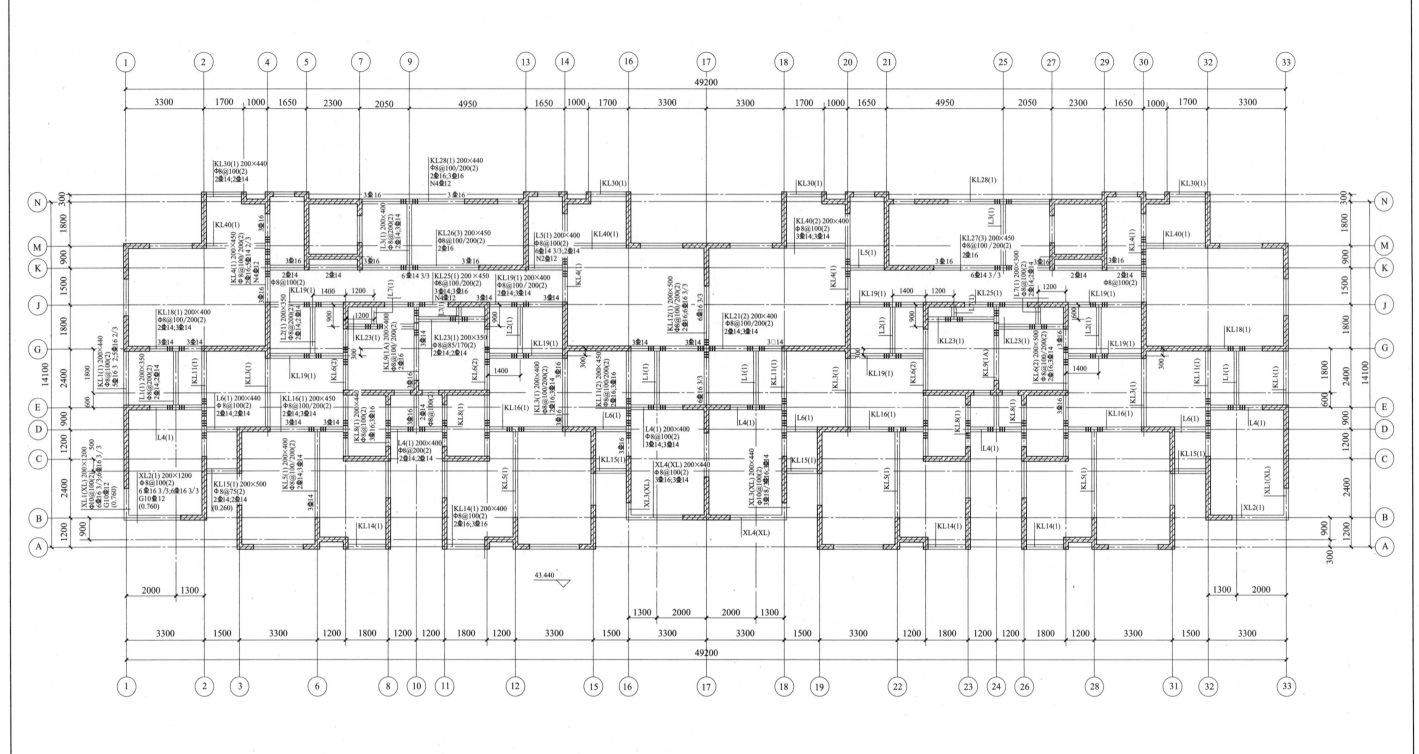

四～十六层梁配筋图(四) 1:100

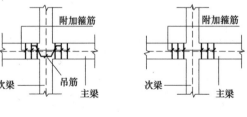

次梁　　　吊筋　　主梁
附加箍筋示意图一

次梁　　　主梁
附加箍筋示意图二

说明:
1.混凝土强度等级C25,保护层厚度30mm。
2.主次梁交接处主梁在次梁每侧附加3Φd@50(d为主梁箍筋直径)箍筋。
　未注明吊筋2Φ16。未注明轴线关系居中。
3.配合楼梯图及水、电施工图施工。
4.本设计制图规则和构造详图见16G101-1图集;与剪力墙相交的梁按框架梁要求施工。

工程名称	某高层住宅楼
图纸内容	四～十六层梁配筋图(四)
图纸编号	结施-27

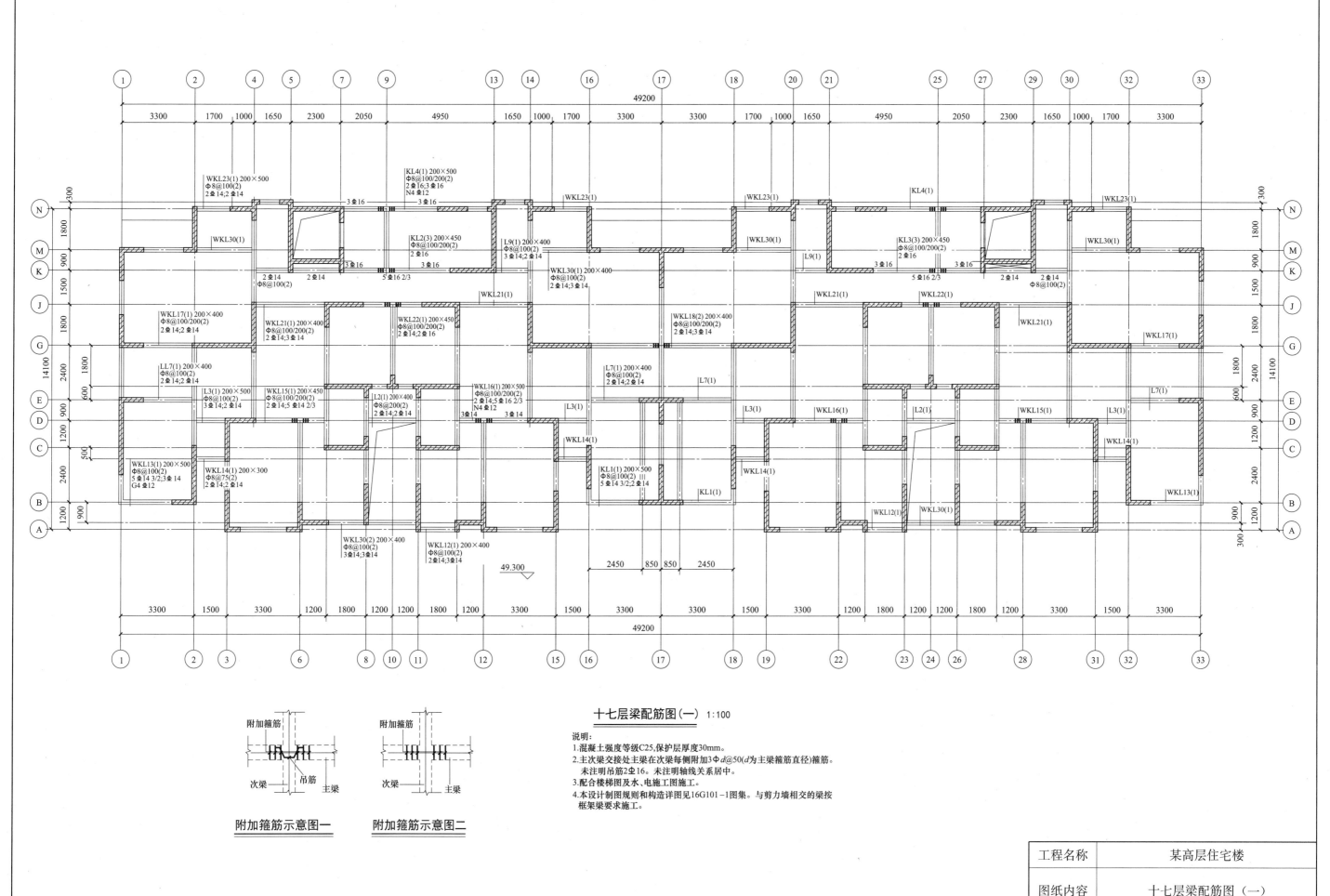

十七层梁配筋图（一） 1:100

说明:
1. 混凝土强度等级C25,保护层厚度30mm。
2. 主次梁交接处主梁在次梁每侧附加3Φd@50(d为主梁箍筋直径)箍筋。
   未注明吊筋2Φ16。未注明轴线关系居中。
3. 配合楼梯图及水、电施工图施工。
4. 本设计制图规则和构造详图见16G101-1图集。与剪力墙相交的梁按
   框架梁要求施工。

附加箍筋示意图一

附加箍筋示意图二

工程名称	某高层住宅楼
图纸内容	十七层梁配筋图（一）
图纸编号	结施-28

141

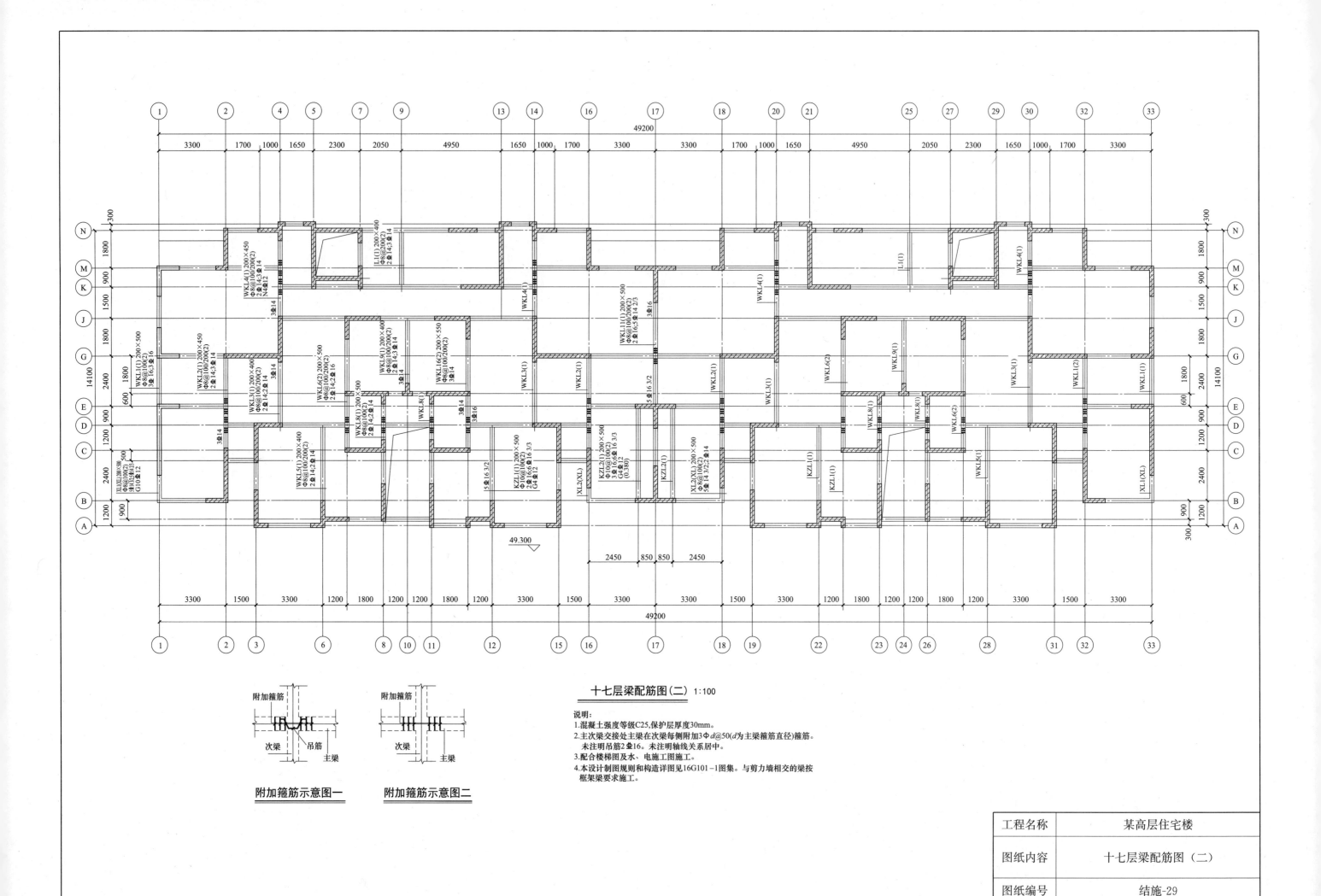

十七层梁配筋图（二） 1:100

说明:
1. 混凝土强度等级C25,保护层厚度30mm。
2. 主次梁交接处主梁在次梁每侧附加3Φd@50(d为主梁箍筋直径)箍筋。
   未注明吊筋2Φ16。未注明轴线关系居中。
3. 配合楼梯图及水、电施工图施工。
4. 本设计制图规则和构造详图见16G101-1图集。与剪力墙相交的梁按
   框架梁要求施工。

附加箍筋示意图一

附加箍筋示意图二

工程名称	某高层住宅楼
图纸内容	十七层梁配筋图（二）
图纸编号	结施-29

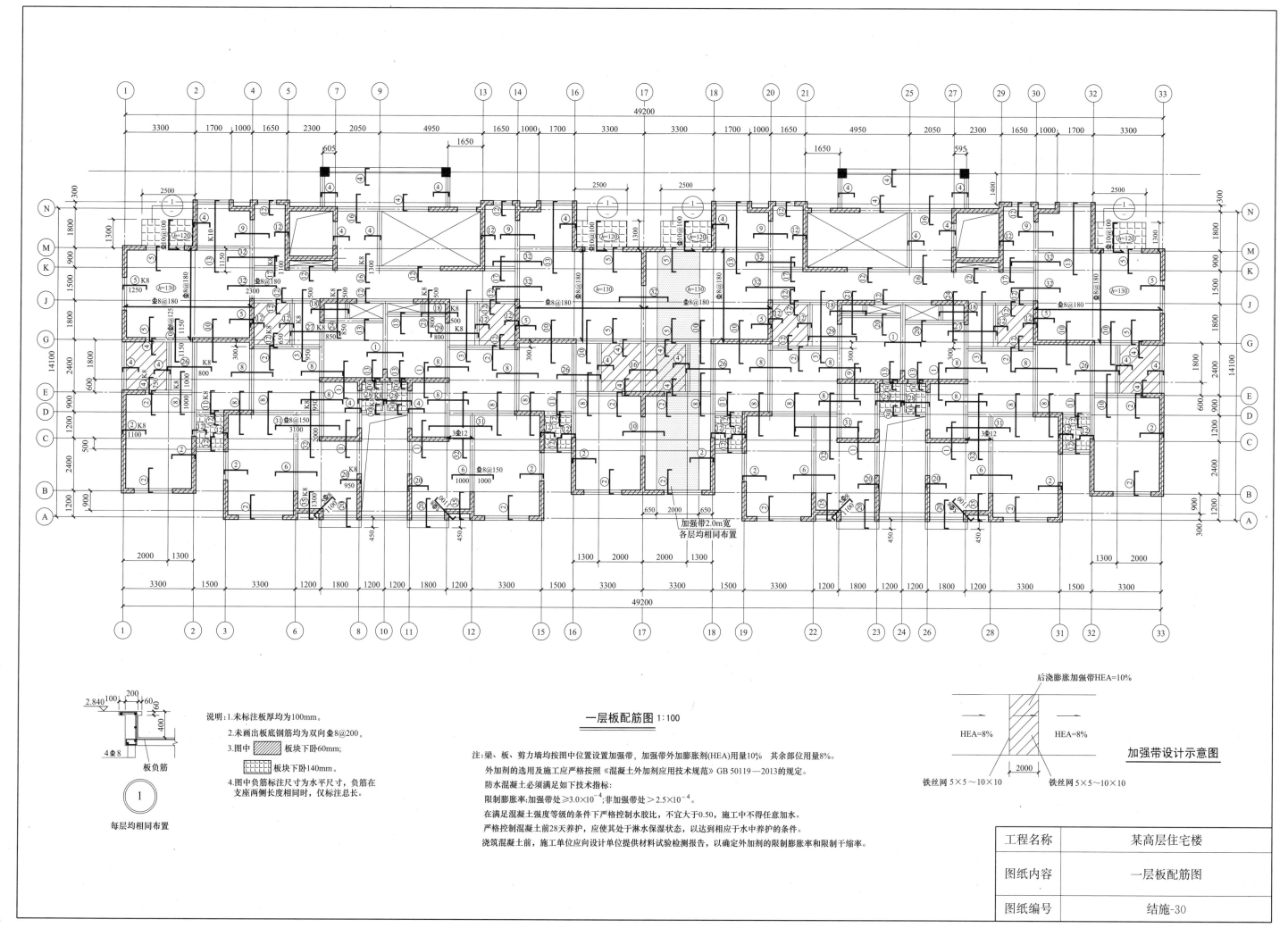

一层板配筋图 1:100

说明：1.未标注板厚均为100mm。
2.未画出板底钢筋均为双向$\Phi8@200$。
3.图中 ▨ 板块下卧60mm；
▦ 板块下卧140mm。
4.图中负筋标注尺寸为水平尺寸，负筋在支座两侧长度相同时，仅标注总长。

板负筋

① 每层均相同布置

注：梁、板、剪力墙均按图中位置设置加强带，加强带外加膨胀剂(HEA)用量10%　其余部位用量8%。
外加剂的选用及施工应严格按照《混凝土外加剂应用技术规范》GB 50119—2013的规定。
防水混凝土必须满足如下技术指标：
限制膨胀率：加强带处≥3.0×10^{-4}；非加强带处＞2.5×10^{-4}。
在满足混凝土强度等级的条件下严格控制水胶比，不宜大于0.50，施工中不得任意加水。
严格控制混凝土前28天养护，应使其处于淋水保湿状态，以达到相应于水中养护的条件。
浇筑混凝土前，施工单位应向设计单位提供材料试验检测报告，以确定外加剂的限制膨胀率和限制干缩率。

后浇膨胀加强带HEA=10%

HEA=8%　　HEA=8%

铁丝网 5×5～10×10　　铁丝网 5×5～10×10

加强带设计示意图

工程名称	某高层住宅楼
图纸内容	一层板配筋图
图纸编号	结施-30

143

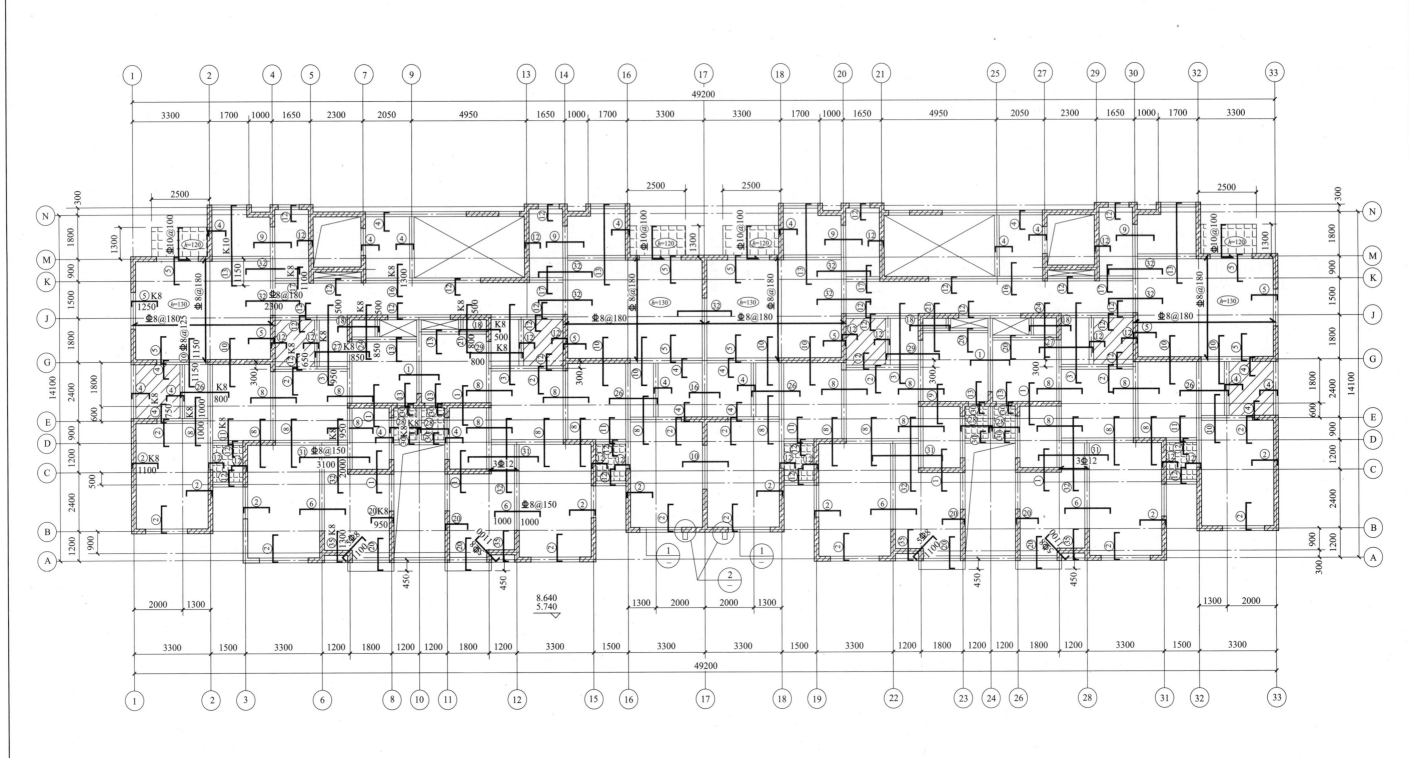

二、三层板配筋图 1:100

说明:1.未标注板厚均为100mm。

2.未画出板底钢筋均为双向Φ8@200。

3.图中 ▨ 板块下卧60mm; ▦ 板块下卧140mm。

4.图中负筋标注尺寸为水平尺寸,负筋在支座两侧长度相同时,仅标注总长。

注:此节点从标高8.640~屋面全长设置。

工程名称	某高层住宅楼
图纸内容	二、三层板配筋图
图纸编号	结施-31

144

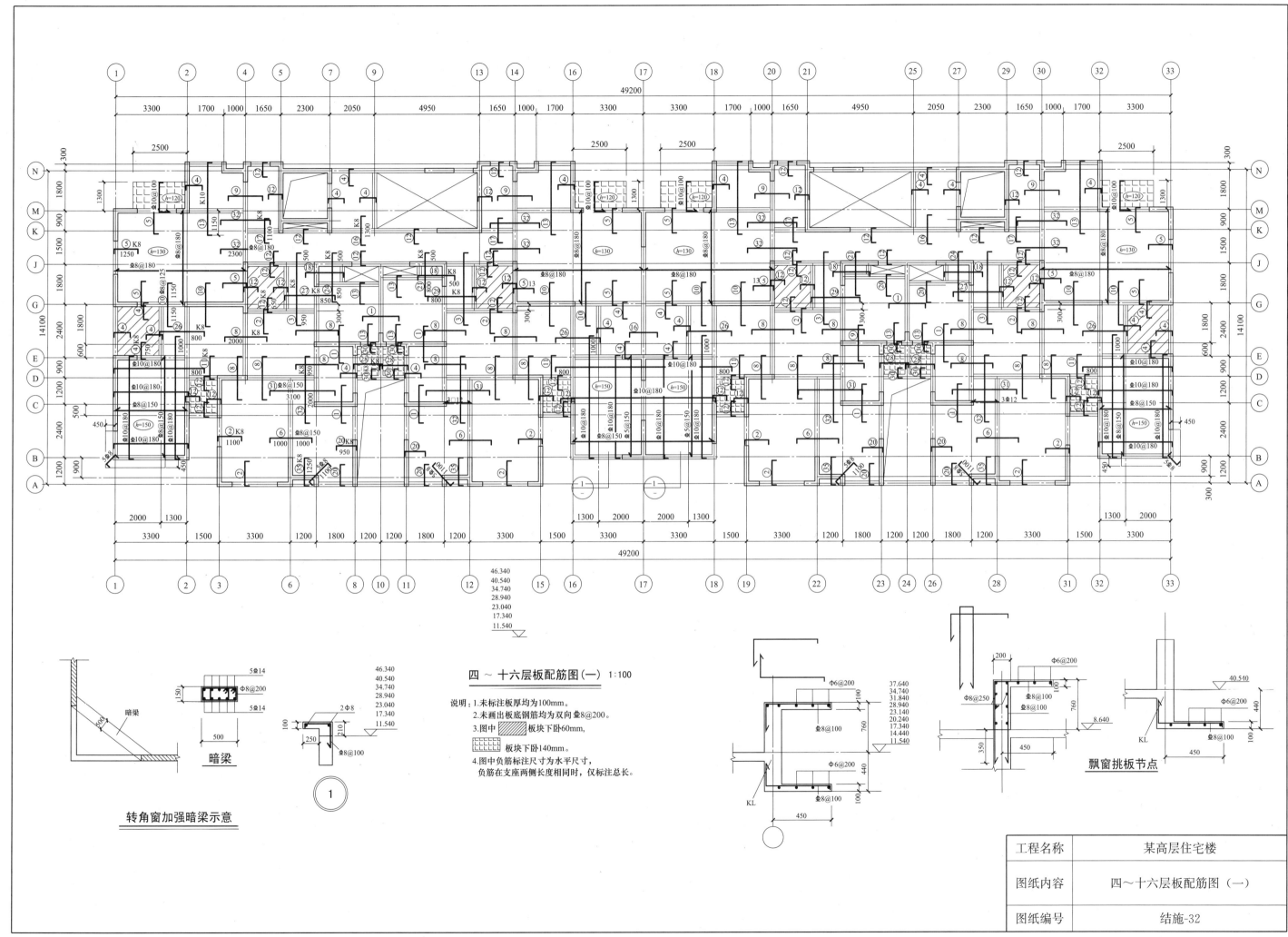

四～十六层板配筋图（一） 1:100

说明：1.未标注板厚均为100mm。
2.未画出板底钢筋均为双向 φ8@200。
3.图中 ▨ 板块下卧60mm，
▨ 板块下卧140mm。
4.图中负筋标注尺寸为水平尺寸，
负筋在支座两侧长度相同时，仅标注总长。

暗梁

转角窗加强暗梁示意

飘窗挑板节点

工程名称	某高层住宅楼
图纸内容	四～十六层板配筋图（一）
图纸编号	结施-32

145

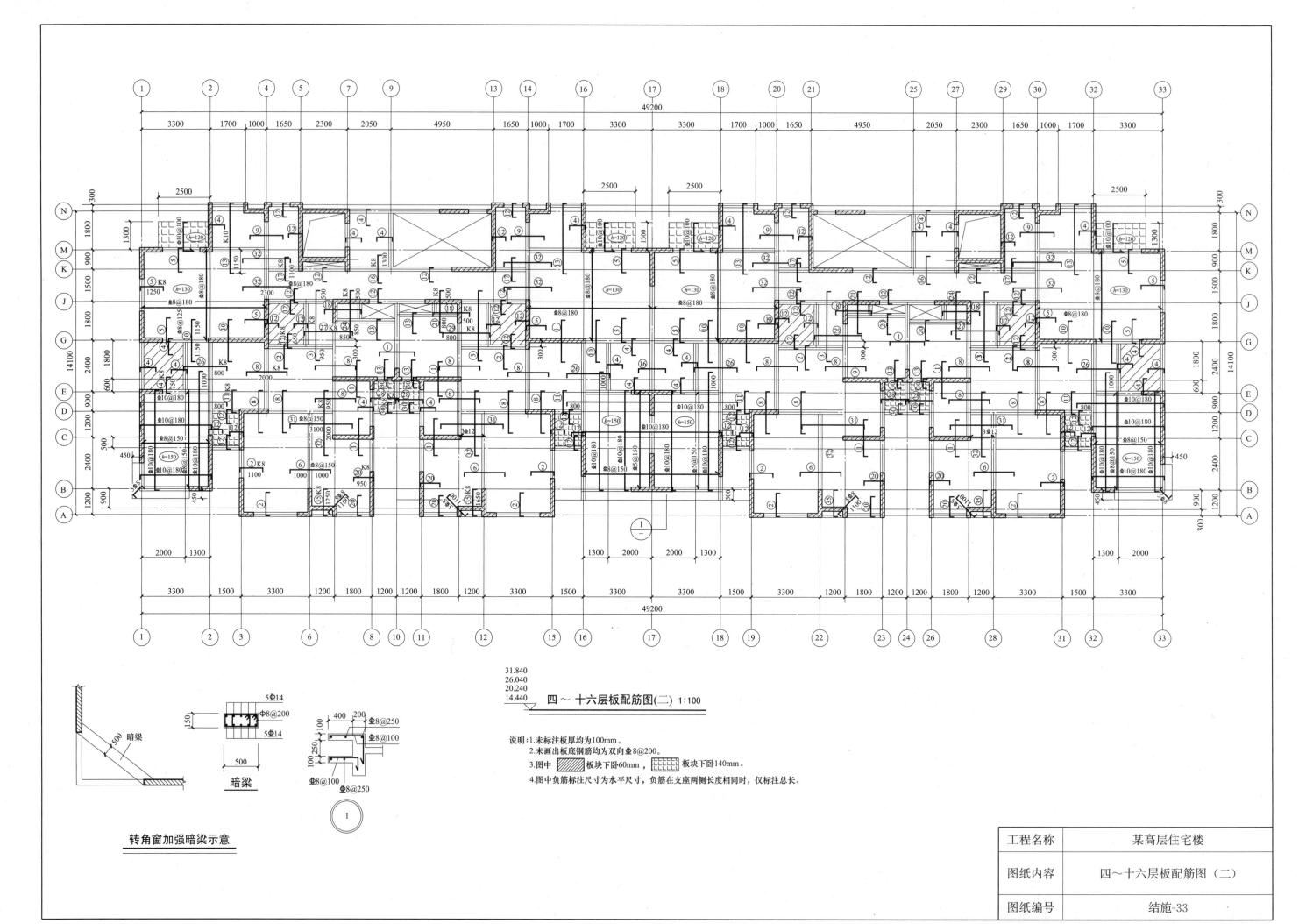

四～十六层板配筋图(二) 1:100

31.840
26.040
20.240
14.440

说明:1.未标注板厚均为100mm。
2.未画出板底钢筋均为双向⊈8@200。
3.图中 ▨ 板块下卧60mm, ▦ 板块下卧140mm。
4.图中负筋标注尺寸为水平尺寸,负筋在支座两侧长度相同时,仅标注总长。

转角窗加强暗梁示意

暗梁

工程名称	某高层住宅楼
图纸内容	四～十六层板配筋图（二）
图纸编号	结施-33

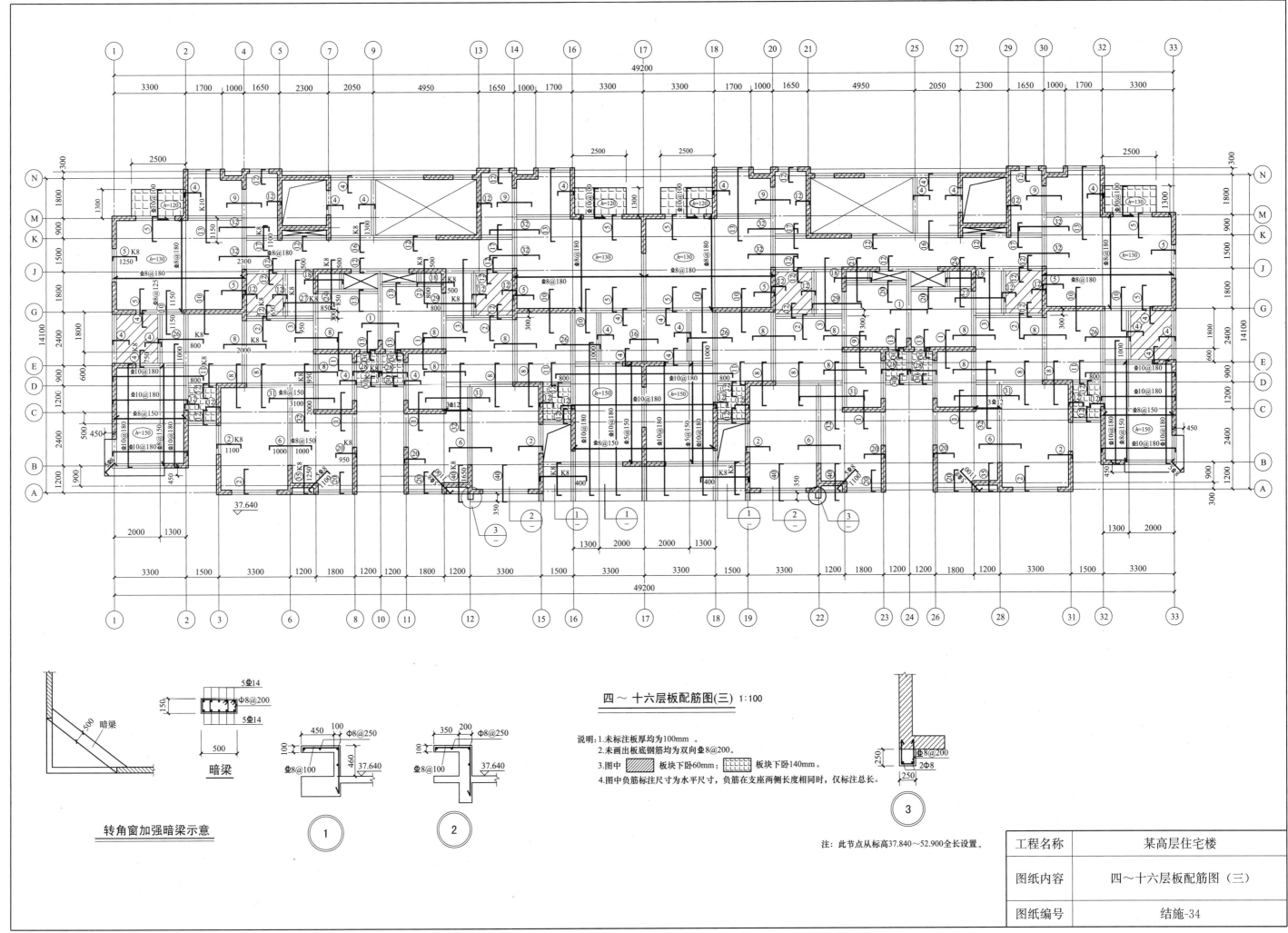

四～十六层板配筋图(三) 1:100

说明：1.未标注板厚均为100mm 。
2.未画出板底钢筋均为双向单8@200。
3.图中▨▨▨板块下卧60mm；▦▦▦板块下卧140mm。
4.图中负筋标注尺寸为水平尺寸，负筋在支座两侧长度相同时，仅标注总长。

注：此节点从标高37.840～52.900全长设置。

转角窗加强暗梁示意

暗梁

工程名称	某高层住宅楼
图纸内容	四～十六层板配筋图（三）
图纸编号	结施-34

147

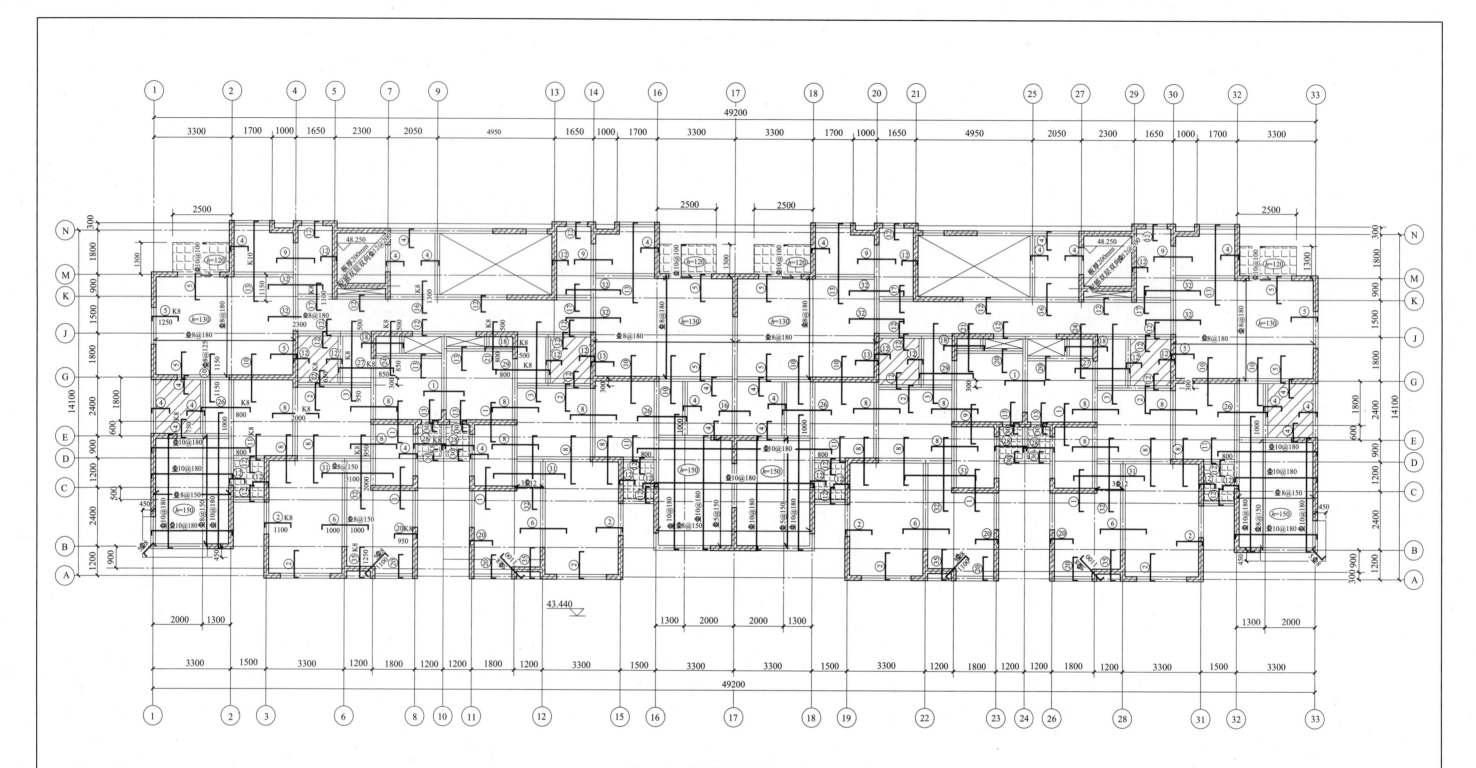

四～十六层梁配筋图(四) 1:100

说明:1.未标注板厚均为100mm。
2.未画出板底钢筋均为双向Φ8@200。
3.图中 [斜线图例] 板块下卧60mm, [网格图例] 板块下卧140mm。
4.图中负筋标注尺寸为水平尺寸,负筋在支座两侧长度相同时,仅标注总长。

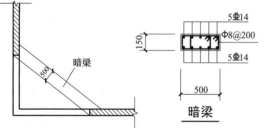

暗梁

转角窗加强暗梁示意

工程名称	某高层住宅楼
图纸内容	四～十六层梁配筋图(四)
图纸编号	结施-35

148

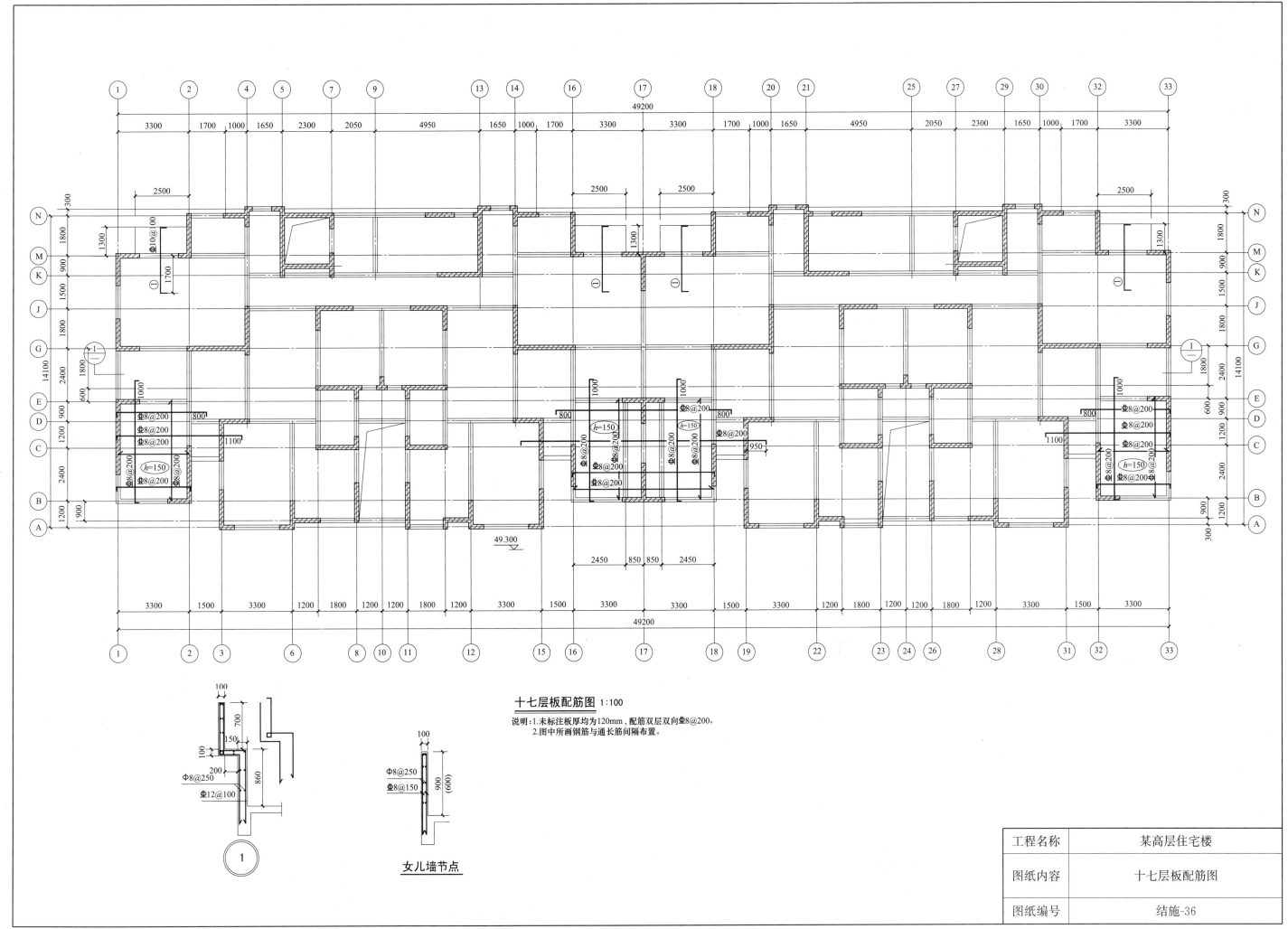

十七层板配筋图 1:100

说明：1.未标注板厚均为120mm，配筋双层双向Φ8@200。
2.图中所画钢筋与通长筋间隔布置。

女儿墙节点

工程名称	某高层住宅楼
图纸内容	十七层板配筋图
图纸编号	结施-36

149

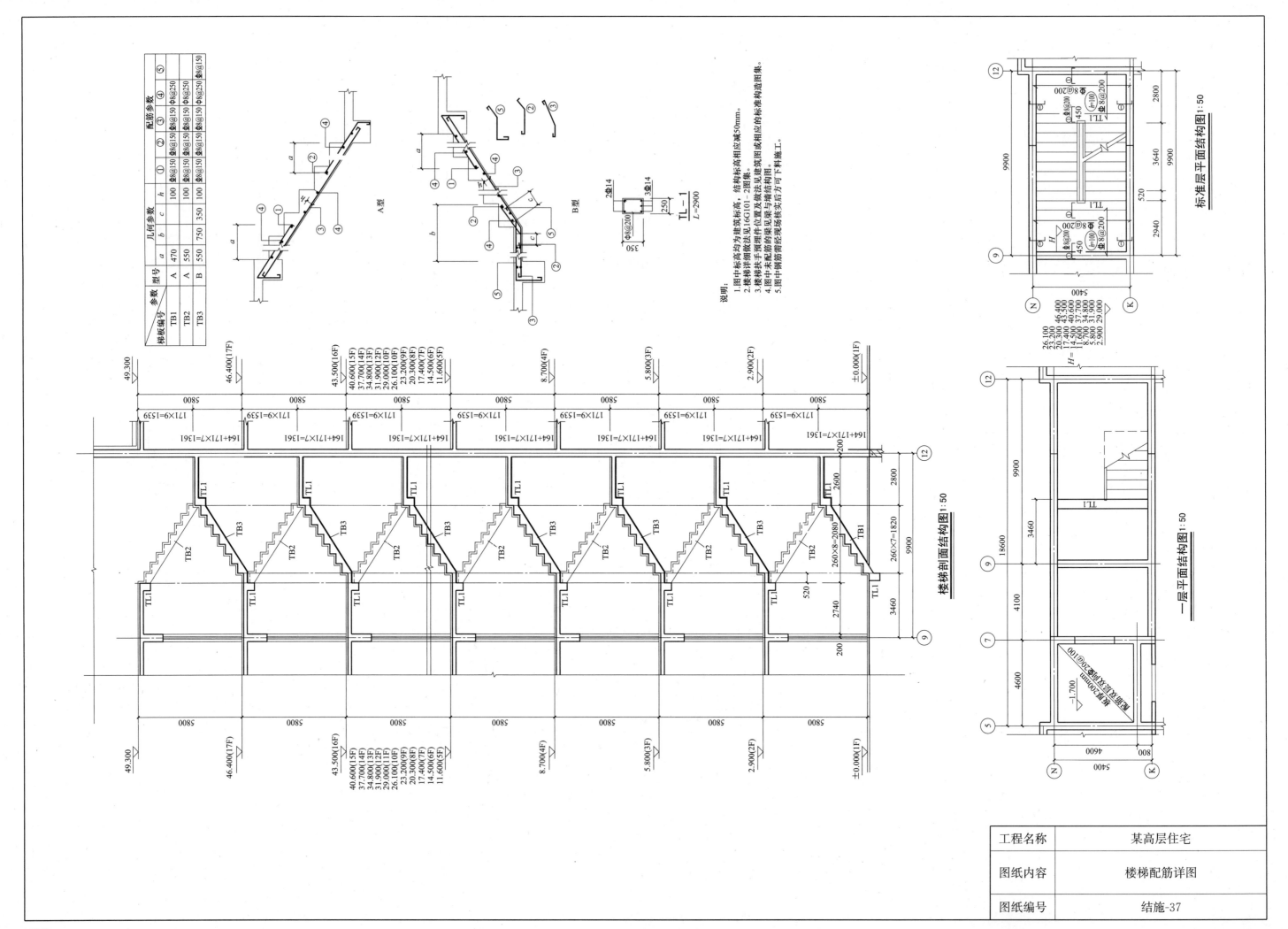

楼梯配筋详图

参数	型号	a	b	c	h	①	②	③	④	⑤
	几何参数					配筋参数				
TB1	A	470	550		100	Φ8@150	Φ8@150	Φ8@150	Φ8@250	
TB2	A	550	750	350	100	Φ8@150	Φ8@150	Φ8@150	Φ8@250	
TB3	B					Φ8@150	Φ8@150	Φ8@150	Φ8@250	Φ8@150

A型

B型

2Φ14

3Φ14

Φ8@200

250

350

TL—1
L=2900

说明：
1. 图中标高均为建筑标高，结构标高应相应减50mm。
2. 楼梯详细做法见16G101—2图集。
3. 楼梯扶手预埋件位置及做法见建筑图或相应的标准构造图集。
4. 图中未配筋的梁见梁与墙结构图。
5. 图中钢筋均需经现场核实后方可下料施工。

楼梯剖面结构图 1:50

标准层平面结构图 1:50

一层平面结构图 1:50

工程名称	某高层住宅
图纸内容	楼梯配筋详图
图纸编号	结施-37

5.3 电气施工图

施工设计说明

一、建筑概况
本工程系高层住宅建筑面积约为 7845.64m²，共 17 层，建筑高度约 49.3m。属二类高层建筑，防火等级为二级。地上 17 层，结构形式为钢筋混凝土剪力墙结构，梁板柱全部现浇。

地上部分均为住宅，地上部分层高 2.9m。住宅板厚 120mm。

二、设计依据
相关专业提供的工程设计资料；

业主设计任务书；

业主提供的"住宅电气设计要求"；

政府部门的有关批文；

国家有关规范及业主提供的设计标准和要求：

《民用建筑电气设计规范》JGJ 16—2008

《住宅建筑电气设计规范》JGJ 242—2011

《建筑设计防火规范》GB 50016—2014

《火灾自动报警系统设计规范》GB 50116—2013

《住宅设计规范》GB 50096—2013

《建筑物防雷设计规范》GB 50057—2010

《有线电视系统工程技术规范》GB 50200—1994

《全国民用建筑工程设计技术措施》2009 电气

《吉林省地方性标准居住建筑节能设计标准》DB22/T 450—2007

《吉林省地方性标准消防安全疏散标志设置标准》DB22/T 364—2003

三、设计内容
220/380V 照明及动力配电、防雷接地保护、网络、电话、有线电视、对讲、火灾自动报警及消防联动等系统。以上系统中弱电部分待业主确定承包商后，再配合设计。现仅为预留管路敷设条件。

四、供配电系统
1. 本工程为二类高层住宅建筑。

2. 负荷分类及容量

二级负荷：应急照明、消防系统、弱电系统电源、排烟风机、消防电梯、客用电梯等，其容量约为 40kW。

三级负荷：其他住宅照明等，其容量约为 500kW。

3. 供电电源

本工程由就近箱式变电站 220/380V，分别供给本楼动力及照明负荷用电。电梯电源要求分别从配电室及柴油发电机组引来。进线电缆采用埋地方式由本楼进门侧引至本工程机房层电梯双电源转换器。

4. 住宅用电指标及计费

根据供电局要求，住宅每户用电标准按 6kW 考虑。一户一表，单相计量，一层设住户集中表箱，电表箱设在走道内暗嵌于非剪力墙墙面上。公共用电在表箱内计量。电表由供电局确定，对电梯负荷用电在配电室电梯计量柜集中计量。

5. 供电方式

配电干线采用树干式供电，对消防负荷采用双电源末端互投。

五、照明系统
1. 照明、插座均由不同的支路供电；厨房插座与卫生间插座分回路供电。所有插座回路均设漏电断路器保护，其漏电动作电流为 30mA，其动作时间为 0.1s。

2. 在每个地块外沿的建筑顶端装设航空障碍标志灯，采用自动通断电源装置。其电源按最高级负荷供电。

3. 疏散走道、前室等部位设置疏散照明。在各安全出口设有疏散标志指示灯。疏散照明由一层电气竖井内的 EPS 集中供电。供电时间应大于 30min。

六、设备选择及安装
1. 本工程住宅电源进线由小区箱变引来。π 接柜设在室外由电业局确定。

2. 住户室内照明采用节能光源，卫生间采用防水灯具。户内灯具吸顶安装。住宅楼梯间灯具开关采用声控延时型，合用前室采用双控型，要求火灾时可以强制点亮。

3. 住户内插座选用安全型，卫生间内的开关、插座选用防潮防溅型面板，有淋浴、浴缸的卫生间内的开关插座须设在区以外。厨房插座另加防溅保护。插座、开关除注明高度者之外，其余均距地距地 0.3m，开关距地 1.5m 安装。卫生间浴霸由专用回路供电，浴霸与其专用开关之间预留 SC20 钢管。

4. 电表箱暗嵌于入户大堂外墙面上，底边距地 1.2m。户箱、走道内的配电箱均为暗装，户箱安装高度底边距地为 1.8m，其余走道内的配电箱暗装距地 1.5m。

5. 安全出口标志灯在门上方安装时，底边距门框出口标志灯明装，疏散指示灯链吊距地壁装距地 0.5m 暗装。

6. 本工程内的灯具要求采用高效灯具、节能光源。荧光灯镇流器的功率因数应大于 0.9。

七、线路敷设及导线选择
1. 室外电源进线由上级配电开关确定，本设计只预留进线套管。

2. 本工程所有消防用电设备的配电线路应满足火灾时连续供电的需要，暗敷时，应穿管并应敷设在不燃烧体结构内且保护层厚度不应小于 30mm；明敷时，应穿金属导管或封闭式金属线槽保护；所穿金属导管或封闭式金属线槽应采用涂防火涂料等防火保护措施。本工程所有暗配管均暗埋在结构现浇混凝土楼板内。

3. 普通照明回路，采用 BV/BYJ-500V 电线，应急照明回路采用 NHBV/WDZNBYJ-500V 电线，普通配电干线采用 ZYJV/WDZYJY-1kV 电缆，消防配电干线采用 NHYJV/WDZNYJY-1kV 电缆。当建筑为一类高层建筑时，配电回路的线缆均采用阻燃低烟无卤交联聚乙烯绝缘电力电缆、电线或无烟无卤电力电缆、电线。

4. 图中未注明的照明回路导线截面均为 BV/BYJ-2.5mm² 以上线路均穿 PVC 阻燃管，中为 2-3 根穿 PVC20，4-5 根穿 PVC25。

5. 本工程干线电缆采用封闭式金属线槽沿地下一层顶板及竖井内明敷，凡穿防火分区墙体、楼板时应在安装完毕后用防火隔板、防火堵料等防火材料封堵。

八、防雷接地及安全保护
（一）建筑物防雷
1. 本工程年雷击次数：0.1531 次/年，按三类防雷等级设防。建筑物的防雷装置应满足防直击雷、防雷电感应及雷电波的侵入，并应设置总等电位联结。

2. 接闪器

沿屋顶女儿墙及屋顶敷设 φ10 的热镀锌圆钢作为避雷带，屋顶避雷带连接线网格不大于 20m×20m 或 24m×16m。屋顶所有金属突出物均应与避雷带可靠连接，做法参见 92DQ13-1-52。

3. 引下线

利用建筑物钢筋混凝土柱子或剪力墙内四根 φ10 以上主筋通长焊接作为引下线，其间距不大于 25m。所有外墙引下线在室外地面下 1m 处引出一根 40×4 热镀锌扁钢，扁钢伸出室外，距外墙皮的距离不小于 1m，具体做法详见 92BD13-55。

4. 接地板

接地极为建筑物基础阀板内轴线处的上、下两层主筋中的两根通长焊接、绑扎形成基础接地网。在建筑物外墙不小于两处地方，利用外墙引下线引出的镀锌扁钢与该区地下车库接地体相连。接地电阻小于 1Ω。如需补打接地极，则要求室外接地极距建筑物大于 3m，距室外地面 0.8m。

5. 在 60m 以上部分做防侧雷击及防雷电波的侵入措施。每隔两层做均压环，环间垂直间距不大于 12m。并将 60m 及以上外墙上的栏杆、门窗，垂直敷设的金属管道等较大的金属物与均压环焊成一体，再与防雷引下线焊接，具体做法详见 09BD13-40/41。

6. 引下线上端与避雷带焊接，下端与建筑物基础底梁或底板内的主筋焊接。建筑物对角的外墙引下线在室外地面上 0.5m 处设测试卡子，做法参见 09BD13-43。

7. 凡突出屋面的所有金属构件、金属通风管、金属屋面、金属屋架等均与避雷带可靠焊接。室外接地凡焊接处均应刷沥青防腐。

（二）接地及安全措施
1. 本工程防雷接地、电气设备的保护接地、电梯机房、弱电机房等内的弱电装置的直流接地等均共同利用基础内的接地网，其混合接地电阻不大于 1 欧姆，实测不满足要求时，增设人工接地极。

2. 电气竖井内设接地端子，垂直用 40×4 镀锌钢相连通。

3. 凡正常不带电而当绝缘破坏有可能呈现电压的一切电气设备金属外壳均应可靠接地。

4. 本工程采用总等电位联结。总等电位板由紫铜板制成，在一层墙内敷设一圈 40×4 热镀锌扁钢，将建筑物内保护干线、设备进线总管进行联结。总等电位联结均用等电位卡子，禁止在金属管道上焊接。卫生间采用局部等电位联结，从适当的地方引出两根大于 φ16 结构钢筋至局部等电位箱（LEB）。局部等电位箱暗敷，底边距地 0.3m。将卫生间内所有金属管道、金属构件用等电位卡连结。具体做法参见 09BD13-82。

5. 在每个家庭弱电智能箱内设一接地端子。采用专用接地线连接至本工程的接地网内。专用接地线采用不小于 6mm² 的多股编织铜芯线。

6. 在电源箱配电电源入端内装设第一级电涌保护器。有线电视系统、电信光缆引入端均过电压保护装置。

7. 本工程接地形式入楼后采用 TN-S 系统，电源在进户处做重复接地。并与防雷接地地线共用接地极。采用 TN-S 系统，当保护导体与中性导体从入楼处分开后不应再合并，且中性导体不应作防雷接地。

8. 凡建筑物人行出入口处采用非绝缘路面时，需做均压带，以防止跨步电压。具体做法详见 09BD13-54。

九、弱电系统
（一）有线电视系统
1. 有线电视进线采用同轴电缆由小区弱电机房埋地引来，引至本楼一层电气竖井内，干线部分在电气竖井内穿线槽明敷，水平部分由各层分配器箱穿 PVC25 管，暗敷至各户内弱电综合箱。

2. 有线电视分配器箱设在电气竖井内，干线为 SYKV-75-9 支线为 SYKV-75-5，干线穿弱电线槽，支线穿阻燃管。竖井内的分配器箱明装，安装高度距地 0.8m。

3. 住宅每户户内设一弱电综合箱，距地 0.5m 暗装。户内分别在起居室、卧室设有电视出线口。有线电视插口距地 0.3m。

（二）FTTH 语音、数据系统
1. 根据甲方设计任务书，考虑未来通信发展，对用户采用 FTTH（光纤到户）的接入方式为用户提供语音、数据等业务。

2. 住宅每户设置一弱电智能箱。光纤引至该箱内的光电转换器。在起居室、卧室等处各设一个电话插座。在起居室、次卧室处各设一个网络插座。电话和网络插座安装高度距地 0.3m。

3. 光纤由小区外线埋地引至小区地下一层弱电机房内，经光纤分线箱引至各单元电气竖井内的层光分线箱，最后引至户弱电智能箱。光纤具体选型由具体的弱电服务厂商选定。本设计仅预留相应管路。

4. 由弱电间引出的干线光纤采用封闭线槽在弱电竖井内明敷，水平支线由每层竖井穿 PVC25 管，暗敷至各户内弱电智能箱。层分线箱在弱电竖井内明装，安装高度距地 1.2m。

（三）多功能访客对讲系统
1. 本工程采用总线制多功能访客对讲系统，将住户的紧急报警系统纳入其内。

本楼的访客对讲系统，工作状态及报警信号送至小区监控中心。门口机明挂于单元门框上，底边距地 1.4m，对讲分机挂墙安装在住户门厅内，距地 1.4m。

2. 在首层大堂、各电梯轿厢内预留管路监控摄像头点位，电源线及视频线均各穿 SC20，暗敷于楼板内。各闭路监控点位的视频线汇集至一层监控线箱，集中引出至该地块消防监控中心。

十、其他
1. 未注明的其他有关施工做法参见国家标准图集。

2. 电气管线均敷设在现浇混凝土板内，楼板上的建筑做法用于设备专业的水暖管道敷设。

3. 电气竖井内的电缆敷设方式见 92DQ5-1-147-159。

4. 请业主尽快确定提供各弱电系统服务的厂家，以完善设计。

5. 室外管线入户做法详见 92DQ5-1-4。

6. 电缆桥架距地安装高度不足 2.5m 时，加金属盖板保护。

7. 在同一线槽或桥架内敷设的消防应急电源线缆之间应设置防火隔板。

8. 航空障碍灯的避雷做法详见 09BD13-26/27。

9. 在同一弱电缆槽内的有线电视同轴电缆与其他弱电线路之间应设置隔板。

照明密度值

房间名称	照明功率密度值	灯具选择	对应照度值(lx)
起居室	6.5（W/m²）	节能灯具	108
卧室	6.3（W/m²）	节能灯具	80
厨房	6.0（W/m²）	节能灯具	94.5
餐厅	6.1（W/m²）	节能灯具	147
卫生间	6.1（W/m²）	节能灯具	96
商业网点	10.1（W/m²）	高效节能 T5 管荧光灯	312

工程名称	某高层住宅楼
图纸内容	施工设计说明
图纸编号	电施-01

消防报警系统设计说明

一、建筑概况

本工程系住宅小区内的高层住宅，建筑面积约 7845.64m²，共 17 层，建筑高度约 54m。属二类高层建筑，耐火等级为二级。地上十七层，结构形式为钢筋混凝土剪力墙结构，梁板柱全部现浇。地上部分均为住宅。地上部分层高 2.9m。住宅板厚 120mm。

二、设计依据

《火灾自动报警系统设计规范》GB 50116—2013。
《建筑设计防火规范》GB 50016—2014。

三、火灾自动报警系统

本小区采用集中报警系统，本高层住宅按二级保护对象设计。集中报警器设在该地块消防监控中心，本楼内设消防端子箱。

1. 高层住宅的前室、走道、电梯机房均设感烟探测器。在各层消火栓旁设手动报警按钮和电话插孔。在消防电梯机房及正压风机机房设消防专用电话分机。在各层前室设火灾楼层声光报警显示装置。

2. 消火栓系统：在消火栓箱内设有消火栓泵启动按钮，火灾时击碎按钮上的玻璃，发出启动消火栓泵信号，信号送至消防控制室，并送至泵房启动消火栓泵，同时点燃应急照明灯。

3. 电梯控制：消防电梯在高层柜内设有命令其返回首层的控制按钮。

4. 正压风机控制：在地上屋面层设有为电梯前室送风的加压风机，火灾时可自动起动，也可在消防控制室远动控制。风机起动后，若前室的压力传感器报警，连锁开启正压送风机旁路风管上的电动阀，以达到泄压目的。

5. 配电系统

1）消防电梯、正压风机等各种消防设备及应急照明均为双电源末端自动切换。

2）在地下一层配电间内的高层光柜内设有分励脱扣装置，火灾确认后可在小区消防控制室切断相关区域的电源。

6. 应急照明系统

1）住宅公共走道和楼梯间照明与疏散标志指示灯均为双电源供电，并可由消防信号强制点亮。疏散标志指示灯采用 EPS 集中供电的方式。

2）消防状态下可在配电室手动切除正常照明，同时点亮应急照明。

7. 设备安装：感烟探测器吸顶安装，手动报警按钮距地 1.4m 暗装，消火栓起泵按钮设在消火栓的开门侧，距地 1.4m 安装。消防专用电话分机插孔距地 1.4m 暗装。火灾声光报警显示装置安装高度距地 2.4m 暗装。

8. 线路敷设：火灾自动报警线路均金属管暗敷于楼板及墙内，明敷线路采用有防火保护的封闭金属线槽，竖井内的消防线路采用封闭金属线槽敷设。

9. 本工程接地采用混合接地装置，接地电阻不大于 1 欧姆。

年雷击数计算

建筑物数据	建筑物的长 L(m)	49.6
	建筑物的宽 W(m)	14.8
	建筑物的高 H(m)	49.3
	等效面积 Ae(km²)	0.0352
	建筑物属性	住宅、办公楼等一般性民用建筑物
气象参数计算结果	年平均雷暴日 T_d(d/a)	40.4
	年平均密度 N_g(次/km²·a)	2.9411
	预计雷击次数 N(次/a)	0.1553
	防雷类别	三类防雷

电气图例

图形符号	名称	安装高度	备注
	单联开关	暗装 H=1.4m	除图注明外，选用250V10A86系列面板
	双联开关	暗装 H=1.4m	
	三联开关	暗装 H=1.4m	
	四联开关	暗装 H=1.4m	
	照明配电箱	暗装底皮 H=1.6m	
	电度表箱	门厅暗装底皮 H=1.2m	网点暗装底皮 H=1.5m
	灯头	吸顶安装	
	防水防尘灯具节能光源 36W		
	排气扇旁接线盒	吸顶安装距顶边 0.2m	
	壁灯 18W	H=2.5m	
	安全型单相三孔插座	H=1.5m 其他 H=0.3m	250V10A 86系列面板
	安全型单相五孔插座	餐厅、厨房、网点用 H=1.5m 其他 H=0.3m	厨房排油烟机用 H=2.2m
	密闭单相三孔插座	H=1.5m	250V16A 86系列面板
	密闭单相五孔插座	电热水器用暗装 H=2.3m	250V16A 86系列面板
	空调插座	卧室用 H=2.2m	250V16A 86系列面板
	空调插座	客厅用 H=2.2m	250V16A 86系列面板
	洗衣机用带开关单相防潮防溅	底边距地 1.5m	
	事故照明配电箱	竖井内明装底皮 H=1.5m	
	网点事故照明灯自带蓄电池型灯具	壁壁安装 H=1.5m	持续工作时间不小于30分钟25W节能光源
	声光控自熄式强点开关	暗装 H=1.5m	

图符号	名称	安装高度	备注
	景观照明配电箱	明装底皮 H=1.5m	
	双电源配电箱	墙上明装底皮 H=1.5m	
	电梯电源箱	电梯箱明装底皮 H=1.5m	
MEB	总等电位箱	暗装 H=0.3m	150×250×300mm 深、宽、高
LEB	接地端子板	暗装 H=0.3m	消防控制器、机房；EPS
E	事故照明灯	吸顶安装	持续工作时间不小于180分钟 25W节能光源 其他持续工作时间不小于30分钟
E	安全门指示灯	底距门上沿 200	3W LED 光源
	疏散指示灯	墙上安装距地500	3W LED 光源
RDX	智能控制箱	暗装 H=0.3m	箱体预留尺寸
	宽带网接线箱	竖井内明装 H=1.5m	由专业公司确定
VH	电视放大器箱	竖井内明装 H=1.5m	箱体预留尺寸 深、宽、高 150×620×660mm
VF	电视穿线箱	竖井内明装 H=1.5m	箱体预留尺寸 深、宽、高 150×250×300mm
	单元对讲门主机接线盒	暗装底皮	
	可视对讲配线箱	竖井内明装 H=1.5m	箱体尺寸 250×160×300
TV	电视插座	暗装	86系列面板
TX	双信息插座	暗装 H=0.3m	86系列面板
TD	可视对讲电话接线盒	暗装 H=1.5m	100系列暗合
TP	双信息插座	暗装 H=0.3m	86系列面板
E	网点用安全门指示灯自带蓄电池型灯具	底距门上沿 200 3W LED 光源	持续工作时间不小于30分钟

注：厨房、卫生间插座均为防溅型。

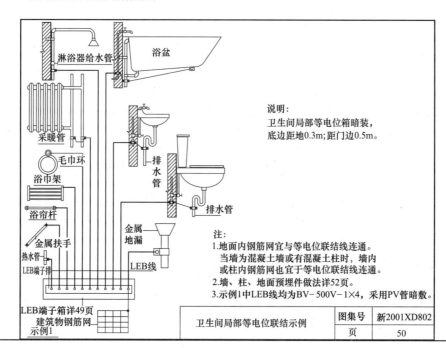

说明：
卫生间局部等电位箱暗装，底边距0.3m；距门边0.5m。

注：
1.地面内钢筋网宜与等电位联结线连通。当墙为混凝土墙或有混凝土柱时，墙内或柱内钢筋网也宜于等电位联结线连通。
2.墙、柱、地面预埋件做法详见52页。
3.示例1中LEB线均为BV-500V-1×4，采用PV管暗敷。

卫生间局部等电位联结示例

图集号	新2001XD802
页	50

工程名称	某高层住宅楼
图纸内容	消防报警系统设计说明 电气图例 图纸目录
图纸编号	电施-02

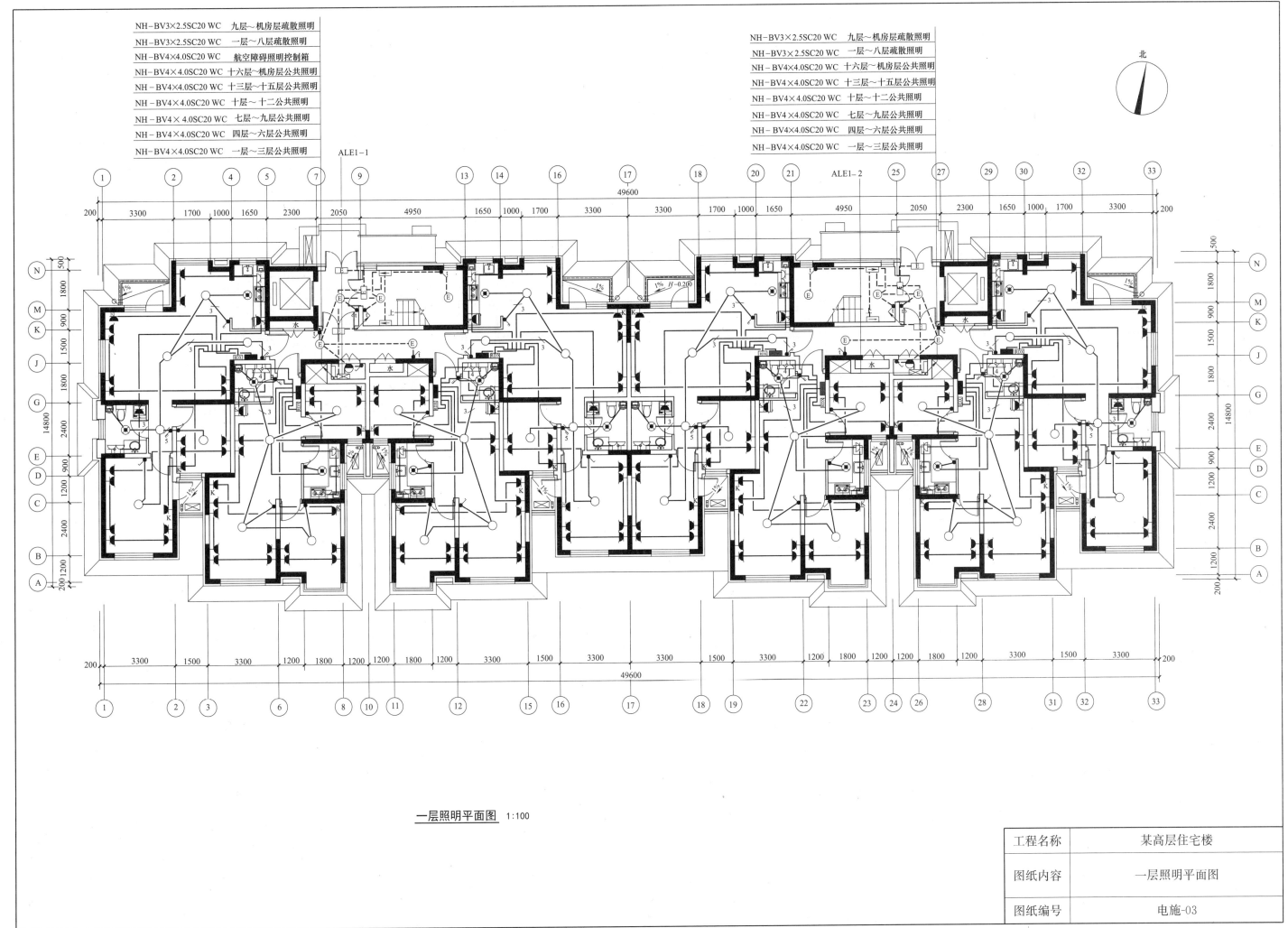

NH－BV3×2.5SC20 WC　　九层～机房层疏散照明
NH－BV3×2.5SC20 WC　　一层～八层疏散照明
NH－BV4×4.0SC20 WC　　航空障碍照明控制箱
NH－BV4×4.0SC20 WC　　十六层～机房层公共照明
NH－BV4×4.0SC20 WC　　十三层～十五层公共照明
NH－BV4×4.0SC20 WC　　十层～十二公共照明
NH－BV4×4.0SC20 WC　　七层～九层公共照明
NH－BV4×4.0SC20 WC　　四层～六层公共照明
NH－BV4×4.0SC20 WC　　一层～三层公共照明

NH－BV3×2.5SC20 WC　　九层～机房层疏散照明
NH－BV3×2.5SC20 WC　　一层～八层疏散照明
NH－BV4×4.0SC20 WC　　十六层～机房层公共照明
NH－BV4×4.0SC20 WC　　十三层～十五层公共照明
NH－BV4×4.0SC20 WC　　十层～十二公共照明
NH－BV4×4.0SC20 WC　　七层～九层公共照明
NH－BV4×4.0SC20 WC　　四层～六层公共照明
NH－BV4×4.0SC20 WC　　一层～三层公共照明

北

一层照明平面图 1:100

工程名称	某高层住宅楼
图纸内容	一层照明平面图
图纸编号	电施-03

153

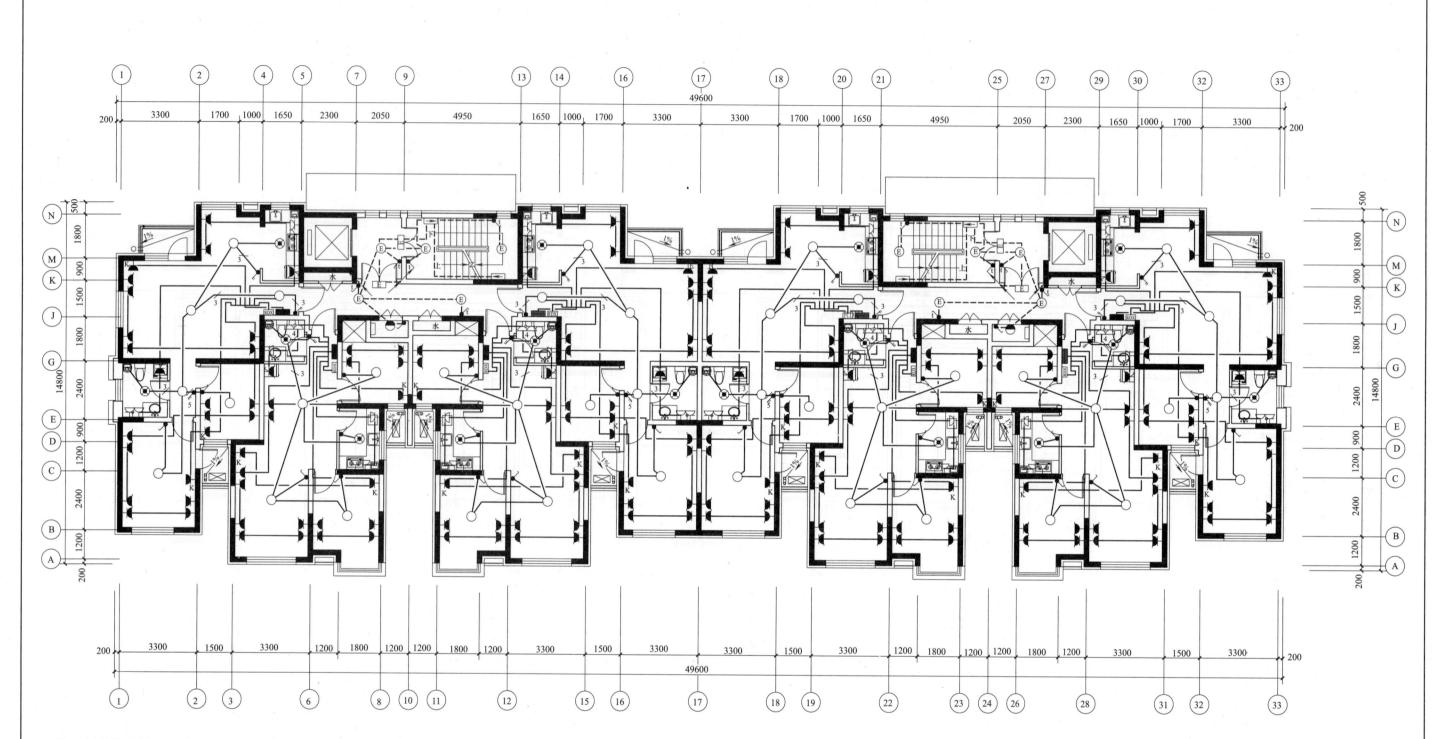

说明：1.南侧房间插座相对尺寸为：南侧插座距南墙尺寸为500mm，插座之间距离为2500mm。
2.北侧房间插座相对尺寸为：北侧插座距北墙尺寸为500mm，插座之间距离为2500mm。
3.卫生间插座相对尺寸为：插座距墙200mm。
4.同一房间插座对应关系见图纸。
5.电气施工时所有电气管线均应躲开水暖孔洞及水暖竖井。
6.公共区照明开关均采用声光控灯头。

二、三层照明平面图 1:100

说明：电气施工时所有电气管线均应躲开水暖孔洞及水暖竖井、浴盆、座便器、洗手盆等处。

工程名称	某高层住宅楼
图纸内容	二、三层照明平面图
图纸编号	电施-04

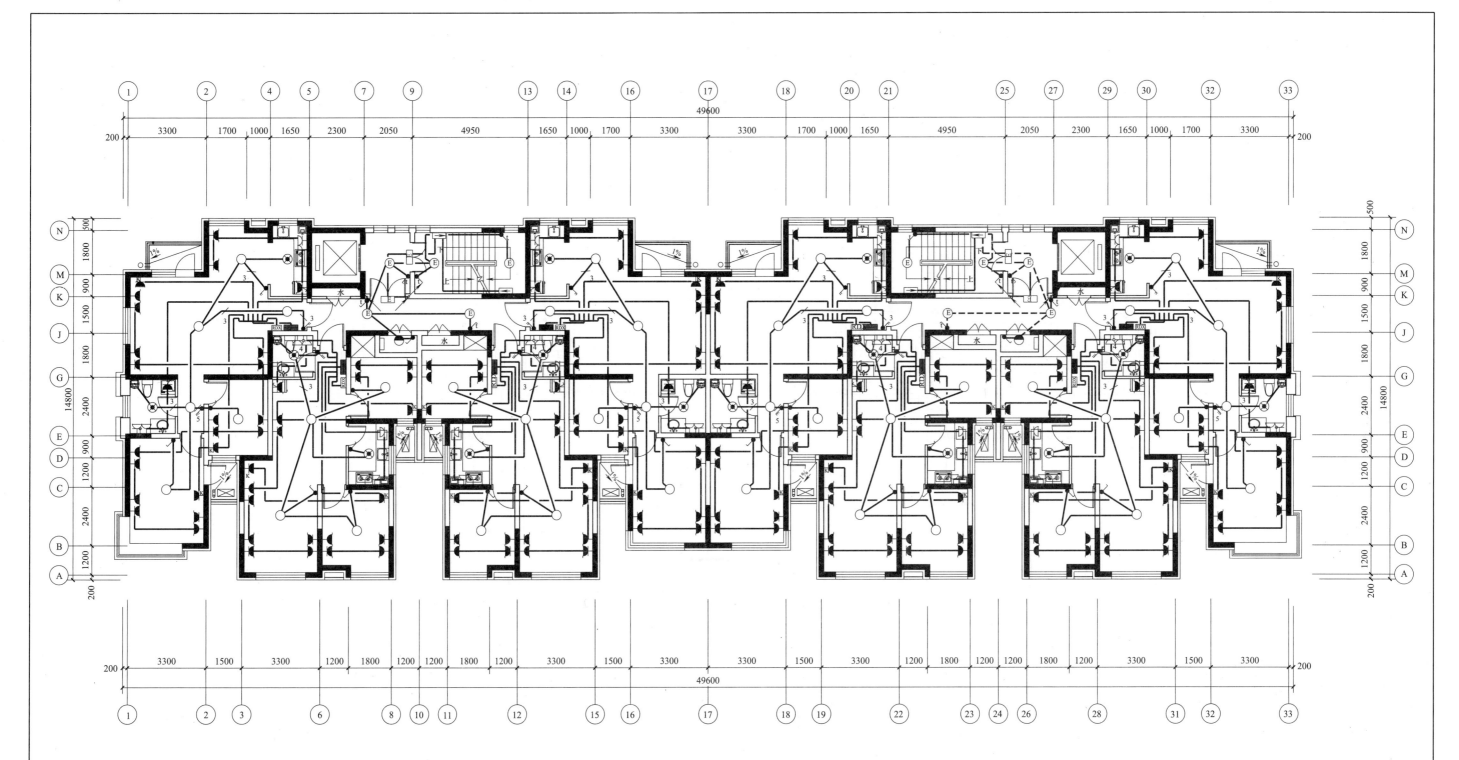

四～十四层照明平面图 1:100

说明：电气施工时所有电气管线均应躲开水暖孔洞及水暖竖井、浴盆、座便器、洗手盆等处。

说明：1.南侧房间插座相对尺寸为：南侧插座距南墙尺寸为500mm，插座之间距离为2500mm。
2.北侧房间插座相对尺寸为：北侧插座距北墙尺寸为500mm，插座之间距离为2500mm。
3.卫生间插座相对尺寸为：插座距墙200mm。
4.同一房间插座对应关系见图纸。
5.电气施工时所有电气管线均应躲开水暖孔洞及水暖竖井。
6.公共区照明开关均采用声光控灯头。

工程名称	某高层住宅楼
图纸内容	四～十四层照明平面图
图纸编号	电施-05

155

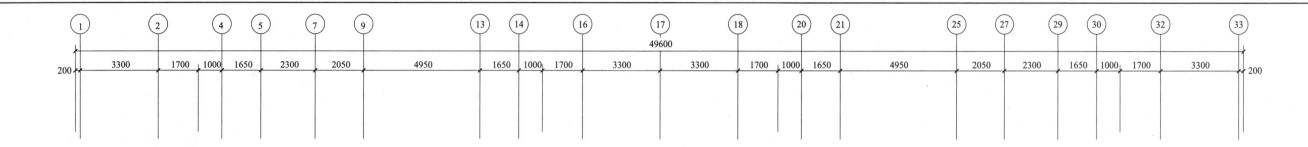

航空障碍指示灯控制箱
仅十七层设

NH-RVV2×1.0SC15 WC
NH-BV4×1.5SC1.5 WC
NH-BV3×4.0SC20 WC

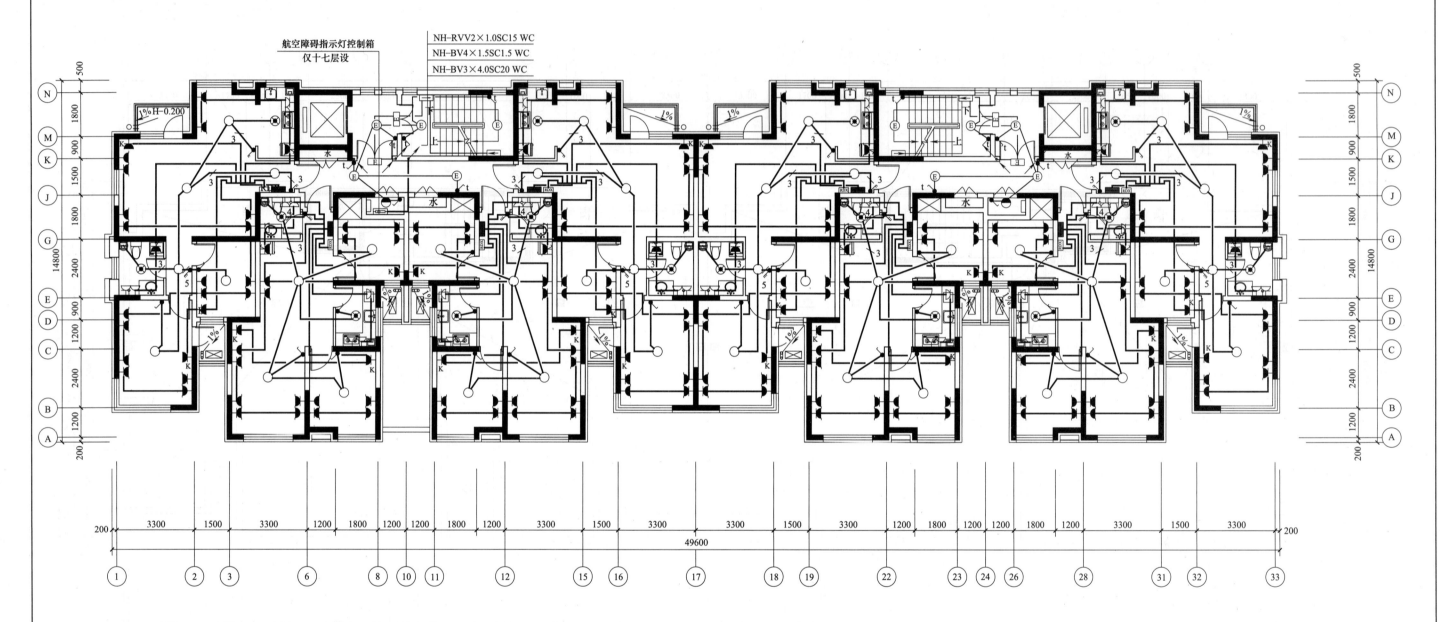

十五～十七层照明平面图 1:100

说明:电气施工时所有电气管线均应躲开水暖孔洞及水暖竖井、浴盆、座便器、洗手盆等处。

说明:1.南侧房间插座相对尺寸为:南侧插座距南墙尺寸为500mm,插座之间距离为2500mm。

2.北侧房间插座相对尺寸为:北侧插座距北墙尺寸为500mm,插座之间距离为2500mm。

3.卫生间插座相对尺寸为:插座距墙200mm。

4.同一房间插座对应关系见图纸。

5.电气施工时所有电气管线均应躲开水暖孔洞及水暖竖井。

6.公共区照明开关均采用声光控灯头。

工程名称	某高层住宅楼
图纸内容	十五～十七层照明平面图
图纸编号	电施-06

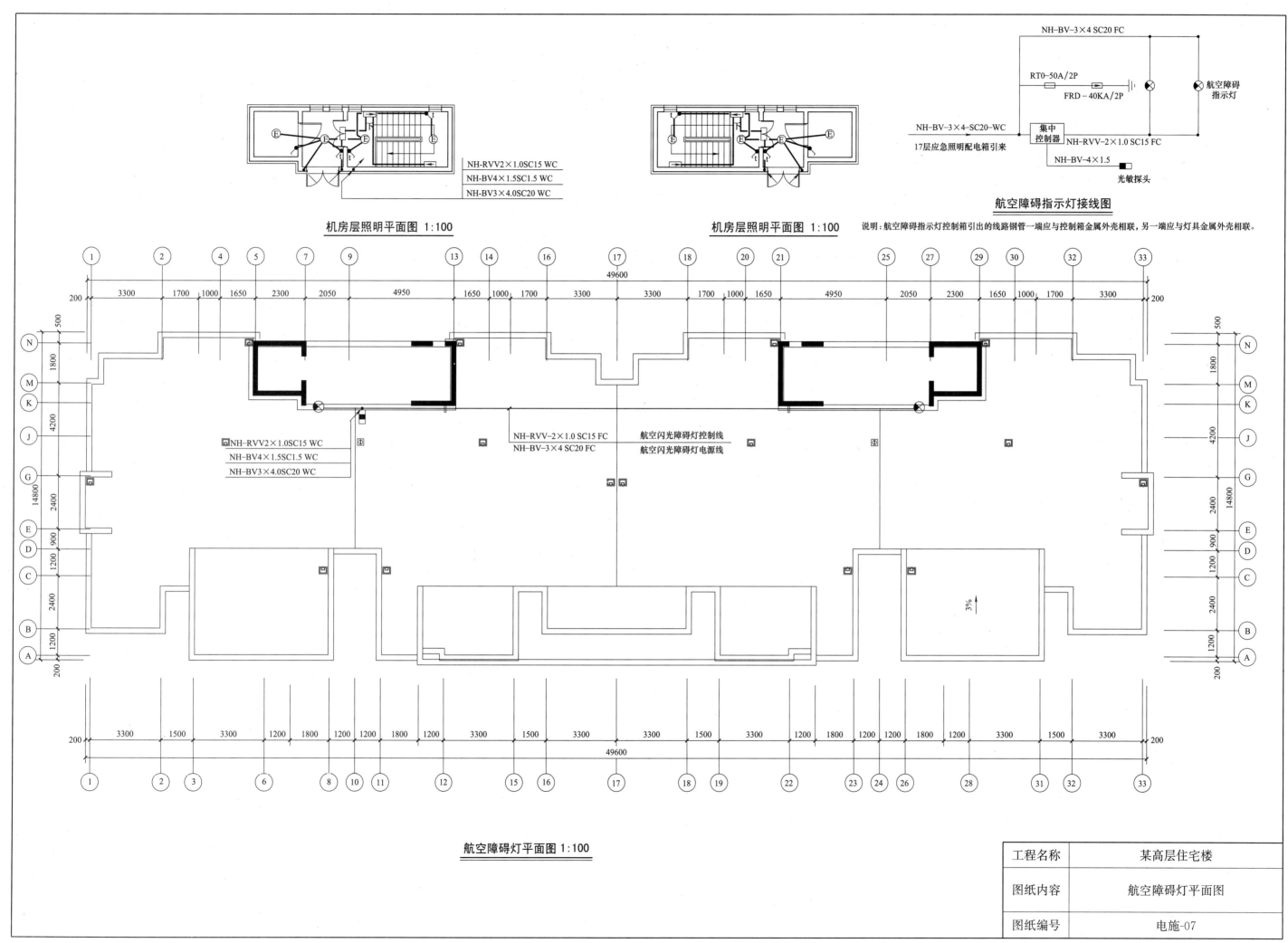

机房层照明平面图 1:100

机房层照明平面图 1:100

NH-RVV2×1.0SC15 WC
NH-BV4×1.5SC1.5 WC
NH-BV3×4.0SC20 WC

航空障碍指示灯接线图

NH-BV-3×4 SC20 FC

RT0-50A/2P
FRD-40KA/2P

航空障碍指示灯

航空障碍指示灯

NH-BV-3×4-SC20-WC

17层应急照明配电箱引来

集中控制器

NH-RVV-2×1.0 SC15 FC

NH-BV-4×1.5

光敏探头

说明:航空障碍指示灯控制箱引出的线路钢管一端应与控制箱金属外壳相联,另一端应与灯具金属外壳相联。

NH-RVV2×1.0SC15 WC
NH-BV4×1.5SC1.5 WC
NH-BV3×4.0SC20 WC

NH-RVV-2×1.0 SC15 FC
NH-BV-3×4 SC20 FC

航空闪光障碍灯控制线
航空闪光障碍灯电源线

航空障碍灯平面图 1:100

工程名称	某高层住宅楼
图纸内容	航空障碍灯平面图
图纸编号	电施-07

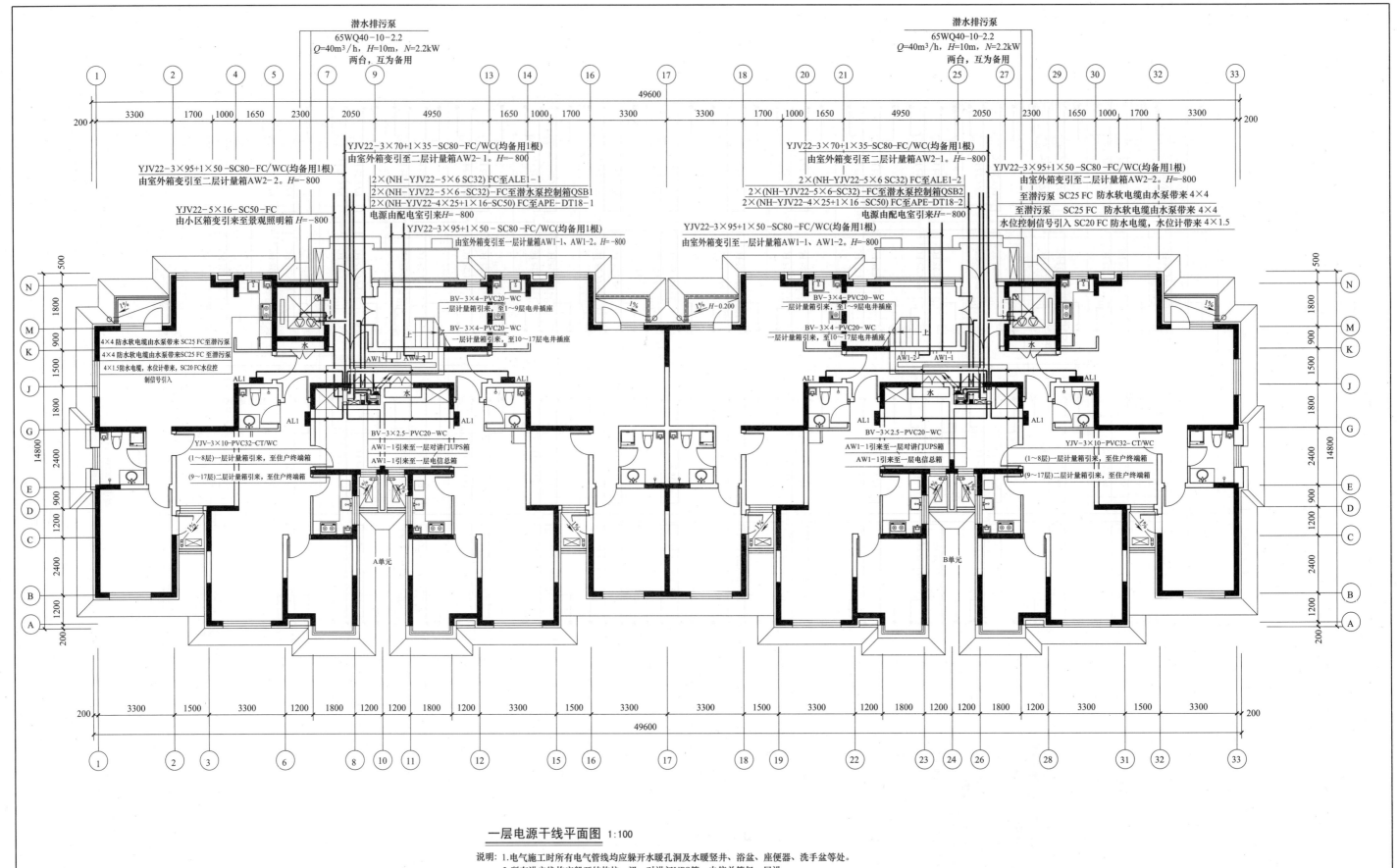

一层电源干线平面图 1:100

说明: 1.电气施工时所有电气管线均应躲开水暖孔洞及水暖竖井、浴盆、座便器、洗手盆等处。
    2.所有进户线均应躲开结构柱、梁。对讲门UPS箱、电信总箱仅一层设。

工程名称	某高层住宅楼
图纸内容	一层电源干线平面图
图纸编号	电施-08

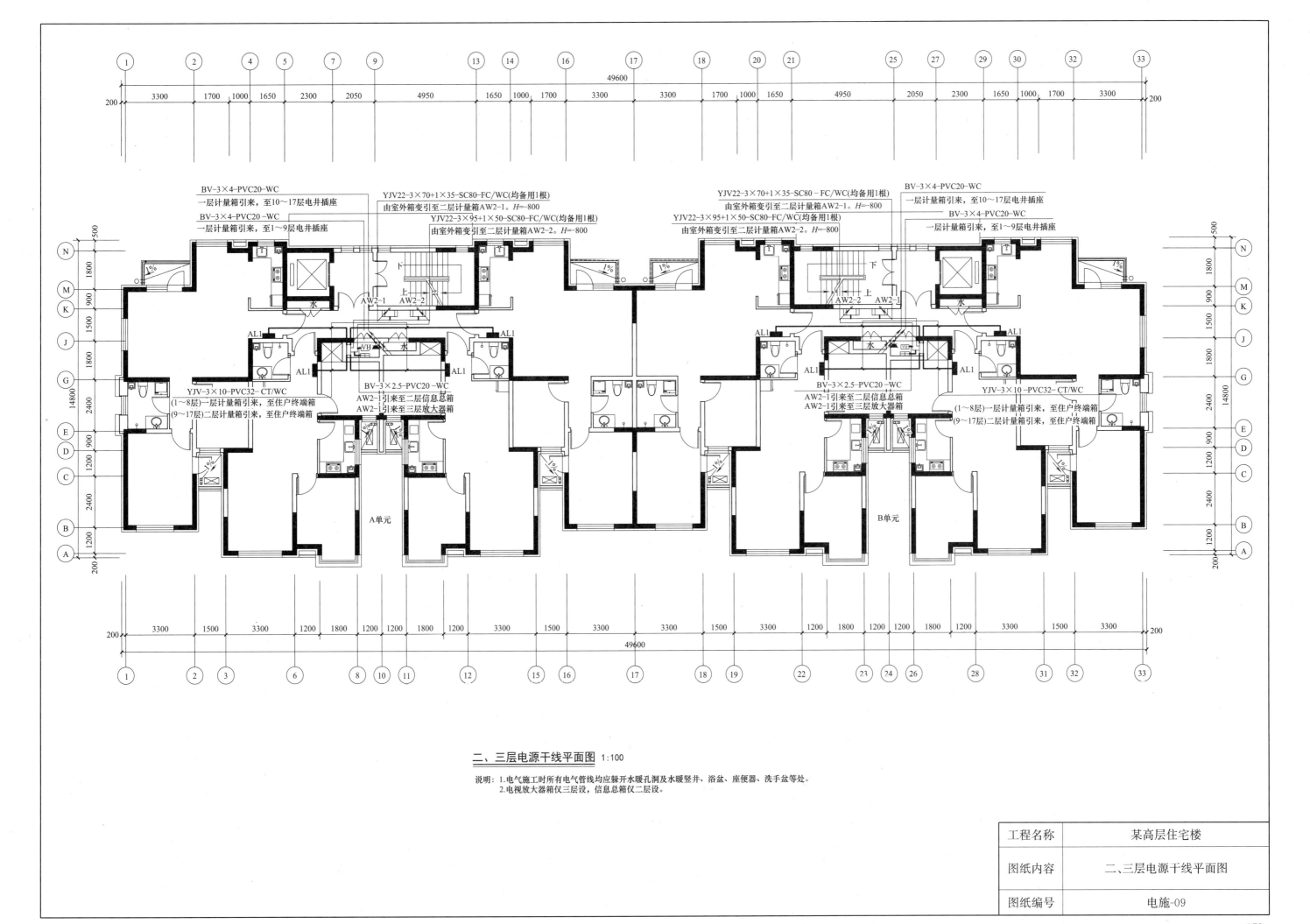

BV-3×4-PVC20-WC
一层计量箱引来，至10～17层电井插座

BV-3×4-PVC20-WC
一层计量箱引来，至1～9层电井插座

YJV22-3×70+1×35-SC80-FC/WC(均备用1根)
由室外箱变引至二层计量箱AW2-1。H=800

YJV22-3×95+1×50-SC80-FC/WC(均备用1根)
由室外箱变引至二层计量箱AW2-2。H=800

YJV22-3×70+1×35-SC80-FC/WC(均备用1根)
由室外箱变引至二层计量箱AW2-1。H=800

YJV22-3×95+1×50-SC80-FC/WC(均备用1根)
由室外箱变引至二层计量箱AW2-2。H=800

BV-3×4-PVC20-WC
一层计量箱引来，至10～17层电井插座

BV-3×4-PVC20-WC
一层计量箱引来，至1～9层电井插座

YJV-3×10-PVC32-CT/WC
(1～8层)一层计量箱引来，至住户终端箱
(9～17层)二层计量箱引来，至住户终端箱

BV-3×2.5-PVC20-WC
AW2-1引来至二层信息总箱
AW2-1引来至三层放大器箱

BV-3×2.5-PVC20-WC
AW2-1引来至二层信息总箱
AW2-1引来至三层放大器箱

YJV-3×10-PVC32-CT/WC
(1～8层)一层计量箱引来，至住户终端箱
(9～17层)二层计量箱引来，至住户终端箱

A单元

B单元

二、三层电源干线平面图 1:100

说明：1.电气施工时所有电气管线均应躲开水暖孔洞及水暖竖井、浴盆、座便器、洗手盆等处。
2.电视放大器箱仅三层设，信息总箱仅二层设。

工程名称	某高层住宅楼
图纸内容	二、三层电源干线平面图
图纸编号	电施-09

159

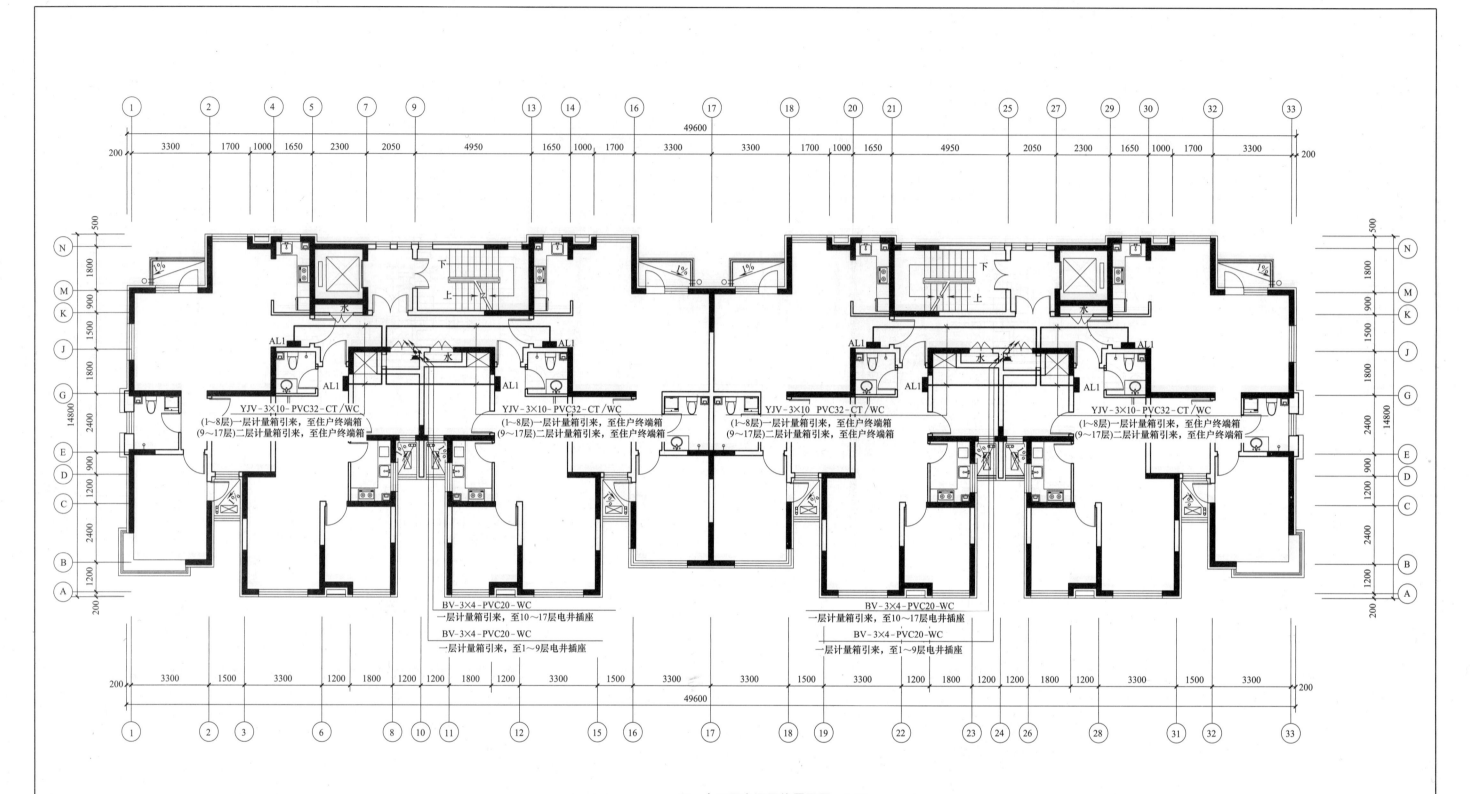

四~十四层电源干线平面图 1:100

说明:电气施工时所有电气管线均应躲开水暖孔洞及水暖竖井、浴盆、座便器、洗手盆等处。

图中标注:

YJV-3×10-PVC32-CT/WC
(1~8层)一层计量箱引来,至住户终端箱
(9~17层)二层计量箱引来,至住户终端箱

BV-3×4-PVC20-WC
一层计量箱引来,至10~17层电井插座

BV-3×4-PVC20-WC
一层计量箱引来,至1~9层电井插座

AL1

工程名称	某高层住宅楼
图纸内容	四~十四层电源干线平面图
图纸编号	电施-10

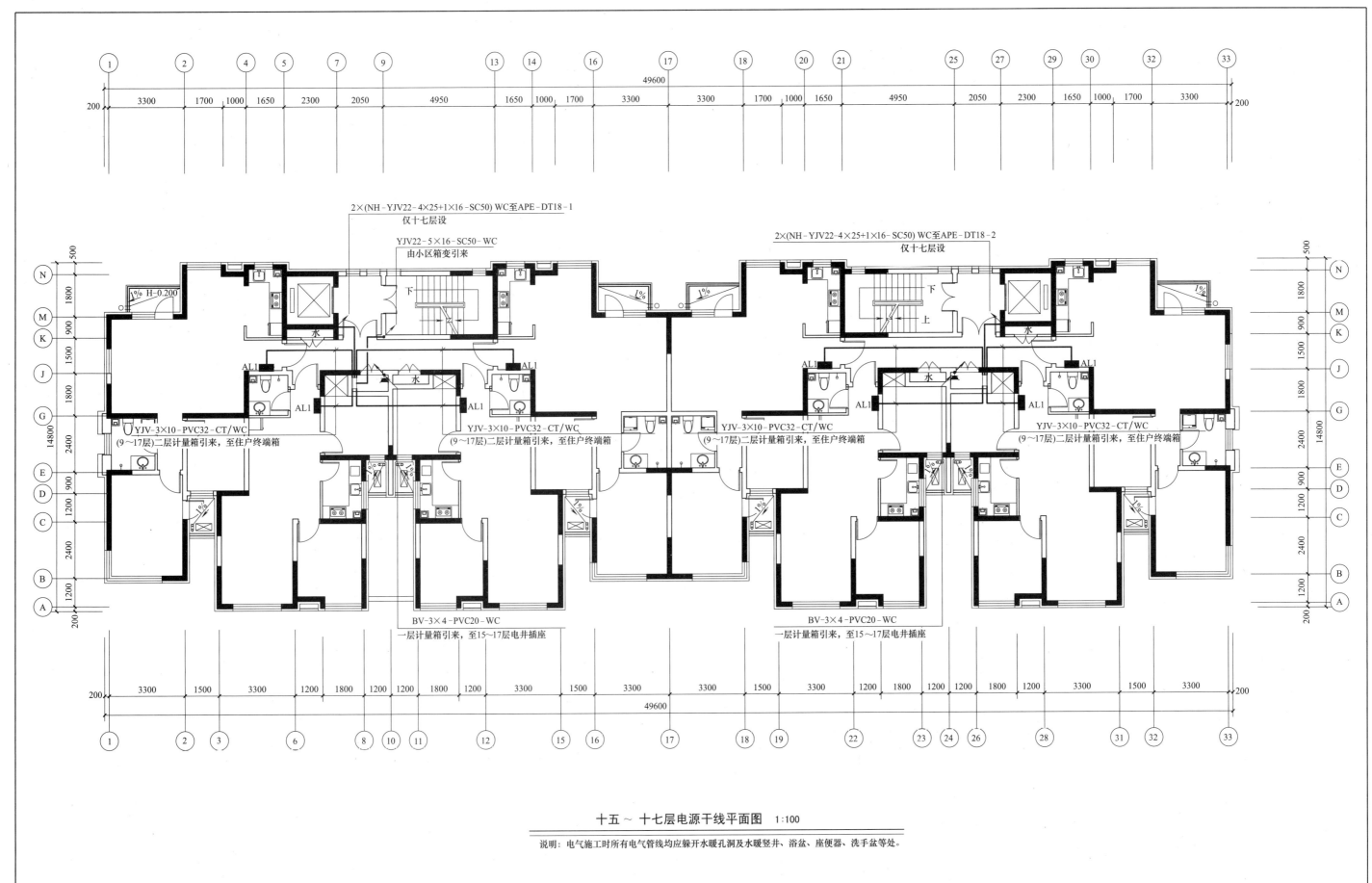

2×(NH-YJV22-4×25+1×16-SC50) WC至APE-DT18-1
仅十七层设

YJV22-5×16-SC50-WC
由小区箱变引来

2×(NH-YJV22-4×25+1×16-SC50) WC至APE-DT18-2
仅十七层设

YJV-3×10-PVC32-CT/WC
(9～17层)二层计量箱引来，至住户终端箱

YJV-3×10-PVC32-CT/WC
(9～17层)二层计量箱引来，至住户终端箱

YJV-3×10-PVC32-CT/WC
(9～17层)二层计量箱引来，至住户终端箱

YJV-3×10-PVC32-CT/WC
(9～17层)二层计量箱引来，至住户终端箱

BV-3×4-PVC20-WC
一层计量箱引来，至15～17层电井插座

BV-3×4-PVC20-WC
一层计量箱引来，至15～17层电井插座

十五～十七层电源干线平面图 1:100

说明：电气施工时所有电气管线均应躲开水暖孔洞及水暖竖井、浴盆、座便器、洗手盆等处。

工程名称	某高层住宅楼
图纸内容	十五～十七层电源干线平面图
图纸编号	电施-11

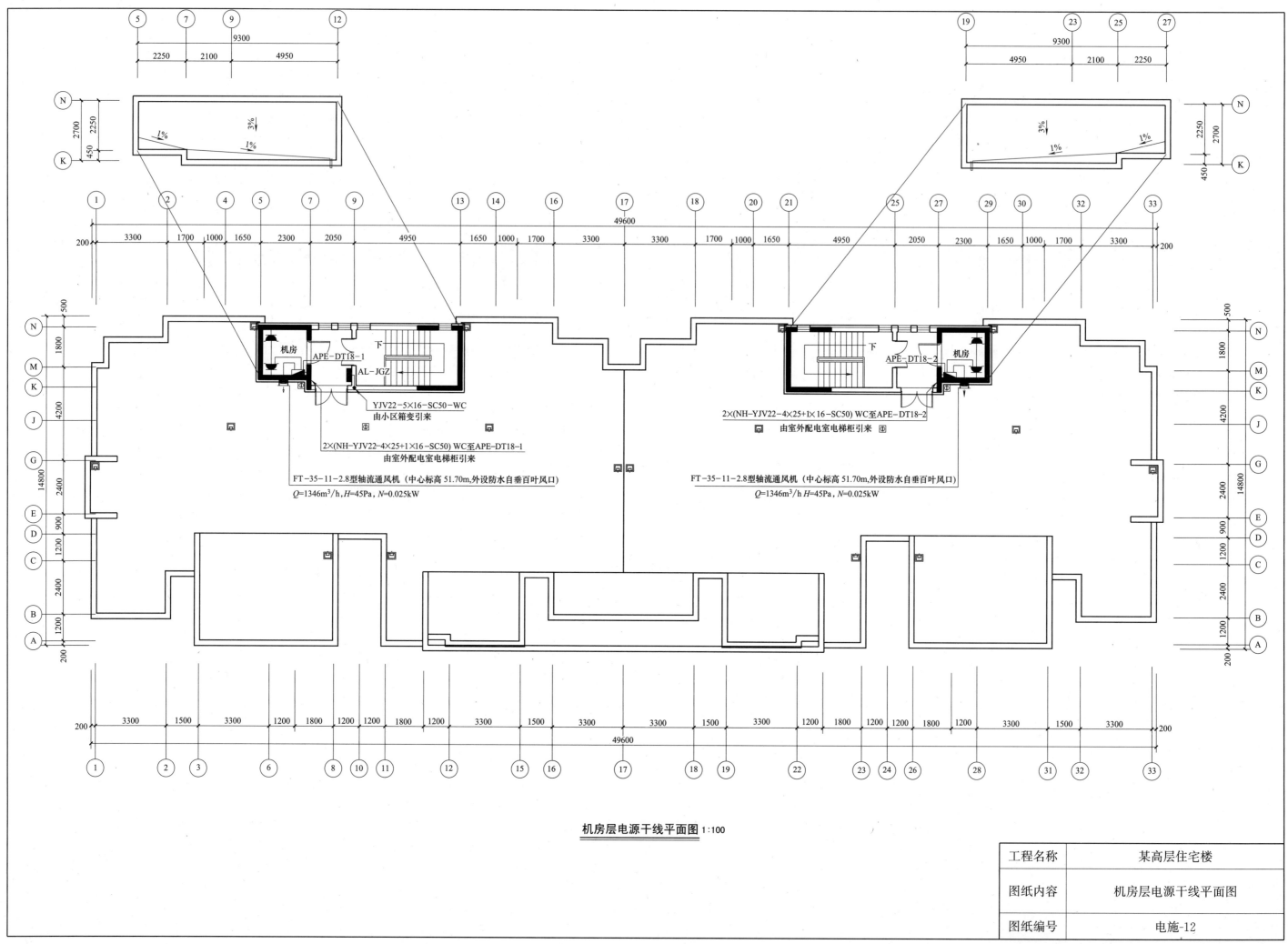

机房层电源干线平面图 1:100

工程名称	某高层住宅楼
图纸内容	机房层电源干线平面图
图纸编号	电施-12

APE-DT18-1

AL-JGZ

YJV22-5×16-SC50-WC
由小区箱变引来

2×(NH-YJV22-4×25+1×16-SC50) WC至APE-DT18-1
由室外配电室电梯柜引来

FT-35-11-2.8型轴流通风机（中心标高51.70m,外设防水自垂百叶风口）
$Q=1346m^3/h,H=45Pa,N=0.025kW$

APE-DT18-2

2×(NH-YJV22-4×25+1×16-SC50) WC至APE-DT18-2
由室外配电室电梯柜引来

FT-35-11-2.8型轴流通风机（中心标高51.70m,外设防水自垂百叶风口）
$Q=1346m^3/h,H=45Pa,N=0.025kW$

机房

下

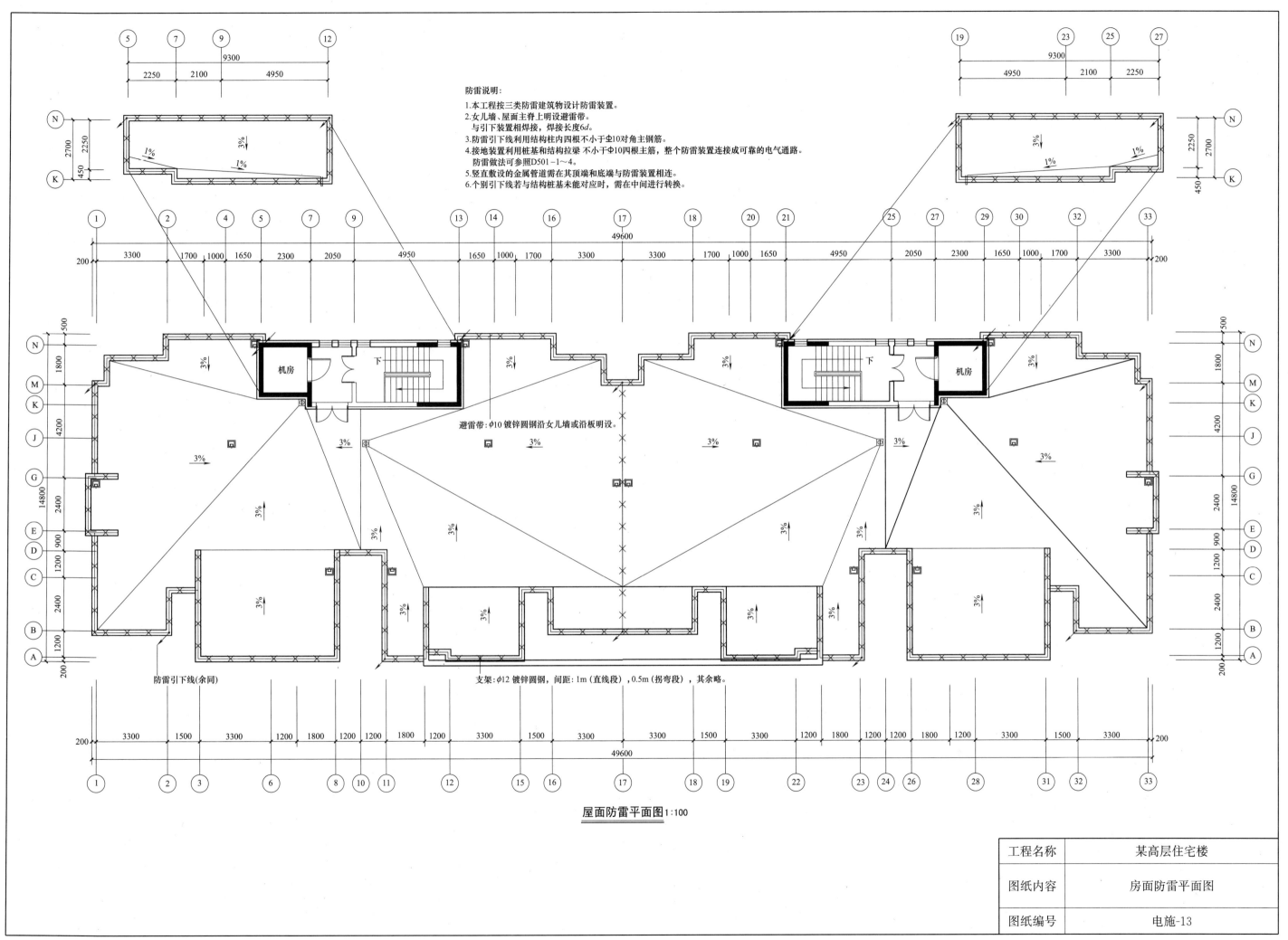

防雷说明:
1.本工程按三类防雷建筑物设计防雷装置。
2.女儿墙、屋面主脊上明设避雷带。
　与引下装置相焊接,焊接长度6d。
3.防雷引下线利用结构柱内四根不小于Φ10对角主钢筋。
4.接地装置利用桩基和结构拉梁 不小于Φ10四根主筋,整个防雷装置连接成可靠的电气通路。
　防雷做法可参照D501-1～4。
5.竖直敷设的金属管道需在其顶端和底端与防雷装置相连。
6.个别引下线若与结构桩基本能对应时,需在中间进行转换。

避雷带:φ10镀锌圆钢沿女儿墙或沿板明设。

机房

防雷引下线(余同)

支架:φ12镀锌圆钢,间距:1m(直线段),0.5m(拐弯段),其余略。

屋面防雷平面图1:100

工程名称	某高层住宅楼
图纸内容	房面防雷平面图
图纸编号	电施-13

163

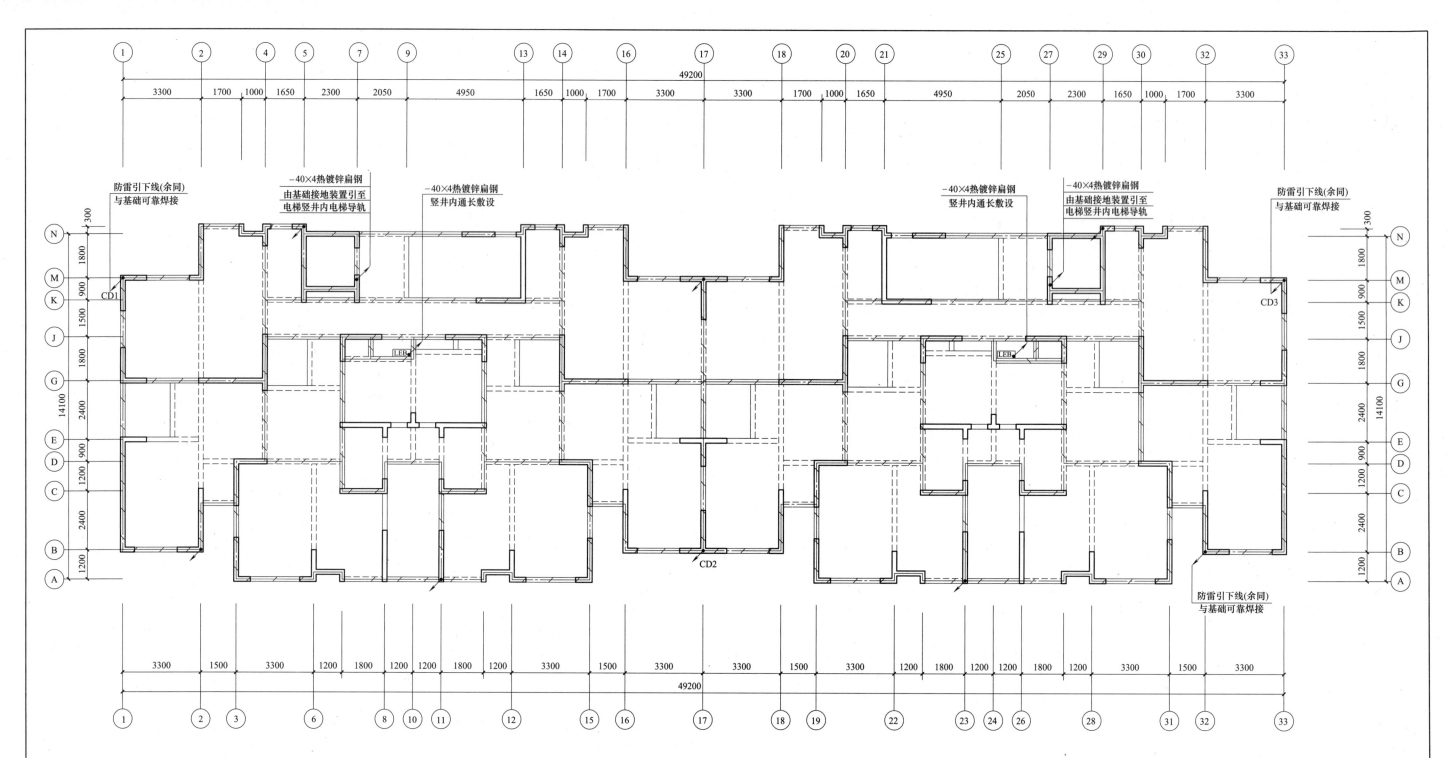

基础接地平面图 1:100

说明:

1.本图为基础接地平面图。

2.利用建筑物基础内钢筋(包括承台梁、桩基等)作为自然接地体,以地梁钢筋作为接地连接线,(无地梁处,采用热镀锌扁钢-40×4)。

3.将指定桩内的2根外皮主筋上下焊接,承台梁纵横方向各取4根主筋贯通连接,并与桩内接地主筋及防雷引下线(指定柱内的两条对角主筋)可靠焊接。

4.综合接地电阻不大于1欧姆。否则,增打人工接地极。

5.施工中,参见《电气标准图集》03D501-2、03D501-3、03D501-4。

6.在室外地坪下1.0m处,由引下线钢筋上焊接出-40×4镀锌扁钢,外伸出墙皮1.5m,作为外接人工接地体之用。

7.CD为接地测试点,距室外地坪0.5m并作金属测试点端子箱。

工程名称	某高层住宅楼
图纸内容	基础接地平面图
图纸编号	电施-14

164

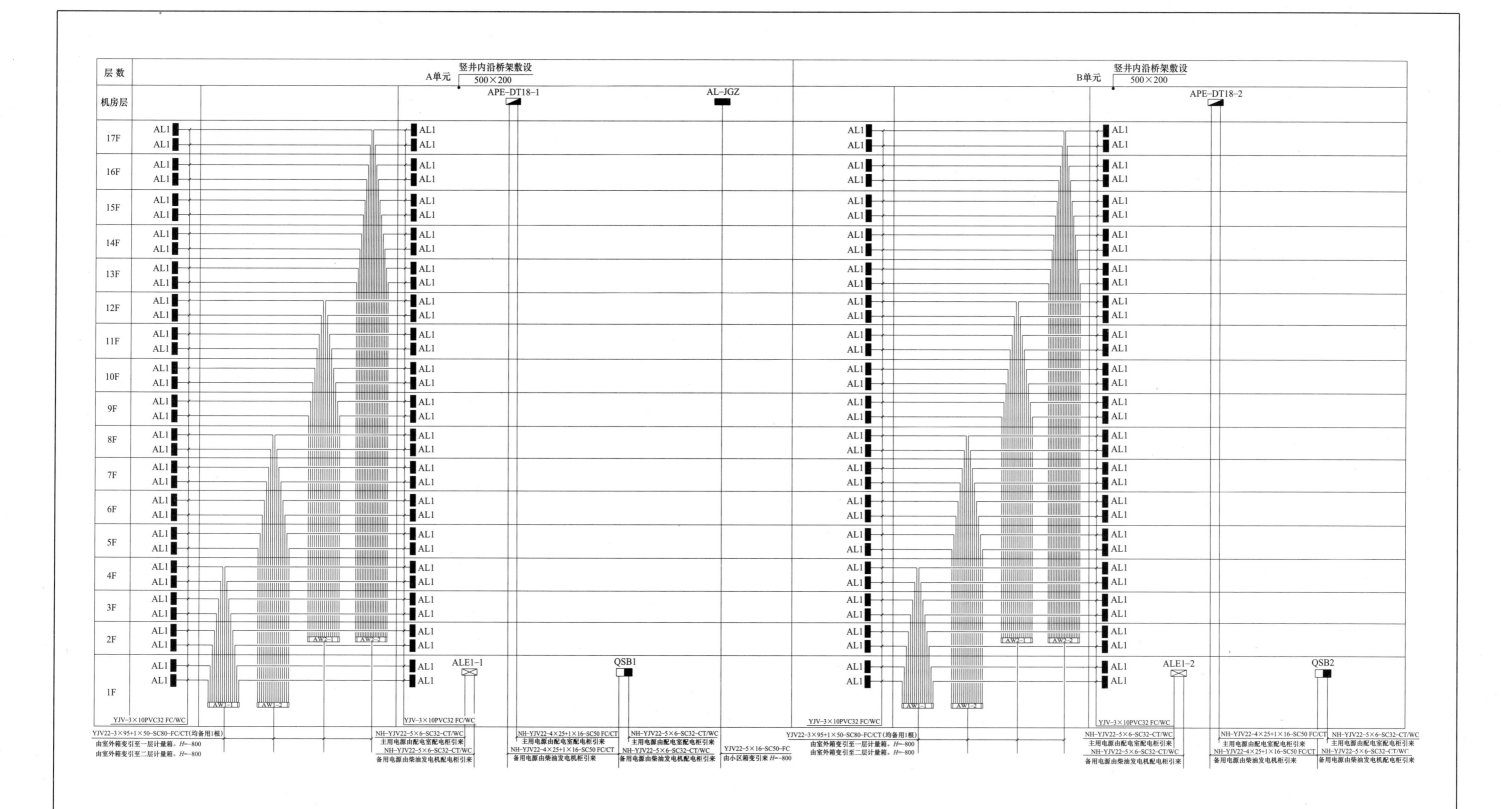

配电系统图一

工程名称	某高层住宅楼
图纸内容	配电系统图一
图纸编号	电施-15

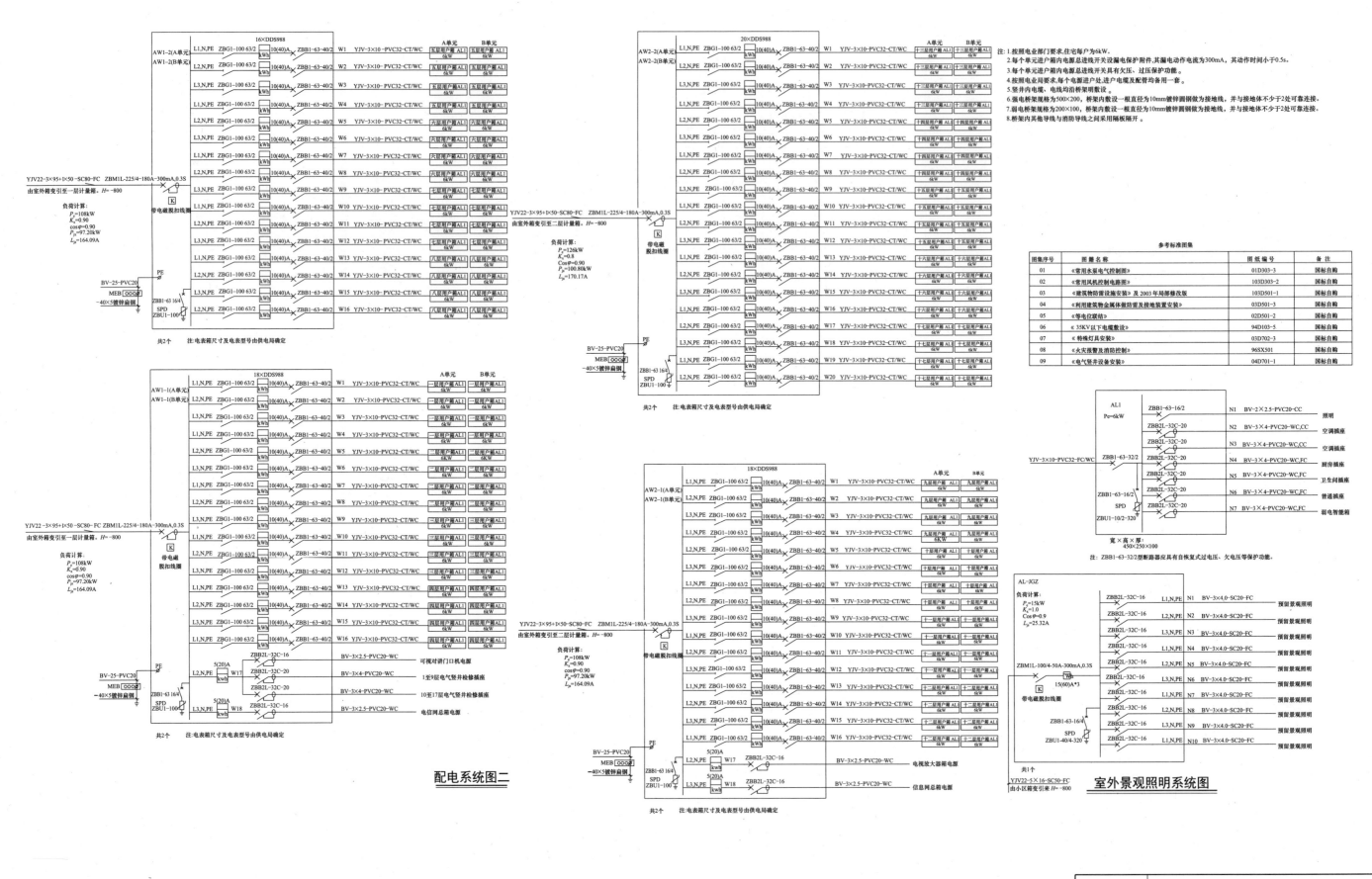

配电系统图二

室外景观照明系统图

工程名称	某高层住宅楼
图纸内容	配电系统图二
图纸编号	电施-16

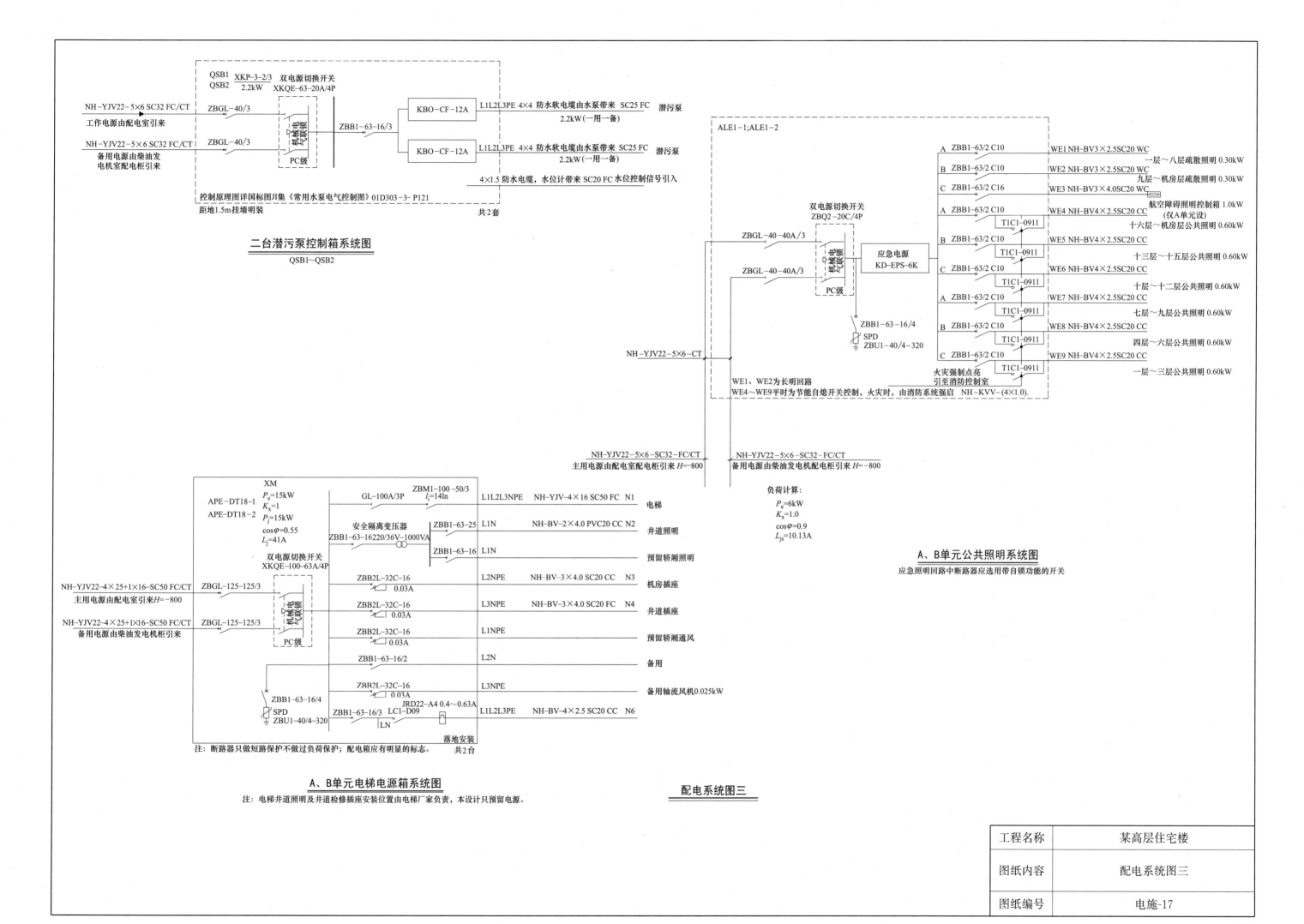

二台潜污泵控制箱系统图
QSB1~QSB2

A、B单元电梯电源箱系统图
注：电梯井道照明及井道检修插座安装位置由电梯厂家负责，本设计只预留电源。

A、B单元公共照明系统图
应急照明回路中断路器应选用带自锁功能的开关

配电系统图三

工程名称	某高层住宅楼
图纸内容	配电系统图三
图纸编号	电施-17

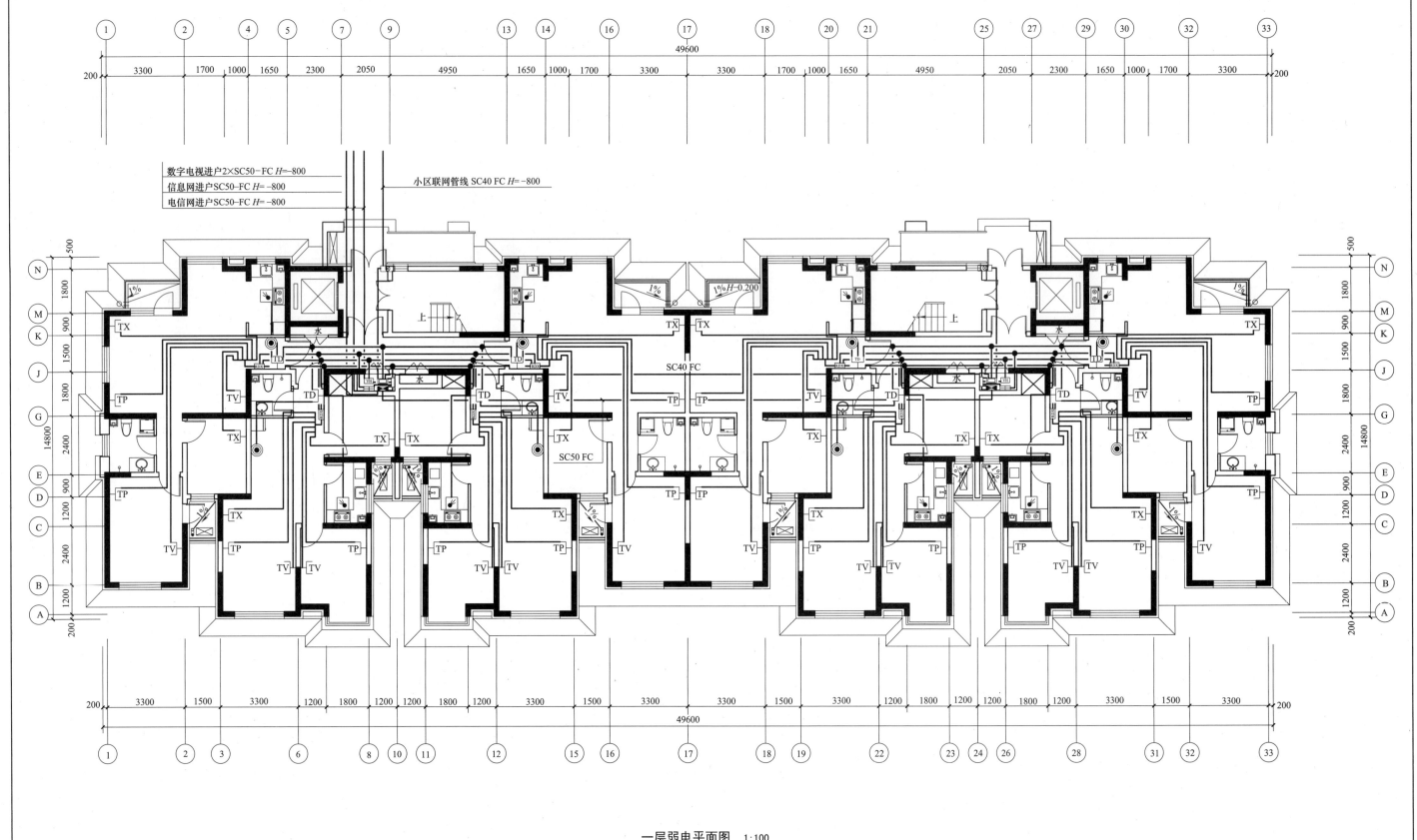

数字电视进户2×SC50-FC H=-800
信息网进户SC50-FC H=-800
电信网进户SC50-FC H=-800

小区联网管线 SC40 FC H=-800

SC40 FC

SC50 FC

一层弱电平面图 1:100

说明: 1.电气施工时所有电气管线均应躲开水暖孔洞及水暖竖井、浴盆、座便器、洗手盆等处。
2.对讲门单元间跨接管仅一层设, 电信总箱、单元间跨接管仅一层设。

工程名称	某高层住宅楼
图纸内容	一层弱电平面图
图纸编号	电施-18

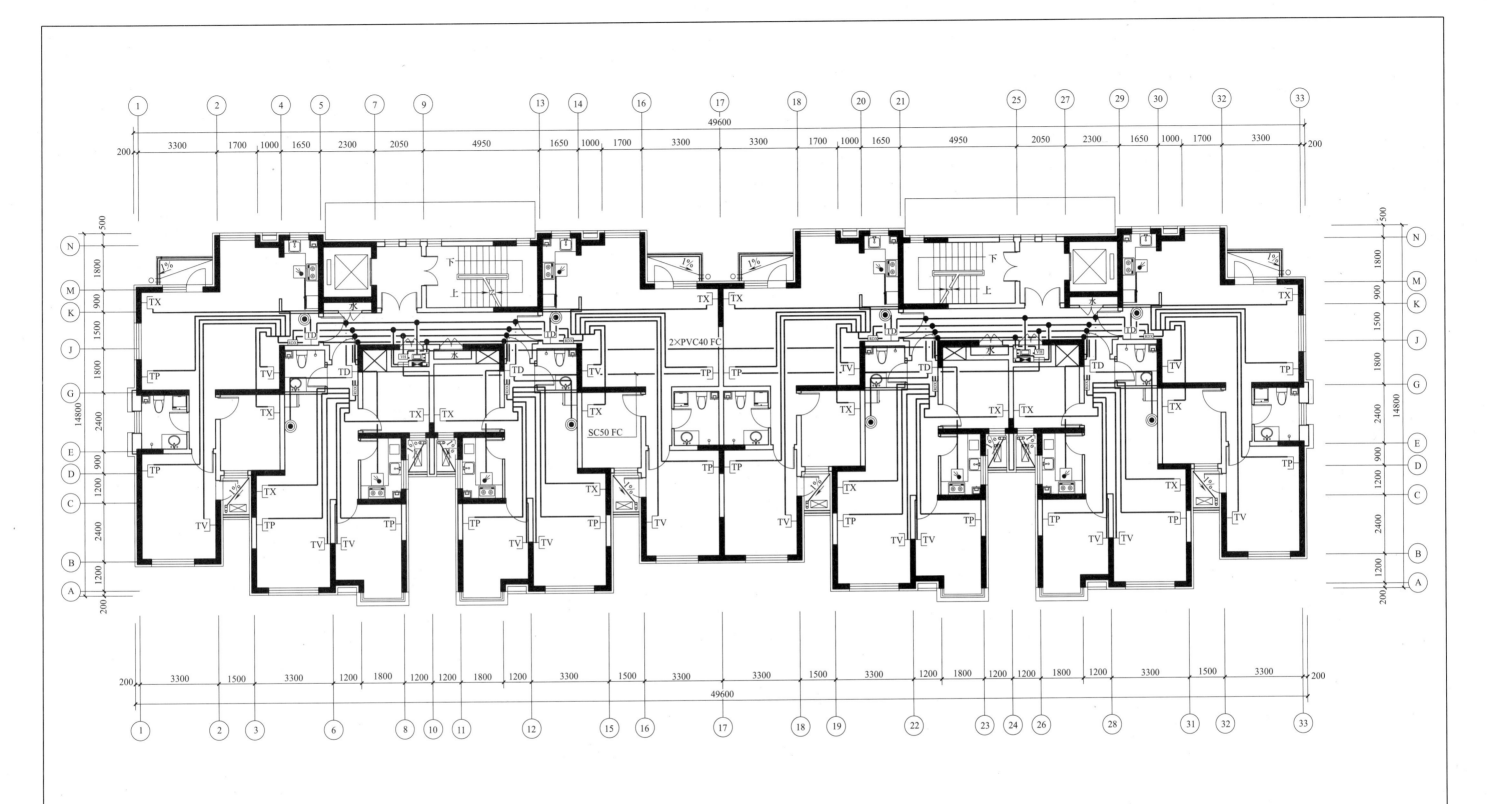

二、三层弱电平面图　1:100

说明：1.电气施工时所有电气管线均应躲开水暖孔洞及水暖竖井、浴盆、座便器、洗手盆等处。
　　　2.信息总箱、单元间跨接管仅二层设，电视放大器箱、单元间跨接管仅三层设。

工程名称	某高层住宅楼
图纸内容	二、三层弱电平面图
图纸编号	电施-19

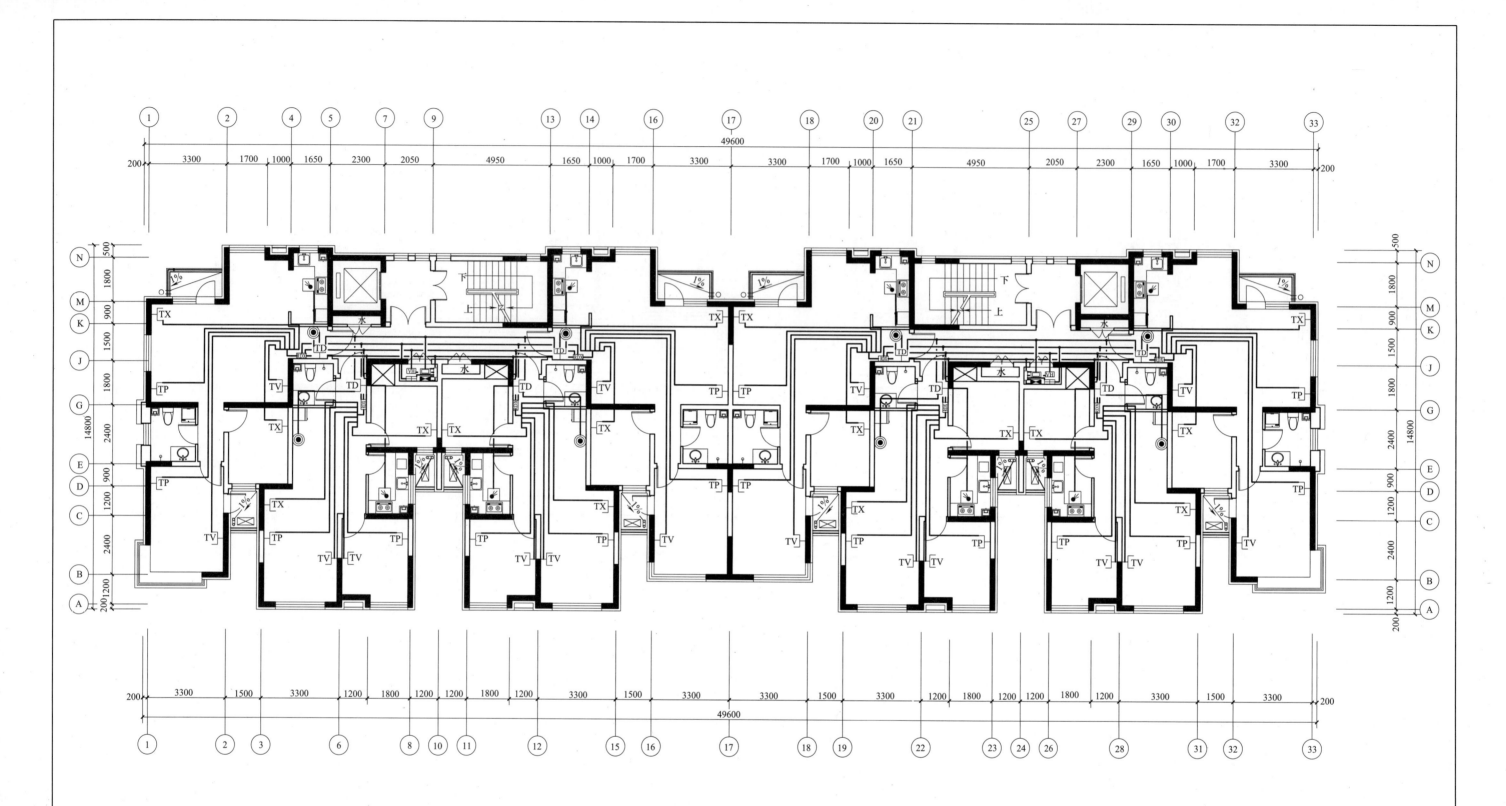

四～十四层弱电平面图 1:100

说明：电气施工时所有电气管线均应躲开水暖孔洞及水暖竖井、浴盆、座便器、洗手盆等处。

工程名称	某高层住宅楼
图纸内容	四～十四层弱电平面图
图纸编号	电施-20

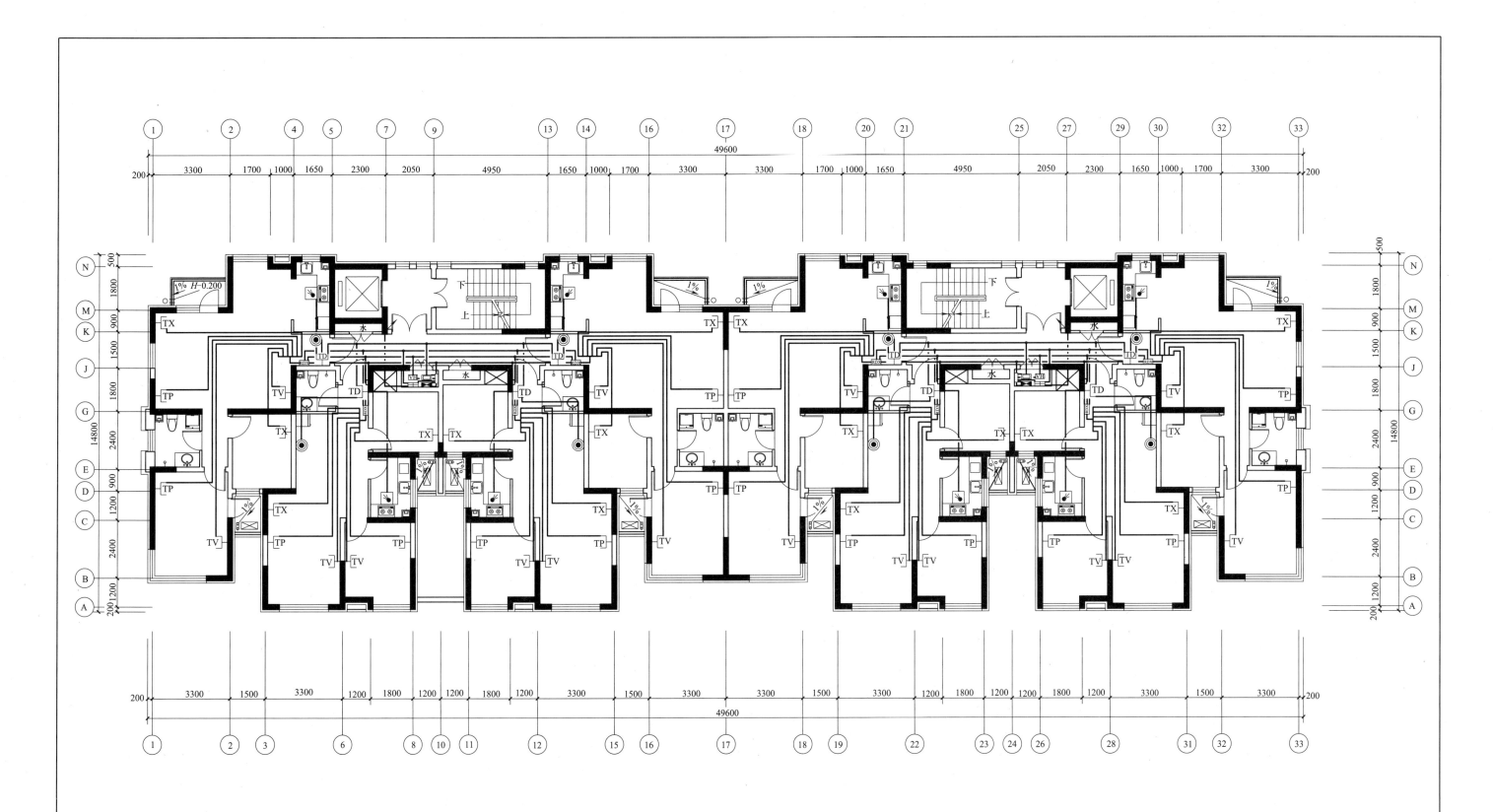

十五～十七层弱电平面图 1:100

说明:电气施工时所有电气管线均应躲开水暖孔洞及水暖竖井、浴盆、座便器、洗手盆等处。

工程名称	某高层住宅楼
图纸内容	十五～十七层弱电平面图
图纸编号	电施-21

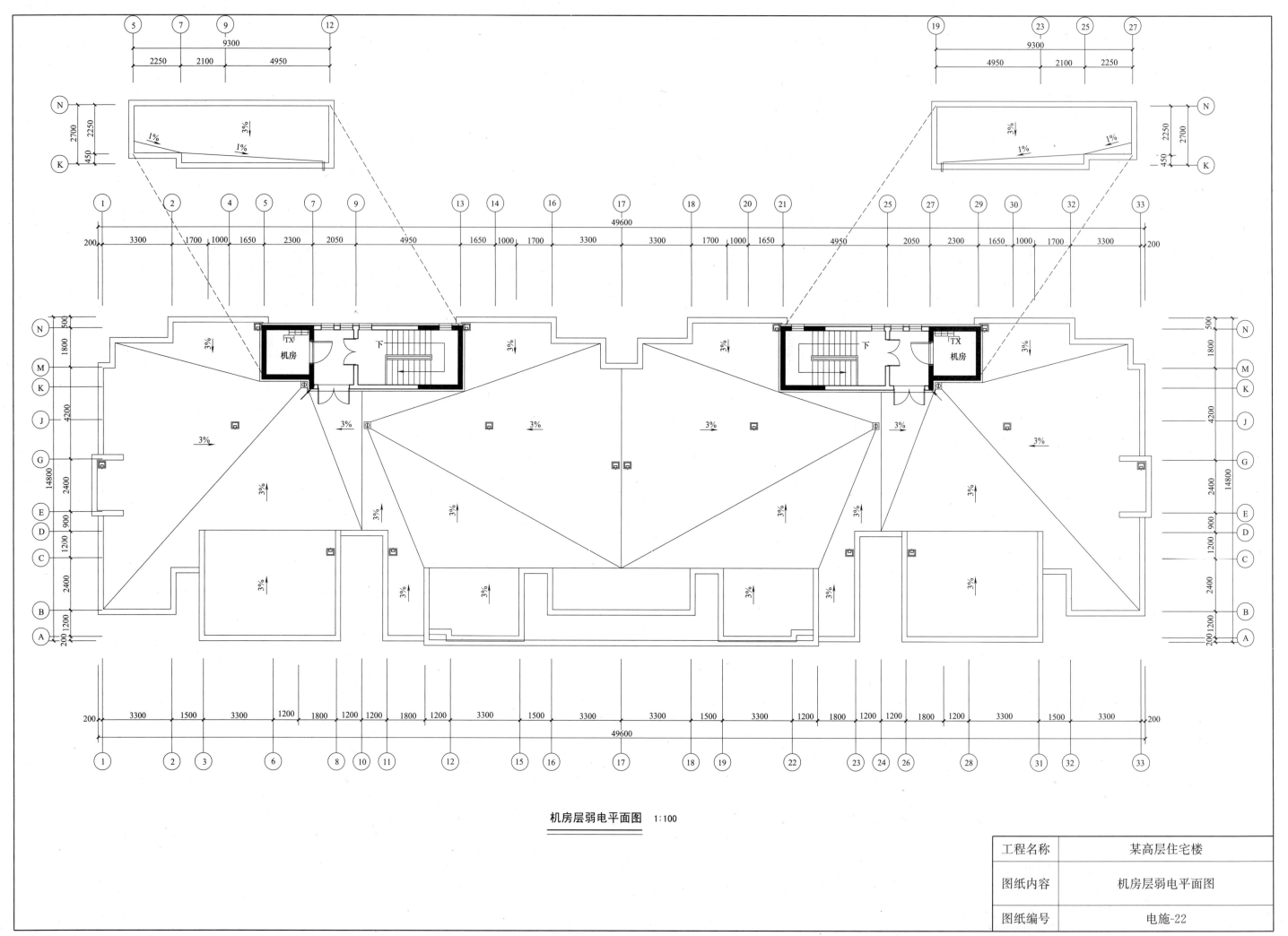

机房层弱电平面图   1:100

工程名称	某高层住宅楼
图纸内容	机房层弱电平面图
图纸编号	电施-22

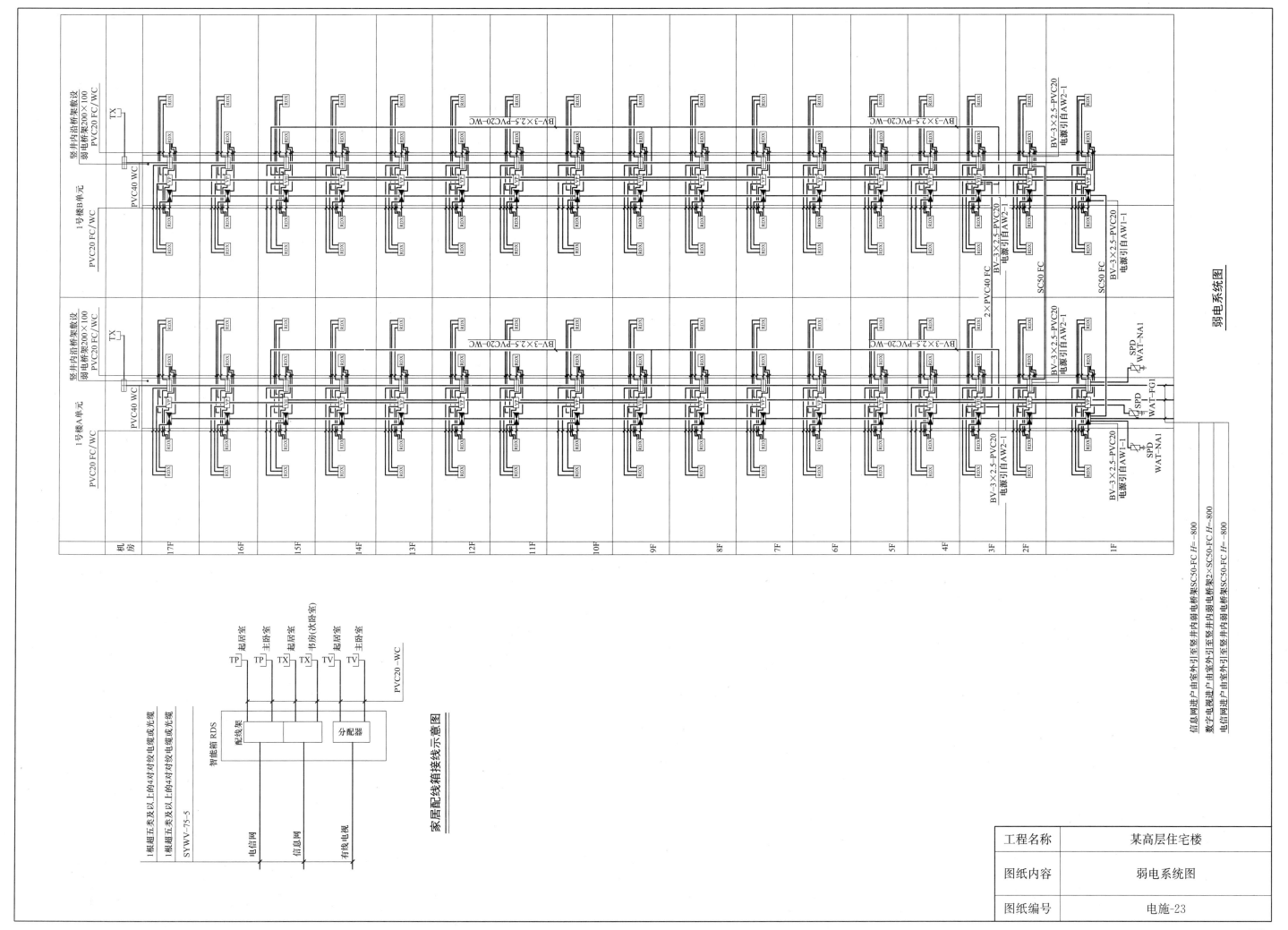

家居配线箱接线示意图

弱电系统图

工程名称	某高层住宅楼
图纸内容	弱电系统图
图纸编号	电施-23

173

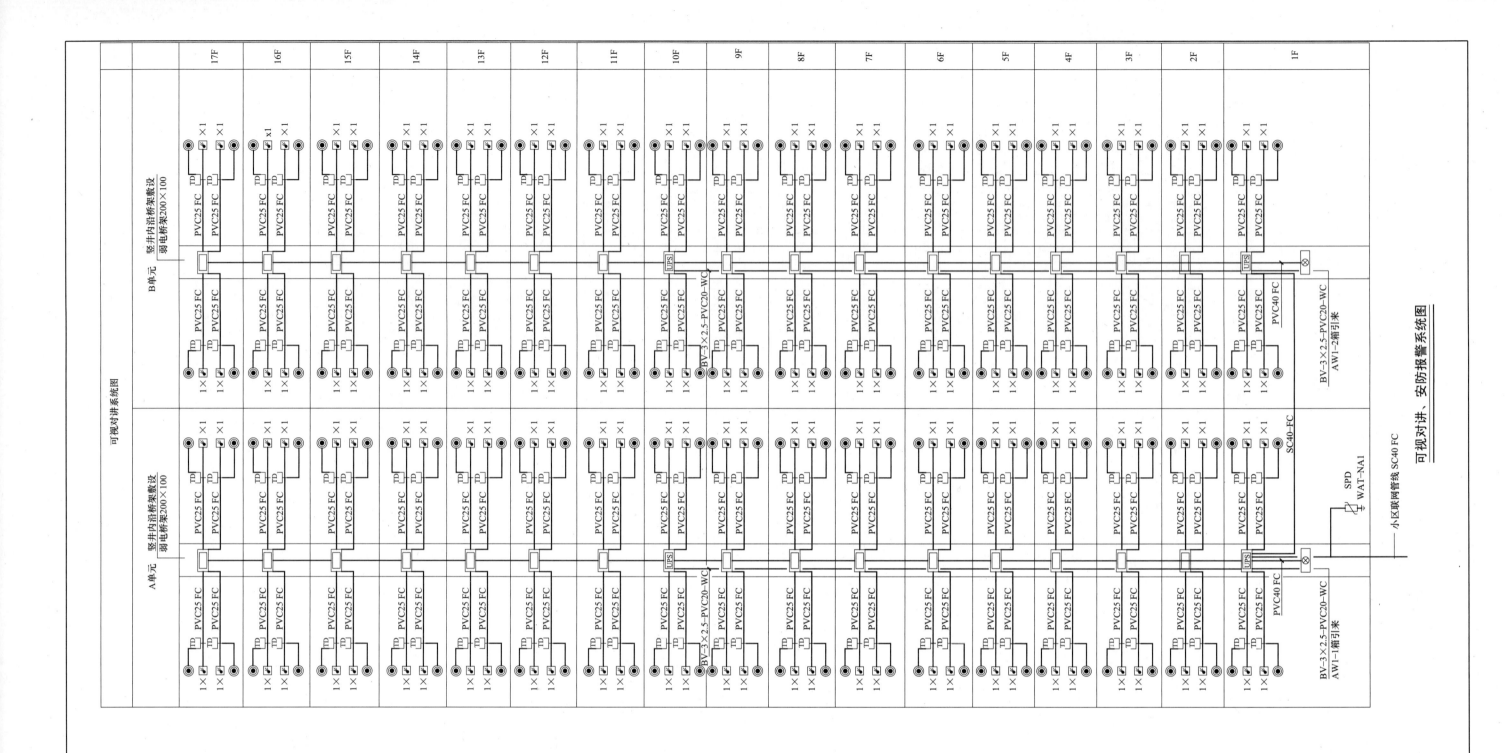

可视对讲、安防报警系统图

工程名称	某高层住宅楼
图纸内容	可视对讲、安防报警系统图
图纸编号	电施-24

说明：
可视对讲每层每门每层设一个箱,尺寸如下：
1.带电源箱尺寸(mm)：
400(高)×160(厚)×300(宽)。
2.不带电源箱尺寸(mm)：
250(高)×160(厚)×300(宽)。
可燃气体探测器顶棚上暗装。
紧急报警按钮,墙上暗装,底距地1.3m。

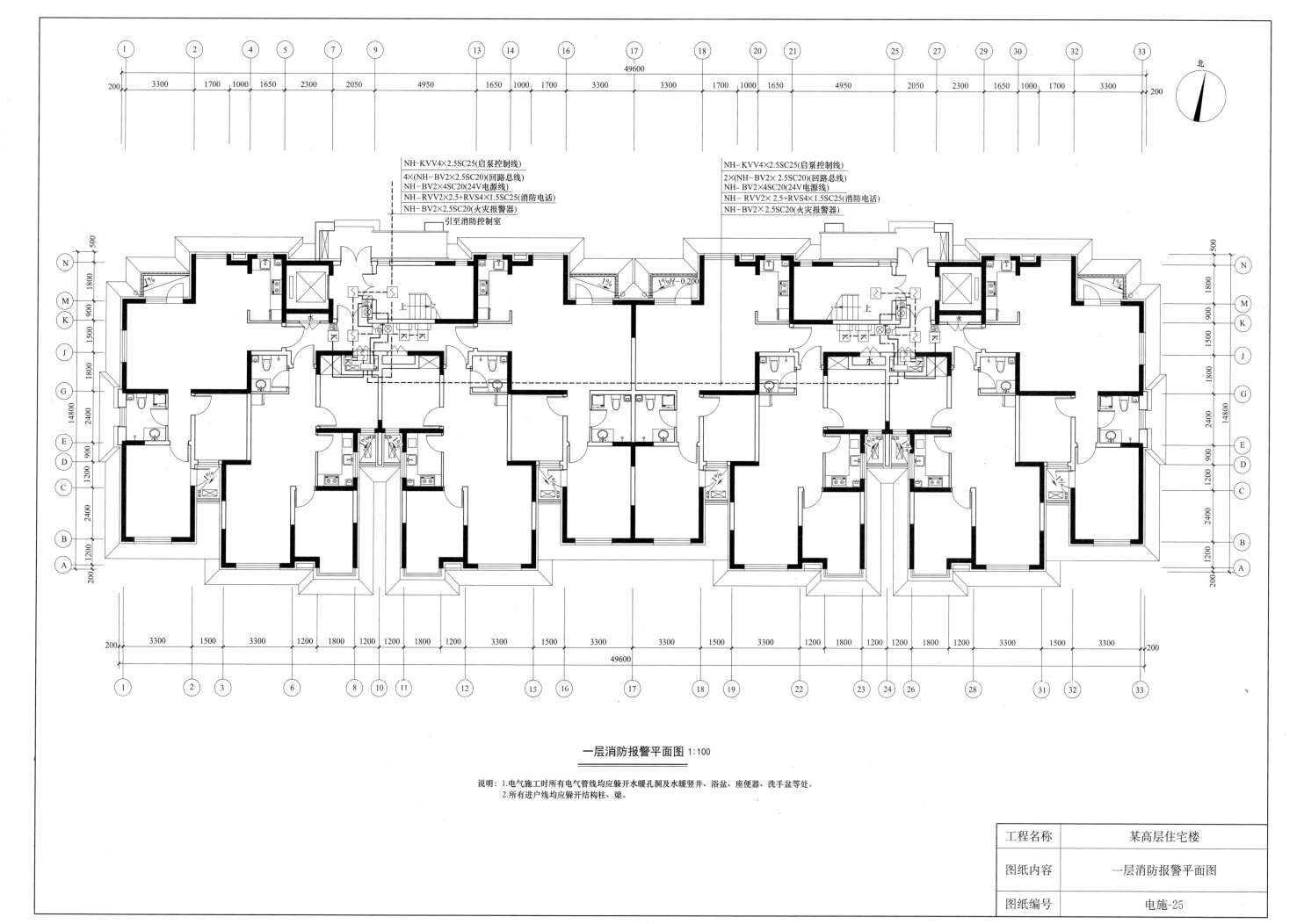

NH-KVV4×2.5SC25(启泵控制线)
4×(NH-BV2×2.5SC20)(回路总线)
NH-BV2×4SC20(24V电源线)
NH-RVV2×2.5+RVS4×1.5SC25(消防电话)
NH-BV2×2.5SC20(火灾报警器)
引至消防控制室

NH-KVV4×2.5SC25(启泵控制线)
2×(NH-BV2×2.5SC20)(回路总线)
NH-BV2×4SC20(24V电源线)
NH-RVV2×2.5+RVS4×1.5SC25(消防电话)
NH-BV2×2.5SC20(火灾报警器)

一层消防报警平面图 1:100

说明：1.电气施工时所有电气管线均应躲开水暖孔洞及水暖竖井、浴盆、座便器、洗手盆等处。
2.所有进户线均应躲开结构柱、梁。

工程名称	某高层住宅楼
图纸内容	一层消防报警平面图
图纸编号	电施-25

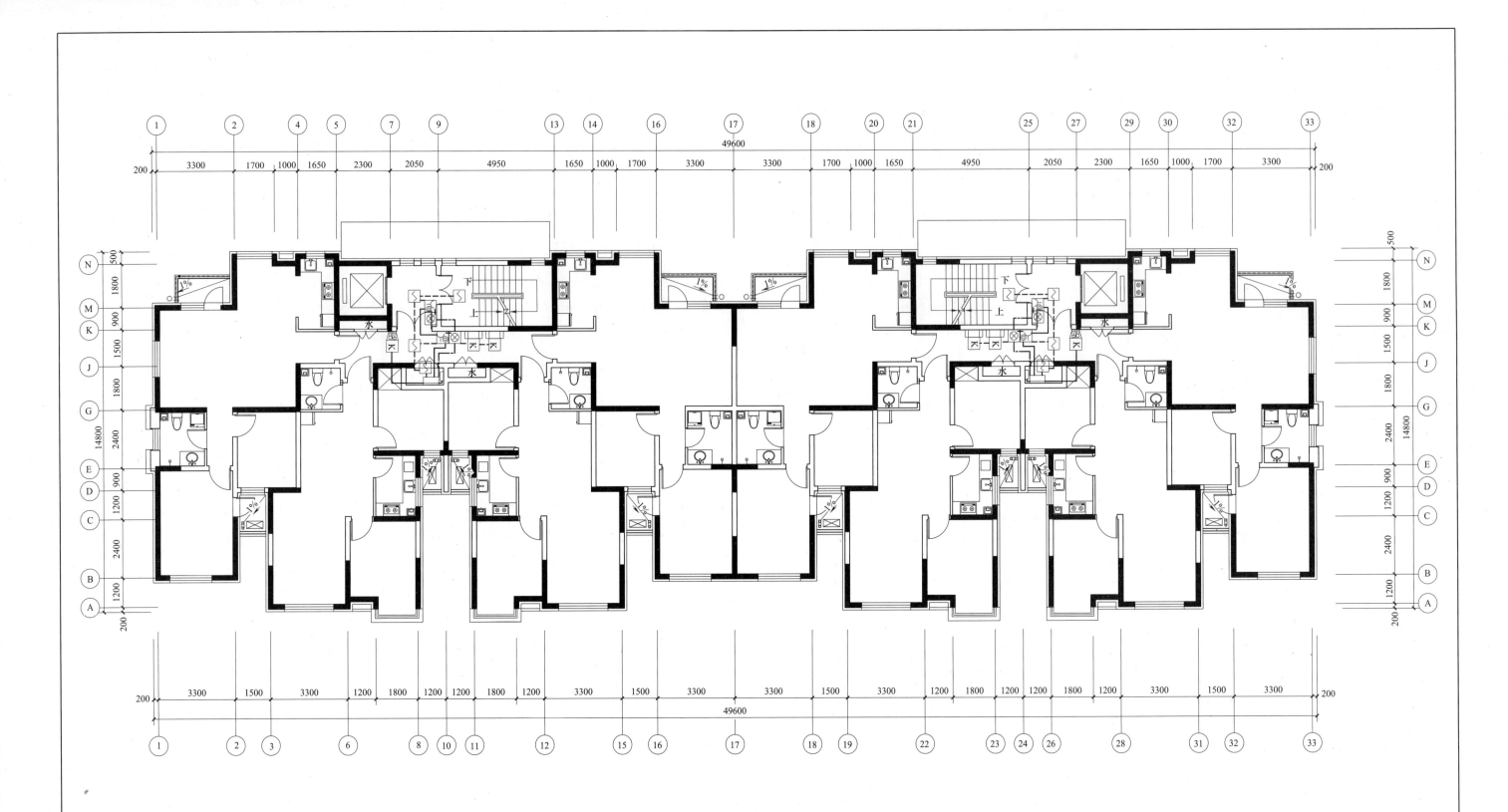

二、三层消防报警平面图 1:100

说明：计量箱仅二层设。

工程名称	某高层住宅楼
图纸内容	二、三层消防报警平面图
图纸编号	电施-26

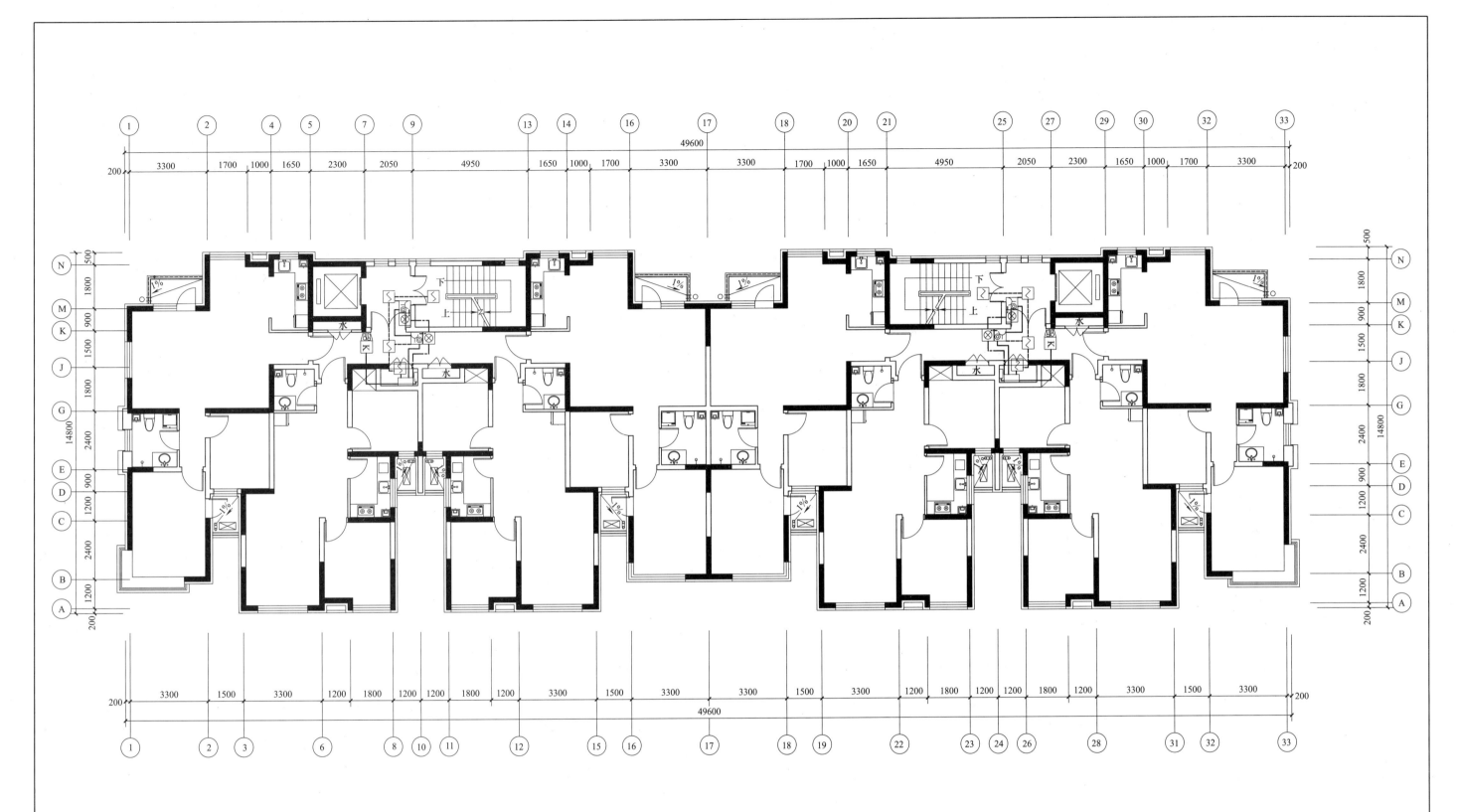

四～十四层消防报警平面图 1:100

工程名称	某高层住宅楼
图纸内容	四～十四层消防报警平面图
图纸编号	电施-27

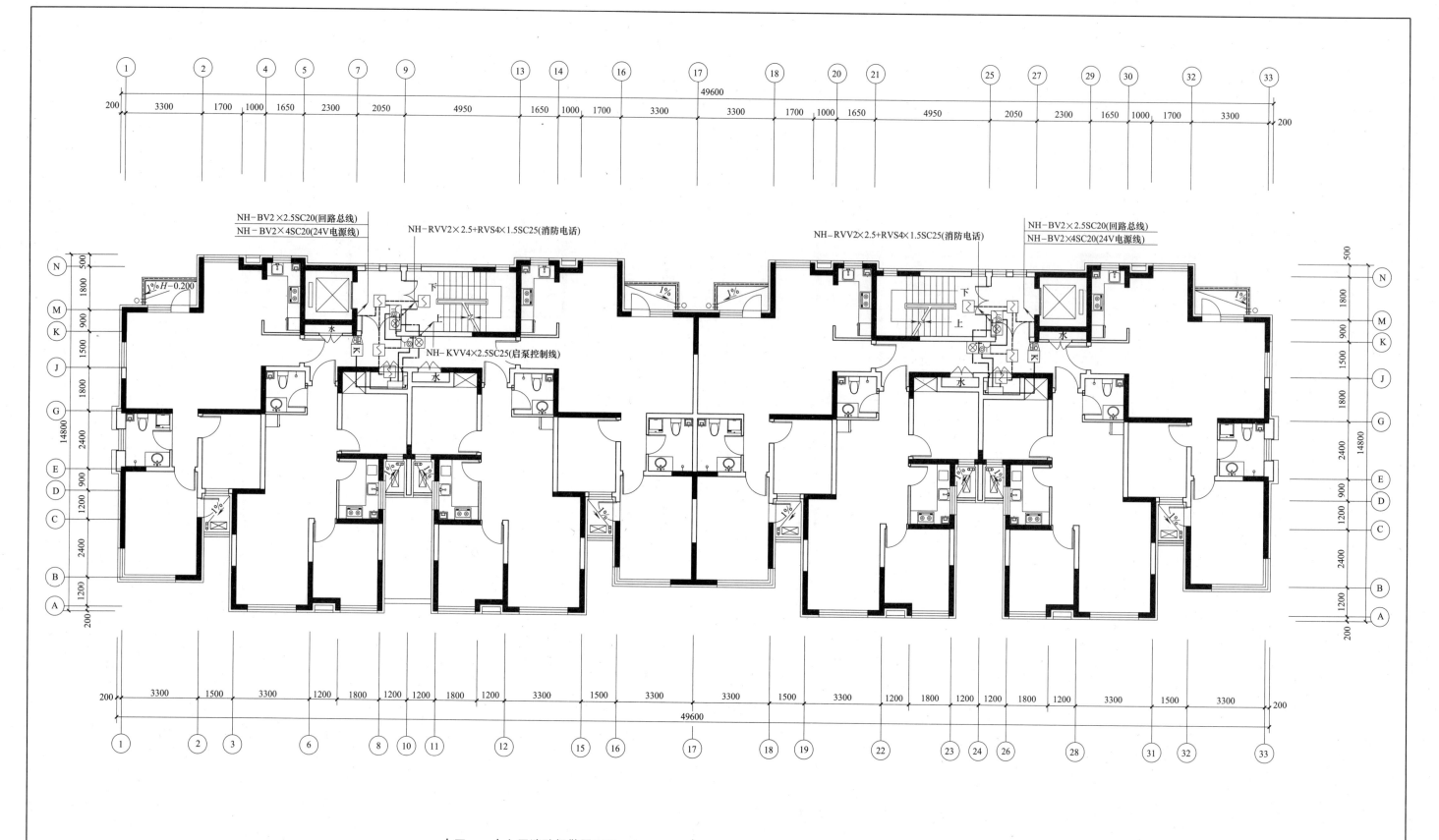

NH-BV2×2.5SC20(回路总线)
NH-BV2×4SC20(24V电源线)

NH-RVV2×2.5+RVS4×1.5SC25(消防电话)

NH-RVV2×2.5+RVS4×1.5SC25(消防电话)

NH-BV2×2.5SC20(回路总线)
NH-BV2×4SC20(24V电源线)

NH-KVV4×2.5SC25(启泵控制线)

十五 ～ 十七层消防报警平面图　1:100

工程名称	某高层住宅楼
图纸内容	十五～十七层消防报警平面图
图纸编号	电施-28

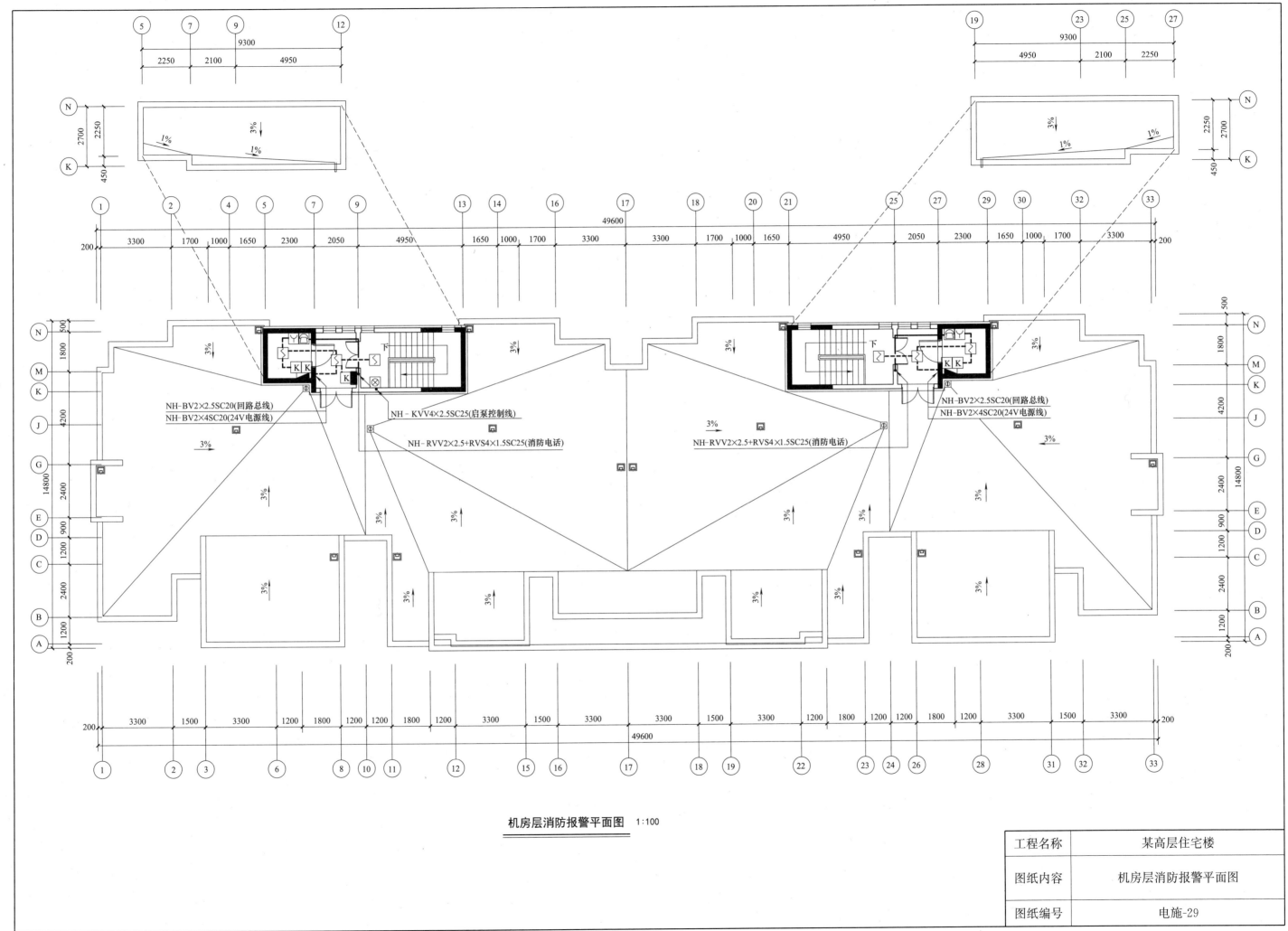

机房层消防报警平面图 1:100

工程名称	某高层住宅楼
图纸内容	机房层消防报警平面图
图纸编号	电施-29

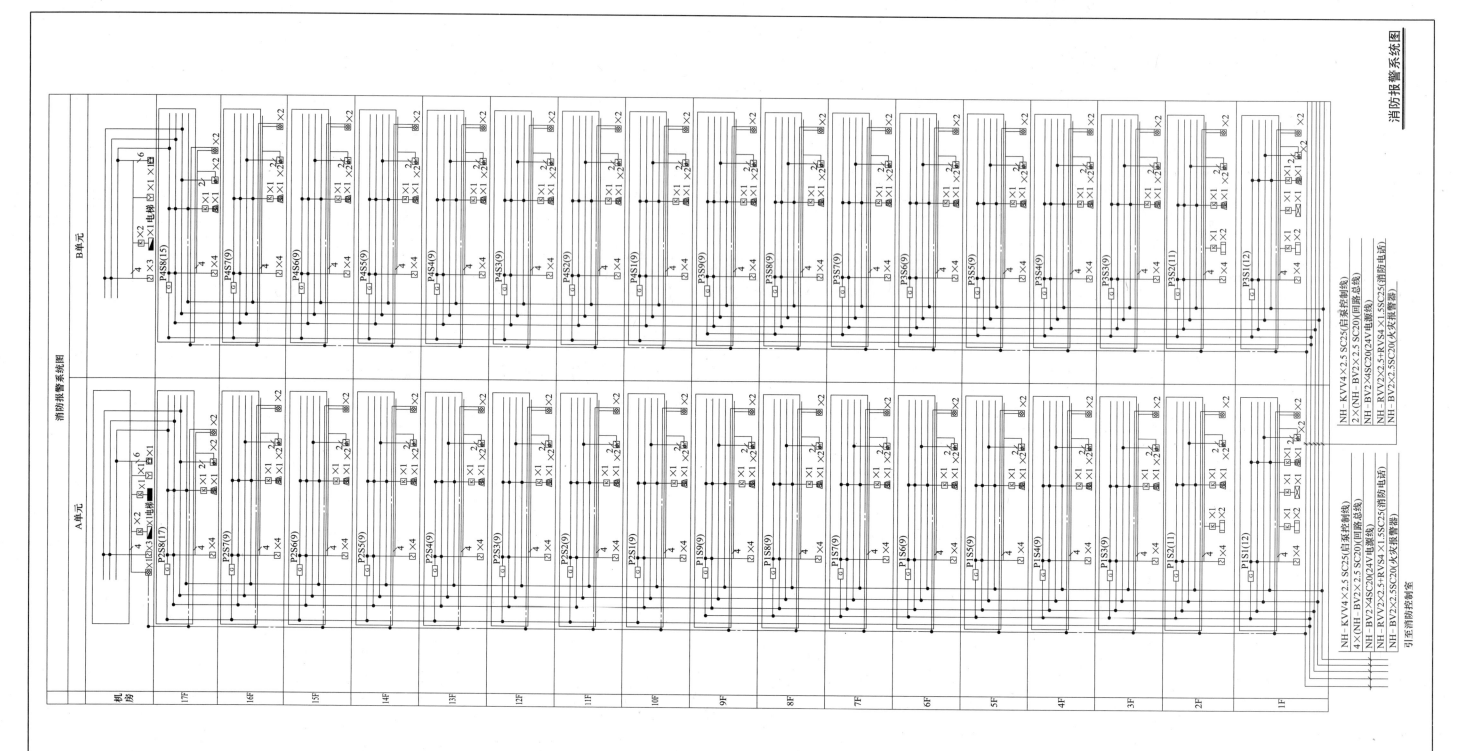

消防报警系统图

消防报警图例：

感烟探测器，吸顶安装

手动报警按钮，H=1.5m

消防广播扬声器，吸顶安装

总线电话分机，H=1.5m

带电话插孔的手动报警按钮，H=1.5m

声光报警器 H=2.4m

消防结线箱，栅下300mm安装

排风口，安装高度见水暖施工图

SFK 排风口，安装高度见水暖施工图

K HJ-1825总线控制模块

消火栓启泵按钮，安装高度见水暖施工图

图中未标注导线为：
手动控制线：NH-KVV4×2.5 SC25
回路总线：NH-BV2×2.5 SC20
24V电源线：NH-BV2×4SC20
消防电话：NH-RVV2×2.5+RVS4×1.5-SC25
火灾报警器：NH-BV2×2.5SC20

工程名称	某高层住宅楼
图纸内容	消防报警系统图
图纸编号	电施-30

180

5.4 给水排水施工图

室内给水排水施工图设计说明

一、设计依据

1.1 建设单位提供的设计任务书,市政资料以及各部门初审批文件。

1.2 建筑及其他专业提供的设计条件。

1.3 国家现行的有关设计标准和规范,包括:
《建筑给水排水设计规范》 GB 50015—2003
《建筑设计防火规范》 GB 50016—2014
《住宅建筑规范》 GB 50368—2005
《建筑灭火器配置设计规范》 GB 50140—2005
《住宅设计规范》 GB 50096—2011
《节水型产品技术条件与管理通则》 GB/T 18870—2011

二、工程概况

本工程地处××市,本建筑住宅部分总建筑面积11157.74m²,商铺部分总建筑面积/m²,建筑高度49.600m,属二类普通住宅楼,为二类建筑。建筑耐火等级为二级。

三、设计范围

建筑用地红线范围内的给水排水及消防给水设计。

四、设计技术参数

4.1 水源:水源来自城市自来水。小区设置生活给水泵房,供小区生活给水。

4.2 给水排水系统

生活用水量(m³/d)	85.68	生活污水量(m³/d)	77.11

4.3 消防系统

系统类别	设计水量(L/s)	火灾延续时间(h)	设置部位
室外消火栓	15		小区室外
室内消火栓	10	2	前室及走道

4.4 给水排水构筑物

名称	设置部位
生活、消防泵房	本小区设备用房
生活水池	本小区设备用房
消防水池	本小区设备用房
高位消防水箱	B-20#楼顶屋面箱间

五、通用规定

5.1 本说明适用于一般高层民用建筑的室内给水排水设计施工。

5.2 图中尺寸单位:管道长度和标高以米(m)计,其余均以毫米(mm)计。

5.3 管径表示:钢管、铸铁管、复合管等公称管径以"DN"表示;塑料管的外径以"De"表示。

5.4 管道标高:给水管为管中心,排水管为管内底。±h 为以本层地面为基准的相对标高。

5.5 暗装管道的墙槽应在土建施工时预留。

5.6 水泵、气压罐、水处理等设备到货后,必须核实设备机座和地脚螺栓及水泵吸水管预埋防水套管标高和尺寸,确认与设计无误后,方可进行设备基础施工。

5.7 阀门在安装前应做强度和严密性试验,强度试验压力为公称压力的1.5倍,严密性试验压力为公称压力的1.1倍。

5.8 阀门的选用,管径小于或等于50mm者采用铜质截止阀,管径大于50mm者采用闸阀,水泵配管和消火栓系统上的阀门,宜采用明杆闸板阀。

5.9 公称压力1.0MPa的阀门,应安装在工作压力小于或等于1.0MPa的管道上;公称压力1.6MPa的阀门,应安装在工作压力大于1.0MPa,并小于或等于1.6MPa的管道上。

5.10 管道套管、防水套管、柔性接口:

穿越部位	套管形式	采用标准图号或具体做法
穿过墙壁或楼板	金属	穿楼板套管:顶部高出装饰地面20mm。厨卫内套管:顶部高出装饰地面50mm,穿楼板、穿墙套管缝隙之间应用阻燃密实材料和防水油膏填实,且孔洞周围应采用密封隔声措施
穿越钢筋混凝土水池(箱)、地下室构筑物外墙、屋面板	防水套管	详02S404
穿越防火墙、不同防火分区楼板	防水套管	02S404管道与套管之间缝隙采用不燃烧材料填塞密实

5.11 管道支吊架

管道类别	支、吊架最大间距	支、吊架制作安装
钢管类	GB 50242—2002 表3.3.8	03S402
给水塑料管、复合管	GB 50242—2002 表3.3.9	03S402

5.12 防腐要求和做法:

类别	防腐要求和做法
暗装钢管、埋地或暗装铸铁管	除锈后樟丹防锈漆二道,环氧沥青漆或氯磺化聚乙烯漆二道。总厚度不小于3mm
明装金属管道、钢制容器、支吊架	除锈后樟丹防锈漆二道,醇酸磁漆二道

六、室内生活给水

6.1 系统概况:给水竖向分区分为两个区。

1. 一层～七层由小区水泵房的低区加压变频泵组供水。

2. 八层～十七层由小区水泵房的高区加压变频泵组供水。

3. 住宅户装水表安装在每层的水管井内,均采用DN15水表,水表型号按当地自来水公司要求设置。

6.2 管材和接口:水表前使用PSP钢塑复合管,管道主要采用双热熔管件进行热熔连接,水表后使用PP-R管,热熔连接。

6.3 管道安装:

6.3.1 给水管道必须采用与管材相应的配套管件。管材和管件应符合现行产品标准的要求。并必须达到输送饮用水卫生标准。

6.3.2 采用的用水器具,必须符合城镇建设行业标准《节水型生活用水器具》CJ/T 164—2014要求。

6.3.3 给水立管和装有3个或3个以上配水点支管的起端,均应安装可拆卸的连接件。

6.3.4 塑料管道不得布置在灶台上边缘,明设立管距灶台边缘不得小于0.4m,距燃气热水器边缘不宜小于0.2m。

6.3.5 给水塑料管不得与热水器或热水炉直接连接,应有不小于0.4m的金属管过渡。

6.3.6 给水横管应有0.002～0.005的坡度坡向泄水装置。

6.3.7 水表前后直线管段应足够长,并符合产品标准规定长度。

6.3.8 卫生器具安装高度和接管方式按国家标准99S304施工。

七、生活热水供应

7.1.1 本设计要求每户沿给水管道走向预留热水沟槽(从卫生间至厨房)。

7.1.2 管材和接口:热水用PP-R管,热熔连接。

八、室内排水

8.1 排水体制:雨污水分流,污废水合流。

8.2 生活污、废水系统概况和控制:本工程污、废水设重力流管道,自流至室外污水管网。

8.3 雨水排水系统

采用重力流雨水排水系统,50年设计重现期,暴雨强度为592.06L/(s·ha)(设计重现期为50年,雨水系统与溢流设施的总排水能力不小于50年重现期的雨水量)。屋面采用87型雨水斗。

管材和接口:

1. 污、废水排水管:立管采用普通型内螺旋管加旋流器,粘接,横管采用加厚UPVC排水塑料管,粘接。

2. 潜污泵配管:采用镀锌钢管,丝接。

3. 雨水管:采用承压UPVC塑料管与相应承压管件,承插粘接。

8.4 管道安装

8.4.1 排水立管中心与墙面的距离:

立管管径(mm)	75	100
距离尺寸(mm)	100	140

8.4.2 排水管道横管与横管、横管与立管的连接应采用45°或90°斜三(四)通,不得采用正三(四)通。

8.4.3 排水立管不得不偏置时,宜采用乙字管或两个45°弯头连接。并在其上部检查口。排水立管9层设简易消能装置,参照国标96S406/28安装。

8.4.4 排水立管与排出管的连接,宜采用两个45°弯头连接。

8.4.5 排水立管的检查口应安装在地(楼)面以上1.0m处,并应高于该层卫生器具上边缘0.15m,检查口的方向应方便检修,暗装立管应在检查口处设检修门。

8.4.6 排水地漏的顶面应低于地面5～10mm,地面应有不小于0.01的坡度坡向地漏,安装在高级装饰地面上的地漏,宜采用不锈钢材质的篦子。

8.4.7 所有卫生器具自带或配套的存水弯,其水封深度应不得小于50mm。

8.4.8 排水塑料管支、吊架间距应按下表要求施工:

排水塑料管支、吊架最大间距(m)

管径(mm)	50	75	110	125	160	200
立管	1.2	1.5	2.0	2.0	2.0	2.0
横管	0.5	0.75	1.10	1.30	1.60	1.60

8.4.9 建筑塑料排水管应在穿越楼层等部位设置阻火装置:详见国标96S406/30。

1. 高层建筑立管穿越楼层,管道外径大于等于110mm时;

2. 立管明设,或立管虽暗设但管井内是隔层防火封隔的;

3. 明设立管穿越楼板处的下方,支管接入立管穿越管道井壁处,横管穿越防火墙两侧。

8.4.10 排水立管每层设伸缩节,伸缩节位置见96S406-14页。

8.4.11 通向室外排水管,穿过墙壁或基础必须向下转折时,应采用45°三通或45°弯头连接,并应在垂直管段顶部设置清扫口。

8.4.12 结合通气管安装:下端宜在排水横支管以下与排水立管以斜三通连接,上端可在卫生器具上边缘以上不小于0.15m处与通气立管以斜三通连接。当以 H 管件代替结合通气管时,H 管与通气管的连接点应设在卫生器具上边缘以上不小于0.15m处。

8.4.13 应优先采用直通型地漏。卫生标准高或非经常使用地漏排水的场所、以及住宅的卫生间、厨房的地漏,应采用磁性翻转地漏或密闭地漏;地漏水封深度不小于50mm。

九、室内消防

9.1 消火栓给水灭火系统:

9.1.1 系统概况:

本工程消防给水接自小区消防泵房,室内竖向分一个区,采用临时高压供水系统,设一套消防水泵结合器。

室内消火栓出口压力超过0.5MPa的楼层,采用减压稳压型消火栓。本工程1～10层采用减压稳压消火栓。

火灾初期10min,由高位消防水箱供水(在B-20号楼屋顶),本建筑消防用水均取自小区消防泵房消防主泵,消防水池、水泵、详见设备用房图纸。

9.1.2 系统控制:

室内消火栓泵控制:消火栓箱内的按钮启动、消防控制中心就地启停,信号反馈至消火栓处和消防控制中心。

9.1.3 管材和接口:采用普通内外热镀锌焊接钢管,管径小于或等于DN100时采用丝扣连接,管径大于DN100时采用卡箍、法兰连接,镀锌钢管与法兰的焊接处应二次镀锌。

9.1.4 室内消火栓安装:按设计图纸,明装、暗装或半暗装。暗装、半暗装在防火墙上的消火栓,其背面应有厚度不小于60mm的钢丝网水泥砂浆或厚度不小于6mm的钢板封堵。

9.1.5 消火栓的配备及要求:采用薄型单栓室内消火栓,消火栓口径DN65,直流水枪φ19,衬胶消防水龙带DN65,消防水龙带长度25m,箱体材料为铝合金。采用临时高压系统供水时,箱内应有启动消防泵的按钮和指示灯。

9.1.6 室内消火栓按04S202安装,栓口离地面高度为1.10m。

9.1.7 消防水泵结合器按99S203和99(03)S203安装。

工程名称	某高层住宅楼
图纸内容	室内给水排水施工图设计说明(一)
图纸编号	水施-01

9.2　建筑灭火器配置：

普通住宅部分按 A 类火灾轻危险级，每个单元每层设 2 具 MF/ABC2-1A-2kg 磷酸铵盐干粉灭火器，最大保护距离 25m。

9.3　本工程所采用的消防设备和器材，必须经国家有关部门鉴定批准，并经市公安消防局核准注册。

十、节能专项说明

10.1　卫生器具和配件应采用节水型产品，不得使用一次冲水量大于 6L 的大便器。洗手盆应采用限流节水型装置。

10.2　每户及建筑入口均设置水表。

十一、管道试验压力及验收

11.1　试验压力：

11.1.1　生活给水压力管：低区 0.6MPa、高区 1.2MPa。

11.1.2　消火栓给水灭火系统：1.2MPa。

11.2　除本说明外，尚应遵照《建筑给水排水及采暖工程施工质量验收规范》GB 50242—2002；《给水排水构筑物施工及验收规范》GB 50141—2008。

十二、其他

12.1　本说明和设计图纸具有同等效力，均应执行。如二者有矛盾时，请有关单位及时提出，并以设计院解释为准。

12.2　如本工程甲方在设计时未能及时提供市政给水管、污、雨水管的具体资料应在施工之前提供或现场实测，并将数据提交设计院复核后，方可施工。

目录

序号	名　称	图号
1	室内给水排水施工图设计说明一	水施-01
2	室内给水排水施工图设计说明二	水施-02
3	一层给水排水平面图	水施-03
4	二～七层给水排水平面图	水施-04
5	八～十七层给水排水平面图	水施-05
6	屋面层给水排水平面图	水施-06
7	A 单元标准层给水排水大样图	水施-07
8	给水排水系统图 1	水施-08
9	给水排水系统图 2	水施-09

图　例

序号	名　称	平面图与系统图符号
1	生活给水管	低区 —— J1 ——　高区 —— J2 ——　JL-D　JL-G
2	排水管	—— P ——　PL
3	水表	
4	截止阀	DN≥50　DN<50
5	闸阀/蝶阀	
6	止回阀	
7	立管检查口	
8	圆形地漏	平面　系统　除特殊标注外，均为DN50
9	洗衣机地漏	平面　系统　除特殊标注外，均为DN50
10	通气帽	
11	S 型、P 型存水弯	
12	室内单口消火栓	平面　系统
13	室内明装、半明装、暗装消火栓	
14	灭火器：手提式	
15	消防水泵结合器	
16	潜水泵	
17	雨水斗	平面 YD　系统 YD

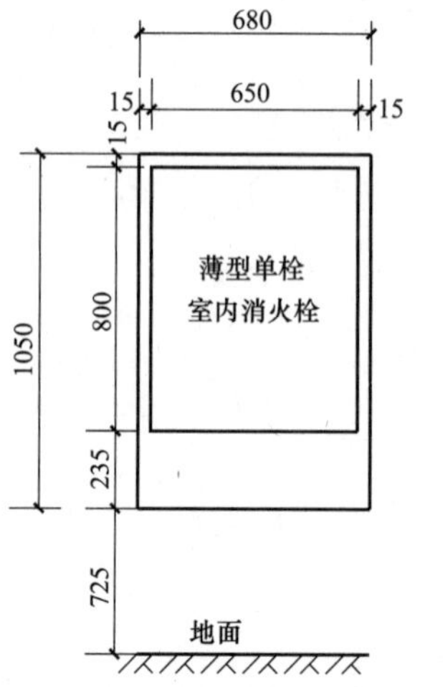

室内消火栓箱暗装留洞图

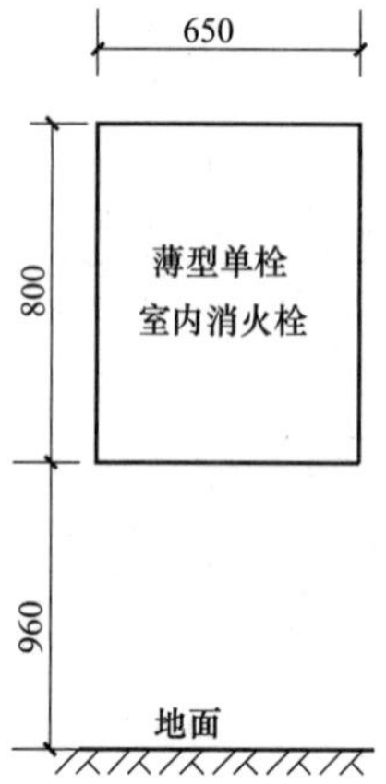

室内消火栓明装

工程名称	某高层住宅楼
图纸内容	室内给水排水施工图设计说明（二）
图纸编号	水施-02

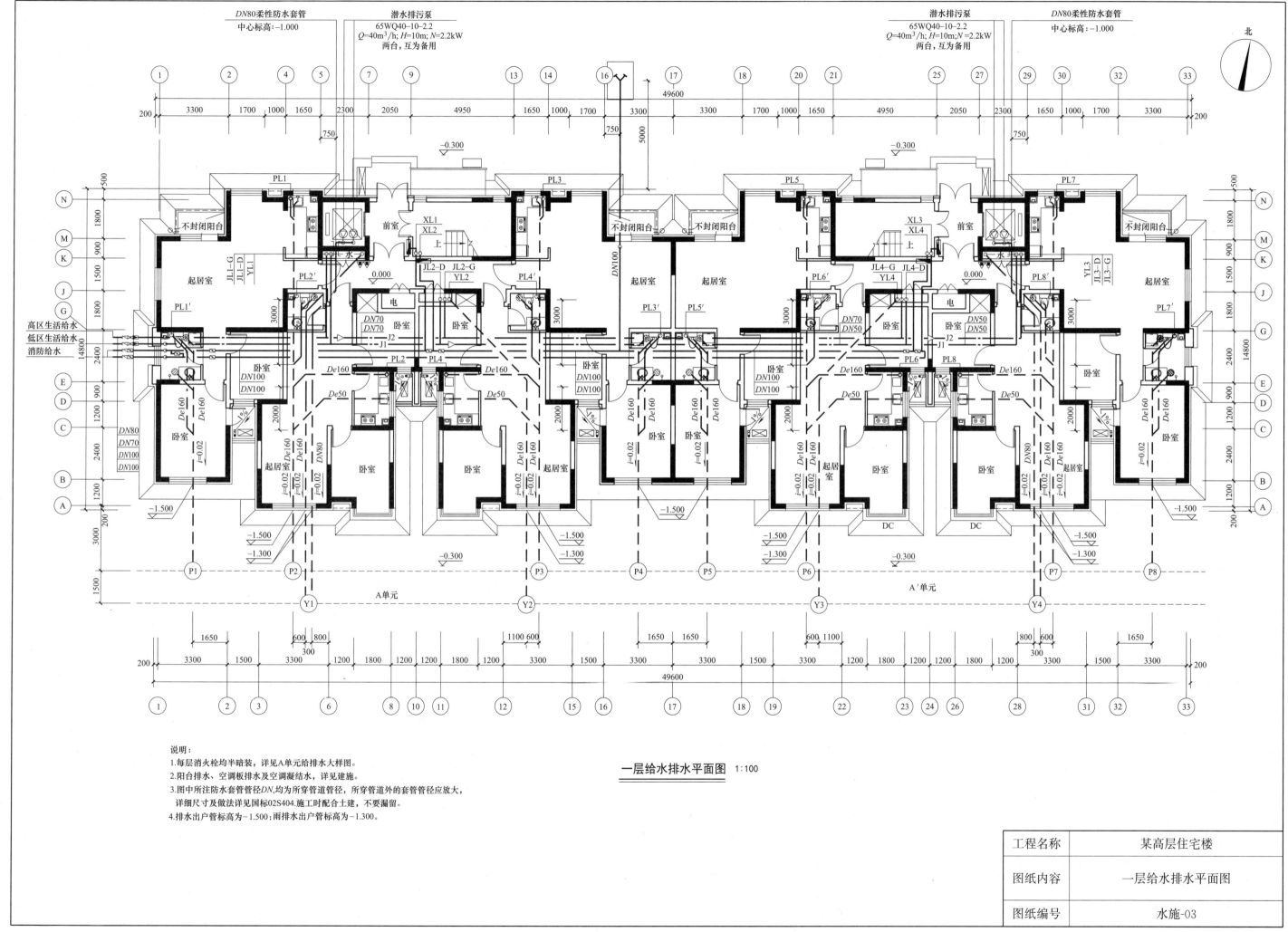

一层给水排水平面图 1:100

说明：
1. 每层消火栓均半暗装，详见A单元给排水大样图。
2. 阳台排水、空调板排水及空调凝结水，详见建施。
3. 图中所注防水套管管径DN，均为所穿管道管径，所穿管外的套管管径应放大，详细尺寸及做法详见国标02S404.施工时配合土建，不要漏留。
4. 排水出户管标高为-1.500；雨排水出户管标高为-1.300。

工程名称	某高层住宅楼
图纸内容	一层给水排水平面图
图纸编号	水施-03

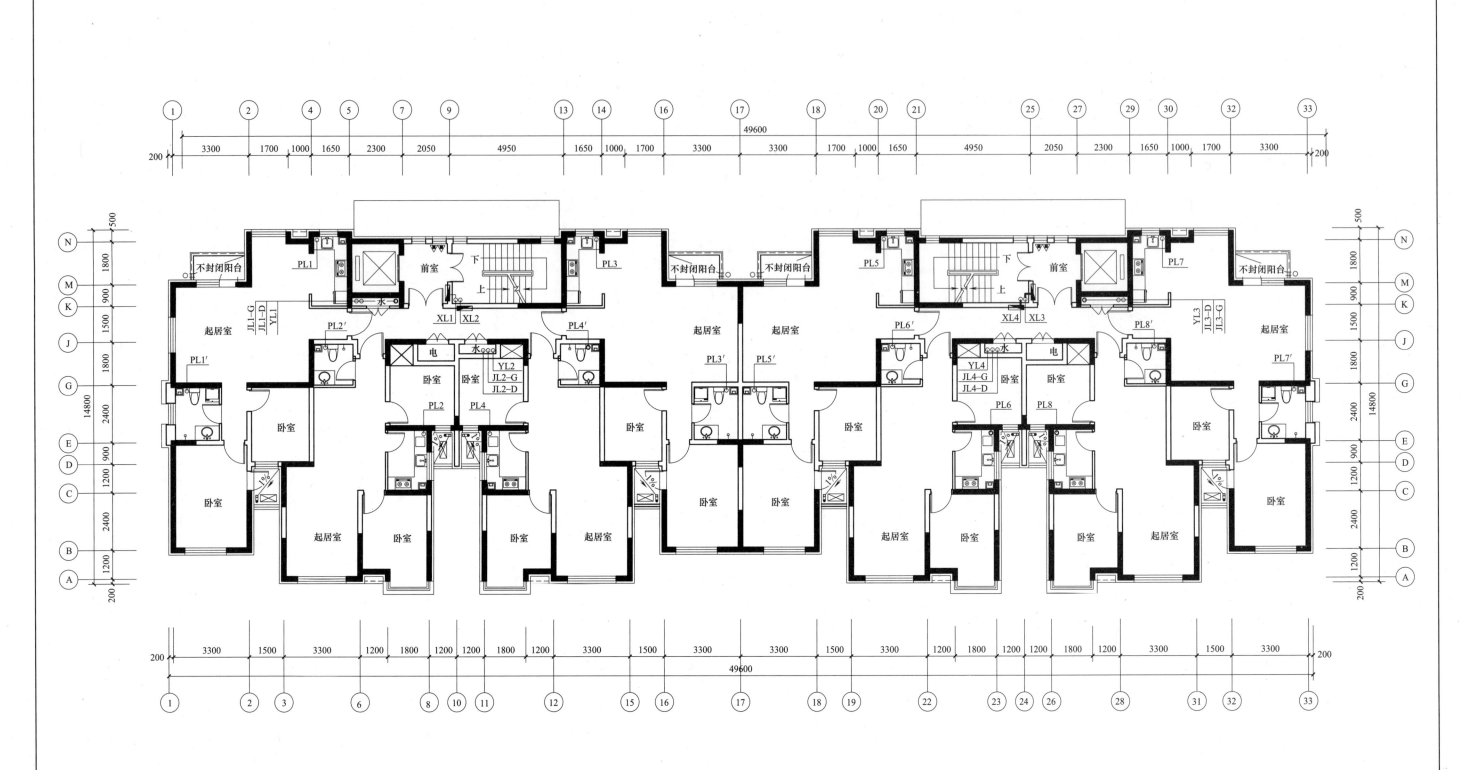

二～七层给水排水平面图 1:100

工程名称	某高层住宅楼
图纸内容	二～七层给水排水平面图
图纸编号	水施-04

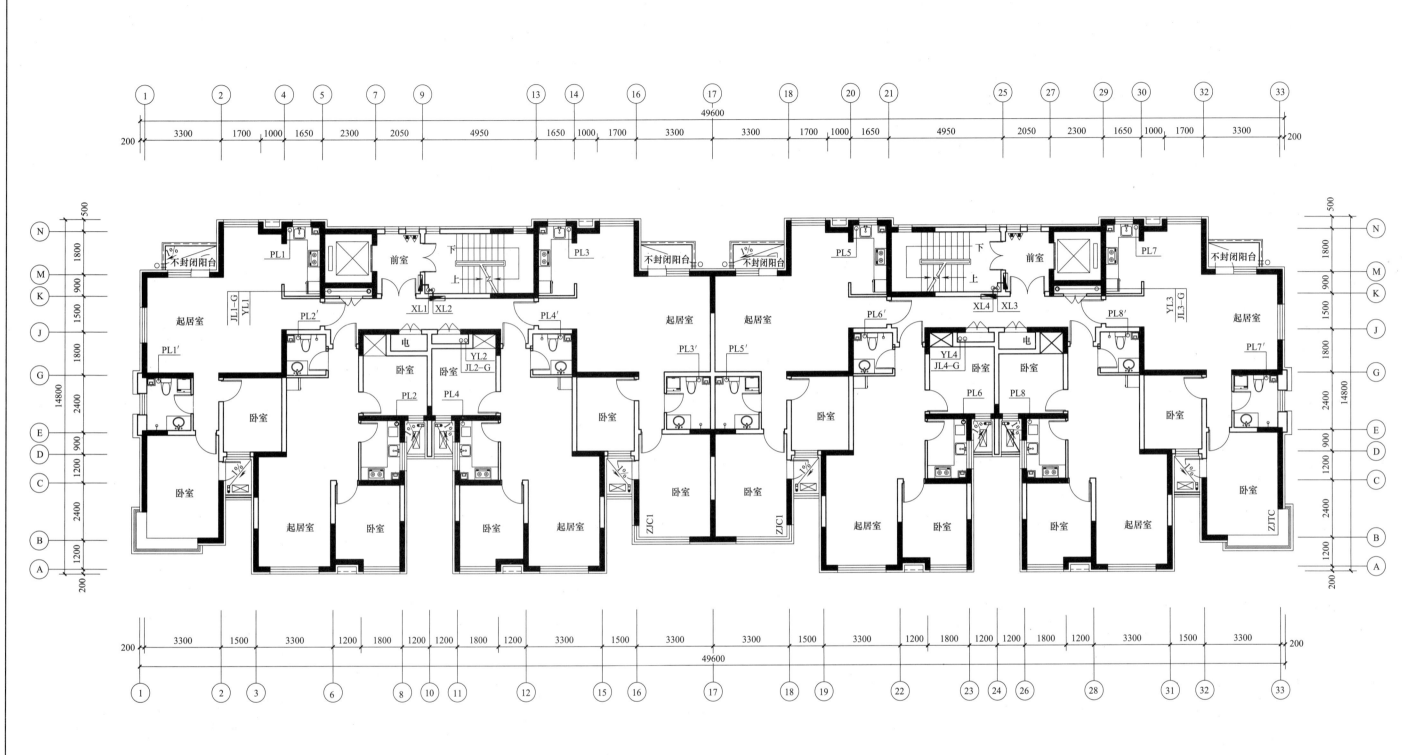

八～十七层给水排水平面图 1:100

工程名称	某高层住宅楼
图纸内容	八～十七层给水排水平面图
图纸编号	水施-05

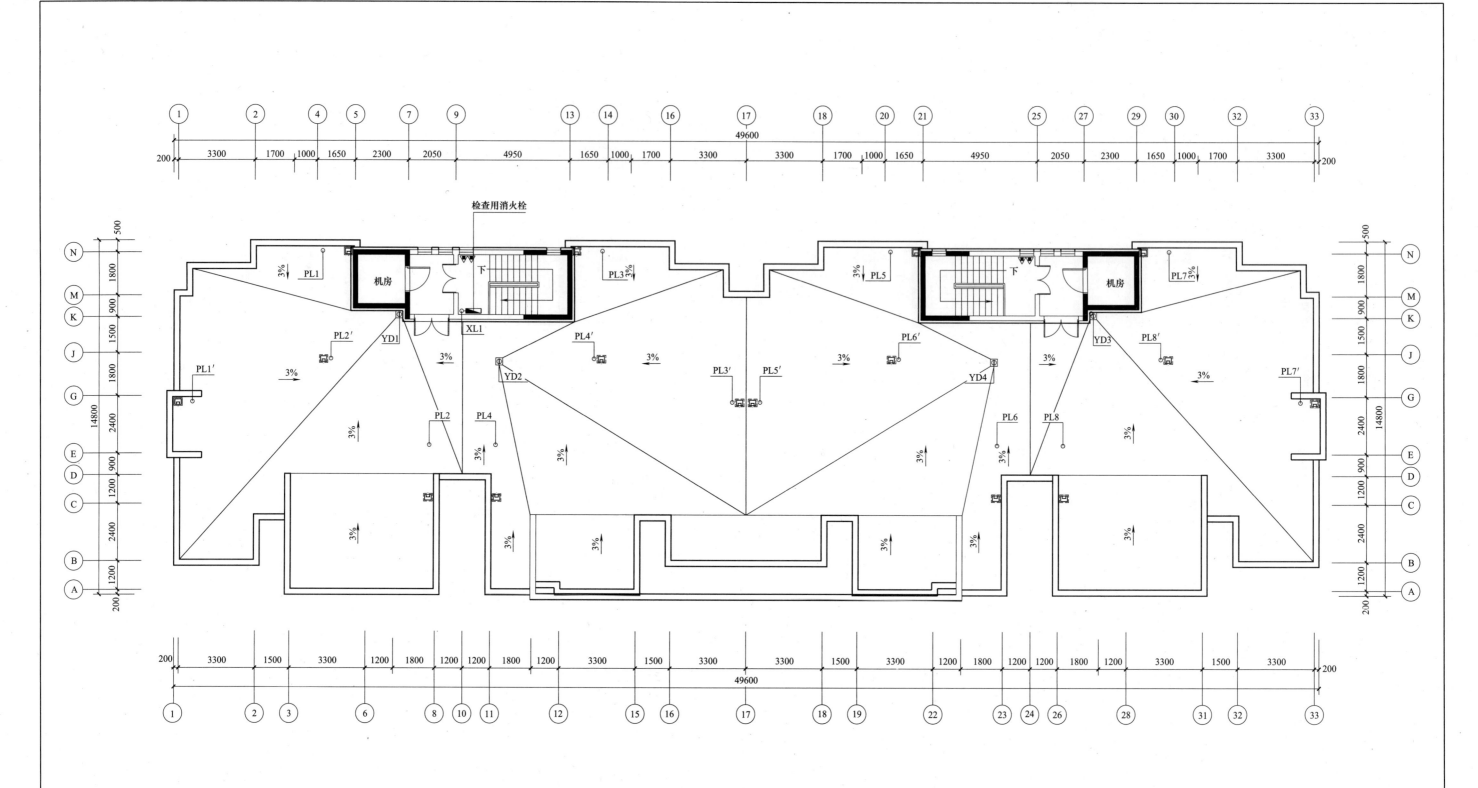

屋面层给水排水平面图 1:100

工程名称	某高层住宅楼
图纸内容	屋面层给水排水平面图
图纸编号	水施-06

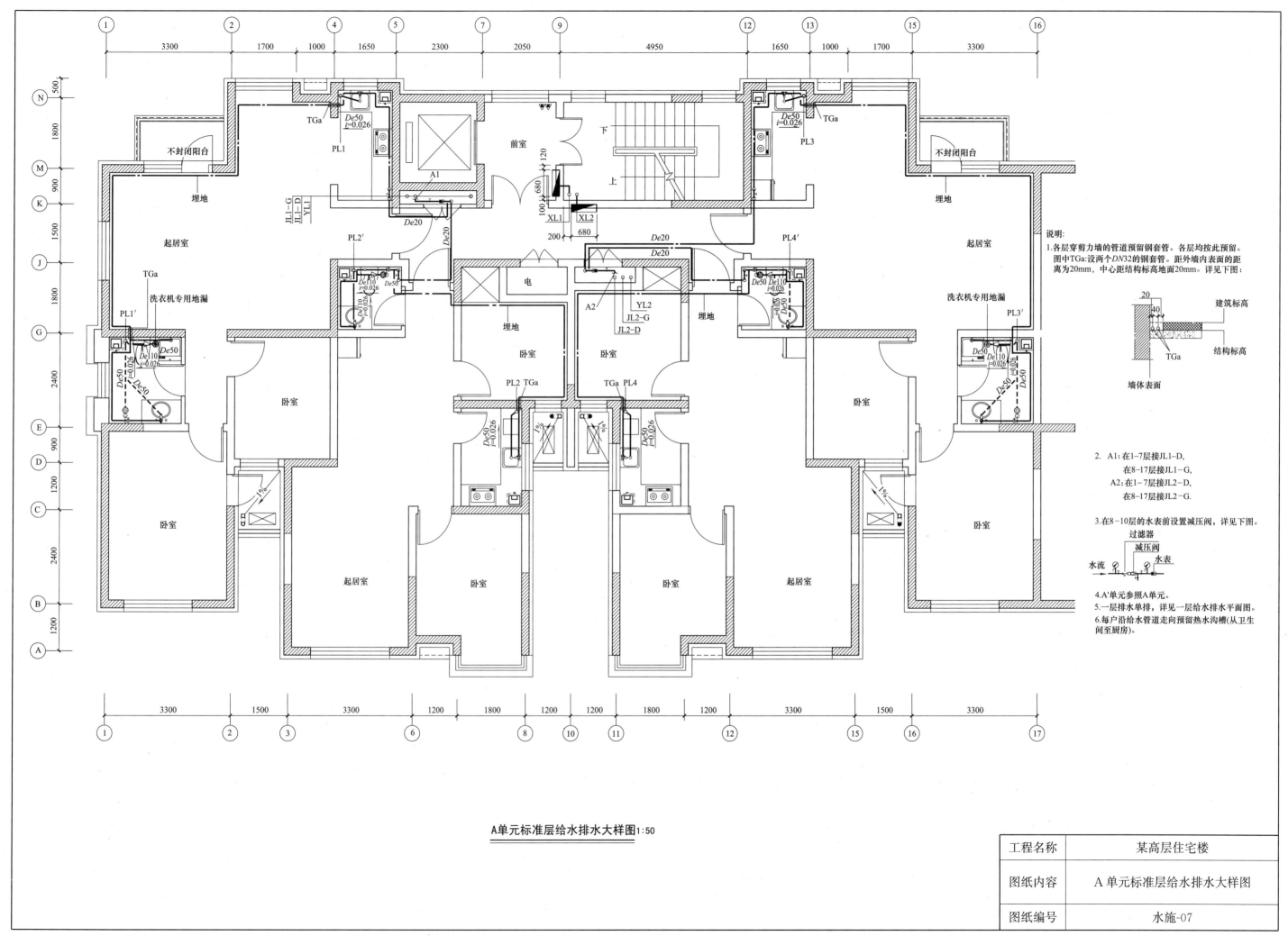

说明:
1. 各层穿剪力墙的管道预留钢套管。各层均按此预留。图中TGa:设两个DN32的钢套管。距外墙内表面的距离为20mm,中心距结构标高地面20mm。详见下图:

建筑标高
结构标高
墙体表面

2. A1:在1~7层接JL1-D,
   在8~17层接JL1-G,
   A2:在1~7层接JL2-D,
   在8~17层接JL2-G。

3. 在8~10层的水表前设置减压阀,详见下图。

过滤器
减压阀
水流   水表

4. A'单元参照A单元。
5. 一层排水单排,详见一层给水排水平面图。
6. 每户沿给水管道走向预留热水沟槽(从卫生间至厨房)。

A单元标准层给水排水大样图1:50

工程名称	某高层住宅楼
图纸内容	A单元标准层给水排水大样图
图纸编号	水施-07

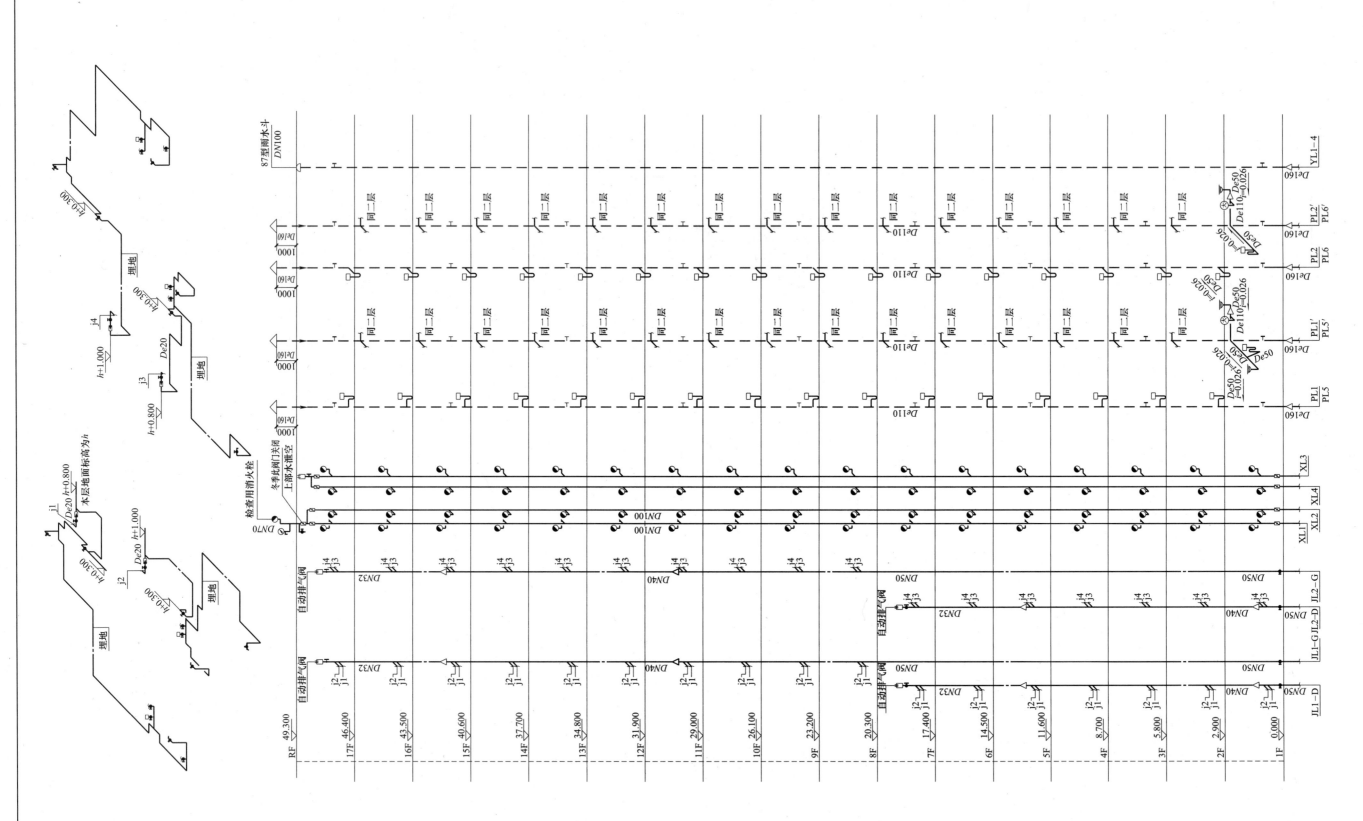

给水排水系统图1 1:100

工程名称	某高层住宅楼
图纸内容	给水排水系统图1
图纸编号	水施-08

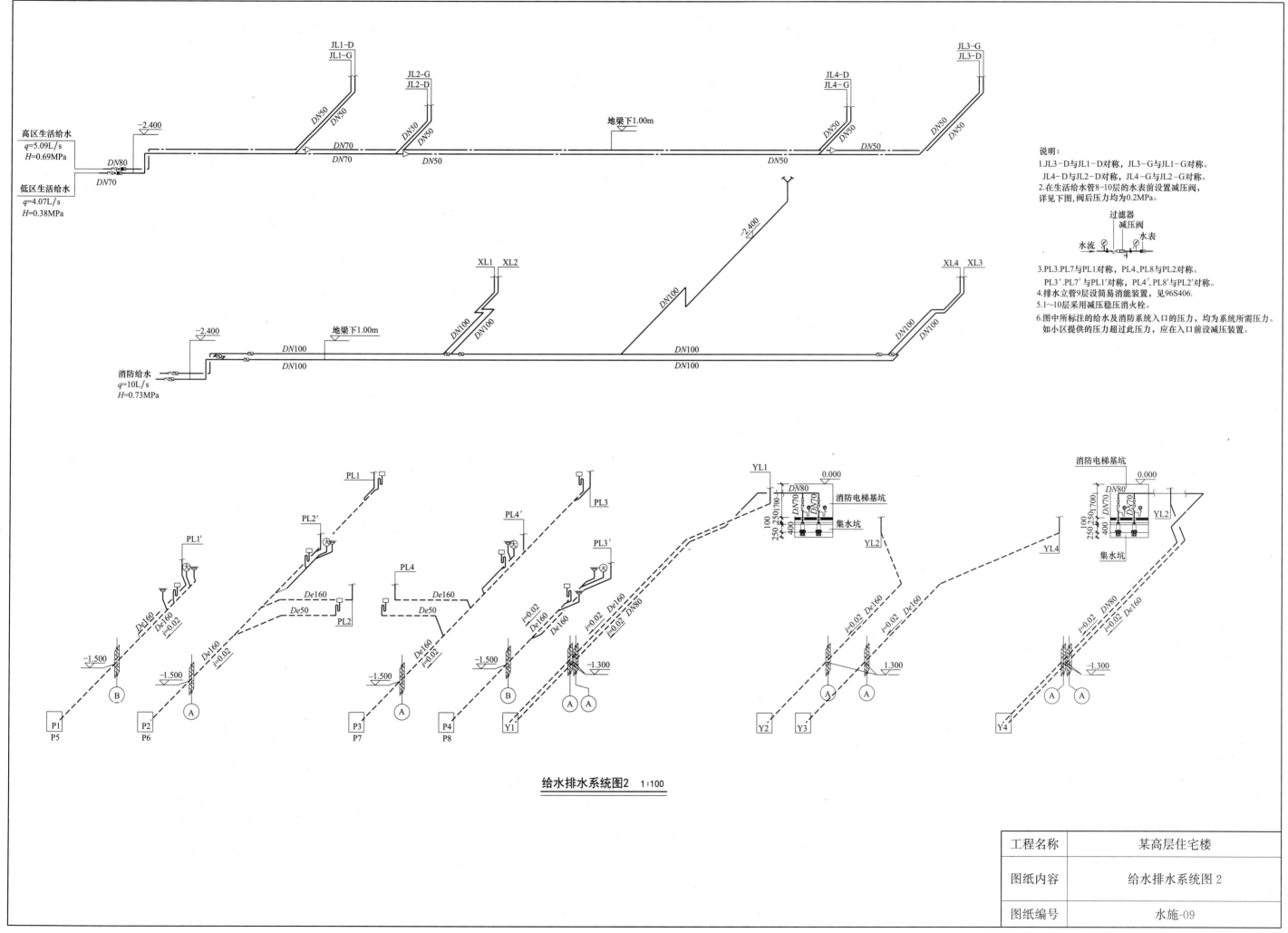

给水排水系统图2 1:100

工程名称	某高层住宅楼
图纸内容	给水排水系统图2
图纸编号	水施-09

5.5 暖通施工图

采暖施工图设计说明

一、工程概况

本工程为××置业有限公司××福郡居住区，本设计为其中 B-13 号楼，共 17 层，均为住宅，消防按高层二类居住建筑设计。

二、设计依据

《民用建筑供暖通风与空气调节设计规范》 GB 50736—2012

《建筑给水排水及采暖工程施工质量验收规范》 GB 50242—2002

《通风与空调工程施工质量及验收规范》 GB 50243—2003

《建筑设计防火规范》 GB 50016—2014

《住宅设计规范》 GB 50096—2011

《住宅建筑规范》 GB 50368—2005

《居住建筑节能设计标准》 DB21/T 476—2006

《辐射供暖供冷技术规程》 JGJ 142—2004

《供热计量技术规程》 JGJ 173—2009

《建筑节能工程施工质量验收规范》 GB 50411—2007

《严寒和寒冷地区居住建筑节能设计标准》 JGJ 26—2010

建设单位提供的设计要求及设计任务书，土建专业提供的设计图纸及要求。

三、设计依据

1. 室外设计参数

	平均风速(m/s)及最多风向	大气压力(Pa)	采暖计算温度(℃)	最大冻土温度(cm)
冬季	4.5SW	100130	−25	170

2. 室内采暖设计温度

房间名称	计算温度(℃)	房间名称	计算温度(℃)
卧室	18	厨房	16
客厅	18	卫生间	25
餐厅	18		

四、采暖系统

1. 根据甲方要求，本建筑采用低温热水地板辐射供暖系统。

2. 管材：地热系统采暖高区干管及立管采用无缝钢管，低区采用焊接钢管，连接分配器的支管采用耐热无规共聚聚丙烯（PPR）管材 4 级 S5 系列，地热盘管采用φ20×2 的 PE-RT 管材 4 级 S5 系列。

3. 热水采暖系统阀门的设置：（施工中具体参照当地热力公司要求设置阀门）① 每栋楼入楼分户阀（含高层楼各区分户阀）需采用 Q341F-16C 法兰球阀（或焊接球阀 Q361H-16C），阀前后加装压力表，放水阀。

② 进楼分户井内加装双功能自力式流量控制阀（SZLK-1 型）或压差/流量控制阀（CYL 型），且控制阀前加装过滤装置，阀前后加装球阀。

③ 单元立杠阀采用 Z41H-16C 法兰闸阀（或 Q41F-16C 法兰球阀），阀前后加装泄水阀和压力表。

④ 用户锁闭阀采用新型磁性球阀或一字磁性锁闭阀，锁闭阀后加装控制球阀。

4. 地热铺设间距住宅的厨房，卫生间按铺地面砖考虑，其他部分按铺木地板考虑。

5. 地热管的铺设距外墙内表面 70～100mm，分配器后每环地热管长度控制在 66m 左右，每个房间地热管间距见采暖平面图，地热分配器环数见采暖系统图标注。

6. 设计图中所注的管道安装标高均以管中心为准。

7. 管道系统最低点应配置 DN20 泄水管并安装同口径闸阀或蝶阀，管道系统的最高点及系统的末端应配置 WNZ-1 立式自动排气阀。

8. 热水采暖系统的入户装置内设总热计量表和静态水力平衡阀，入户装置详见国标图集 04K502。

9. 凡管道穿墙，穿梁及穿楼板处均设钢套管。

10. 敷设在不供暖房间及地沟，管井内的供暖和回水管道采用聚氨酯发泡管壳保温，地沟内管道保温层厚度为 40mm，管井内保温层厚度为 30mm，做法参见国标图集 08R418-1。

11. 油漆前先清除金属表面的铁锈。A. 散热器表面刷防锈漆一遍，再刷银粉两遍；B. 保温管道刷防锈漆两遍；C. 明设非保温管道刷防锈漆两遍，银粉两遍；D. 暗设支架刷防锈漆两遍，明设支架增刷铅油两遍（塑料管不刷油）。

12. 管道的支吊托架具体形式由安装单位根据现场实际情况参见国标 05R417 确定。

钢管支架间距表（m）

管径(mm)	25	32	40	50	65	80	100	125	150	200	250	300
外径×壁厚	32×3.5	38×3.5	45×3.5	57×3.5	73×3.5	89×3.5	108×4	133×4	159×4	219×6	273×7	325×8
有保温	2	2	3	3	3	3	3	5	6	6	6	6
无保温	3	3	3	5	6	6	6	6	6	6	6	6

13. 塑料管安装应严格执行国家及行业技术标准，由厂家指导施工。

14. 地热部分施工详见《低温热水地板辐射供暖系统施工安装》（03K404）。

15. 本工程热媒参数由甲方提供：热媒供水温度 55℃，回水温度 45℃，连续供热。

16. 系统水压试验试方法按《建筑给水排水及采暖工程施工质量验收规范》GB 50242—2002 的规定执行。

17. 本小区换热站由其他专业设计院进行设计，不在本次设计范围之内。

18. 其他各项施工要求应严格遵守《建筑给水排水及采暖施工质量验收规范》GB 50242—2002 的有关规定。

五、通风

1. 本建筑楼梯间及消防电梯前室均采用自然排烟，开窗面积满足自然排烟条件。

2. 本建筑屋顶电梯机房设有独立的机械通风系统。

3. 本建筑卫生间通风换气预留风道和电量，换气扇的位置及型号由住户装修时考虑。

六、节能设计

1. 本工程采暖形式为低温地板辐射采暖，按分户设计并设置热计量和室温控制装置。

2. 本工程采暖系统由换热站供给，采暖系统热媒参数为 55～45℃，系统定压由换热站解决（换热站设在本小区内）。

工程名称	某高层住宅楼
图纸内容	采暖施工图设计说明（一）
图纸编号	暖施-01

3. 室内在加热管与分水器，集水器接合处，分路设置调节性能好的阀门，便于调节室温。

4. 敷设地热管的地面设置绝热层，与土壤接触的地面绝热层下设置防潮层。

5. 热力入口设热量表及调节装置。

6. 风机均采用高效低噪型，以减噪节能。

7. 节能设计依据参见前页设计依据。

8. 管道保温材料及厚度参见前页采暖系统。

七、其他

1. 本工程所有管材规格均以公称直径 DN 表示。

2. 各类产品必须为符合国家制造标准并有合格证的产品。

3. 本图尺寸标高均以米（m）计，其他均以毫米（mm）计。

4. 挡管道交叉时，本着有压管让无压管，小管让大管的原则进行安装。

5. 土建施工中，请有经验的施工人员跟班施工，做好楼板，墙，梁，柱上的预留孔洞，预埋铁件和预留水管的支、吊、托架工作，并与土建施工密切配合，并参见国标图集95R417—1 和 03S402。

6. 设备用房需做好减震措施。

7. 管井内等暗设给水管的检修阀门和排水管的检查口留检修操作空间。

8. 水管穿过防火墙，伸缩缝，楼板等处设钢套管，缝隙采用不燃防火材料填塞密实，做防火封堵。

9. 凡说明未尽事项请按有关规范规定执行。

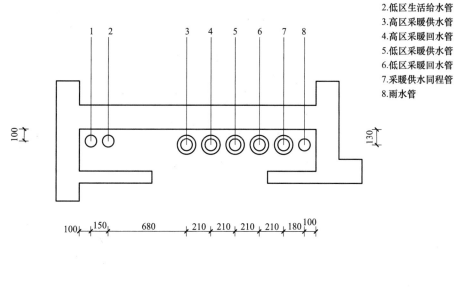

1.高区生活给水管
2.低区生活给水管
3.高区采暖供水管
4.高区采暖回水管
5.低区采暖供水管
6.低区采暖回水管
7.采暖供水同程管
8.雨水管

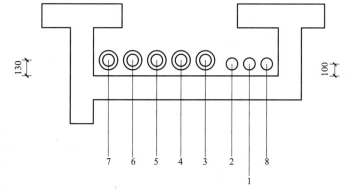

1.铜杆调节阀
2.铜质锁闭阀
3.热量表
4.铜截止阀
5.过滤器
6.活接头
7.分水器
8.排气阀
9.集水器
10.调节阀
11.PE-RT管

供水同程管
回水管
供水

分配器大样图

管道井详图

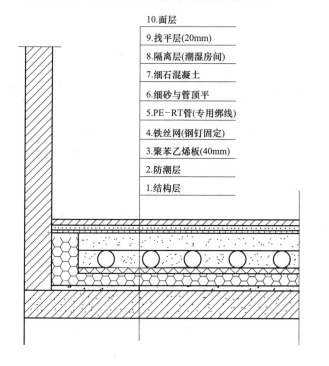

10.面层
9.找平层(20mm)
8.隔离层(潮湿房间)
7.细石混凝土
6.细砂与管顶平
5.PE-RT管(专用绑线)
4.铁丝网(钢钉固定)
3.聚苯乙烯板(40mm)
2.防潮层
1.结构层

首层地面构造

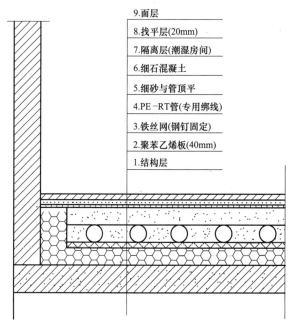

9.面层
8.找平层(20mm)
7.隔离层(潮湿房间)
6.细石混凝土
5.细砂与管顶平
4.PE-RT管(专用绑线)
3.铁丝网(钢钉固定)
2.聚苯乙烯板(40mm)
1.结构层

标准层地面构造

目录

序号	名　称	图　号
1	采暖施工图设计说明(一)	暖施-01
2	采暖施工图设计说明(二)	暖施-02
3	一层采暖干管平面图	暖施-03
4	一～三层采暖平面图	暖施-04
5	五～七层采暖平面图	暖施-05
6	八～十四层采暖平面图	暖施-06
7	十五～十六层采暖平面图	暖施-07
8	十七层采暖平面图	暖施-08
9	屋顶通风平面图	暖施-09
10	采暖系统图一	暖施-10
11	采暖系统图二	暖施-11

工程名称	某高层住宅楼
图纸内容	采暖施工图设计说明（二）
图纸编号	暖施-02

191

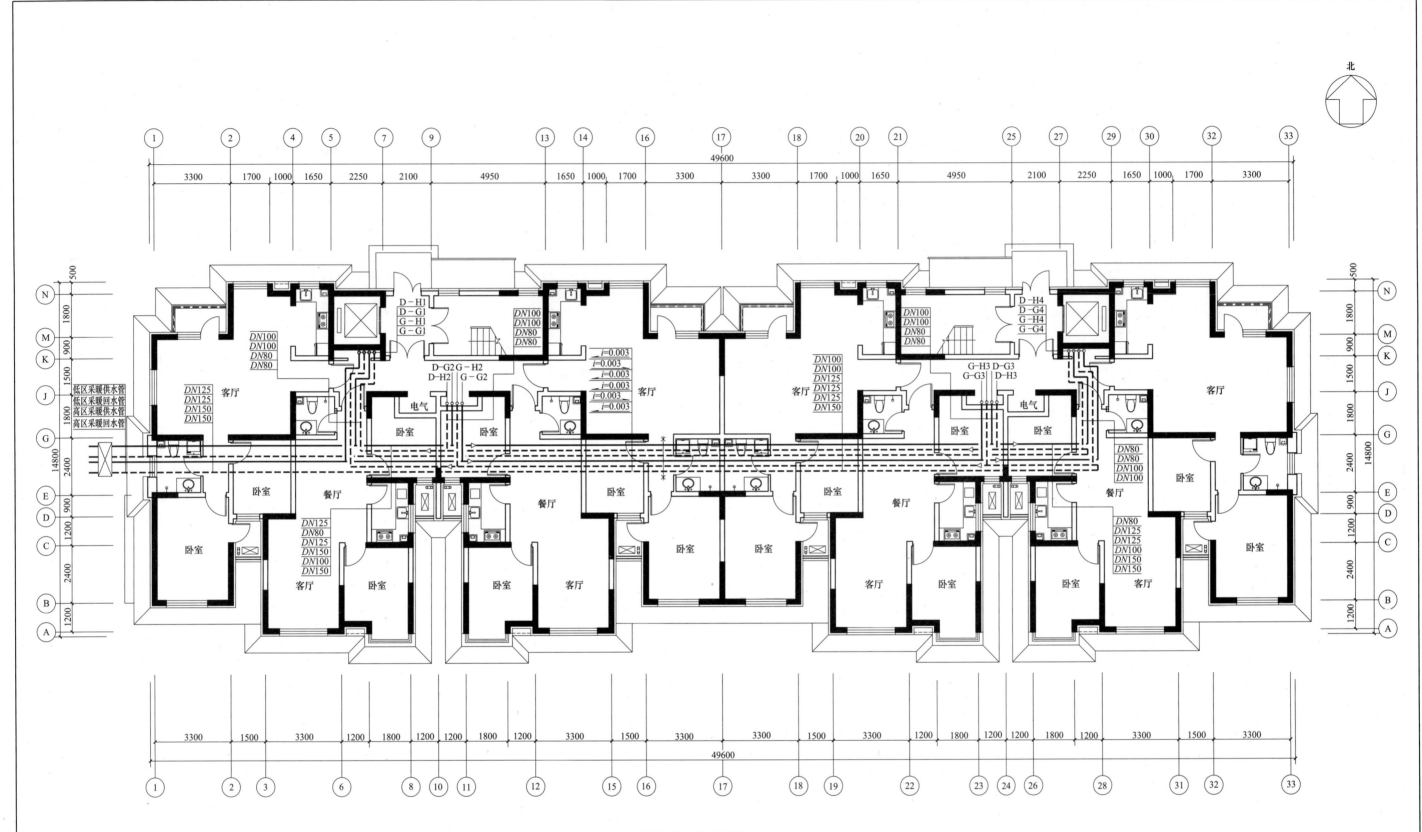

一层采暖干管平面图　1:100

工程名称	某高层住宅楼
图纸内容	一层采暖干管平面图
图纸编号	暖施-03

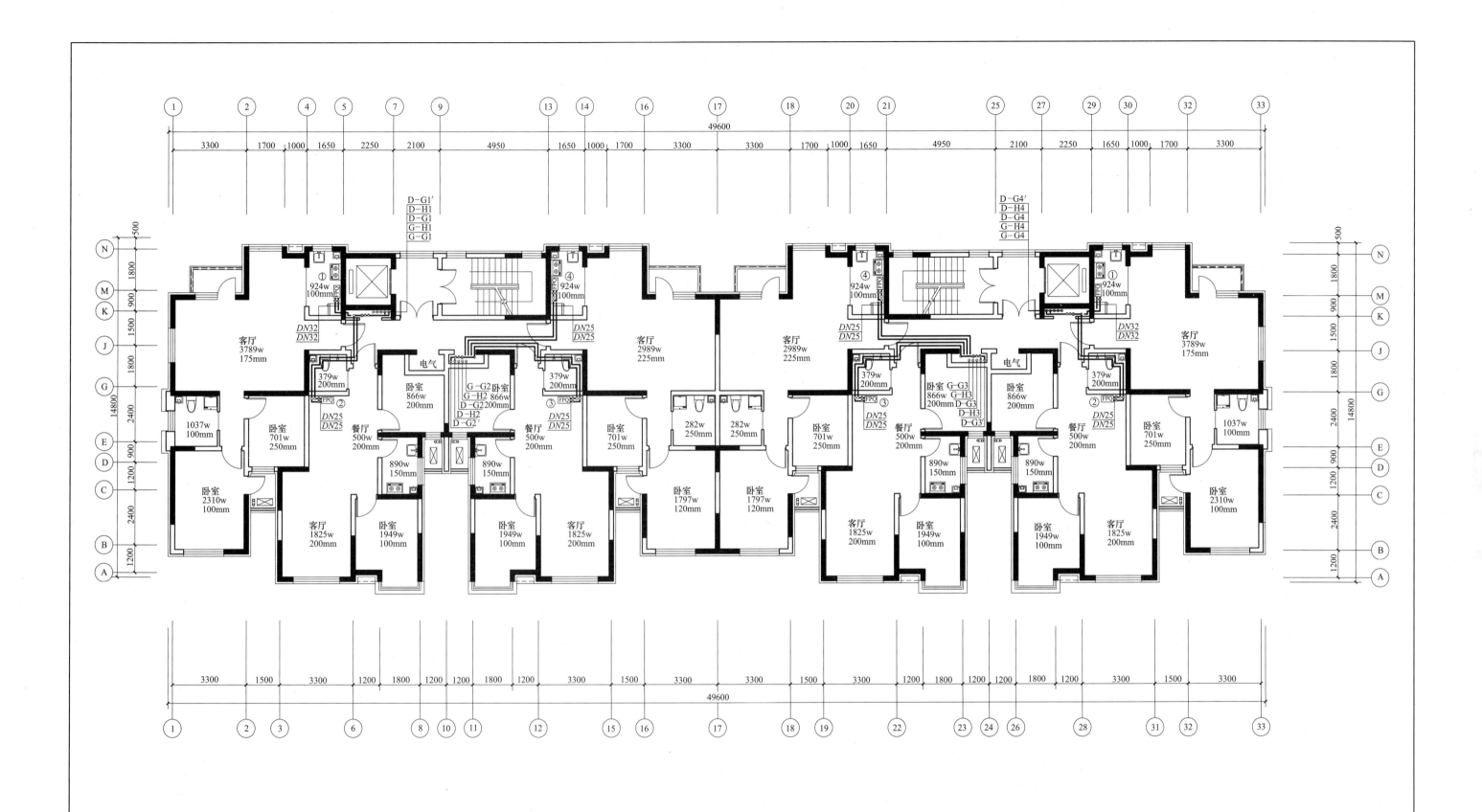

一～三层采暖平面图 1:100

工程名称	某高层住宅楼
图纸内容	一～三层采暖平面图
图纸编号	暖施-04

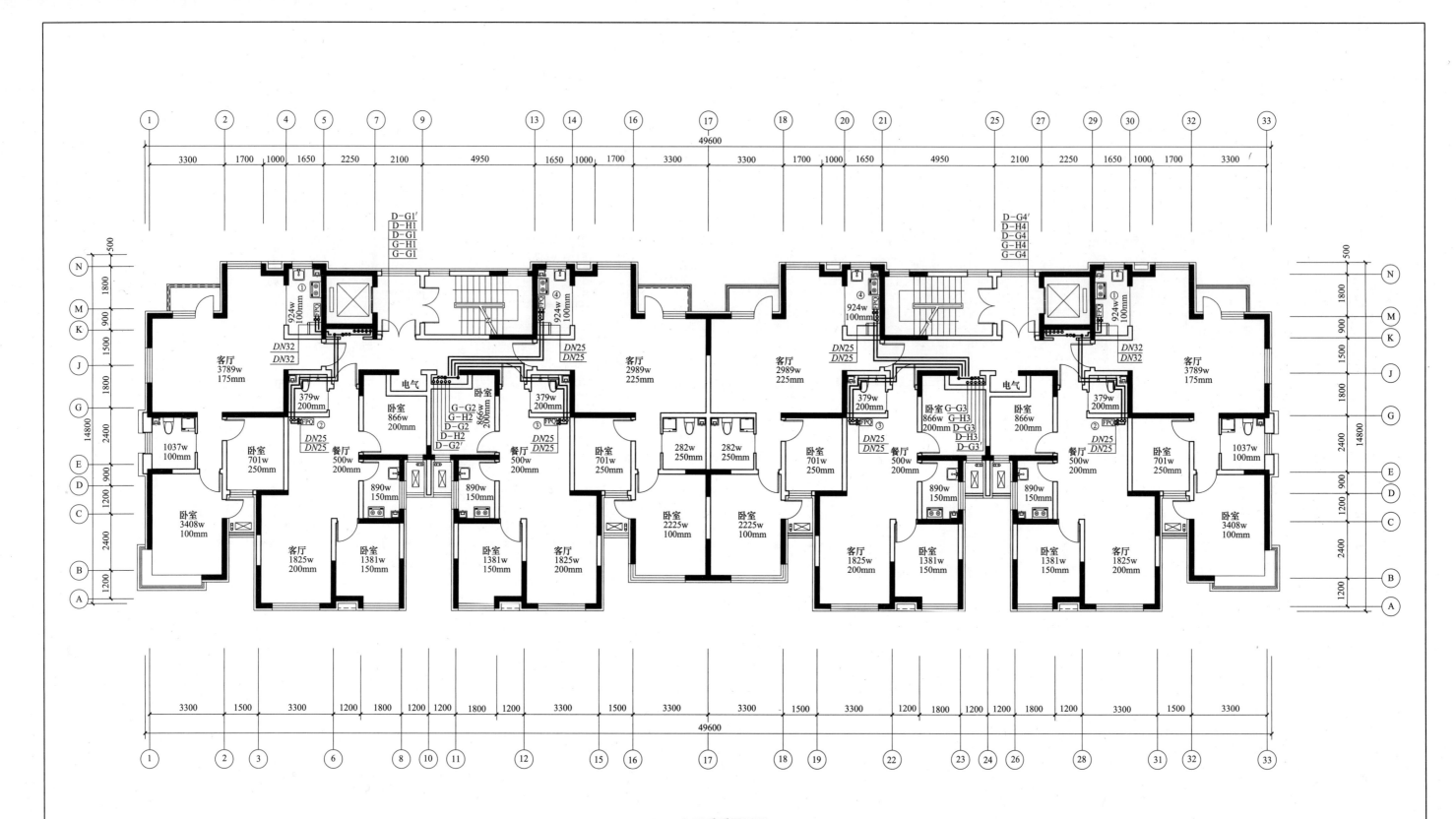

四～七层采暖平面图 1:100

工程名称	某高层住宅楼
图纸内容	四～七层采暖平面图
图纸编号	暖施-05

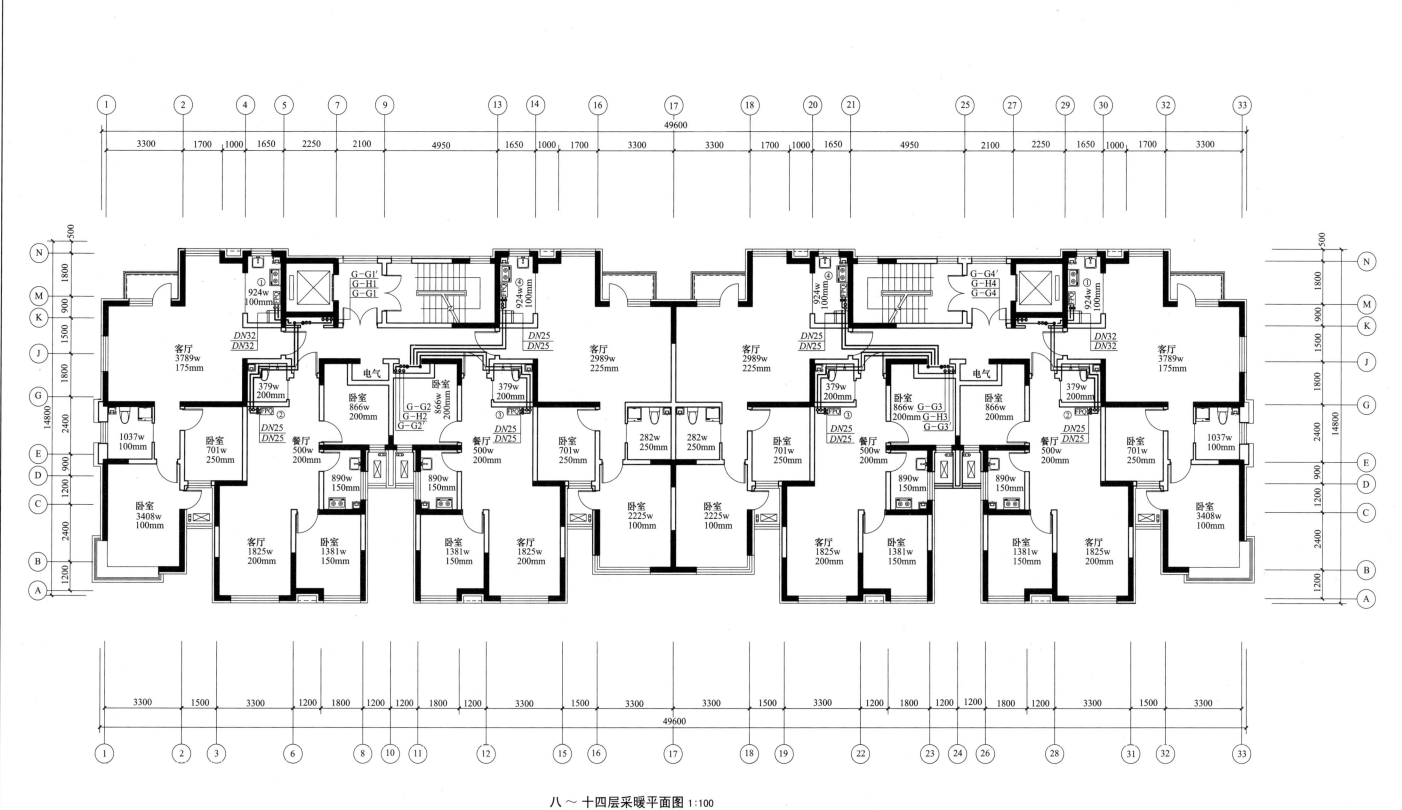

八～十四层采暖平面图 1:100

工程名称	某高层住宅楼
图纸内容	八～十四层采暖平面图
图纸编号	暖施-06

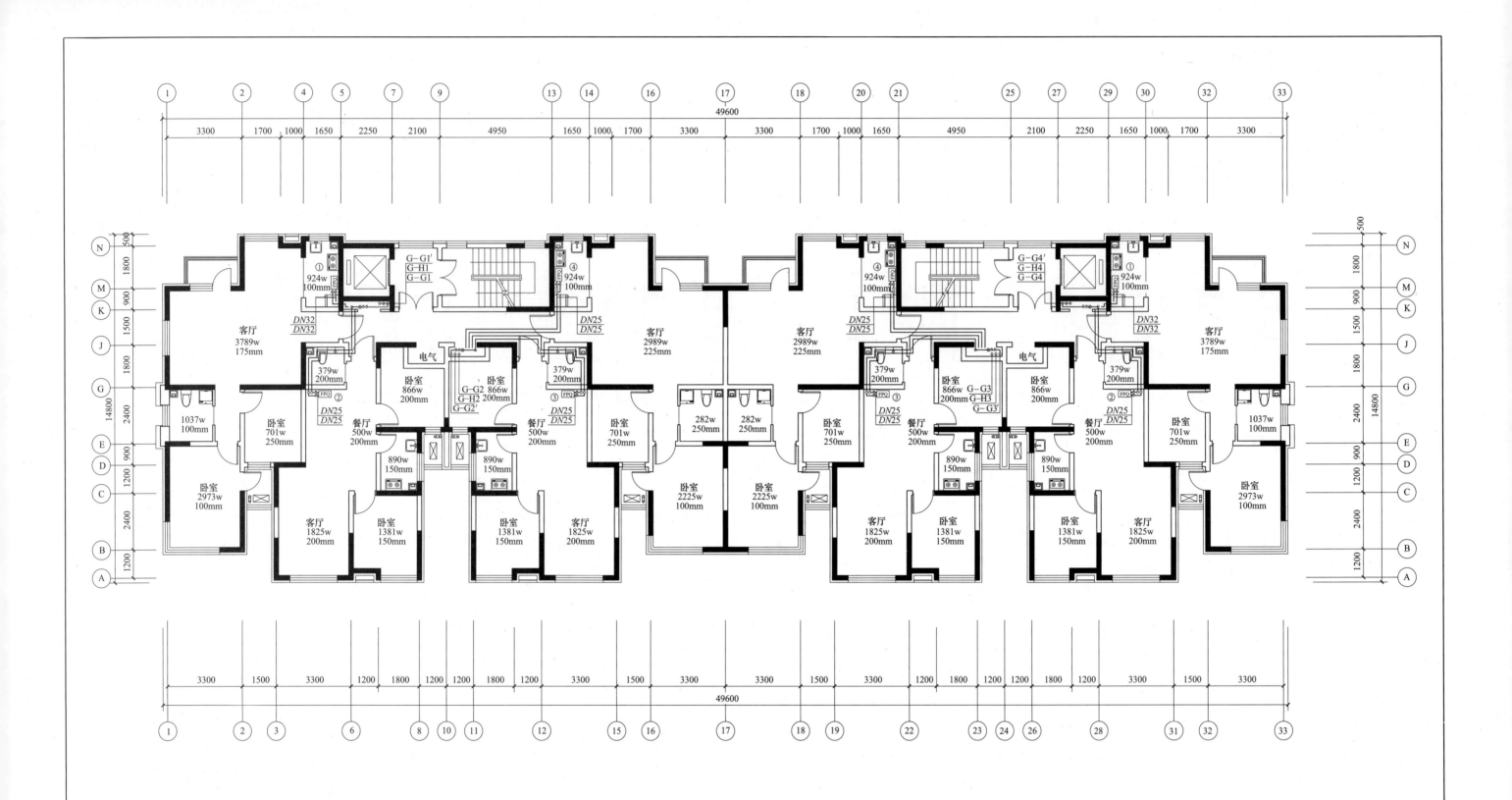

十五～十六层采暖平面图 1:100

工程名称	某高层住宅楼
图纸内容	十五～十六层采暖平面图
图纸编号	暖施-07

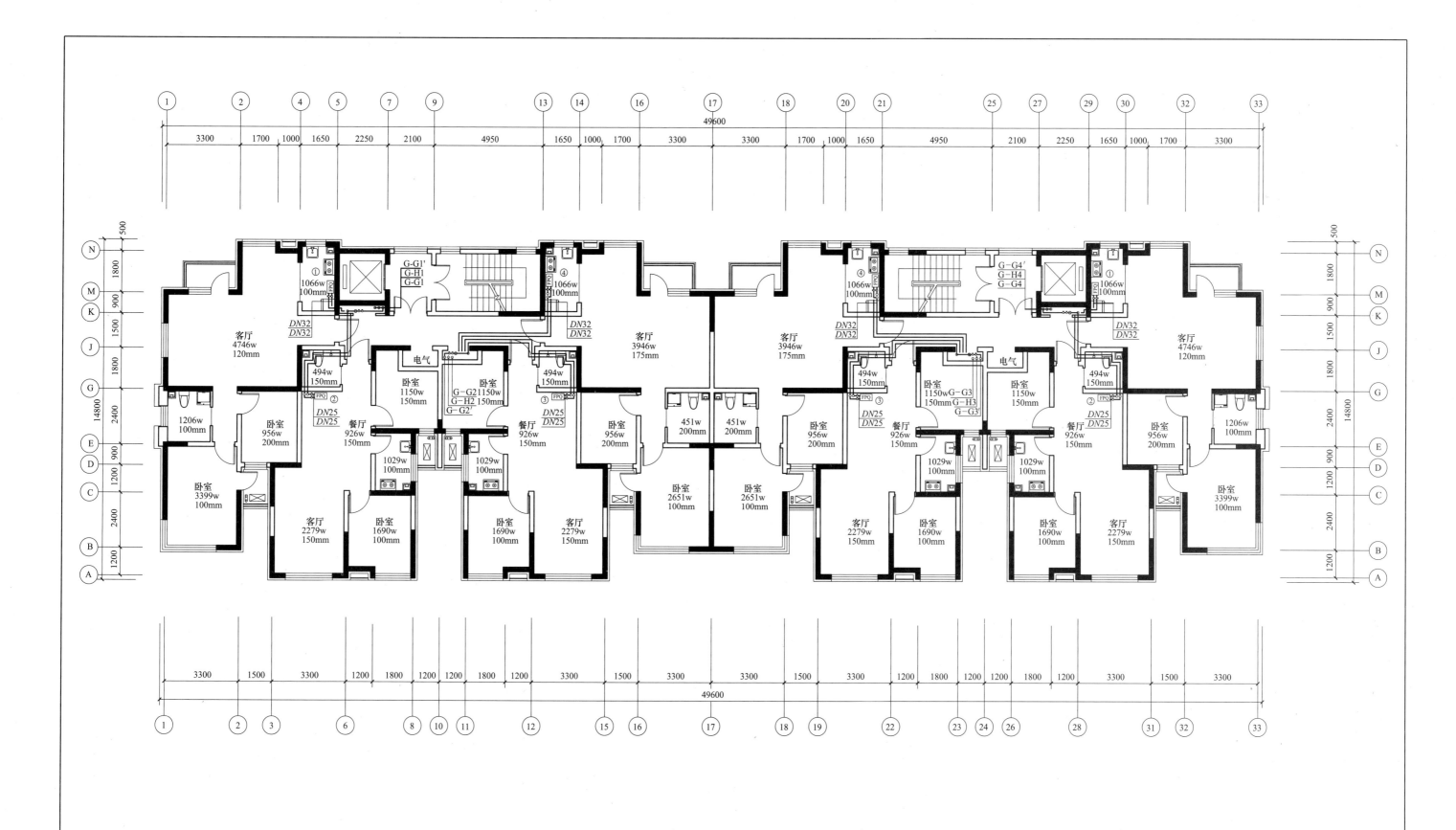

十七层采暖平面图　　1:100

工程名称	某高层住宅楼
图纸内容	十七层采暖平面图
图纸编号	暖施-08

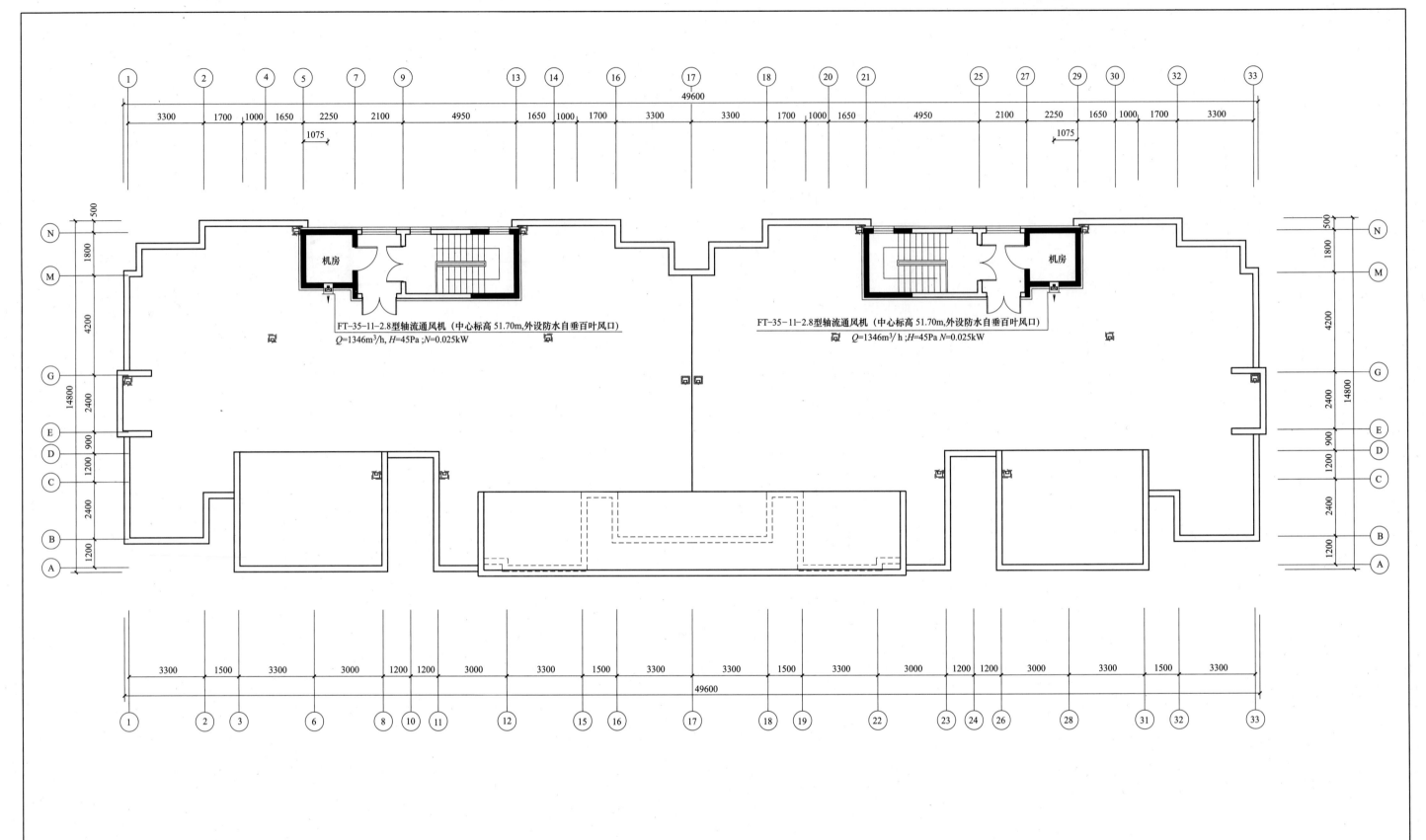

屋顶通风平面图 1:100

工程名称	某高层住宅楼
图纸内容	屋顶通风平面图
图纸编号	暖施-09

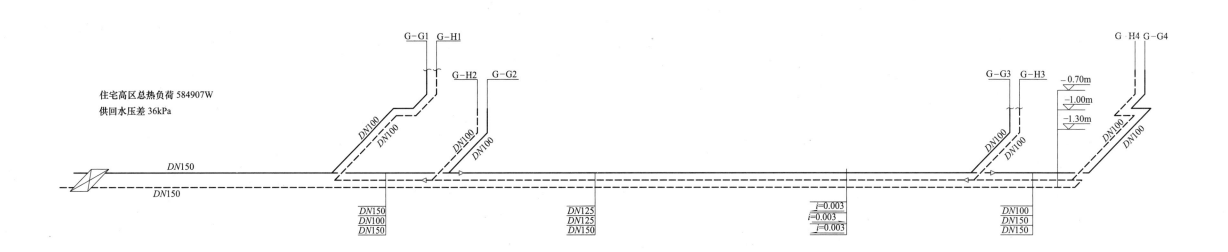

住宅高区总热负荷 584907W
供回水压差 36kPa

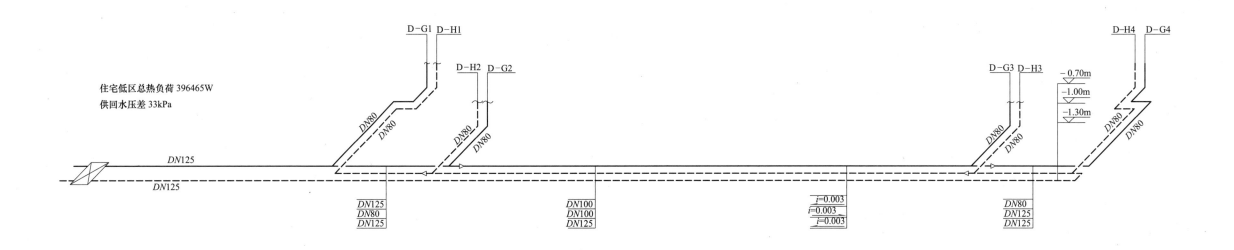

住宅低区总热负荷 396465W
供回水压差 33kPa

采暖系统图一 1:100

工程名称	某高层住宅楼
图纸内容	采暖系统图一
图纸编号	暖施-10

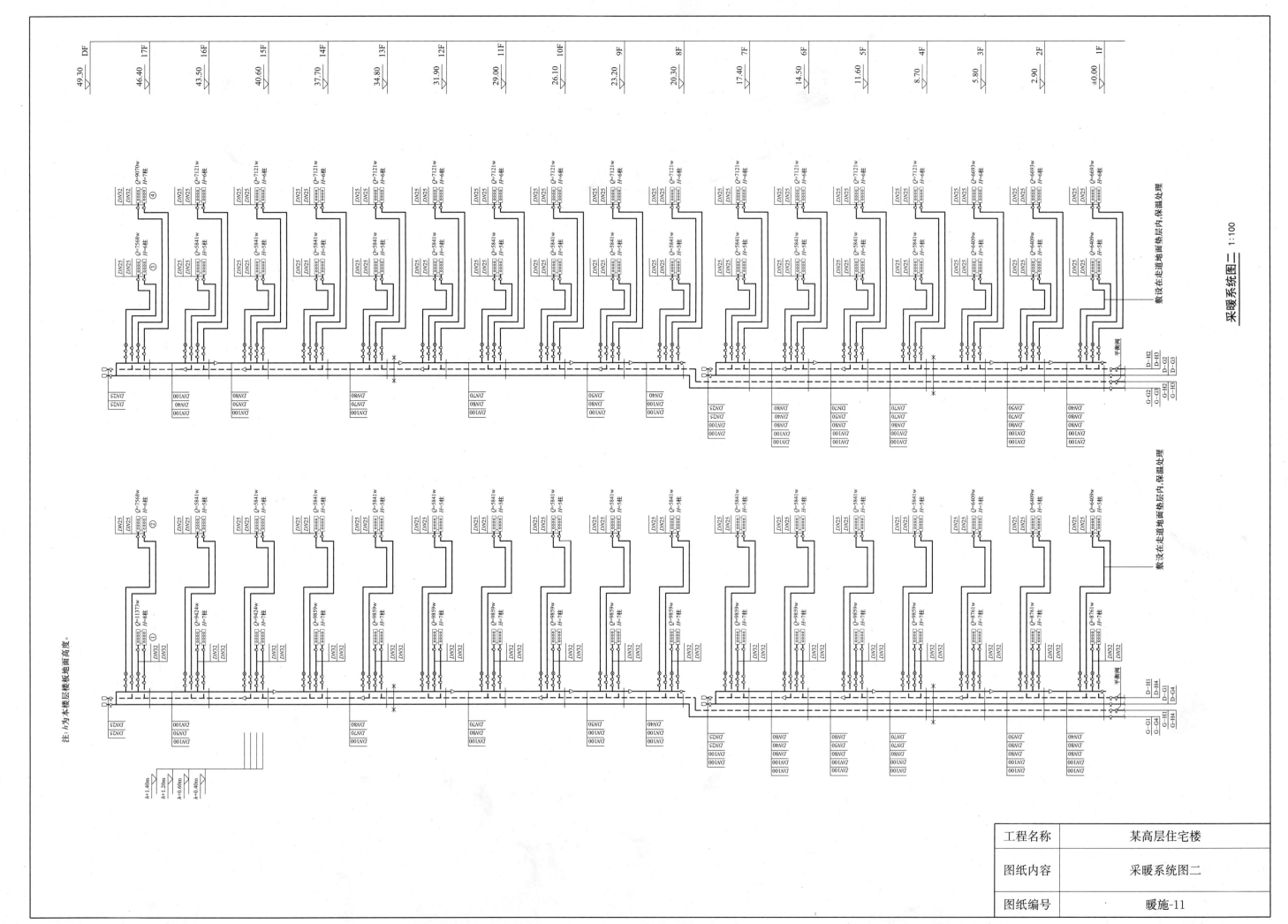

采暖系统图二 1:100

工程名称	某高层住宅楼
图纸内容	采暖系统图二
图纸编号	暖施-11